水利水电工程建设施工安全生产管理

王银山　王玉才　史红亮　于京周　郭宝群　等 编著

黄河水利出版社
·郑州·

内容提要

本书从河南省水利水电工程建设施工企业安全生产资格考核的要求出发，紧密结合水利水电工程建设安全生产特点和安全管理的实践经验，阐述了安全生产基础知识以及水利水电工程建设所需的安全生产法律法规、项目安全管理、施工企业安全管理、安全技术、职业健康管理、应急管理、安全生产风险辨识管控与隐患排查治理双重预防体系、安全生产标准化、事故管理、事故案例等知识。

本书不仅可以作为水利水电工程建设二、三级施工企业三类人员安全生产考核和继续教育培训参考用书，也可供其他水利工程建设管理人员和大专院校水利类专业学生参考。

图书在版编目（CIP）数据

水利水电工程建设施工安全生产管理/王银山等编著.—郑州：黄河水利出版社，2020.3

ISBN 978－7－5509－2607－3

Ⅰ.①水… Ⅱ.①王… Ⅲ.①水利水电工程－工程施工－安全生产－生产管理－河南 Ⅳ.①TV513

中国版本图书馆 CIP 数据核字（2020）第 038844 号

出 版 社：黄河水利出版社　　网址：www.yrcp.com

地址：河南省郑州市顺河路黄委会综合楼 14 层　　邮政编码：450003

发行单位：黄河水利出版社

发行部电话：0371－66026940、66020550、66028024、66022620（传真）

E-mail：hhslcbs@126.com

承印单位：河南新华印刷集团有限公司

开本：787 mm×1 092 mm　1/16

印张：23.75

字数：549 千字　　印数：1—1 000

版次：2020 年 3 月第 1 版　　印次：2020 年 3 月第 1 次印刷

定价：98.00 元

前 言

2020年的春节，本该是一个阖家欢乐、喜气洋洋的日子，但一场突如其来的疫情打乱了人们的生活。本次疫情是新中国历史上最为严重的一次公共卫生安全事件，并给国家和人民群众造成了前所未有的灾难和巨大经济损失。习近平总书记多次发表重要讲话和批示，指出“确保人民群众生命安全和身体健康，是我们党治国理政的一项重大任务。这次抗击新冠肺炎疫情，是对国家治理体系和治理能力的一次大考。”“生物安全问题已经成为全世界、全人类面临的重大生存和发展威胁之一，必须从保护人民健康、保障国家安全、维护国家长治久安的高度，把生物安全纳入国家安全体系。要全面研究全球生物安全环境、形势和面临的挑战、风险，深入分析我国生物安全的基本状况和基础条件，系统规划国家生物安全风险防控和治理体系建设，全面提高国家生物安全治理能力。尽快推动出台生物安全法，加快构建国家生物安全法律法规体系、制度保障体系。”

安全是人们生活最重要、最基本的要求，安全生产既是人们生命健康的保障，也是企业生存与发展的基础，更是社会稳定和经济发展的前提条件。隐患是生命的大敌，安全是永恒的主题。中共中央、国务院《关于推进安全生产领域改革发展的意见》提出，要牢固树立新发展理念，坚持安全发展，坚守发展决不能以牺牲安全为代价这条不可逾越的红线，以防范遏制重特大生产安全事故为重点，坚持安全第一、预防为主、综合治理的方针，加强领导、改革创新，协调联动、齐抓共管，着力强化企业安全生产主体责任，着力堵塞监督管理漏洞，着力解决不遵守法律法规的问题，依靠严密的责任体系、严格的法治措施、有效的体制机制、有力的基础保障和完善的系统治理，切实增强安全防范治理能力，大力提升我国安全生产整体水平，确保人民群众安康幸福、共享改革发展和社会文明进步成果。

安全培训是强化从业人员安全意识和安全操作技能的一项重要手段。当前，水利正处于改革发展的重要战略机遇期，加强水利工程建设事关重大。按照水利部“水利工程补短板、水利行业强监管”总基调，为适应我国水利工程建设发展的迫切需要，进一步完善和落实水利安全生产责任和管理制度，健全安全风险分级管控和隐患排查治理双重预防机制，深入开展行业重点领域安全生产专项整治，不断强化基础能力建设，提高监管常态化、精准化和科学化水平，坚决防范重特大生产安全事故，减少一般事故和较大事故发生，保持水利安全生产形势持续稳定向好，提高水利施工企业三类人员安全生产管理水平，我们组织编写了《水利水电工程建设施工安全生产管理》一书，既可作为水利施工企业三类人员安全生产继续教育培训和考核参考用书，也可供水利工程建设管理人员和大专院校水利类专业学生参考阅读。

本书从水利施工企业安全生产管理的实际出发，结合安全生产相关法律法规、规章规定和标准，参照水利部和河南省水利施工企业三类人员考核培训大纲要求编写。全书共分为九章，主要包括水利水电工程建设相关安全生产法律法规，安全管理基础知识，水利水电工程建设项目安全管理、施工企业安全管理、职业健康管理、安全技术、事故管理、应急管理，安全生产风险辨识管控与隐患排查治理双重预防体系、安全生产标准化、事故管理、事故案例等内容。

本书编写分工如下：河南省水利工程技术质量监测站王银山、河南省水利基本建设工程质量检测中心站王影、梁娟、郭晓伟、范俊武、陈文权、万里阳、李武龙、任文浩、朱学磊、张喜周、李栋，河南省水利第一工程局畅会军、刘洋、王明旭，河南盛鼎建设集团有限公司王媛、李建成，河南省水利学会于慧慧，白沙水库管理局任夫全、遂平汝河管理所张君启共同编写第一章，第二章第一节、第三节和第四节，第三章和附录部分；黄河水利委员会新闻宣传出版中心李洪良编写第二章第二节；淮河水利水电开发有限公司史红亮编写第四章；焦作黄河河务局孟州黄河河务局潘剑锋编写第五章；甘肃农业大学水利水电工程学院王玉才编写第六章、第七章第六节至第十五节；淮河水利水电开发有限公司于京周编写第七章第一节至第五节；黄河水利委员会水文局郭宝群编写第八章；焦作黄河河务局孟州黄河河务局杨春艳编写第九章。

对在本书编写过程中给予热情帮助与指导的有关领导和专家表示由衷的感谢！

本书在编写过程中参阅了大量书籍，在此对文献的作者表示感谢！ 由于编者水平有限，文中难免有错漏和不妥之处，请各位专家、读者批评指。

作　者

目　录

前　言
第一章　绪　论 ……………………………………………………………… (1)
　第一节　安全生产形势 …………………………………………………… (1)
　第二节　水利行业安全生产形势 ………………………………………… (3)
　第三节　水利工程建设安全生产管理现状 ……………………………… (4)
第二章　水利水电工程建设相关安全生产法律法规 ……………………… (9)
　第一节　我国的安全生产法律体系 ……………………………………… (9)
　第二节　水利水电工程建设安全生产相关法律和行政法规 ………… (14)
　第三节　水利水电工程建设安全生产相关部门规章和规范性文件 … (58)
　第四节　水利水电工程建设相关安全生产标准 ……………………… (72)
第三章　安全管理基础知识 ……………………………………………… (80)
　第一节　安全生产基本概念 …………………………………………… (80)
　第二节　安全生产管理原理 …………………………………………… (85)
　第三节　事故致因理论 ………………………………………………… (93)
第四章　水利水电工程建设项目安全管理 ……………………………… (98)
　第一节　概　述 ………………………………………………………… (98)
　第二节　安全策划 ……………………………………………………… (101)
　第三节　危险源辨识、评价、控制与更新 …………………………… (106)
　第四节　参建各方项目安全管理 ……………………………………… (108)
　第五节　现场安全文明施工管理 ……………………………………… (116)
　第六节　本质安全化建设 ……………………………………………… (125)
第五章　水利水电工程建设施工企业安全管理 ………………………… (142)
　第一节　安全生产目标管理 …………………………………………… (142)
　第二节　安全生产管理机构与人员配备 ……………………………… (144)
　第三节　安全生产规章制度 …………………………………………… (147)
　第四节　安全教育培训 ………………………………………………… (151)
　第五节　事故隐患排查和治理 ………………………………………… (155)
　第六节　重大危险源管理 ……………………………………………… (158)
　第七节　安全文化建设 ………………………………………………… (161)
　第八节　水利安全生产标准化建设 …………………………………… (164)
第六章　水利水电工程建设职业健康管理 ……………………………… (168)
　第一节　职业健康基础知识 …………………………………………… (168)
　第二节　水利水电工程建设常见职业危害分析与控制 ……………… (170)

第三节　水利水电工程建设施工企业职业健康管理 …………………………………（176）
第七章　水利水电工程建设安全技术 ……………………………………………………（182）
第一节　土石方工程安全技术 ……………………………………………………………（182）
第二节　模板工程安全技术 ………………………………………………………………（189）
第三节　混凝土工程安全技术 ……………………………………………………………（192）
第四节　起重安装工程安全技术 …………………………………………………………（197）
第五节　拆除工程安全技术 ………………………………………………………………（215）
第六节　脚手架施工安全技术 ……………………………………………………………（220）
第七节　机械安全技术 ……………………………………………………………………（225）
第八节　特种设备安全技术 ………………………………………………………………（232）
第九节　施工排水安全技术 ………………………………………………………………（247）
第十节　施工用电安全技术 ………………………………………………………………（248）
第十一节　防火防爆安全技术 ……………………………………………………………（255）
第十二节　危险化学品安全技术 …………………………………………………………（262）
第十三节　爆破作业安全技术要求 ………………………………………………………（267）
第十四节　高处作业安全技术要求 ………………………………………………………（273）
第十五节　有限空间作业安全技术 ………………………………………………………（277）
第八章　水利水电工程建设事故管理 ……………………………………………………（280）
第一节　事故分类与常见事故类型 ………………………………………………………（280）
第二节　事故报告、调查与处理 …………………………………………………………（281）
第三节　事故统计分析 ……………………………………………………………………（286）
第四节　工伤保险 …………………………………………………………………………（289）
第五节　水利水电工程建设事故案例 ……………………………………………………（293）
第九章　水利水电工程建设应急管理 ……………………………………………………（322）
第一节　应急管理基本概念和基本任务 …………………………………………………（322）
第二节　水利水电工程建设应急救援体系 ………………………………………………（324）
第三节　应急预案管理 ……………………………………………………………………（327）
第四节　应急预案培训与演练 ……………………………………………………………（333）
第五节　应急救援 …………………………………………………………………………（340）
附　录 ………………………………………………………………………………………（347）
附录 1　《中华人民共和国安全生产法》 …………………………………………………（347）
附录 2　《中共中央 国务院关于推进安全生产领域改革发展的意见》（中发〔2016〕32 号） ……………………………………………………………………………（361）
附录 3　《水利工程建设安全生产管理规定》 ……………………………………………（368）
参考文献 ……………………………………………………………………………………（374）

第一章　绪　论

第一节　安全生产形势

安全生产事关人民群众的生命财产安全，事关改革发展和社会和谐稳定，历来受到党和国家的高度重视。党的十八大以来，以习近平同志为核心的党中央时刻把人民群众生命安全放在第一位，把安全生产作为民生大事，纳入全面建成小康社会的重要内容，安全生产工作取得显著成效。

习近平总书记多次就切实做好安全生产工作作出重要指示和批示，指出“安全生产是民生大事，一丝一毫不能放松，要以对人民极端负责的精神抓好安全生产工作，站在人民群众的角度想问题，把重大风险隐患当成事故来对待，守土有责，敢于担当，完善体制，严格监管，让人民群众安心放心。”“要始终把人民生命安全放在首位，以对党和人民高度负责的精神，完善制度、强化责任、加强管理、严格监管，把安全生产责任制落到实处，切实防范重特大安全生产事故的发生。”“安全生产事关人民福祉，事关经济社会发展大局。”“发展决不能以牺牲人的生命为代价，这是一条不可逾越的红线。”“各级安全监管监察部门要牢固树立发展决不能以牺牲安全为代价的红线意识，以防范和遏制重特大事故为重点，坚持标本兼治、综合治理、系统建设，统筹推进安全生产领域改革发展。各级党委和政府要认真贯彻落实党中央关于加快安全生产领域改革发展的工作部署，坚持党政同责、一岗双责、齐抓共管、失职追责，严格落实安全生产责任制，完善安全监管体制，强化依法治理，不断提高全社会安全生产水平，更好维护广大人民群众生命财产安全。”

《中华人民共和国安全生产法》（简称《安全生产法》）是我国第一部全面规范安全生产的专门法律，是我国安全生产法律体系的主体法，是各类生产经营单位及其从业人员实现安全生产所必须遵循的行为准则，是各级人民政府及其有关部门进行监督管理和行政执法的法律依据，是制裁各种安全生产违法犯罪行为的有力武器。为了防止和减少生产安全事故，保障人民群众生命和财产安全，促进经济社会持续健康发展，《安全生产法》提出了“安全第一、预防为主、综合治理”的安全生产工作基本方针。党的十六届五中全会确立了“安全发展”的指导原则。为了促进全国安全生产形势持续好转，党中央、国务院实行更加严格的安全生产管理，进一步健全了安全生产法律法规和政策措施，采取更加有力的工作措施，采用更加科学的技术手段，制定更加有效的经济政策，相继出台了一大批有关安全生产的法律、法规、规章和技术标准等，全面加强了安全生产监督管理，严格落实安全生产责任，不断强化安全生产隐患排查治理和重点行业领域专项整治，深入开展安全生产大检查，严肃查处各类生产安全事故，把防范化解重大安全风险、有效维护人民群众生命财产安全作为重要任务、重大责任，深刻汲取重特大事故教训，大力推进依法治安和科技强安，加快安全生产基础保障能力建设，强化抓落实的责任，突出抓落实的效果，坚决遏制重特大事故，在一定程度上遏制了事故上升的势头。通过建设高效科学的中国特色大国应急体系，建强基层应急管理组织机构，健全风险防范化解机制，健全法律法规预案标准体系，把制度优势更好转化为治理效能等措施，极大地推动了我国的安全生产法制建设。各地区、各部门普遍提高了工程安全意识，加强了工程安全管理，强化了工程安全措施，全国生产安全事故逐年下降，安全生产状况总体稳定、趋于好转。

“安全责任，重于泰山”，这已是全社会的共识。然而，尽管党和政府高度重视安全生产工作，各项安全法规、政策不断出台，但是安全生产事故依然高发，群死群伤事件仍不时发生，给人民群众生命财产带来重大损失。“十二五”以来，全国生产安全事故总量连年下降，2015 年各类事故起数和死亡人数较 2010 年分别下降 22.5% 和 16.8%，其中较大事故起数和死亡人数分别下降 41.3% 和 44.4%，重特大事故起数和死亡人数分别下降 55.3% 和 46.6%。2016 年全国共发生各类事故 6 万起，死亡 4.1 万人，同比分别下降 5.8% 和 4.1%；发生较大事故 750 起，死亡 2 877 人，同比分别下降 7.3% 和 9.1%；发生重特大事故 32 起，死亡 571 人，同比分别下降 15.8% 和 25.7%；尤其是煤矿、烟花爆竹、道路运输、铁路运输等行业领域实现事故起数和死亡人数“双下降”；化工、工贸、铁路运输、航空运输未发生重特大事故；农业机械未发生较大以上事故，民航保持了 6 年安全飞行记录。2017 年共发生各类生产安全事故 5.3 万起，死亡 3.8 万人，同比下降 16.2% 和 12.1%；发生较大事故 613 起，死亡 2 332 人，同比下降 18.2% 和 18.3%；发生重特大事故 25 起，死亡 342 人，分别减少 7 起、228 人，同比下降 21.9% 和 40%；其中特别重大事故 1 起，同比减少 3 起，为 2001 年安全监管监察体制改革以来历史最少；煤矿、金属非金属矿山、烟花爆竹、工贸、道路运输、铁路运输、水上运输、航空运输、农业机械、渔业船舶 10 个行业领域实现事故起数和死亡人数“双下降”，铁路运输、航空运输、农业机械 3 个行业领域未发生较大以上事故。2018 年发生生产安全事故 4.9 万起，死亡 3.46 万人，同比下降 6.5% 和 8.6%；发生较大事故同比下降 9.5%；发生重特大事故 19 起，死亡 227 人，同比下降 24% 和 33.6%；没有发生死亡 30 人以上的特别重大事故，是自中华人民共和国成立以来第一次。2019 年，全国安全生产形势总体保持稳定态势，事故起数和死亡人数分别下降 18.3% 和 17.1%，较大事故、重特大事故起数分别下降 10.2% 和 5.3%；2019 年防范化解重大安全风险取得重要进展，在自然灾害防治方面，全国自然灾害因灾死亡失踪人口、倒塌房屋数量和直接经济损失占 GDP 比重较近 5 年均值分别下降 25%、57% 和 24%。安全生产事故发生的原因，固然有资金投入、物质装备、监管难度等客观因素，但根源还是相关责任人责任意识淡薄，未能严格按照国家法律法规的要求规范生产行为，有的事故责任人甚至并未学习和了解安全生产方面的法律法规。统计表明，90% 以上的事故是企业违法违规生产经营建设所致。

虽然近年来安全生产形势持续保持了稳定向好的态势，但事故的体量依然很大，安全生产工作永远在路上。同时，生产安全事故也呈现出由传统的高危行业向其他行业领域发展的趋势，特别是一些地区和企业，安全意识不强、责任落实不力、安全投入不足、监管执法不到位等情况还依然存在。目前，我国仍处于新型工业化、城镇化持续推进的过程中，城市规模日益扩大，结构日趋复杂，传统和新型生产经营方式并存，经济社会发展、城乡和区域发展不平衡，矿山、化工等高危行业比重大，落后的工艺、技术、装备和产能仍然大量存在，各类事故隐患和安全风险交织叠加，安全监管体制机制不完善，企业主体责任不落实、监管环节有漏洞、法律法规不健全、执法监督不到位等问题依然突出，全社会安全意识、法治意识不强等深层次问题没有得到根本解决。

安全生产面临的形势依然严峻复杂，仍然处于"事故易发期"，尤其是重特大事故频发且危害严重，使安全生产工作面临许多挑战。所以，在安全生产形势依然严峻的今天，高危行业的劳动者更应该学习和掌握安全生产相关法律法规，树立自我保护意识，严格遵章作业，避免事故发生，保障生命健康安全；监管人员和高危行业负责人更应当了解相关安全生产法规政策，切实落实法律规定，把发生事故的风险降低到最小，保障自身的职务安全。

第二节　水利行业安全生产形势

水是生命之源、生产之要、生态之基。兴水利、除水害，事关人类生存、经济发展、社会进步，历来是治国安邦的大事。中华人民共和国成立70年以来，特别是改革开放以来，党和国家始终高度重视水利工作，领导人民开展了气壮山河的水利建设，取得了举世瞩目的巨大成就，为经济社会发展、人民安居乐业做出了突出贡献。

加快水利改革发展，不仅事关农业农村发展，而且事关经济社会发展全局；不仅关系到防洪安全、供水安全、粮食安全，而且关系到经济安全、生态安全、国家安全。所以，要促进经济长期平稳较快发展和社会和谐稳定，夺取全面建设小康社会新胜利，必须下决心加快水利发展，切实增强水利支撑保障能力，实现水资源可持续利用。

水利安全生产工作的重点领域和主要范围包括：水利工程建设和运行、农村水电站及其配套电网建设和运行、水文测验、水利工程勘测设计、水利科学研究实验与检验、水利旅游等生产经营活动的安全管理。

水利工程安全生产是水利工作的重要组成部分，水利工程建设安全生产不仅关系到人民生命财产安全，而且关系到社会公共安全，因此必须确保水利建设工程的安全可靠。由于水利工程建设投资规模大、已建工程众多，水利安全风险叠加，一些单位在树牢安全理念、落实安全责任、隐患排查治理、重大风险防控、监管能力建设等方面仍有差距。

水利安全生产工作还存在一些不容忽视的问题。一些地方安全生产监管工作薄弱，安全制度建设滞后，与依法监管的要求不相适应；有的单位对安全生产工作重视不够，安全责任制不落实，安全生产投入不足，重大安全生产事故仍有发生。水利工程特别是大中型水利工程一旦失事，造成的损失是不可估量的，甚至是灾难性的，我省"75·8"特大洪水中板桥、石漫滩两座大型水库和竹沟、田岗两座中型水库溃坝失事事件、1993年青海省共和县沟后水库溃坝失事事件等都造成了大量人员的伤亡和财产的重大损失；2004年初的新疆建设兵团八一水库、2007年甘肃小海子水库、2007年内蒙古岗岗水库溃坝失事事件，由于组织抢险及时虽没有造成人员伤亡，但均造成了财产的重大损失。

由水利部安全监督司编写的《水利生产安全事故案例集(2009—2015)》可知，2009—2015年水利行业共发生事故125起，死亡185人，其中发生较大事故21起，无重特大及以上事故发生；平均每年发生事故18起、发生较大事故3起；事故起数从2009年的32起下降到2015年的6起，事故死亡人数从2009年的43人下降到2015年的10人。事故主要呈现以下特点：

（1）水利工程建设领域是事故高发领域，发生死亡事故80起，占事故总起数的64.00%；死亡94人，占死亡总人数的50.81%。

（2）农村水电及配套电网领域是较大事故高发领域，发生死亡事故26起，占事故总起数的20.80%；死亡56人，占死亡总人数的30.27%。

（3）水利工程管理领域发生死亡事故12起，占事故总起数的9.60%；死亡17人，占死亡总人数的9.19%。

（4）水利工程勘测设计领域发生死亡事故7起，占事故总起数的5.60%；死亡18人，占死亡总人数的9.73%。

（5）按照事故起数比例的高低，坍塌事故是较大事故的高发类别，发生死亡事故43起，占事故总起数的34.40%；死亡63人，占死亡总人数的34.05%。

（6）按照事故起数比例的高低，机械伤害事故是较大事故的较高发类别，发生死亡事故22起，占事故总起数的17.60%；死亡25人，占死亡总人数的13.51%。

（7）按照事故起数比例的高低，高处坠落事故是较大事故的较高发类别，发生死亡事故17起，占事故总起数的13.60%；死亡17人，占死亡总人数的9.19%。

（8）按照事故起数比例的高低，淹溺事故是较大事故的较高发类别，发生死亡事故10起，占事故总起数的8.00%；死亡24人，占死亡总人数的12.97%。

（9）按照事故起数比例的高低，物体打击事故是较大事故的较高发类别，发生死亡事故11起，占事故总起数的8.80%；死亡12人，占死亡总人数的6.49%。

（10）按照事故起数比例的高低，触电事故是较大事故的次高发类别，发生死亡事故11起，占事故总起数的8.80%；死亡16人，占死亡总人数的8.65%。

（11）按照事故起数比例的高低，中毒和窒息事故是较大事故的次高发类别，发生死亡事故7起，占事故总起数的5.60%；死亡18人，占死亡总人数的9.73%。

（12）按照事故起数比例的高低，放炮及爆炸事故是较大事故的次高发类别，发生死亡事故4起，占事故总起数的3.20%；死亡10人，占死亡总人数的5.41%。

（13）华东、西南地区是事故多发地区。

（14）2009—2015年的4月到10月，事故起数84起，占66.00%。也就是从每年的4月起，我国陆续进入汛期，这与水利行业施工、运行、勘察设计和天气、降水、供水密不可分相吻合。每年5月是发生事故最多的月份（16起），由于降雨增多，土壤、岩石从干燥状态进入饱和状态，容易诱发不良地质条件下各种坍塌事故。有些工程为了在5月汛期来之前达到度汛高程或特定的形象面貌，存在赶工期的情况，这也容易导致发生事故。

（15）2009—2015年河南省发生1起较大事故，死亡6人，为2011年8月16日的勘探作业触电事故。

第三节　水利工程建设安全生产管理现状

一、水利工程建设安全生产面临的新挑战

当前，水利发展进入了一个新的历史阶段，水利在构建社会主义和谐社会中发挥着越

来越重要的作用，党的十八大以来，水利更迎来了难得的发展机遇，以习近平同志为核心的党中央高度重视生态文明建设和兴水治水工作，习近平总书记站在全面建成小康社会、实现中华民族永续发展的战略高度，提出了“节水优先、空间均衡、系统治理、两手发力”的治水方针，确立了水资源、水生态、水环境、水灾害统筹治理的治水新思路。

从河南的情况看，近年来，随着经济社会的发展，面临着新老水问题并存、相互交织的严峻形势，水灾害多发仍是严重威胁，水资源不足成为突出短板，水环境污染形势依然严峻，水生态退化问题日益凸显。

“人民对美好生活的向往，就是我们的奋斗目标！”河南省委、省政府着眼于贯彻落实习近平生态文明思想，着力于破解我省面临的水问题，顺应人民群众对确保水安全、优质水资源、健康水生态、宜居水环境的期盼，站位全局，把握大势，全面实施“四水同治”战略，统筹做好水利改革发展各项工作，出台了《关于实施四水同治加快推进新时代水利现代化的意见》，谋划实施了引江济淮（河南段）、小浪底北岸灌区、赵口引黄灌区二期、西霞院水利枢纽输水及灌区、小浪底南岸灌区、卫河共产主义渠治理、宿鸭湖水库清淤扩容、大别山革命老区引淮供水灌溉、洪汝河治理、黄河下游贯孟堤扩建等“十大水利工程”。

实施“十大水利工程”是河南省贯彻落实习近平总书记重要讲话精神的具体行动，是省委、省政府惠民生、稳经济、促发展的重大决策部署，是从源头上解决水灾害、水资源、水生态、水环境问题的根本举措，是应对当前经济下行压力、拉动有效投资、稳定经济增长和增加就业的有力抓手，是人民群众热切期盼的民生工程、发展工程和生态工程，具有良好的社会效益、经济效益和生态效益，对促进人与自然和谐共生、建设生态文明、打造美丽河南、确保水安全等都具有十分重要的意义。

要适应新形势，满足新要求，必须进一步提高水利工程建设安全综合管理能力，筑牢安全底线，建设安全工程，规范施工，科学管理，结合实践不断创新，改进管理新思路新方法，有效预防生产安全事故发生，保证水利事业健康发展。

这些项目的开工建设也带动了地市县的一大批水利工程的开工建设，项目多、投资大、工期紧，建设强度急剧增加，水利工程建设迎来了新高潮。而工程建设又是水利行业的高危领域，安全风险随之增多，安全管理难度加大，水利工程建设安全面临着前所未有的新挑战。

（1）新时代对安全生产工作提出新的要求。党和政府对安全生产工作将越来越重视，对抓好安全生产工作的要求越来越高。2016 年 12 月 9 日，中共中央、国务院以中发〔2016〕32 号文件正式印发《中共中央国务院关于推进安全生产领域改革发展的意见》，这是中华人民共和国成立后，第一次以中共中央、国务院名义印发的安全生产方面的文件。充分体现了以习近平同志为核心的党中央对安全生产工作的高度重视，标志着安全生产领域的改革发展进入新阶段。该意见坚持问题导向，着眼制度建设，突出改革创新，明确了提升全社会安全生产整体水平的目标任务，从健全落实责任、改革监管体制、推进安全法治、建立防控体系、强化基础保障等五个方面细化了安全生产领域改革发展的主要方向、时间表、路线图，是当前和今后一个时期指导我国安全生产工作的行动纲领。党的十九大报告指出，要“树立安全发展理念，弘扬生命至上、安全第一的思想，健全公共安全体系，完善安全生产责任制，坚决遏制重特大事故，提升防灾减灾救灾能力”。

(2)中央兴水惠民政策对安全监督工作提出新的要求。党的十九大报告把水利摆在九大基础设施网络建设的首位。一大批水利工程建设,投资体量大,项目具有多、小、散、面广等特点,建设任务重、进度紧、投资强度高、质量要求高的特点将在较长时期延续,安全风险随之增多,隐患排查治理任务艰巨,安全管理难度加大,水利勘测设计、建设管理、施工组织、质量安全监督都面临不相适应的局面,一些中小工程建设管理不规范,建设、监理、施工等参建单位自身安全监督力量相对薄弱,施工人员技术不到位、施工操作规程不熟悉、安全意识不强,这些都给水利安全监督工作带来非同一般的压力和挑战,施工过程中发生安全事故的概率必然增加。

(3)水利工程安全隐患多,运行管理风险大。一些工程建设时间久、标准低、质量不高,经过多年运行,老化失修严重,运行安全隐患多。特别是中小病险水库、水闸、淤地坝和农村小水电站数量众多,安全管理薄弱,存在大量的安全隐患。

(4)极端天气现象频发,导致洪涝灾难风险加大。全球气候变化加剧,局部突发性暴雨、洪水和超强台风引发山体滑坡、泥石流等自然灾害增多,水利工程建设与运行过程中安全风险增大,可能因水库溃坝、施工场地受灾等事故造成群死群伤的重大灾难。

二、水利水电工程建设安全管理的特点、难点

水利水电工程施工一般都具有工程量大、投资多、工期长等特点,由于施工环境多变,建设施工过程较为复杂,危险、有害因素多,其安全生产管理工作凸显以下特点、难点:

(1)水利工程选址位置复杂。水利水电工程的选址大多地处山区峡谷、偏远村庄,交通不便,受地形、地质、水文等条件的影响,其工作条件十分艰苦,施工过程经常遇到山洪、泥石流、滑坡、坍塌等事故的威胁,安全管理工作难度较大。

(2)水利工程施工工序复杂多变。水工建筑物的多样性和复杂性,施工过程具有工序内容多、施工环节多、交叉作业多等特点,施工过程会遇到各种各样的危险、有害因素,影响水利水电工程建设安全管理工作。

(3)安全隐患、安全风险隐蔽性较强。水利水电工程建设在施工过程中具有工序交接多、隐蔽工程多、关键部位关键环节多、中间产品多等特点,加之检测技术有一定的局限性,安全风险较高。

(4)施工种类多,控制难度大。水利水电工程建设常常多工种同时间、同地点作业,甚至存在水平、立体交叉作业,在同一施工现场多种施工机械或设备同时运行,生产事故类别呈多样性。工程分布地域广泛,施工企业多属跨地区施工,人员流动频繁,安全管理资源不足,加大了安全管理的难度。

(5)隐患大、风险高、整改难度大。当前水利工程建设存在抢工期、抢进度、突击生产和超负荷运转现象,导致各类安全隐患加剧,重大隐患、重点项目、重要领域、关键环节隐患检查不到位,未能做到整改责任、整改措施、整改资金投入、整改时限、整改预案“五落实”。

(6)安全生产主体责任难落实到位。各级各部门虽广泛推行安全生产责任制,加强了安全生产管理体系建设,但是签订的安全生产责任书千篇一律,未能体现岗位的差异性,从领导到部门再到从业人员安全意识不强,安全生产责任制流于形式。

（7）安全管理制度不完善。安全管理制度覆盖面窄，制度内容不全面且无可操作性，与单位日常安全管理实际不匹配，导致制度的存在形同虚设。

（8）随着加快构建兴利除害现代水网体系建设的步伐加快，建设总承包管理 DBB 模式（设计－招标－建造管理模式）、PPP 项目模式（公私合作模式）、EPC 总承包模式（设计－采购－施工（交钥匙）一体化管理模式）、BOT 管理模式（建设－经营－转让管理模式）等在水利工程中不断探索应用，以及河南省实施“四水同治”、海绵城市建设等新时代水利现代化建设推进，综合性水利工程不仅涉及各种水利工程，还包括交通工程、市政工程、园林绿化工程等多种类、涉及面广的大工程，已经不是单一的水利工程安全生产。同时，这些工程的总承包单位或者联合体单位不可避免地将部分工程进行分包已是普遍现象，分包单位能力良莠不齐，如何加强对分包单位的安全管理，是总承包单位或者联合体单位面临的一个难题。

三、水利水电工程建设管理中存在的安全问题

（一）安全生产法律意识淡薄

有些企业没有普及安全生产法律知识，造成施工单位从业人员的安全法制意识淡薄，对安全生产的重要性和违反安全生产法律将要付出的代价没有足够的认识，施工单位和每个员工也没有将遵守安全生产法律成为自觉行为。

（二）安全生产投入不足

在市场经济条件下，一些企业为追求经济效益最大化，出现重效益轻安全的情况。安全防护设施、器材、装备、仪器仪表等投入不到位，有些施工单位为降低成本，甚至连最基本的安全管理机构和安全员都没有，根本谈不上对施工安全的管理控制。

（三）安全责任制落实不到位，安全意识不强

安全生产责任制是施工单位各项安全生产规章制度的核心，是施工单位行政岗位责任制和经济责任制度的重要组成部分，也是最基本的职业健康安全管理制度。安全生产规章制度关系到生产经营单位的生存和发展。安全生产规章制度也是党和国家安全生产方针、政策、法律、法规在生产经营单位的具体化。水利水电工程通常施工周期较长，在短期内没有安全事故出现，很多施工单位就容易忽视安全，导致安全责任制落实不到位、安全机构不健全、安全意识不强。

（四）未建立健全安全规章制度和操作规程

党和国家关于安全生产的方针、政策、法律、法规及政府部门有关安全生产的规定，只有通过各项安全生产规章制度才能真正落实到实处，落实到基层，落实到每个职工。操作规程是生产经营单位针对某一具体工艺、工种、岗位所制定的具体规章制度。部分施工单位没有按照相关安全生产的法律、法规、规章制度编制安全技术措施，未建立健全安全管理制度和操作规程，作业人员安全意识不强，安全生产知识贫乏，保护生命意识薄弱，甚至不顾生命危险违章作业，冒险蛮干，致使安全管理工作杂乱无章。

（五）缺乏必要的安全教育培训

《安全生产法》的根本出发点和落脚点是重视和保护人的生命权，并对企业的安全生产教育培训作出了明确规定。但有些企业为节省成本，安全教育培训不到位，造成作业人员安全意识和素质较低，无法识别与控制安全风险和事故隐患，无法使人、机器设备、物

料、环境处于良好的安全生产状态。

四、加强水利水电工程建设安全管理的意义

水利安全关乎人民群众生命财产安全,关乎水利改革健康发展良好环境,任重道远。做好新时代水利安全生产工作,任务光荣、责任重大。随着水利事业的发展,水利水电工程建设越来越多,规模越来越大,传统的安全管理方法已经难以满足现实需要。因此,运用更为先进的、现代的安全管理理念,建立系统有效的水利水电工程建设安全管理体系,对顺利完成水利水电工程建设,保证工程运行的安全、稳定,具有重要的意义。

(1)做好安全管理是保证水利水电工程建设顺利完工,更好地实现项目建设效益的要求。只有做好安全管理,才能有效地避免事故的发生,确保实现预期的工程进度,从而节约工程施工成本,项目的经济效益也能得到明显提高。

(2)做好安全管理可以有效地应对突发事件。水利水电工程安全、稳定地运行,关系着人民生命财产的安全、社会经济的发展。因此,面对水利水电工程建设过程中可能出现的突发事故,建立起有效的、针对性强的水利水电工程建设安全管理体系,加强应对工程建设中突发事件的能力,对保障人民群众的生命财产安全具有重要意义。

第二章　水利水电工程建设相关安全生产法律法规

第一节　我国的安全生产法律体系

依法治国是当前我们治理国家的基本方略。在安全生产领域，我国一直高度重视安全生产工作，采取了一系列重大举措加强安全生产工作，以《安全生产法》为龙头，以相关法律、行政法规、部门规章、地方性法规、地方行政规章和其他规范性文件以及安全生产国家标准、行业标准、地方标准为主体的安全生产法律法规体系已经初步形成，而且还在日趋健全和完善，促进了安全生产管理工作的规范化、制度化和科学化。

目前，全国人大、国务院和相关主管部门已经颁布实施并仍然有效的有关安全生产的主要法律法规有100多部。其中，包括全国人大常委会制定的《安全生产法》、《中华人民共和国劳动法》、《中华人民共和国煤炭法》、《中华人民共和国矿山安全法》（简称《矿山安全法》）、《中华人民共和国突发事件应对法》（简称《突发事件应对法》）、《中华人民共和国职业病防治法》、《中华人民共和国海上交通安全法》、《中华人民共和国道路交通安全法》（简称《道路交通安全法》）、《中华人民共和国消防法》（简称《消防法》）、《中华人民共和国铁路法》、《中华人民共和国民航法》、《中华人民共和国电力法》、《中华人民共和国建筑法》（简称《建筑法》）等法律；国务院制定的《国务院关于特大安全事故行政责任追究的规定》、《安全生产许可证条例》、《煤矿安全监察条例》、《国务院关于预防煤矿生产安全事故的特别规定》、《生产安全事故报告和调查处理条例》、《危险化学品安全管理条例》、《中华人民共和国道路交通安全法实施条例》、《建设工程安全生产管理条例》等行政法规；国家安全生产监督管理总局、国家煤矿安全监察局制定的《安全生产监督罚款管理暂行办法》、《安全生产领域违法违纪行为政纪处分暂行规定》、《危险化学品登记管理办法》、《〈生产安全事故报告和调查处理条例〉罚款处罚暂行规定》等部门规章；最高人民法院、最高人民检察院制定出台的《关于办理危害矿山生产安全刑事案件具体应用法律若干问题的解释》；各地人大和政府陆续出台的地方性法规和地方政府规章。到目前为止，各省（区、市）都基本上制定出台了安全生产条例。我省制定了《河南省安全生产条例》《中共河南省委河南省人民政府关于深入推进安全生产领域改革发展的实施意见》等。

一、基本概念

（一）法的概念

法的概念有广义与狭义之分。广义的法是指国家按照统治阶级的利益和意志制定或者认可，并由国家强制力保证其实施的行为规范的总和。狭义的法是指具体的法律规范，包括宪法、法律、行政法规、地方性法规、行政规章、习惯法等各种成文法和不成文法。

成文法是指一定的国家机关依照一定程序制定的、以规范性文件的形式表现出来的法，这些法具有直接的法律效力。国际条约也属于成文法的范畴，对缔约国具有约束力。我国社会主义法的形式以成文法为主。

（二）安全生产法规

安全生产法规是指调整在生产过程中产生的同劳动者或生产人员的安全与健康以及生产资料和社会财富安全保障有关的各种社会关系的法律规范的总和。

这里所说的安全生产法规是指有关安全生产的法律、条例、规章、规定等各种规范性文件的总称。它可以表现为享有国家立法权的机关制定的法律，也可以表现为国务院及其所属的部、委员会发布的行政法规、决定、规章、规定、办法以及地方政府发布的地方性法规等。

（三）安全生产法律体系

法律体系通常指一个国家全部现行法律规范按照不同的法律部门分类组合而形成的有机联系的统一整体。

安全生产法律体系是指我国全部现行的、不同的安全生产法律规范形成的有机联系的统一整体。

二、安全生产法律体系基本框架

安全生产法律体系是一个包含多种法律形式和法律层次的综合性系统，从法律规范的形式和特点来讲，既包括作为整个安全生产法律法规基础的宪法，也包括行政法律规范、技术性法律规范、程序性法律规范。

（一）安全生产法律的形式

我国的安全生产法律体系包括宪法、安全生产法律、安全生产行政法规、安全生产地方性法规（自治条例或单行条例）和安全生产规章。

1.《中华人民共和国宪法》

《中华人民共和国宪法》（简称《宪法》）是我国的根本大法，由最高权力机关——全国人民代表大会制定和修改，一切法律、行政法规和地方性法规都不得与宪法相抵触。《宪法》是安全生产法律体系框架的最高层级，是“加强劳动保护，改善劳动条件”有关安全生产方面最高法律效力的规定。

2. 安全生产法律

法律由国家最高权力机关——全国人民代表大会及其常务委员会根据《宪法》来制定、审议通过和公布。我国的安全生产法律包括《安全生产法》和与它平行的专门法律及相关法律。

（1）基础法。《中华人民共和国安全生产法》（2002 年 6 月 29 日第九届全国人大常委会第二十八次会议通过，主席令第 70 号发布；2009 年 8 月 27 日第十一届全国人大常委会第十次会议修正，主席令第 28 号修正；2014 年 8 月 31 日第十二届全国人大常委会第十次会议修正，主席令第 13 号第二次修正）是安全生产的基础法，是综合规范安全生产法律制度的法律，它适用于所有生产经营单位，是我国安全生产法律体系的核心。

（2）专门法。专门安全生产法律是规范某专业领域安全生产法律制度的法律。我国在专业领域的法律有《中华人民共和国消防法》（主席令第 29 号，1998 年 4 月 29 日第九届全国人大常委会第二次会议通过，2008 年 10 月 28 日第十一届全国人大常委会第五次会议修订,2019年4月23日第十三届全国人大常委会第十次会议修订)、《中华人民共和国矿山安全法》(主席令第65号,2009年修订)、《中华人民共和国道路交通安全法》(主席令第47号)等。

(3)相关法。与安全生产有关的法律是安全生产专门法律以外的其他法律中涵盖有安全生产内容及与安全生产监督执法工作有关的法律,如《中华人民共和国标准化法》(主席令第78号,1988年12月29日第七届全国人大常委会第五次会议通过,2017年11月4日第十二届全国人大常委会第三十次会议修订,简称《标准化法》)、《中华人民共和国劳动法》(主席令第24号,2018年12月29日第十三届全国人大常委会第七次会议修订,简称《劳动法》)、《中华人民共和国职业病防治法》(主席令第24号,2018年12月29日第十三届全国人大常委会第七次会议修订,简称《职业病防治法》)、《中华人民共和国水法》(主席令第七十四号,2016年修订,简称《水法》)、《中华人民共和国建筑法》(主席令第29号,2019年4月23日第十三届全国人大常委会第十次会议修正)等。

3. 安全生产行政法规

安全生产行政法规是由国家最高行政机关——国务院根据宪法和法律制定并批准发布的,是为实施安全生产法律或规范安全生产监督管理制度而制定并颁布的一系列具体规定,是安全生产和监督管理的重要依据,我国已颁布了多部安全生产行政法规,如《建设工程安全生产管理条例》(国务院令第714号,2000年1月10日国务院第25次常务会议通过;2000年1月30日国务院令第279号公布;根据2017年10月7日《国务院关于修改部分行政法规的决定》(国令第687号)第一次修订;2019年4月23日《国务院关于修改部分行政法规的决定》(修订)、《安全生产许可证条例》(国务院令第653号,2014年7月29日国务院第54次常务会议修订)、《危险化学品安全管理条例》(国务院令第645号,2013年12月4日国务院第32次常务会议修订)、《生产安全事故报告和调查处理条例》(国务院令第493号)等。

4. 安全生产地方性法规

安全生产地方性法规是指由有立法权的地方权力机关——地方人民代表大会及其常务委员会和地方人民政府依照法定职权和程序制定和颁布的、施行于本行政区域的安全生产规范性文件,是由法律授权制定的,是对国家安全生产法律、法规的补充和完善。安全生产地方性法规以解决本地区的安全生产问题为目标,其有较强的针对性和可操作性,如《河南省安全生产条例》(2019年5月31日第十三届人民代表大会常务委员会第十次会议通过)。

5. 安全生产规章

根据《中华人民共和国立法法》(主席令第31号发布,2015年3月15日,第十二届全国人大第三次会议通过修订,主席令第20号修订,简称《立法法》)的规定,国务院各部、委员会、中国人民银行、审计署和具有行政管理职能的直属机构,可以根据法律和国务院的行政法规、决定、命令,在本部门的权限范围内,制定规章。省、自治区、直辖市和较大的市的人民政府,可以根据法律、行政法规和本省、自治区、直辖市的地方性法规,制定规章。

安全生产规章分为部门规章和地方政府规章。

(1)部门规章。安全生产部门规章是由国务院有关部门依据安全生产法律、行政法规的规定或者国务院的授权制定发布的,如《水利工程建设安全生产管理规定》(2005 年 7 月 22 日水利部令第 26 号发布、2014 年 8 月 19 日水利部令第 46 号第一次修正、2017 年 12 月 22 日水利部令第 49 号第二次修正、2019 年 5 月 10 日水利部令第 50 号第三次修正)、《安全生产违法行为行政处罚办法》(2007 年 11 月 30 日国家安全监管总局令第 15 号公布,2015 年 4 月 2 日国家安全监管总局令第 77 号修正)等。安全生产部门规章作为安全生产法律法规的重要补充,在我国安全生产中起着十分重要的作用。

(2)地方政府规章。省、自治区、直辖市和较大的市的人民政府,可以根据法律、行政法规和本省、自治区、直辖市的地方性法规制定规章,如《河南省〈民用爆炸物品安全管理条例〉实施办法》(2014 年 1 月 10 日省政府第 21 次常务会议通过)、《广西壮族自治区劳动保障监察办法》(广西壮族自治区人民政府令第 37 号)、《天津市海上交通安全管理规定》(天津市人民政府令第 20 号)。安全生产地方政府规章一方面从属于法律和行政法规,另一方面又从属于地方法规,并且不能与它们相抵触。

(二)安全生产法律的划分

安全生产法律体系究竟如何构建,这个体系中包括哪些安全生产立法,尚在研究和探索之中。可以从上位法与下位法、普通法与特殊法、综合性法与单行法等 3 个方面来认识和构建我国安全生产法律体系的基本框架。

1. 从法的不同层级上,可以分为上位法与下位法

法的层级不同,其法律地位和效力也不同。上位法是指法律地位、法律效力高于其他相关法的立法。下位法相对于上位法而言,是指法律地位、法律效力低于相关上位法的立法。不同的安全生产立法对同一类或者同一个安全生产行为做出不同的法律规定的,以上位法的规定为准,适用上位法的规定。上位法没有规定的,可以适用下位法。下位法的数量一般要多于上位法。

法的层级不同,其法律地位和法律效力也不同。安全生产法律的法律地位和法律效力高于安全生产行政法规、地方性法规、规章;安全生产行政法规的法律地位和法律效力低于安全生产法律,但高于安全生产地方性法规、安全生产规章;安全生产地方性法规的法律地位和法律效力低于安全生产法律、行政法规,高于本级和下级地方政府安全生产规章;部门安全生产规章的法律效力低于安全生产法律、行政法规,部门规章之间、部门规章与地方政府规章之间具有同等效力,在各自的权限范围内施行。

2. 从同一层级的法的效力上,可分为普通法与特殊法

我国的安全生产法律体系在同一层级的安全生产立法中可分为普通法与特殊法,两者调整对象和适用范围各有侧重,相辅相成,缺一不可。普通法是适用于安全生产领域中普遍存在的基本问题、共性问题的法律规范,如《安全生产法》是安全生产领域的普通法,它所确定的安全生产基本方针原则和基本法律制度普遍适用于生产经营活动的各个领域。特殊法是适用于某些安全生产领域独立存在的特殊性、专业性问题的法律规范,比普通法更专业、更具体、更有可操作性,如《消防法》、《道路交通安全法》等。在同一层级的安全生产立法对同一类问题的法律适用上,适用特殊法优于普通法的原则。

3. 从法的内容上,可分为综合性法和单行法

安全生产法律规范的内容十分丰富。综合性法不受法律规范层级的限制,将各个层

级的综合性法律规范看作一个整体,适用于安全生产的主要领域或者某一领域的主要方面。单行法的内容只涉及某一领域或者某一方面的安全生产问题。在一定条件下,综合性法与单行法的区分是相对的、可分的。《安全生产法》属于安全生产领域的综合性法律,其内容涵盖了安全生产领域的主要方面和基本问题。与其相对,《矿山安全法》是单独适用于矿山开采安全生产的单行法律。但就矿山开采安全生产的整体而言,《矿山安全法》又是综合性法,各个矿种开采安全生产的立法则是矿山安全立法的单行法。

(三)安全生产法律规范的适用

根据《立法法》的有关规定,安全生产法律、行政法规、地方性法规、行政规章之间存在冲突时,按下列原则适用。

(1)同一机关制定的法律、行政法规、地方性法规、自治条例和单行条例、规章,特别规定与一般规定不一致的,适用特别规定;新的规定与旧的规定不一致的,适用新的规定。

(2)法律之间对同一事项的新的一般规定与旧的特别规定不一致,不能确定如何适用时,由全国人民代表大会常务委员会裁决。

(3)行政法规之间对同一事项的新的一般规定与旧的特别规定不一致,不能确定如何适用时,由国务院裁决。

(4)地方性法规、规章之间不一致,同一机关制定的新的一般规定与旧的特别规定不一致时,由制定机关裁决。

(5)地方性法规与部门规章之间对同一事项的规定不一致,不能确定如何适用时,由国务院提出意见,国务院认为应当适用地方性法规的,应当决定在该地方适用地方性法规的规定;认为应当适用部门规章的,应当提请全国人民代表大会常务委员会裁决。

(6)部门规章之间、部门规章与地方政府规章之间对同一事项的规定不一致时,由国务院裁决。根据授权制定的法规与法律规定不一致,不能确定如何适用时,由全国人民代表大会常务委员会裁决。

三、国际公约

国际公约是国际劳工大会通过的法律性文件,对批准的缔约国有效。凡经我国政府批准加入的国际劳工公约,除其中我国声明保留的条款外,我国应保证实施。目前,我国政府批准加入的与安全生产有关的主要有下列公约。

(1)《职业安全和卫生公约》(国际劳工组织 1981 年第 155 号公约):该条约要求批准本公约的会员国制定、实施并定期评审国家职业安全卫生和工作环境方针,实现在合理可行的范围内,把工作环境中存在的危险因素减少到最低限度,预防源于工作、与工作相关或在工作过程中可能发生的事故和对健康的危害。该条约必须考虑工作环境中各种要素之间的协调管理,要素之间的关系,培训、交流与合作,以及工人及其代表遵照方针,按照规定的措施要求,采取恰当的行动获取保护。

(2)《建筑业安全卫生公约》(国际劳工组织 1988 年第 167 号公约):该条约要求会员国应参照国际标准制定有关建筑业安全健康的法律和条例并使之生效,在建筑施工中应明确雇主、工程技术人员和工人为保证安全生产所应负的责任,确保建筑工地安全健康的工作条件。公约还对建筑施工工作场地、机械、作业方式以及工人的个人防护和急救措施等做了具体规定。该条约主要内容有范围和定义、一般规定、预防和保护措施、执行、最后条款,全文共44条。我国政府于2001年10月批准;同时声明在中华人民共和国政府另行通知前,该条约暂不适用于香港特别行政区。

(3)《作业场所安全使用化学品公约》(国际劳工组织1990年第170号公约):该条约要求会员国制定和实施一项有关作业场所安全使用化学品的政策,制定关于作业场所安全使用化学品的连续性政策,并进行定期检查。该条约主要内容有范围和定义、总则、分类和有关措施、雇主的责任、工人的义务、工人及其代表的权利、出口国的责任。我国于1994年10月通过、批准。

(4)《预防重大工业事故公约》(国际劳工组织1993年第174号公约):该条约要求会员国制定、实施并定期检讨有关保护工人、公众和环境免于重大事故风险的国家一贯政策,须通过为重大危害设置制定预防和保护措施来实施这一政策,并酌情使用最佳安全技术;根据国家法律和条例或国际标准,主管当局或经主管当局批准或认可的机构,在同最有代表性的雇主组织和工人组织及可能受到影响的其他有关各方协商之后,须制定出一套制度,以识别重大危害设置,定期检查并对有关制度进行修订。该条约包括范围和定义、总则、雇主的责任、主管当局的责任、工人及其代表的权利和义务、出口国的责任、最后条款等。

第二节　水利水电工程建设安全生产相关法律和行政法规

水利水电工程建设安全生产法律、行政法规、部门规章及技术标准等是水利水电工程建设安全生产与监督管理的重要依据。

一、水利水电工程建设安全生产法律

(一)《安全生产法》

《安全生产法》是中华人民共和国成立以来第一部全面规范安全生产的专门法律。这部法律于2002年6月29日中华人民共和国第九届全国人民代表大会常务委员会第二十八次会议通过,中华人民共和国主席令第70号发布,自2002年11月1日起施行,是我国安全生产的主体法。2009年8月27日第十一届全国人民代表大会常务委员会第十次会议根据《关于修改部分法律的决定》,第一次修正了《中华人民共和国安全生产法》,中华人民共和国主席令第18号发布。2014年8月31日中华人民共和国第十二届全国人民代表大会常务委员会第十次会议通过了《全国人民代表大会常务委员会关于修改〈中华人民共和国安全生产法〉的决定》,中华人民共和国主席令第13号发布修改后的《安全生产法》于2014年12月1日起施行。

2014年版《安全生产法》从认真贯彻落实习近平总书记关于安全生产工作的一系列重要指示精神,强化安全生产工作的摆位,进一步落实生产经营单位主体责任,从政府安全监管定位和加强基层执法力量、强化安全生产责任追究等几个方面入手,着眼于安全生产现实问题和发展要求,补充完善了相关法律制度规定,包括总则、生产经营单位的安全生产保障、从业人员的安全生产权利义务、安全生产的监督管理、生产安全事故的应急救援与调查处理、法律责任、附则七章一百一十四条,其中71条直接关系生产经营单位及其人

员，占总条数的63%。

1. 总体要求

(1)立法目的。

第一条　为了加强安全生产工作，防止和减少生产安全事故，保障人民群众生命和财产安全，促进经济社会持续健康发展，制定本法。

(2)适用范围。

第二条　在中华人民共和国领域内从事生产经营活动的单位(以下统称生产经营单位)的安全生产，适用本法；有关法律、行政法规对消防安全和道路交通安全、铁路交通安全、水上交通安全、民用航空安全以及核与辐射安全、特种设备安全另有规定的，适用其规定。

2. 主要规定

《安全生产法》对生产经营单位主要负责人的安全生产职责、安全生产资金投入、安全生产管理机构人员设置、安全教育培训、考核与持证上岗、安全设施“三同时”、安全警示标志设置、特种设备安全管理、危险物品管理、重大危险源管理、危险作业安全管理、劳动防护用品、从业人员权利和义务、事故报告等方面做了规定，为生产经营活动提供了全面的法律依据和法律保障。

(1)生产经营单位主要负责人的安全生产职责的规定。

第十八条　生产经营单位的主要负责人对本单位安全生产工作负有下列职责：

(一)建立、健全本单位安全生产责任制；

(二)组织制定本单位安全生产规章制度和操作规程；

(三)组织制定并实施本单位安全生产教育和培训计划；

(四)保证本单位安全生产投入的有效实施；

(五)督促、检查本单位的安全生产工作，及时消除生产安全事故隐患；

(六)组织制定并实施本单位的生产安全事故应急救援预案；

(七)及时、如实报告生产安全事故。

(2)安全生产资金投入的规定。

第二十条　生产经营单位应当具备的安全生产条件所必需的资金投入，由生产经营单位的决策机构、主要负责人或者个人经营的投资人予以保证，并对由于安全生产所必需的资金投入不足导致的后果承担责任。

有关生产经营单位应当按照规定提取和使用安全生产费用，专门用于改善安全生产条件。安全生产费用在成本中据实列支。安全生产费用提取、使用和监督管理的具体办法由国务院财政部门会同国务院安全生产监督管理部门征求国务院有关部门意见后制定。

(3)安全生产管理机构人员设置的规定。

第二十一条　矿山、金属冶炼、建筑施工、道路运输单位和危险物品的生产、经营、储存单位，应当设置安全生产管理机构或者配备专职安全生产管理人员。

前款规定以外的其他生产经营单位，从业人员超过一百人的，应当设置安全生产管理机构或者配备专职安全生产管理人员；从业人员在一百人以下的，应当配备专职或者兼职的安全生产管理人员。

(4)安全教育培训、考核与持证上岗的规定。

第二十五条　生产经营单位应当对从业人员进行安全生产教育和培训,保证从业人员具备必要的安全生产知识,熟悉有关的安全生产规章制度和安全操作规程,掌握本岗位的安全操作技能,了解事故应急处理措施,知悉自身在安全生产方面的权利和义务。未经安全生产教育和培训合格的从业人员,不得上岗作业。

第二十六条　生产经营单位采用新工艺、新技术、新材料或者使用新设备,必须了解、掌握其安全技术特性,采取有效的安全防护措施,并对从业人员进行专门的安全生产教育和培训。

第二十七条　生产经营单位的特种作业人员必须按照国家有关规定经专门的安全作业培训,取得相应资格,方可上岗作业。

(5)安全设施"三同时"的规定。

第二十八条　生产经营单位新建、改建、扩建工程项目(以下统称建设项目)的安全设施,必须与主体工程同时设计、同时施工、同时投入生产和使用。安全设施投资应当纳入建设项目概算。

(6)安全警示标志设置的规定。

第三十二条　生产经营单位应当在有较大危险因素的生产经营场所和有关设施、设备上,设置明显的安全警示标志。

(7)特种设备安全管理的规定。

第三十四条　生产经营单位使用的危险物品的容器、运输工具,以及涉及人身安全、危险性较大的海洋石油开采特种设备和矿山井下特种设备,必须按照国家有关规定,由专业生产单位生产,并经具有专业资质的检测、检验机构检测、检验合格,取得安全使用证或者安全标志,方可投入使用。检测、检验机构对检测、检验结果负责。

(8)危险物品管理的规定。

第三十六条　生产、经营、运输、储存、使用危险物品或者处置废弃危险物品的,由有关主管部门依照有关法律、法规的规定和国家标准或者行业标准审批并实施监督管理。

生产经营单位生产、经营、运输、储存、使用危险物品或者处置废弃危险物品,必须执行有关法律、法规和国家标准或者行业标准,建立专门的安全管理制度,采取可靠的安全措施,接受有关主管部门依法实施的监督管理。

(9)重大危险源管理的规定。

第三十七条　生产经营单位对重大危险源应当登记建档,进行定期检测、评估、监控,并制定应急预案,告知从业人员和相关人员在紧急情况下应当采取的应急措施。

生产经营单位应当按照国家有关规定将本单位重大危险源及有关安全措施、应急措施报有关地方人民政府安全生产监督管理的部门和有关部门备案。

(10)危险作业安全管理的规定。

第四十条　生产经营单位进行爆破、吊装以及国务院安全生产监督管理部门会同国务院有关部门规定的其他危险作业,应当安排专门人员进行现场安全管理,确保操作规程的遵守和安全措施的落实。

(11)劳动防护用品的规定。

第四十二条 生产经营单位必须为从业人员提供符合国家标准或者行业标准的劳动防护用品,并监督、教育从业人员按照使用规则佩戴、使用。

第五十四条 从业人员在作业过程中,应当严格遵守本单位的安全生产规章制度和操作规程,服从管理,正确佩戴和使用劳动防护用品。

(12)从业人员权利和义务的规定。

第四十九条 生产经营单位与从业人员订立的劳动合同,应当载明有关保障从业人员劳动安全、防止职业危害的事项,以及依法为从业人员办理工伤保险的事项。

生产经营单位不得以任何形式与从业人员订立协议,免除或者减轻其对从业人员因生产安全事故伤亡依法应承担的责任。

第五十条 生产经营单位的从业人员有权了解其作业场所和工作岗位存在的危险因素、防范措施及事故应急措施,有权对本单位的安全生产工作提出建议。

第五十一条 从业人员有权对本单位安全生产工作中存在的问题提出批评、检举、控告;有权拒绝违章指挥和强令冒险作业。

生产经营单位不得因从业人员对本单位安全生产工作提出批评、检举、控告或者拒绝违章指挥、强令冒险作业而降低其工资、福利等待遇或者解除与其订立的劳动合同。

第五十二条 从业人员发现直接危及人身安全的紧急情况时,有权停止作业或者在采取可能的应急措施后撤离作业场所。

生产经营单位不得因从业人员在前款紧急情况下停止作业或者采取紧急撤离措施而降低其工资、福利等待遇或者解除与其订立的劳动合同。

第五十三条 因生产安全事故受到损害的从业人员,除依法享有工伤保险外,依照有关民事法律尚有获得赔偿的权利的,有权向本单位提出赔偿要求。

第五十四条 从业人员在作业过程中,应当严格遵守本单位的安全生产规章制度和操作规程,服从管理,正确佩戴和使用劳动防护用品。

第五十五条 从业人员应当接受安全生产教育和培训,掌握本职工作所需的安全生产知识,提高安全生产技能,增强事故预防和应急处理能力。

第五十六条 从业人员发现事故隐患或者其他不安全因素,应当立即向现场安全生产管理人员或者本单位负责人报告;接到报告的人员应当及时予以处理。

第五十八条 生产经营单位使用被派遣劳动者的,被派遣劳动者享有本法规定的从业人员的权利,并应当履行本法规定的从业人员的义务。

(二)《突发事件应对法》

中华人民共和国主席令第六十九号。

2007 年 8 月 30 日第十届全国人民代表大会常务委员会第二十九次会议通过《突发事件应对法》,自 2007 年 11 月 1 日起施行。主要规定包括:

1. 预防与应急准备

第三条 本法所称突发事件,是指突然发生,造成或者可能造成严重社会危害,需要采取应急处置措施予以应对的自然灾害、事故灾难、公共卫生事件和社会安全事件。

按照社会危害程度、影响范围等因素,自然灾害、事故灾难、公共卫生事件分为特别重大、重大、较大和一般四级。法律、行政法规或者国务院另有规定的，从其规定。

突发事件的分级标准由国务院或者国务院确定的部门制定。

第五条　突发事件应对工作实行预防为主、预防与应急相结合的原则。国家建立重大突发事件风险评估体系，对可能发生的突发事件进行综合性评估，减少重大突发事件的发生，最大限度地减轻重大突发事件的影响。

第十七条　国家建立健全突发事件应急预案体系。

国务院制定国家突发事件总体应急预案，组织制定国家突发事件专项应急预案；国务院有关部门根据各自的职责和国务院相关应急预案，制定国家突发事件部门应急预案。

地方各级人民政府和县级以上地方各级人民政府有关部门根据有关法律、法规、规章、上级人民政府及其有关部门的应急预案以及本地区的实际情况，制定相应的突发事件应急预案。

应急预案制定机关应当根据实际需要和情势变化，适时修订应急预案。应急预案的制定、修订程序由国务院规定。

第二十三条　矿山、建筑施工单位和易燃易爆物品、危险化学品、放射性物品等危险物品的生产、经营、储运、使用单位，应当制定具体应急预案，并对生产经营场所、有危险物品的建筑物、构筑物及周边环境开展隐患排查，及时采取措施消除隐患，防止发生突发事件。

2. 监测与预警

第三十七条　国务院建立全国统一的突发事件信息系统。

县级以上地方各级人民政府应当建立或者确定本地区统一的突发事件信息系统，汇集、储存、分析、传输有关突发事件的信息，并与上级人民政府及其有关部门、下级人民政府及其有关部门、专业机构和监测网点的突发事件信息系统实现互联互通，加强跨部门、跨地区的信息交流与情报合作。

第三十八条　县级以上人民政府及其有关部门、专业机构应当通过多种途径收集突发事件信息。

县级人民政府应当在居民委员会、村民委员会和有关单位建立专职或者兼职信息报告员制度。

获悉突发事件信息的公民、法人或者其他组织，应当立即向所在地人民政府、有关主管部门或者指定的专业机构报告。

第四十二条　国家建立健全突发事件预警制度。

可以预警的自然灾害、事故灾难和公共卫生事件的预警级别，按照突发事件发生的紧急程度、发展势态和可能造成的危害程度分为一级、二级、三级和四级，分别用红色、橙色、黄色和蓝色标示，一级为最高级别。

预警级别的划分标准由国务院或者国务院确定的部门制定。

3. 应急处置与救援及灾后恢复与重建

第四十九条　自然灾害、事故灾难或者公共卫生事件发生后，履行统一领导职责的人民政府可以采取下列一项或者多项应急处置措施：

（一）组织营救和救治受害人员，疏散、撤离并妥善安置受到威胁的人员以及采取其他救助措施；

（二）迅速控制危险源，标明危险区域，封锁危险场所，划定警戒区，实行交通管制以及其他控制措施；

（三）立即抢修被损坏的交通、通信、供水、排水、供电、供气、供热等公共设施，向受到危害的人员提供避难场所和生活必需品，实施医疗救护和卫生防疫以及其他保障措施；

（四）禁止或者限制使用有关设备、设施，关闭或者限制使用有关场所，中止人员密集的活动或者可能导致危害扩大的生产经营活动以及采取其他保护措施；

（五）启用本级人民政府设置的财政预备费和储备的应急救援物资，必要时调用其他急需物资、设备、设施、工具；

（六）组织公民参加应急救援和处置工作，要求具有特定专长的人员提供服务；

（七）保障食品、饮用水、燃料等基本生活必需品的供应；

（八）依法从严惩处囤积居奇、哄抬物价、制假售假等扰乱市场秩序的行为，稳定市场价格，维护市场秩序；

（九）依法从严惩处哄抢财物、干扰破坏应急处置工作等扰乱社会秩序的行为，维护社会治安；

（十）采取防止发生次生、衍生事件的必要措施。

第五十条 社会安全事件发生后，组织处置工作的人民政府应当立即组织有关部门并由公安机关针对事件的性质和特点，依照有关法律、行政法规和国家其他有关规定，采取下列一项或者多项应急处置措施：

（一）强制隔离使用器械相互对抗或者以暴力行为参与冲突的当事人，妥善解决现场纠纷和争端，控制事态发展；

（二）对特定区域内的建筑物、交通工具、设备、设施以及燃料、燃气、电力、水的供应进行控制；

（三）封锁有关场所、道路，查验现场人员的身份证件，限制有关公共场所内的活动；

（四）加强对易受冲击的核心机关和单位的警卫，在国家机关、军事机关、国家通讯社、广播电台、电视台、外国驻华使领馆等单位附近设置临时警戒线；

（五）法律、行政法规和国务院规定的其他必要措施。

严重危害社会治安秩序的事件发生时，公安机关应当立即依法出动警力，根据现场情况依法采取相应的强制性措施，尽快使社会秩序恢复正常。

第五十八条 突发事件的威胁和危害得到控制或者消除后，履行统一领导职责或者组织处置突发事件的人民政府应当停止执行依照本法规定采取的应急处置措施，同时采取或者继续实施必要措施，防止发生自然灾害、事故灾难、公共卫生事件的次生、衍生事件或者重新引发社会安全事件。

第五十九条 突发事件应急处置工作结束后，履行统一领导职责的人民政府应当立即组织对突发事件造成的损失进行评估，组织受影响地区尽快恢复生产、生活、工作和社会秩序，制定恢复重建计划，并向上一级人民政府报告。

受突发事件影响地区的人民政府应当及时组织和协调公安、交通、铁路、民航、邮电、建设等有关部门恢复社会治安秩序，尽快修复被损坏的交通、通信、供水、排水、供电、供气、供热等公共设施。

4. 有关施工企业突发事件应对的法律责任。

第六十三条　地方各级人民政府和县级以上各级人民政府有关部门违反本法规定，不履行法定职责的，由其上级行政机关或者监察机关责令改正；有下列情形之一的，根据情节对直接负责的主管人员和其他直接责任人员依法给予处分：

（一）未按规定采取预防措施，导致发生突发事件，或者未采取必要的防范措施，导致发生次生、衍生事件的；

（二）迟报、谎报、瞒报、漏报有关突发事件的信息，或者通报、报送、公布虚假信息，造成后果的；

（三）未按规定及时发布突发事件警报、采取预警期的措施，导致损害发生的；

（四）未按规定及时采取措施处置突发事件或者处置不当，造成后果的；

（五）不服从上级人民政府对突发事件应急处置工作的统一领导、指挥和协调的；

（六）未及时组织开展生产自救、恢复重建等善后工作的；

（七）截留、挪用、私分或者变相私分应急救援资金、物资的；

（八）不及时归还征用的单位和个人的财产，或者对被征用财产的单位和个人不按规定给予补偿的。

第六十四条　有关单位有下列情形之一的，由所在地履行统一领导职责的人民政府责令停产停业，暂扣或者吊销许可证或者营业执照，并处五万元以上二十万元以下的罚款；构成违反治安管理行为的，由公安机关依法给予处罚：

（一）未按规定采取预防措施，导致发生严重突发事件的；

（二）未及时消除已发现的可能引发突发事件的隐患，导致发生严重突发事件的；

（三）未做好应急设备、设施日常维护、检测工作，导致发生严重突发事件或者突发事件危害扩大的；

（四）突发事件发生后，不及时组织开展应急救援工作，造成严重后果的。

前款规定的行为，其他法律、行政法规规定由人民政府有关部门依法决定处罚的，从其规定。

第六十五条　违反本法规定，编造并传播有关突发事件事态发展或者应急处置工作的虚假信息，或者明知是有关突发事件事态发展或者应急处置工作的虚假信息而进行传播的，责令改正，给予警告；造成严重后果的，依法暂停其业务活动或者吊销其执业许可证；负有直接责任的人员是国家工作人员的，还应当对其依法给予处分；构成违反治安管理行为的，由公安机关依法给予处罚。

第六十六条　单位或者个人违反本法规定，不服从所在地人民政府及其有关部门发布的决定、命令或者不配合其依法采取的措施，构成违反治安管理行为的，由公安机关依法给予处罚。

（三）《消防法》

1998 年 4 月 29 日第九届全国人民代表大会常务委员会第二次会议通过《消防法》，主席令第四号公布。2008 年 10 月 28 日第十一届全国人民代表大会常务委员会第五次会议修订，主席令第六号公布。2019 年 4 月 23 日第十三届全国人民代表大会常务委员会第十次会议修订，主席令第二十九号公布，自2019年4月23日起施行。主要规定：

1. 火灾预防

第二条 消防工作贯彻预防为主、防消结合的方针，按照政府统一领导、部门依法监管、单位全面负责、公民积极参与的原则，实行消防安全责任制，建立健全社会化的消防工作网络。

第九条 建设工程的消防设计、施工必须符合国家工程建设消防技术标准。建设、设计、施工、工程监理等单位依法对建设工程的消防设计、施工质量负责。

第十二条 特殊建设工程未经消防设计审查或者审查不合格的，建设单位、施工单位不得施工；其他建设工程，建设单位未提供满足施工需要的消防设计图纸及技术资料的，有关部门不得发放施工许可证或者批准开工报告。

第十六条 机关、团体、企业、事业等单位应当履行下列消防安全职责：

（一）落实消防安全责任制，制定本单位的消防安全制度、消防安全操作规程，制定灭火和应急疏散预案；

（二）按照国家标准、行业标准配置消防设施、器材，设置消防安全标志，并定期组织检验、维修，确保完好有效；

（三）对建筑消防设施每年至少进行一次全面检测，确保完好有效，检测记录应当完整准确，存档备查；

（四）保障疏散通道、安全出口、消防车通道畅通，保证防火防烟分区、防火间距符合消防技术标准；

（五）组织防火检查，及时消除火灾隐患；

（六）组织进行有针对性的消防演练；

（七）法律、法规规定的其他消防安全职责。

单位的主要负责人是本单位的消防安全责任人。

第二十六条 建筑构件、建筑材料和室内装修、装饰材料的防火性能必须符合国家标准；没有国家标准的，必须符合行业标准。

人员密集场所室内装修、装饰，应当按照消防技术标准的要求，使用不燃、难燃材料。

第二十七条 电器产品、燃气用具的产品标准，应当符合消防安全的要求。

电器产品、燃气用具的安装、使用及其线路、管路的设计、敷设、维护保养、检测，必须符合消防技术标准和管理规定。

第二十八条 任何单位、个人不得损坏、挪用或者擅自拆除、停用消防设施、器材，不得埋压、圈占、遮挡消火栓或者占用防火间距，不得占用、堵塞、封闭疏散通道、安全出口、消防车通道。人员密集场所的门窗不得设置影响逃生和灭火救援的障碍物。

2. 消防组织与灭火救援

第三十六条 县级以上地方人民政府应当按照国家规定建立国家综合性消防救援队、专职消防队，并按照国家标准配备消防装备，承担火灾扑救工作。

乡镇人民政府应当根据当地经济发展和消防工作的需要，建立专职消防队、志愿消防队，承担火灾扑救工作。

第四十三条 县级以上地方人民政府应当组织有关部门针对本行政区域内的火灾特

点制定应急预案,建立应急反应和处置机制,为火灾扑救和应急救援工作提供人员、装备等保障。

第四十四条 任何人发现火灾都应当立即报警。任何单位、个人都应当无偿为报警提供便利,不得阻拦报警。严禁谎报火警。

人员密集场所发生火灾,该场所的现场工作人员应当立即组织、引导在场人员疏散。

任何单位发生火灾,必须立即组织力量扑救。邻近单位应当给予支援。

消防队接到火警,必须立即赶赴火灾现场,救助遇险人员,排除险情,扑灭火灾。

3. 有关施工企业安全生产的法律责任

第五十八条 违反本法规定,有下列行为之一的,由住房和城乡建设主管部门、消防救援机构按照各自职权责令停止施工、停止使用或者停产停业,并处三万元以上三十万元以下罚款:

(一)依法应当进行消防设计审查的建设工程,未经依法审查或者审查不合格,擅自施工的;

(二)依法应当进行消防验收的建设工程,未经消防验收或者消防验收不合格,擅自投入使用的;

(三)本法第十三条规定的其他建设工程验收后经依法抽查不合格,不停止使用的;

(四)公众聚集场所未经消防安全检查或者经检查不符合消防安全要求,擅自投入使用、营业的。

建设单位未依照本法规定在验收后报住房和城乡建设主管部门备案的,由住房和城乡建设主管部门责令改正,处五千元以下罚款。

第五十八条 违反本法规定,有下列行为之一的,由住房和城乡建设主管部门责令改正或者停止施工,并处一万元以上十万元以下罚款:

(一)建设单位要求建筑设计单位或者建筑施工企业降低消防技术标准设计、施工的;

(二)建筑设计单位不按照消防技术标准强制性要求进行消防设计的;

(三)建筑施工企业不按照消防设计文件和消防技术标准施工,降低消防施工质量的;

(四)工程监理单位与建设单位或者建筑施工企业串通,弄虚作假,降低消防施工质量的。

第六十条 单位违反本法规定,有下列行为之一的,责令改正,处五千元以上五万元以下罚款:

(一)消防设施、器材或者消防安全标志的配置、设置不符合国家标准、行业标准,或者未保持完好有效的;

(二)损坏、挪用或者擅自拆除、停用消防设施、器材的;

(三)占用、堵塞、封闭疏散通道、安全出口或者有其他妨碍安全疏散行为的;

(四)埋压、圈占、遮挡消火栓或者占用防火间距的;

(五)占用、堵塞、封闭消防车通道,妨碍消防车通行的;

(六)人员密集场所在门窗上设置影响逃生和灭火救援的障碍物的;

(七)对火灾隐患经消防救援机构通知后不及时采取措施消除的。

个人有前款第二项、第三项、第四项、第五项行为之一的,处警告或者五百元以下罚款。

有本条第一款第三项、第四项、第五项、第六项行为,经责令改正拒不改正的,强制执行,所需费用由违法行为人承担。

第六十一条　生产、储存、经营易燃易爆危险品的场所与居住场所设置在同一建筑物内,或者未与居住场所保持安全距离的,责令停产停业,并处五千元以上五万元以下罚款。

生产、储存、经营其他物品的场所与居住场所设置在同一建筑物内,不符合消防技术标准的,依照前款规定处罚。

第六十二条　有下列行为之一的,依照《中华人民共和国治安管理处罚法》的规定处罚:

(一)违反有关消防技术标准和管理规定生产、储存、运输、销售、使用、销毁易燃易爆危险品的;

(二)非法携带易燃易爆危险品进入公共场所或者乘坐公共交通工具的;

(三)谎报火警的;

(四)阻碍消防车、消防艇执行任务的;

(五)阻碍消防救援机构的工作人员依法执行职务的。

第六十三条　违反本法规定,有下列行为之一的,处警告或者五百元以下罚款;情节严重的,处五日以下拘留:

(一)违反消防安全规定进入生产、储存易燃易爆危险品场所的;

(二)违反规定使用明火作业或者在具有火灾、爆炸危险的场所吸烟、使用明火的。

第六十四条　违反本法规定,有下列行为之一,尚不构成犯罪的,处十日以上十五日以下拘留,可以并处五百元以下罚款;情节较轻的,处警告或者五百元以下罚款:

(一)指使或者强令他人违反消防安全规定,冒险作业的;

(二)过失引起火灾的;

(三)在火灾发生后阻拦报警,或者负有报告职责的人员不及时报警的;

(四)扰乱火灾现场秩序,或者拒不执行火灾现场指挥员指挥,影响灭火救援的;

(五)故意破坏或者伪造火灾现场的;

(六)擅自拆封或者使用被消防救援机构查封的场所、部位的。

第六十五条　违反本法规定,生产、销售不合格的消防产品或者国家明令淘汰的消防产品的,由产品质量监督部门或者工商行政管理部门依照《中华人民共和国产品质量法》的规定从重处罚。

人员密集场所使用不合格的消防产品或者国家明令淘汰的消防产品的,责令限期改正;逾期不改正的,处五千元以上五万元以下罚款,并对其直接负责的主管人员和其他直接责任人员处五百元以上二千元以下罚款;情节严重的,责令停产停业。

消防救援机构对于本条第二款规定的情形,除依法对使用者予以处罚外,应当将发现不合格的消防产品和国家明令淘汰的消防产品的情况通报产品质量监督部门、工商行政管理部门。产品质量监督部门、工商行政管理部门应当对生产者、销售者依法及时查处。

第六十六条　电器产品、燃气用具的安装、使用及其线路、管路的设计、敷设、维护保养、检测不符合消防技术标准和管理规定的,责令限期改正;逾期不改正的,责令停止使用，可以并处一千元以上五千元以下罚款。

第六十七条 机关、团体、企业、事业等单位违反本法第十六条、第十七条、第十八条、第二十一条第二款规定的，责令限期改正；逾期不改正的，对其直接负责的主管人员和其他直接责任人员依法给予处分或者给予警告处罚。

（四）《中华人民共和国特种设备安全法》（简称《特种设备安全法》）

2013 年 6 月 29 日第十二届全国人民代表大会常务委员会第三次会议通过《中华人民共和国特种设备安全法》，主席令第 4 号公布。《特种设备安全法》分总则，生产、经营、使用，检验、检测，监督管理，事故应急救援与调查处理，法律责任，附则共 7 章 101 条，自 2014 年 1 月 1 日起施行。《特种设备安全法》突出了特种设备生产、经营、使用单位的安全主体责任，明确规定：在生产环节、生产企业对特种设备的质量负责。

1. 施工企业使用特种设备的安全主体责任

第十三条 特种设备生产、经营、使用单位及其主要负责人对其生产、经营、使用的特种设备安全负责。

特种设备生产、经营、使用单位应当按照国家有关规定配备特种设备安全管理人员、检测人员和作业人员，并对其进行必要的安全教育和技能培训。

第十四条 特种设备安全管理人员、检测人员和作业人员应当按照国家有关规定取得相应资格，方可从事相关工作。特种设备安全管理人员、检测人员和作业人员应当严格执行安全技术规范和管理制度，保证特种设备安全。

第十五条 特种设备生产、经营、使用单位对其生产、经营、使用的特种设备应当进行自行检测和维护保养，对国家规定实行检验的特种设备应当及时申报并接受检验。

第十六条 特种设备采用新材料、新技术、新工艺，与安全技术规范的要求不一致，或者安全技术规范未作要求、可能对安全性能有重大影响的，应当向国务院负责特种设备安全监督管理的部门申报，由国务院负责特种设备安全监督管理的部门及时委托安全技术咨询机构或者相关专业机构进行技术评审，评审结果经国务院负责特种设备安全监督管理的部门批准，方可投入生产、使用。

国务院负责特种设备安全监督管理的部门应当将允许使用的新材料、新技术、新工艺的有关技术要求，及时纳入安全技术规范。

第三十二条 特种设备使用单位应当使用取得许可生产并经检验合格的特种设备。禁止使用国家明令淘汰和已经报废的特种设备。

第三十三条 特种设备使用单位应当在特种设备投入使用前或者投入使用后三十日内，向负责特种设备安全监督管理的部门办理使用登记，取得使用登记证书。登记标志应当置于该特种设备的显著位置。

第三十四条 特种设备使用单位应当建立岗位责任、隐患治理、应急救援等安全管理制度，制定操作规程，保证特种设备安全运行。

第三十五条 特种设备使用单位应当建立特种设备安全技术档案。安全技术档案应当包括以下内容：

（一）特种设备的设计文件、产品质量合格证明、安装及使用维护保养说明、监督检验证明等相关技术资料和文件；

(二)特种设备的定期检验和定期自行检查记录;

(三)特种设备的日常使用状况记录;

(四)特种设备及其附属仪器仪表的维护保养记录;

(五)特种设备的运行故障和事故记录。

第三十七条 特种设备的使用应当具有规定的安全距离、安全防护措施。与特种设备安全相关的建筑物、附属设施,应当符合有关法律、行政法规的规定。

第三十八条 特种设备属于共有的,共有人可以委托物业服务单位或者其他管理人管理特种设备,受托人履行本法规定的特种设备使用单位的义务,承担相应责任。共有人未委托的,由共有人或者实际管理人履行管理义务,承担相应责任。

第三十九条 特种设备使用单位应当对其使用的特种设备进行经常性维护保养和定期自行检查,并作出记录。

特种设备使用单位应当对其使用的特种设备的安全附件、安全保护装置进行定期校验、检修,并作出记录。

第四十条 特种设备使用单位应当按照安全技术规范的要求,在检验合格有效期届满前一个月向特种设备检验机构提出定期检验要求。

特种设备检验机构接到定期检验要求后,应当按照安全技术规范的要求及时进行安全性能检验。特种设备使用单位应当将定期检验标志置于该特种设备的显著位置。

未经定期检验或者检验不合格的特种设备,不得继续使用。

第四十一条 特种设备安全管理人员应当对特种设备使用状况进行经常性检查,发现问题应当立即处理;情况紧急时,可以决定停止使用特种设备并及时报告本单位有关负责人。

特种设备作业人员在作业过程中发现事故隐患或者其他不安全因素,应当立即向特种设备安全管理人员和单位有关负责人报告;特种设备运行不正常时,特种设备作业人员应当按照操作规程采取有效措施保证安全。

第四十二条 特种设备出现故障或者发生异常情况,特种设备使用单位应当对其进行全面检查,消除事故隐患,方可继续使用。

第四十九条 移动式压力容器、气瓶充装单位,应当具备下列条件,并经负责特种设备安全监督管理的部门许可,方可从事充装活动:

(一)有与充装和管理相适应的管理人员和技术人员;

(二)有与充装和管理相适应的充装设备、检测手段、场地厂房、器具、安全设施;

(三)有健全的充装管理制度、责任制度、处理措施。

充装单位应当建立充装前后的检查、记录制度,禁止对不符合安全技术规范要求的移动式压力容器和气瓶进行充装。

气瓶充装单位应当向气体使用者提供符合安全技术规范要求的气瓶,对气体使用者进行气瓶安全使用指导,并按照安全技术规范的要求办理气瓶使用登记,及时申报定期检验。

2. 特种设备事故的应急救援与调查处理

第六十九条 国务院负责特种设备安全监督管理的部门应当依法组织制定特种设备

重特大事故应急预案，报国务院批准后纳入国家突发事件应急预案体系。

县级以上地方各级人民政府及其负责特种设备安全监督管理的部门应当依法组织制定本行政区域内特种设备事故应急预案，建立或者纳入相应的应急处置与救援体系。

特种设备使用单位应当制定特种设备事故应急专项预案，并定期进行应急演练。

第七十条　特种设备发生事故后，事故发生单位应当按照应急预案采取措施，组织抢救，防止事故扩大，减少人员伤亡和财产损失，保护事故现场和有关证据，并及时向事故发生地县级以上人民政府负责特种设备安全监督管理的部门和有关部门报告。

县级以上人民政府负责特种设备安全监督管理的部门接到事故报告，应当尽快核实情况，立即向本级人民政府报告，并按照规定逐级上报。必要时，负责特种设备安全监督管理的部门可以越级上报事故情况。对特别重大事故、重大事故，国务院负责特种设备安全监督管理的部门应当立即报告国务院并通报国务院安全生产监督管理部门等有关部门。

与事故相关的单位和人员不得迟报、谎报或者瞒报事故情况，不得隐匿、毁灭有关证据或者故意破坏事故现场。

第七十一条　事故发生地人民政府接到事故报告，应当依法启动应急预案，采取应急处置措施，组织应急救援。

第七十二条　特种设备发生特别重大事故，由国务院或者国务院授权有关部门组织事故调查组进行调查。

发生重大事故，由国务院负责特种设备安全监督管理的部门会同有关部门组织事故调查组进行调查。

发生较大事故，由省、自治区、直辖市人民政府负责特种设备安全监督管理的部门会同有关部门组织事故调查组进行调查。

发生一般事故，由设区的市级人民政府负责特种设备安全监督管理的部门会同有关部门组织事故调查组进行调查。

事故调查组应当依法、独立、公正开展调查，提出事故调查报告。

3. 施工企业有关特种设备使用方面的法律责任

第七十八条　违反本法规定，特种设备安装、改造、修理的施工单位在施工前未书面告知负责特种设备安全监督管理的部门即行施工的，或者在验收后三十日内未将相关技术资料和文件移交特种设备使用单位的，责令限期改正；逾期未改正的，处一万元以上十万元以下罚款。

第七十九条　违反本法规定，特种设备的制造、安装、改造、重大修理以及锅炉清洗过程，未经监督检验的，责令限期改正；逾期未改正的，处五万元以上二十万元以下罚款；有违法所得的，没收违法所得；情节严重的，吊销生产许可证。

第八十三条　违反本法规定，特种设备使用单位有下列行为之一的，责令限期改正；逾期未改正的，责令停止使用有关特种设备，处一万元以上十万元以下罚款：

（一）使用特种设备未按照规定办理使用登记的；

（二）未建立特种设备安全技术档案或者安全技术档案不符合规定要求，或者未依法设置使用登记标志、定期检验标志的；

（三）未对其使用的特种设备进行经常性维护保养和定期自行检查，或者未对其使用的特种设备的安全附件、安全保护装置进行定期校验、检修，并作出记录的；

（四）未按照安全技术规范的要求及时申报并接受检验的；

（五）未按照安全技术规范的要求进行锅炉水（介）质处理的；

（六）未制定特种设备事故应急专项预案的。

第八十四条　违反本法规定，特种设备使用单位有下列行为之一的，责令停止使用有关特种设备，处三万元以上三十万元以下罚款：

（一）使用未取得许可生产，未经检验或者检验不合格的特种设备，或者国家明令淘汰、已经报废的特种设备的；

（二）特种设备出现故障或者发生异常情况，未对其进行全面检查、消除事故隐患，继续使用的；

（三）特种设备存在严重事故隐患，无改造、修理价值，或者达到安全技术规范规定的其他报废条件，未依法履行报废义务，并办理使用登记证书注销手续的。

第八十五条　违反本法规定，移动式压力容器、气瓶充装单位有下列行为之一的，责令改正，处二万元以上二十万元以下罚款；情节严重的，吊销充装许可证：

（一）未按照规定实施充装前后的检查、记录制度的；

（二）对不符合安全技术规范要求的移动式压力容器和气瓶进行充装的。

违反本法规定，未经许可，擅自从事移动式压力容器或者气瓶充装活动的，予以取缔，没收违法充装的气瓶，处十万元以上五十万元以下罚款；有违法所得的，没收违法所得。

第八十六条　违反本法规定，特种设备生产、经营、使用单位有下列情形之一的，责令限期改正；逾期未改正的，责令停止使用有关特种设备或者停产停业整顿，处一万元以上五万元以下罚款：

（一）未配备具有相应资格的特种设备安全管理人员、检测人员和作业人员的；

（二）使用未取得相应资格的人员从事特种设备安全管理、检测和作业的；

（三）未对特种设备安全管理人员、检测人员和作业人员进行安全教育和技能培训的。

第八十九条　发生特种设备事故，有下列情形之一的，对单位处五万元以上二十万元以下罚款；对主要负责人处一万元以上五万元以下罚款；主要负责人属于国家工作人员的，并依法给予处分：

（一）发生特种设备事故时，不立即组织抢救或者在事故调查处理期间擅离职守或者逃匿的；

（二）对特种设备事故迟报、谎报或者瞒报的。

第九十条　发生事故，对负有责任的单位除要求其依法承担相应的赔偿等责任外，依照下列规定处以罚款：

（一）发生一般事故，处十万元以上二十万元以下罚款；

（二）发生较大事故，处二十万元以上五十万元以下罚款；

（三）发生重大事故，处五十万元以上二百万元以下罚款。

第九十一条　对事故发生负有责任的单位的主要负责人未依法履行职责或者负有领导责任的，依照下列规定处以罚款；属于国家工作人员的，并依法给予处分：

（一）发生一般事故，处上一年年收入百分之三十的罚款；

（二）发生较大事故，处上一年年收入百分之四十的罚款；

（三）发生重大事故，处上一年年收入百分之六十的罚款。

（五）《职业病防治法》

2001 年 10 月 27 日第九届全国人民代表大会常务委员会第二十四次会议通过《职业病防治法》，主席令第六十号发布；2011 年 12 月 31 日第十一届全国人民代表大会常务委员会第二十四次会议第一次修正，主席令第五十二号发布；2016 年 7 月 2 日第十二届全国人民代表大会常务委员会第二十一次会议第二次修正，主席令第四十八号发布；2017 年 11 月 4 日第十二届全国人民代表大会常务委员会第三十次会议第三次修正，主席令第八十一号发布；2018 年 12 月 29 日第十三届全国人民代表大会常务委员会第七次会议第四次修正，主席令第二十四号发布。

《职业病防治法》作为规范职业卫生工作的基本法律，是用人单位进行职业卫生管理必须遵循的行为准则，是各级人民政府及其有关部门进行职业卫生监管和行政执法的法律依据，是制裁各种职业卫生违法犯罪行为的有力武器，是一部关系到广大劳动者切身利益的一种重要法律。包括总则、前期预防、劳动过程中的防护与管理、职业病诊断与职业病病人保障、监督检查、法律责任和附则七章八十八条。

1. 职业病前期预防

第二条 本法适用于中华人民共和国领域内的职业病防治活动。

本法所称职业病，是指企业、事业单位和个体经济组织等用人单位的劳动者在职业活动中，因接触粉尘、放射性物质和其他有毒、有害因素而引起的疾病。

职业病的分类和目录由国务院卫生行政部门会同国务院劳动保障行政部门制定、调整并公布。

第十四条 用人单位应当依照法律、法规要求，严格遵守国家职业卫生标准，落实职业病预防措施，从源头上控制和消除职业病危害。

第十五条 产生职业病危害的用人单位的设立除应当符合法律、行政法规规定的设立条件外，其工作场所还应当符合下列职业卫生要求：

（一）职业病危害因素的强度或者浓度符合国家职业卫生标准；

（二）有与职业病危害防护相适应的设施；

（三）生产布局合理，符合有害与无害作业分开的原则；

（四）有配套的更衣间、洗浴间、孕妇休息间等卫生设施；

（五）设备、工具、用具等设施符合保护劳动者生理、心理健康的要求；

（六）法律、行政法规和国务院卫生行政部门关于保护劳动者健康的其他要求。

第十八条 建设项目的职业病防护设施所需费用应当纳入建设项目工程预算，并与主体工程同时设计，同时施工，同时投入生产和使用。

建设项目的职业病防护设施设计应当符合国家职业卫生标准和卫生要求；其中，医疗机构放射性职业病危害严重的建设项目的防护设施设计，应当经卫生行政部门审查同意后，方可施工。

建设项目在竣工验收前，建设单位应当进行职业病危害控制效果评价。

医疗机构可能产生放射性职业病危害的建设项目竣工验收时，其放射性职业病防护设施经卫生行政部门验收合格后，方可投入使用；其他建设项目的职业病防护设施应当由建设单位负责依法组织验收，验收合格后，方可投入生产和使用。卫生行政部门应当加强对建设单位组织的验收活动和验收结果的监督核查。

2. 劳动过程中的防护与管理

第二十条　用人单位应当采取下列职业病防治管理措施：

（一）设置或者指定职业卫生管理机构或者组织，配备专职或者兼职的职业卫生管理人员，负责本单位的职业病防治工作；

（二）制定职业病防治计划和实施方案；

（三）建立、健全职业卫生管理制度和操作规程；

（四）建立、健全职业卫生档案和劳动者健康监护档案；

（五）建立、健全工作场所职业病危害因素监测及评价制度；

（六）建立、健全职业病危害事故应急救援预案。

第二十一条　用人单位应当保障职业病防治所需的资金投入，不得挤占、挪用，并对因资金投入不足导致的后果承担责任。

第二十二条　用人单位必须采用有效的职业病防护设施，并为劳动者提供个人使用的职业病防护用品。

用人单位为劳动者个人提供的职业病防护用品必须符合防治职业病的要求；不符合要求的，不得使用。

第二十四条　产生职业病危害的用人单位，应当在醒目位置设置公告栏，公布有关职业病防治的规章制度、操作规程、职业病危害事故应急救援措施和工作场所职业病危害因素检测结果。

对产生严重职业病危害的作业岗位，应当在其醒目位置，设置警示标识和中文警示说明。警示说明应当载明产生职业病危害的种类、后果、预防以及应急救治措施等内容。

第二十五条　对可能发生急性职业损伤的有毒、有害工作场所，用人单位应当设置报警装置，配置现场急救用品、冲洗设备、应急撤离通道和必要的泄险区。

对放射工作场所和放射性同位素的运输、贮存，用人单位必须配置防护设备和报警装置，保证接触放射线的工作人员佩戴个人剂量计。

对职业病防护设备、应急救援设施和个人使用的职业病防护用品，用人单位应当进行经常性的维护、检修，定期检测其性能和效果，确保其处于正常状态，不得擅自拆除或者停止使用。

第三十四条　用人单位的主要负责人和职业卫生管理人员应当接受职业卫生培训，遵守职业病防治法律、法规，依法组织本单位的职业病防治工作。

用人单位应当对劳动者进行上岗前的职业卫生培训和在岗期间的定期职业卫生培训，普及职业卫生知识，督促劳动者遵守职业病防治法律、法规、规章和操作规程，指导劳动者正确使用职业病防护设备和个人使用的职业病防护用品。

劳动者应当学习和掌握相关的职业卫生知识，增强职业病防范意识，遵守职业病防治法律、法规、规章和操作规程，正确使用、维护职业病防护设备和个人使用的职业病防护用品，发现职业病危害事故隐患应当及时报告。

劳动者不履行前款规定义务的，用人单位应当对其进行教育。

第三十八条　用人单位不得安排未成年工从事接触职业病危害的作业；不得安排孕期、哺乳期的女职工从事对本人和胎儿、婴儿有危害的作业。

第三十九条　劳动者享有下列职业卫生保护权利：

（一）获得职业卫生教育、培训；

（二）获得职业健康检查、职业病诊疗、康复等职业病防治服务；

（三）了解工作场所产生或者可能产生的职业病危害因素、危害后果和应当采取的职业病防护措施；

（四）要求用人单位提供符合防治职业病要求的职业病防护设施和个人使用的职业病防护用品，改善工作条件；

（五）对违反职业病防治法律、法规以及危及生命健康的行为提出批评、检举和控告；

（六）拒绝违章指挥和强令进行没有职业病防护措施的作业；

（七）参与用人单位职业卫生工作的民主管理，对职业病防治工作提出意见和建议。

用人单位应当保障劳动者行使前款所列权利。因劳动者依法行使正当权利而降低其工资、福利等待遇或者解除、终止与其订立的劳动合同的，其行为无效。

3. 职业病病人保障

第五十六条　用人单位应当保障职业病病人依法享受国家规定的职业病待遇。

用人单位应当按照国家有关规定，安排职业病病人进行治疗、康复和定期检查。

用人单位对不适宜继续从事原工作的职业病病人，应当调离原岗位，并妥善安置。

用人单位对从事接触职业病危害的作业的劳动者，应当给予适当岗位津贴。

第五十七条　职业病病人的诊疗、康复费用，伤残以及丧失劳动能力的职业病病人的社会保障，按照国家有关工伤保险的规定执行。

第五十八条　职业病病人除依法享有工伤保险外，依照有关民事法律，尚有获得赔偿的权利的，有权向用人单位提出赔偿要求。

第五十九条　劳动者被诊断患有职业病，但用人单位没有依法参加工伤保险的，其医疗和生活保障由该用人单位承担。

第六十一条　用人单位已经不存在或者无法确认劳动关系的职业病病人，可以向地方人民政府医疗保障、民政部门申请医疗救助和生活等方面的救助。

地方各级人民政府应当根据本地区的实际情况，采取其他措施，使前款规定的职业病病人获得医疗救治。

4. 有关施工企业安全生产的法律责任

第六十九条　建设单位违反本法规定，有下列行为之一的，由卫生行政部门给予警告，责令限期改正；逾期不改正的，处十万元以上五十万元以下的罚款；情节严重的，责令停止产生职业病危害的作业，或者提请有关人民政府按照国务院规定的权限责令停建、关闭：

（一）未按照规定进行职业病危害预评价的；

（二）医疗机构可能产生放射性职业病危害的建设项目未按照规定提交放射性职业病

危害预评价报告，或者放射性职业病危害预评价报告未经卫生行政部门审核同意，开工建设的；

（三）建设项目的职业病防护设施未按照规定与主体工程同时设计、同时施工、同时投入生产和使用的；

（四）建设项目的职业病防护设施设计不符合国家职业卫生标准和卫生要求，或者医疗机构放射性职业病危害严重的建设项目的防护设施设计未经卫生行政部门审查同意擅自施工的；

（五）未按照规定对职业病防护设施进行职业病危害控制效果评价的；

（六）建设项目竣工投入生产和使用前，职业病防护设施未按照规定验收合格的。

第七十条　违反本法规定，有下列行为之一的，由卫生行政部门给予警告，责令限期改正；逾期不改正的，处十万元以下的罚款：

（一）工作场所职业病危害因素检测、评价结果没有存档、上报、公布的；

（二）未采取本法第二十条规定的职业病防治管理措施的；

（三）未按照规定公布有关职业病防治的规章制度、操作规程、职业病危害事故应急救援措施的；

（四）未按照规定组织劳动者进行职业卫生培训，或者未对劳动者个人职业病防护采取指导、督促措施的；

（五）国内首次使用或者首次进口与职业病危害有关的化学材料，未按照规定报送毒性鉴定资料以及经有关部门登记注册或者批准进口的文件的。

（六）《劳动法》

1994 年 7 月 5 日第八届全国人民代表大会常务委员会第八次会议通过《劳动法》，主席令第二十八号公布；2009 年 8 月 27 日第十一届全国人民代表大会常务委员会第十次会议修订，主席令第十八号公布；2018 年 12 月 29 日第十三届全国人民代表大会常务委员会第七次会议第二次修正，主席令第二十四号公布，自公布之日起施行。

1. *劳动安全卫生*

第五十二条　用人单位必须建立、健全劳动卫生制度，严格执行国家劳动安全卫生规程和标准，对劳动者进行劳动安全卫生教育，防止劳动过程中的事故，减少职业危害。

第五十三条　劳动安全卫生设施必须符合国家规定的标准。

新建、改建、扩建工程的劳动安全卫生设施必须与主题同时设计、同时施工、同时投入生产和使用。

第五十四条　用人单位必须为劳动者提供符合国家规定的劳动安全卫生条件和必要的劳动防护用品，对从事有职业危害作业的劳动者应当定期进行健康检查。

第五十五条　从事特种作业的劳动者必须经过专门培训并取得特种作业资格。

第五十六条　劳动者在劳动过程中必须严格遵守安全操作规程。

劳动者对用人单位管理人员违章指挥、强令冒险作业，有权拒绝执行；对危害生命安全和身体健康的行为，有权提出批评、检举和控告。

第五十七条　国家建立伤亡和职业病统计报告和处理制度。县级以上各级人民政府劳动行政部门、有关部门和用人单位应当依法对劳动者在劳动过程中发生的伤亡事故和劳动者的职业病状况，进行统计、报告和处理。

2. 女职工和未成年工特殊保护

第五十八条 国家对女职工和未成年工实行特殊劳动保护。未成年工是指年满16周岁未满18周岁的劳动者。

第五十九条 禁止安排女职工从事矿山井下、国家规定的第四级体力劳动强度的劳动和其他禁忌从事的劳动。

第六十条 不得安排女职工在经期从事高处、低温、冷水作业和国家规定的第三级体力劳动强度的劳动。

第六十一条 不得安排女职工在怀孕期间从事国家规定的第三级体力劳动强度的劳动和孕期禁忌从事的劳动。对怀孕7个月以上的女职工，不得安排其延长工作时间和夜班劳动。

第六十二条 女职工生育享受不少于90天的产假。

第六十三条 不得安排女职工在哺乳未满1周岁的婴儿期间从事国家规定的第三级体力劳动强度的劳动和哺乳期禁忌从事的其他劳动，不得安排其延长工作时间和夜班劳动。

第六十四条 不得安排未成年工从事矿山井下、有毒有害、国家规定的第四级体力劳动强度的劳动和其他禁忌从事的劳动。

第六十五条 用人单位应当对未成年工定期进行健康检查。

二、水利水电工程建设安全生产行政法规

（一）《建设工程安全生产管理条例》

2003年11月12日国务院第28次常务会议通过《建设工程安全生产管理条例》，中华人民共和国国务院令第393号公布，自2004年2月1日起施行。

1. 施工企业的安全责任

第二十一条 施工单位主要负责人依法对本单位的安全生产工作全面负责。施工单位应当建立健全安全生产责任制度和安全生产教育培训制度，制定安全生产规章制度和操作规程，保证本单位安全生产条件所需资金的投入，对所承担的建设工程进行定期和专项安全检查，并做好安全检查记录。

施工单位的项目负责人应当由取得相应执业资格的人员担任，对建设工程项目的安全施工负责，落实安全生产责任制度、安全生产规章制度和操作规程，确保安全生产费用的有效使用，并根据工程的特点组织制定安全施工措施，消除安全事故隐患，及时、如实报告生产安全事故。

第二十二条 施工单位对列入建设工程概算的安全作业环境及安全施工措施所需费用，应当用于施工安全防护用具及设施的采购和更新、安全施工措施的落实、安全生产条件的改善，不得挪作他用。

第二十三条 施工单位应当设立安全生产管理机构，配备专职安全生产管理人员。

专职安全生产管理人员负责对安全生产进行现场监督检查。发现安全事故隐患，应当及时向项目负责人和安全生产管理机构报告；对违章指挥、违章操作的，应当立即制止。

专职安全生产管理人员的配备办法由国务院建设行政主管部门会同国务院其他有关部门制定。

第二十四条　建设工程实行施工总承包的，由总承包单位对施工现场的安全生产负总责。

总承包单位应当自行完成建设工程主体结构的施工。

总承包单位依法将建设工程分包给其他单位的，分包合同中应当明确各自的安全生产方面的权利、义务。总承包单位和分包单位对分包工程的安全生产承担连带责任。

分包单位应当服从总承包单位的安全生产管理，分包单位不服从管理导致生产安全事故的，由分包单位承担主要责任。

第二十五条　垂直运输机械作业人员、安装拆卸工、爆破作业人员、起重信号工、登高架设作业人员等特种作业人员，必须按照国家有关规定经过专门的安全作业培训，并取得特种作业操作资格证书后，方可上岗作业。

第二十六条　施工单位应当在施工组织设计中编制安全技术措施和施工现场临时用电方案，对下列达到一定规模的危险性较大的分部分项工程编制专项施工方案，并附具安全验算结果，经施工单位技术负责人、总监理工程师签字后实施，由专职安全生产管理人员进行现场监督：

（一）基坑支护与降水工程；

（二）土方开挖工程；

（三）模板工程；

（四）起重吊装工程；

（五）脚手架工程；

（六）拆除、爆破工程；

（七）国务院建设行政主管部门或者其他有关部门规定的其他危险性较大的工程。

对前款所列工程中涉及深基坑、地下暗挖工程、高大模板工程的专项施工方案，施工单位还应当组织专家进行论证、审查。

本条第一款规定的达到一定规模的危险性较大工程的标准，由国务院建设行政主管部门会同国务院其他有关部门制定。

第二十七条　建设工程施工前，施工单位负责项目管理的技术人员应当对有关安全施工的技术要求向施工作业班组、作业人员作出详细说明，并由双方签字确认。

第二十八条　施工单位应当在施工现场入口处、施工起重机械、临时用电设施、脚手架、出入通道口、楼梯口、电梯井口、孔洞口、桥梁口、隧道口、基坑边沿、爆破物及有害危险气体和液体存放处等危险部位，设置明显的安全警示标志。安全警示标志必须符合国家标准。

施工单位应当根据不同施工阶段和周围环境及季节、气候的变化，在施工现场采取相应的安全施工措施。施工现场暂时停止施工的，施工单位应当做好现场防护，所需费用由责任方承担，或者按照合同约定执行。

第二十九条　施工单位应当将施工现场的办公、生活区与作业区分开设置，并保持安全距离；办公、生活区的选址应当符合安全性要求。职工的膳食、饮水、休息场所等应当符合卫生标准。施工单位不得在尚未竣工的建筑物内设置员工集体宿舍。

施工现场临时搭建的建筑物应当符合安全使用要求。施工现场使用的装配式活动房屋应当具有产品合格证。

第三十条 施工单位对因建设工程施工可能造成损害的毗邻建筑物、构筑物和地下管线等,应当采取专项防护措施。

施工单位应当遵守有关环境保护法律、法规的规定,在施工现场采取措施,防止或者减少粉尘、废气、废水、固体废物、噪声、振动和施工照明对人和环境的危害和污染。

在城市市区内的建设工程,施工单位应当对施工现场实行封闭围挡。

第三十一条 施工单位应当在施工现场建立消防安全责任制度,确定消防安全责任人,制定用火、用电、使用易燃易爆材料等各项消防安全管理制度和操作规程,设置消防通道、消防水源,配备消防设施和灭火器材,并在施工现场入口处设置明显标志。

第三十二条 施工单位应当向作业人员提供安全防护用具和安全防护服装,并书面告知危险岗位的操作规程和违章操作的危害。

作业人员有权对施工现场的作业条件、作业程序和作业方式中存在的安全问题提出批评、检举和控告,有权拒绝违章指挥和强令冒险作业。

在施工中发生危及人身安全的紧急情况时,作业人员有权立即停止作业或者在采取必要的应急措施后撤离危险区域。

第三十四条 施工单位采购、租赁的安全防护用具、机械设备、施工机具及配件,应当具有生产(制造)许可证、产品合格证,并在进入施工现场前进行查验。

施工现场的安全防护用具、机械设备、施工机具及配件必须由专人管理,定期进行检查、维修和保养,建立相应的资料档案,并按照国家有关规定及时报废。

第三十五条 施工单位在使用施工起重机械和整体提升脚手架、模板等自升式架设设施前,应当组织有关单位进行验收,也可以委托具有相应资质的检验检测机构进行验收;使用承租的机械设备和施工机具及配件的,由施工总承包单位、分包单位、出租单位和安装单位共同进行验收。验收合格的方可使用。

《特种设备安全监察条例》规定的施工起重机械,在验收前应当经有相应资质的检验检测机构监督检验合格。

施工单位应当自施工起重机械和整体提升脚手架、模板等自升式架设设施验收合格之日起30日内,向建设行政主管部门或者其他有关部门登记。登记标志应当置于或者附着于该设备的显著位置。

第三十六条 施工单位的主要负责人、项目负责人、专职安全生产管理人员应当经建设行政主管部门或者其他有关部门考核合格后方可任职。

施工单位应当对管理人员和作业人员每年至少进行一次安全生产教育培训,其教育培训情况记入个人工作档案。安全生产教育培训考核不合格的人员,不得上岗。

2. 施工企业的生产安全事故应急救援和调查处理

第四十八条 施工单位应当制定本单位生产安全事故应急救援预案,建立应急救援组织或者配备应急救援人员,配备必要的应急救援器材、设备,并定期组织演练。

第四十九条 施工单位应当根据建设工程施工的特点、范围,对施工现场易发生重大事故的部位、环节进行监控,制定施工现场生产安全事故应急救援预案。实行施工总承包的,由总承包单位统一组织编制建设工程生产安全事故应急救援预案,工程总承包单位和分包单位按照应急救援预案,各自建立应急救援组织或者配备应急救援人员,配备救援器材、设备,并定期组织演练。

第五十条 施工单位发生生产安全事故,应当按照国家有关伤亡事故报告和调查处理的规定,及时、如实地向负责安全生产监督管理的部门、建设行政主管部门或者其他有关部门报告;特种设备发生事故的,还应当同时向特种设备安全监督管理部门报告。接到报告的部门应当按照国家有关规定,如实上报。

实行施工总承包的建设工程,由总承包单位负责上报事故。

第五十一条 发生生产安全事故后,施工单位应当采取措施防止事故扩大,保护事故现场。需要移动现场物品时,应当做出标记和书面记录,妥善保管有关证物。

第五十二条 建设工程生产安全事故的调查、对事故责任单位和责任人的处罚与处理,按照有关法律、法规的规定执行。

3. 施工企业的安全生产法律责任

第六十二条 违反本条例的规定,施工单位有下列行为之一的,责令限期改正;逾期未改正的,责令停业整顿,依照《中华人民共和国安全生产法》的有关规定处以罚款;造成重大安全事故,构成犯罪的,对直接责任人员,依照刑法有关规定追究刑事责任:

(一)未设立安全生产管理机构、配备专职安全生产管理人员或者分部分项工程施工时无专职安全生产管理人员现场监督的;

(二)施工单位的主要负责人、项目负责人、专职安全生产管理人员、作业人员或者特种作业人员,未经安全教育培训或者经考核不合格即从事相关工作的;

(三)未在施工现场的危险部位设置明显的安全警示标志,或者未按照国家有关规定在施工现场设置消防通道、消防水源、配备消防设施和灭火器材的;

(四)未向作业人员提供安全防护用具和安全防护服装的;

(五)未按照规定在施工起重机械和整体提升脚手架、模板等自升式架设设施验收合格后登记的;

(六)使用国家明令淘汰、禁止使用的危及施工安全的工艺、设备、材料的。

第六十三条 违反本条例的规定,施工单位挪用列入建设工程概算的安全生产作业环境及安全施工措施所需费用的,责令限期改正,处挪用费用20%以上50%以下的罚款;造成损失的,依法承担赔偿责任。

第六十四条 违反本条例的规定,施工单位有下列行为之一的,责令限期改正;逾期未改正的,责令停业整顿,并处5万元以上10万元以下的罚款;造成重大安全事故,构成犯罪的,对直接责任人员,依照刑法有关规定追究刑事责任:

(一)施工前未对有关安全施工的技术要求作出详细说明的;

(二)未根据不同施工阶段和周围环境及季节、气候的变化,在施工现场采取相应的安全施工措施,或者在城市市区内的建设工程的施工现场未实行封闭围挡的;

(三)在尚未竣工的建筑物内设置员工集体宿舍的;

(四)施工现场临时搭建的建筑物不符合安全使用要求的;

（五）未对因建设工程施工可能造成损害的毗邻建筑物、构筑物和地下管线等采取专项防护措施的。

施工单位有前款规定第（四）项、第（五）项行为，造成损失的，依法承担赔偿责任。

第六十五条 违反本条例的规定，施工单位有下列行为之一的，责令限期改正；逾期未改正的，责令停业整顿，并处10万元以上30万元以下的罚款；情节严重的，降低资质等级，直至吊销资质证书；造成重大安全事故，构成犯罪的，对直接责任人员，依照刑法有关规定追究刑事责任；造成损失的，依法承担赔偿责任：

（一）安全防护用具、机械设备、施工机具及配件在进入施工现场前未经查验或者查验不合格即投入使用的；

（二）使用未经验收或者验收不合格的施工起重机械和整体提升脚手架、模板等自升式架设设施的；

（三）委托不具有相应资质的单位承担施工现场安装、拆卸施工起重机械和整体提升脚手架、模板等自升式架设设施的；

（四）在施工组织设计中未编制安全技术措施、施工现场临时用电方案或者专项施工方案的。

第六十六条 违反本条例的规定，施工单位的主要负责人、项目负责人未履行安全生产管理职责的，责令限期改正；逾期未改正的，责令施工单位停业整顿；造成重大安全事故、重大伤亡事故或者其他严重后果，构成犯罪的，依照刑法有关规定追究刑事责任。

作业人员不服管理、违反规章制度和操作规程冒险作业造成重大伤亡事故或者其他严重后果，构成犯罪的，依照刑法有关规定追究刑事责任。

施工单位的主要负责人、项目负责人有前款违法行为，尚不够刑事处罚的，处2万元以上20万元以下的罚款或者按照管理权限给予撤职处分；自刑罚执行完毕或者受处分之日起，5年内不得担任任何施工单位的主要负责人、项目负责人。

第六十七条 施工单位取得资质证书后，降低安全生产条件的，责令限期改正；经整改仍未达到与其资质等级相适应的安全生产条件的，责令停业整顿，降低其资质等级直至吊销资质证书。

（二）《工伤保险条例》（中华人民共和国国务院令第586号）

2003年4月27日国务院令第375号公布；2010年12月20日国务院令第586号修订，自2011年1月1日实施。

1. 工伤保险费缴纳的规定

第二条 中华人民共和国境内的企业、事业单位、社会团体、民办非企业单位、基金会、律师事务所、会计师事务所等组织和有雇工的个体工商户（以下称用人单位）应当依照本条例规定参加工伤保险，为本单位全部职工或者雇工（以下称职工）缴纳工伤保险费。

中华人民共和国境内的企业、事业单位、社会团体、民办非企业单位、基金会、律师事务所、会计师事务所等组织的职工和个体工商户的雇工，均有依照本条例的规定享受工伤保险待遇的权利。

第三条 工伤保险费的征缴按照《社会保险费征缴暂行条例》关于基本养老保险费、基本医疗保险费、失业保险费的征缴规定执行。

第十条　用人单位应当按时缴纳工伤保险费。职工个人不缴纳工伤保险费。

用人单位缴纳工伤保险费的数额为本单位职工工资总额乘以单位缴费费率之积。

对难以按照工资总额缴纳工伤保险费的行业，其缴纳工伤保险费的具体方式，由国务院社会保险行政部门规定。

2. 工伤认定，包括认定工伤、视同工伤、不得认定工伤的情形以及工伤认定申请等规定

第十四条　职工有下列情形之一的，应当认定为工伤：

（一）在工作时间和工作场所内，因工作原因受到事故伤害的；

（二）工作时间前后在工作场所内，从事与工作有关的预备性或者收尾性工作受到事故伤害的；

（三）在工作时间和工作场所内，因履行工作职责受到暴力等意外伤害的；

（四）患职业病的；

（五）因工外出期间，由于工作原因受到伤害或者发生事故下落不明的；

（六）在上下班途中，受到非本人主要责任的交通事故或者城市轨道交通、客运轮渡、火车事故伤害的；

（七）法律、行政法规规定应当认定为工伤的其他情形。

第十五条　职工有下列情形之一的，视同工伤：

（一）在工作时间和工作岗位，突发疾病死亡或者在48小时之内经抢救无效死亡的；

（二）在抢险救灾等维护国家利益、公共利益活动中受到伤害的；

（三）职工原在军队服役，因战、因公负伤致残，已取得革命伤残军人证，到用人单位后旧伤复发的。

职工有前款第（一）项、第（二）项情形的，按照本条例的有关规定享受工伤保险待遇；职工有前款第（三）项情形的，按照本条例的有关规定享受除一次性伤残补助金以外的工伤保险待遇。

第十六条　职工符合本条例第十四条、第十五条的规定，但是有下列情形之一的，不得认定为工伤或者视同工伤：

（一）故意犯罪的；

（二）醉酒或者吸毒的；

（三）自残或者自杀的。

第十七条　职工发生事故伤害或者按照职业病防治法规定被诊断、鉴定为职业病，所在单位应当自事故伤害发生之日或者被诊断、鉴定为职业病之日起30日内，向统筹地区社会保险行政部门提出工伤认定申请。遇有特殊情况，经报社会保险行政部门同意，申请时限可以适当延长。

用人单位未按前款规定提出工伤认定申请的，工伤职工或者其近亲属、工会组织在事故伤害发生之日或者被诊断、鉴定为职业病之日起1年内，可以直接向用人单位所在地统筹地区社会保险行政部门提出工伤认定申请。

按照本条第一款规定应当由省级社会保险行政部门进行工伤认定的事项，根据属地原则由用人单位所在地的设区的市级社会保险行政部门办理。

用人单位未在本条第一款规定的时限内提交工伤认定申请，在此期间发生符合本条例规定的工伤待遇等有关费用由该用人单位负担。

第十八条 提出工伤认定申请应当提交下列材料：

（一）工伤认定申请表；

（二）与用人单位存在劳动关系（包括事实劳动关系）的证明材料；

（三）医疗诊断证明或者职业病诊断证明书（或者职业病诊断鉴定书）。

工伤认定申请表应当包括事故发生的时间、地点、原因以及职工伤害程度等基本情况。

工伤认定申请人提供材料不完整的，社会保险行政部门应当一次性书面告知工伤认定申请人需要补正的全部材料。申请人按照书面告知要求补正材料后，社会保险行政部门应当受理。

第十九条 社会保险行政部门受理工伤认定申请后，根据审核需要可以对事故伤害进行调查核实，用人单位、职工、工会组织、医疗机构以及有关部门应当予以协助。职业病诊断和诊断争议的鉴定，依照职业病防治法的有关规定执行。对依法取得职业病诊断证明书或者职业病诊断鉴定书的，社会保险行政部门不再进行调查核实。

职工或者其近亲属认为是工伤，用人单位不认为是工伤的，由用人单位承担举证责任。

3. *劳动能力鉴定，包括劳动功能障碍分级、劳动能力鉴定与复查鉴定*

第二十一条 职工发生工伤，经治疗伤情相对稳定后存在残疾、影响劳动能力的，应当进行劳动能力鉴定。

第二十二条 劳动能力鉴定是指劳动功能障碍程度和生活自理障碍程度的等级鉴定。

劳动功能障碍分为十个伤残等级，最重的为一级，最轻的为十级。

生活自理障碍分为三个等级：生活完全不能自理、生活大部分不能自理和生活部分不能自理。

劳动能力鉴定标准由国务院社会保险行政部门会同国务院卫生行政部门等部门制定。

第二十三条 劳动能力鉴定由用人单位、工伤职工或者其近亲属向设区的市级劳动能力鉴定委员会提出申请，并提供工伤认定决定和职工工伤医疗的有关资料。

第二十四条 省、自治区、直辖市劳动能力鉴定委员会和设区的市级劳动能力鉴定委员会分别由省、自治区、直辖市和设区的市级社会保险行政部门、卫生行政部门、工会组织、经办机构代表以及用人单位代表组成。

劳动能力鉴定委员会建立医疗卫生专家库。列入专家库的医疗卫生专业技术人员应当具备下列条件：

（一）具有医疗卫生高级专业技术职务任职资格；

（二）掌握劳动能力鉴定的相关知识；

（三）具有良好的职业品德。

第二十八条 自劳动能力鉴定结论作出之日起1年后，工伤职工或者其近亲属、所在单位或者经办机构认为伤残情况发生变化的,可以申请劳动能力复查鉴定。

4. 工伤保险待遇的规定

第三十条　职工因工作遭受事故伤害或者患职业病进行治疗,享受工伤医疗待遇。

职工治疗工伤应当在签订服务协议的医疗机构就医,情况紧急时可以先到就近的医疗机构急救。

治疗工伤所需费用符合工伤保险诊疗项目目录、工伤保险药品目录、工伤保险住院服务标准的,从工伤保险基金支付。工伤保险诊疗项目目录、工伤保险药品目录、工伤保险住院服务标准,由国务院社会保险行政部门会同国务院卫生行政部门、食品药品监督管理部门等部门规定。

职工住院治疗工伤的伙食补助费,以及经医疗机构出具证明,报经办机构同意,工伤职工到统筹地区以外就医所需的交通、食宿费用从工伤保险基金支付,基金支付的具体标准由统筹地区人民政府规定。

工伤职工治疗非工伤引发的疾病,不享受工伤医疗待遇,按照基本医疗保险办法处理。

工伤职工到签订服务协议的医疗机构进行工伤康复的费用,符合规定的,从工伤保险基金支付。

第三十一条　社会保险行政部门作出认定为工伤的决定后发生行政复议、行政诉讼的,行政复议和行政诉讼期间不停止支付工伤职工治疗工伤的医疗费用。

第三十二条　工伤职工因日常生活或者就业需要,经劳动能力鉴定委员会确认,可以安装假肢、矫形器、假眼、假牙和配置轮椅等辅助器具,所需费用按照国家规定的标准从工伤保险基金支付。

第三十三条　职工因工作遭受事故伤害或者患职业病需要暂停工作接受工伤医疗的,在停工留薪期内,原工资福利待遇不变,由所在单位按月支付。

停工留薪期一般不超过12个月。伤情严重或者情况特殊,经设区的市级劳动能力鉴定委员会确认,可以适当延长,但延长不得超过12个月。工伤职工评定伤残等级后,停发原待遇,按照本章的有关规定享受伤残待遇。工伤职工在停工留薪期满后仍需治疗的,继续享受工伤医疗待遇。

生活不能自理的工伤职工在停工留薪期需要护理的,由所在单位负责。

第三十四条　工伤职工已经评定伤残等级并经劳动能力鉴定委员会确认需要生活护理的,从工伤保险基金按月支付生活护理费。

生活护理费按照生活完全不能自理、生活大部分不能自理或者生活部分不能自理3个不同等级支付,其标准分别为统筹地区上年度职工月平均工资的50%、40%或者30%。

第三十五条　职工因工致残被鉴定为一级至四级伤残的,保留劳动关系,退出工作岗位,享受以下待遇:

(一)从工伤保险基金按伤残等级支付一次性伤残补助金,标准为:一级伤残为27个月的本人工资,二级伤残为25个月的本人工资,三级伤残为23个月的本人工资,四级伤残为21个月的本人工资;

(二)从工伤保险基金按月支付伤残津贴,标准为:一级伤残为本人工资的90%,二级伤残为本人工资的85%，三级伤残为本人工资的80%，四级伤残为本人工资的75%。伤残津贴实际金额低于当地最低工资标准的，由工伤保险基金补足差额；

（三）工伤职工达到退休年龄并办理退休手续后，停发伤残津贴，按照国家有关规定享受基本养老保险待遇。基本养老保险待遇低于伤残津贴的，由工伤保险基金补足差额。

职工因工致残被鉴定为一级至四级伤残的，由用人单位和职工个人以伤残津贴为基数，缴纳基本医疗保险费。

第三十六条 职工因工致残被鉴定为五级、六级伤残的，享受以下待遇：

（一）从工伤保险基金按伤残等级支付一次性伤残补助金，标准为：五级伤残为18个月的本人工资，六级伤残为16个月的本人工资；

（二）保留与用人单位的劳动关系，由用人单位安排适当工作。难以安排工作的，由用人单位按月发给伤残津贴，标准为：五级伤残为本人工资的70%，六级伤残为本人工资的60%，并由用人单位按照规定为其缴纳应缴纳的各项社会保险费。伤残津贴实际金额低于当地最低工资标准的，由用人单位补足差额。

经工伤职工本人提出，该职工可以与用人单位解除或者终止劳动关系，由工伤保险基金支付一次性工伤医疗补助金，由用人单位支付一次性伤残就业补助金。一次性工伤医疗补助金和一次性伤残就业补助金的具体标准由省、自治区、直辖市人民政府规定。

第三十七条 职工因工致残被鉴定为七级至十级伤残的，享受以下待遇：

（一）从工伤保险基金按伤残等级支付一次性伤残补助金，标准为：七级伤残为13个月的本人工资，八级伤残为11个月的本人工资，九级伤残为9个月的本人工资，十级伤残为7个月的本人工资；

（二）劳动、聘用合同期满终止，或者职工本人提出解除劳动、聘用合同的，由工伤保险基金支付一次性工伤医疗补助金，由用人单位支付一次性伤残就业补助金。一次性工伤医疗补助金和一次性伤残就业补助金的具体标准由省、自治区、直辖市人民政府规定。

第三十八条 工伤职工工伤复发，确认需要治疗的，享受本条例第三十条、第三十二条和第三十三条规定的工伤待遇。

第三十九条 职工因工死亡，其近亲属按照下列规定从工伤保险基金领取丧葬补助金、供养亲属抚恤金和一次性工亡补助金：

（一）丧葬补助金为6个月的统筹地区上年度职工月平均工资；

（二）供养亲属抚恤金按照职工本人工资的一定比例发给由因工死亡职工生前提供主要生活来源、无劳动能力的亲属。标准为：配偶每月40%，其他亲属每人每月30%，孤寡老人或者孤儿每人每月在上述标准的基础上增加10%。核定的各供养亲属的抚恤金之和不应高于因工死亡职工生前的工资。供养亲属的具体范围由国务院社会保险行政部门规定；

（三）一次性工亡补助金标准为上一年度全国城镇居民人均可支配收入（2011年城镇居民人均可支配收入21 810元）的20倍。

伤残职工在停工留薪期内因工伤导致死亡的，其近亲属享受本条第一款规定的待遇。

一级至四级伤残职工在停工留薪期满后死亡的，其近亲属可以享受本条第一款第（一）项、第（二）项规定的待遇。

第四十条　伤残津贴、供养亲属抚恤金、生活护理费由统筹地区社会保险行政部门根据职工平均工资和生活费用变化等情况适时调整。调整办法由省、自治区、直辖市人民政府规定。

第四十一条　职工因工外出期间发生事故或者在抢险救灾中下落不明的，从事故发生当月起3个月内照发工资，从第4个月起停发工资，由工伤保险基金向其供养亲属按月支付供养亲属抚恤金。生活有困难的，可以预支一次性工亡补助金的50%。职工被人民法院宣告死亡的，按照本条例第三十九条职工因工死亡的规定处理。

第四十二条　工伤职工有下列情形之一的，停止享受工伤保险待遇：

（一）丧失享受待遇条件的；

（二）拒不接受劳动能力鉴定的；

（三）拒绝治疗的。

第四十三条　用人单位分立、合并、转让的，承继单位应当承担原用人单位的工伤保险责任；原用人单位已经参加工伤保险的，承继单位应当到当地经办机构办理工伤保险变更登记。

用人单位实行承包经营的，工伤保险责任由职工劳动关系所在单位承担。

职工被借调期间受到工伤事故伤害的，由原用人单位承担工伤保险责任，但原用人单位与借调单位可以约定补偿办法。

企业破产的，在破产清算时依法拨付应当由单位支付的工伤保险待遇费用。

第四十四条　职工被派遣出境工作，依据前往国家或者地区的法律应当参加当地工伤保险的，参加当地工伤保险，其国内工伤保险关系中止；不能参加当地工伤保险的，其国内工伤保险关系不中止。

第四十五条　职工再次发生工伤，根据规定应当享受伤残津贴的，按照新认定的伤残等级享受伤残津贴待遇。

（三）《生产安全事故报告和调查处理条例》

2007年3月28日国务院第172次常务会议通过《生产安全事故报告和调查处理条例》，国务院令第493号公布，自2007年6月1日起施行。

1. 事故报告

事故报告包括事故等级划分、事故报告时限、报告程序、报告内容及补报的规定。

第三条　根据生产安全事故（以下简称事故）造成的人员伤亡或者直接经济损失，事故一般分为以下等级：

（一）特别重大事故，是指造成30人以上死亡，或者100人以上重伤（包括急性工业中毒，下同），或者1亿元以上直接经济损失的事故；

（二）重大事故，是指造成10人以上30人以下死亡，或者50人以上100人以下重伤，或者5 000万元以上1亿元以下直接经济损失的事故；

（三）较大事故，是指造成3人以上10人以下死亡，或者10人以上50人以下重伤，或者1 000万元以上5 000万元以下直接经济损失的事故；

（四）一般事故，是指造成3人以下死亡，或者10人以下重伤，或者1 000万元以下直接经济损失的事故。

国务院安全生产监督管理部门可以会同国务院有关部门，制定事故等级划分的补充性规定。

本条第一款所称的“以上”包括本数，所称的“以下”不包括本数。

第四条　事故报告应当及时、准确、完整，任何单位和个人对事故不得迟报、漏报、谎报或者瞒报。

事故调查处理应当坚持实事求是、尊重科学的原则，及时、准确地查清事故经过、事故原因和事故损失，查明事故性质，认定事故责任，总结事故教训，提出整改措施，并对事故责任者依法追究责任。

第九条　事故发生后，事故现场有关人员应当立即向本单位负责人报告；单位负责人接到报告后，应当于1小时内向事故发生地县级以上人民政府安全生产监督管理部门和负有安全生产监督管理职责的有关部门报告。

情况紧急时，事故现场有关人员可以直接向事故发生地县级以上人民政府安全生产监督管理部门和负有安全生产监督管理职责的有关部门报告。

第十条　安全生产监督管理部门和负有安全生产监督管理职责的有关部门接到事故报告后，应当依照下列规定上报事故情况，并通知公安机关、劳动保障行政部门、工会和人民检察院：

（一）特别重大事故、重大事故逐级上报至国务院安全生产监督管理部门和负有安全生产监督管理职责的有关部门；

（二）较大事故逐级上报至省、自治区、直辖市人民政府安全生产监督管理部门和负有安全生产监督管理职责的有关部门；

（三）一般事故上报至设区的市级人民政府安全生产监督管理部门和负有安全生产监督管理职责的有关部门。

安全生产监督管理部门和负有安全生产监督管理职责的有关部门依照前款规定上报事故情况，应当同时报告本级人民政府。国务院安全生产监督管理部门和负有安全生产监督管理职责的有关部门以及省级人民政府接到发生特别重大事故、重大事故的报告后，应当立即报告国务院。

必要时，安全生产监督管理部门和负有安全生产监督管理职责的有关部门可以越级上报事故情况。

第十一条　安全生产监督管理部门和负有安全生产监督管理职责的有关部门逐级上报事故情况，每级上报的时间不得超过2小时。

第十二条　报告事故应当包括下列内容：

（一）事故发生单位概况；

（二）事故发生的时间、地点以及事故现场情况；

（三）事故的简要经过；

（四）事故已经造成或者可能造成的伤亡人数（包括下落不明的人数）和初步估计的直接经济损失；

（五）已经采取的措施；

（六）其他应当报告的情况。

第十三条 事故报告后出现新情况的,应当及时补报。

自事故发生之日起30日内,事故造成的伤亡人数发生变化的,应当及时补报。道路交通事故、火灾事故自发生之日起7日内,事故造成的伤亡人数发生变化的,应当及时补报。

2. 有关施工企业的事故处理责任及法律责任

第三十二条 重大事故、较大事故、一般事故,负责事故调查的人民政府应当自收到事故调查报告之日起15日内做出批复;特别重大事故,30日内做出批复,特殊情况下,批复时间可以适当延长,但延长的时间最长不超过30日。

有关机关应当按照人民政府的批复,依照法律、行政法规规定的权限和程序,对事故发生单位和有关人员进行行政处罚,对负有事故责任的国家工作人员进行处分。

事故发生单位应当按照负责事故调查的人民政府的批复,对本单位负有事故责任的人员进行处理。

负有事故责任的人员涉嫌犯罪的,依法追究刑事责任。

第三十三条 事故发生单位应当认真吸取事故教训,落实防范和整改措施,防止事故再次发生。防范和整改措施的落实情况应当接受工会和职工的监督。

安全生产监督管理部门和负有安全生产监督管理职责的有关部门应当对事故发生单位落实防范和整改措施的情况进行监督检查。

第三十四条 事故处理的情况由负责事故调查的人民政府或者其授权的有关部门、机构向社会公布,依法应当保密的除外。

(四)《安全生产许可证条例》

2004年1月13日国务院令第397号公布;2014年7月29日修订,国务院令第653号公布,自公布之日起施行。

1. 安全生产许可证的取得条件、有效期及其使用等规定

第二条 国家对矿山企业、建筑施工企业和危险化学品、烟花爆竹、民用爆炸物品生产企业(以下统称企业)实行安全生产许可制度。

企业未取得安全生产许可证的,不得从事生产活动。

第六条 企业取得安全生产许可证,应当具备下列安全生产条件:

(一)建立、健全安全生产责任制,制定完备的安全生产规章制度和操作规程;

(二)安全投入符合安全生产要求;

(三)设置安全生产管理机构,配备专职安全生产管理人员;

(四)主要负责人和安全生产管理人员经考核合格;

(五)特种作业人员经有关业务主管部门考核合格,取得特种作业操作资格证书;

(六)从业人员经安全生产教育和培训合格;

(七)依法参加工伤保险,为从业人员缴纳保险费;

(八)厂房、作业场所和安全设施、设备、工艺符合有关安全生产法律、法规、标准和规程的要求;

(九)有职业危害防治措施,并为从业人员配备符合国家标准或者行业标准的劳动防护用品;

（十）依法进行安全评价；

（十一）有重大危险源检测、评估、监控措施和应急预案；

（十二）有生产安全事故应急救援预案、应急救援组织或者应急救援人员，配备必要的应急救援器材、设备；

（十三）法律、法规规定的其他条件。

第九条 安全生产许可证的有效期为 3 年。安全生产许可证有效期满需要延期的，企业应当于期满前 3 个月向原安全生产许可证颁发管理机关办理延期手续。

企业在安全生产许可证有效期内，严格遵守有关安全生产的法律法规，未发生死亡事故的，安全生产许可证有效期届满时，经原安全生产许可证颁发管理机关同意，不再审查，安全生产许可证有效期延期 3 年。

第十条 安全生产许可证颁发管理机关应当建立、健全安全生产许可证档案管理制度，并定期向社会公布企业取得安全生产许可证的情况。

第十三条 企业不得转让、冒用安全生产许可证或者使用伪造的安全生产许可证。

第十四条 企业取得安全生产许可证后，不得降低安全生产条件，并应当加强日常安全生产管理，接受安全生产许可证颁发管理机关的监督检查。

安全生产许可证颁发管理机关应当加强对取得安全生产许可证的企业的监督检查，发现其不再具备本条例规定的安全生产条件的，应当暂扣或者吊销安全生产许可证。

2. 施工企业有关许可证取得、使用等方面的法律责任

第十八条 安全生产许可证颁发管理机关工作人员有下列行为之一的，给予降级或者撤职的行政处分；构成犯罪的，依法追究刑事责任：

（一）向不符合本条例规定的安全生产条件的企业颁发安全生产许可证的；

（二）发现企业未依法取得安全生产许可证擅自从事生产活动，不依法处理的；

（三）发现取得安全生产许可证的企业不再具备本条例规定的安全生产条件，不依法处理的；

（四）接到对违反本条例规定行为的举报后，不及时处理的；

（五）在安全生产许可证颁发、管理和监督检查工作中，索取或者接受企业的财物，或者谋取其他利益的。

第十九条 违反本条例规定，未取得安全生产许可证擅自进行生产的，责令停止生产，没收违法所得，并处 10 万元以上 50 万元以下的罚款；造成重大事故或者其他严重后果，构成犯罪的，依法追究刑事责任。

第二十条 违反本条例规定，安全生产许可证有效期满未办理延期手续，继续进行生产的，责令停止生产，限期补办延期手续，没收违法所得，并处 5 万元以上 10 万元以下的罚款；逾期仍不办理延期手续，继续进行生产的，依照本条例第十九条的规定处罚。

第二十一条 违反本条例规定，转让安全生产许可证的，没收违法所得，处 10 万元以上 50 万元以下的罚款，并吊销其安全生产许可证；构成犯罪的，依法追究刑事责任；接受转让的，依照本条例第十九条的规定处罚。

冒用安全生产许可证或者使用伪造的安全生产许可证的，依照本条例第十九条的规定处罚。

（五）《中华人民共和国防汛条例》

1991年6月28日国务院第87次常务会议通过，1991年7月2日国务院令第86号发布；2005年7月15日国务院令第441号公布，自公布之日起施行的《国务院关于修改〈中华人民共和国防汛条例〉的决定》第一次修正；2010年12月29日国务院第138次常务会议通过，2011年1月8日国务院令第588号公布，自公布之日起施行的《国务院关于废止和修改部分行政法规的决定》第二次修正。

1. 防汛工作方针

第三条　防汛工作实行"安全第一，常备不懈，以防为主，全力抢险"的方针，遵循团结协作和局部利益服从全局利益的原则。

2. 防汛机构的设立

第六条　国务院设立国家防汛总指挥部，负责组织领导全国的防汛抗洪工作，其办事机构设在国务院水行政主管部门。

长江和黄河，可以设立由有关省、自治区、直辖市人民政府和该江河的流域管理机构（以下简称流域机构）负责人等组成的防汛指挥机构，负责指挥所辖范围的防汛抗洪工作，其办事机构设在流域机构。长江和黄河的重大防汛抗洪事项须经国家防汛总指挥部批准后执行。

国务院水行政主管部门所属的淮河、海河、珠江、松花江、辽河、太湖等流域机构，设立防汛办事机构，负责协调本流域的防汛日常工作。

第七条　有防汛任务的县级以上地方人民政府设立防汛指挥部，由有关部门、当地驻军、人民武装部负责人组成，由各级人民政府首长担任指挥。各级人民政府防汛指挥部在上级人民政府防汛指挥部和同级人民政府的领导下，执行上级防汛指令，制定各项防汛抗洪措施，统一指挥本地区的防汛抗洪工作。

各级人民政府防汛指挥部办事机构设在同级水行政主管部门；城市市区的防汛指挥部办事机构也可以设在城建主管部门，负责管理所辖范围的防汛日常工作。

第八条　石油、电力、邮电、铁路、公路、航运、工矿以及商业、物资等有防汛任务的部门和单位，汛期应当设立防汛机构，在有管辖权的人民政府防汛指挥部统一领导下，负责做好本行业和本单位的防汛工作。

3. 防汛抗洪措施的制定及落实

第十三条　有防汛抗洪任务的企业应当根据所在流域或者地区经批准的防御洪水方案和洪水调度方案，规定本企业的防汛抗洪措施，在征得其所在地县级人民政府水行政主管部门同意后，由有管辖权的防汛指挥机构监督实施。

第三十九条　由财政部门安排的防汛经费，按照分级管理的原则，分别列入中央财政和地方财政预算。

在汛期，有防汛任务的地区的单位和个人应当承担一定的防汛抢险的劳务和费用，具体办法由省、自治区、直辖市人民政府制定。

（六）《国务院关于进一步加强企业安全生产工作的通知》

为进一步加强安全生产工作，全面提高企业安全生产水平，2010年7月19日，国务院以国发〔2010〕23号文出台了《国务院关于进一步加强企业安全生产工作的通知》。

1. 企业安全管理的有关规定

（3）进一步规范企业生产经营行为。企业要健全完善严格的安全生产规章制度，坚持不安全不生产。加强对生产现场监督检查，严格查处违章指挥、违规作业、违反劳动纪律的“三违”行为。凡超能力、超强度、超定员组织生产的，要责令停产停工整顿，并对企业和企业主要负责人依法给予规定上限的经济处罚。对以整合、技改名义违规组织生产，以及规定期限内未实施改造或故意拖延工期的矿井，由地方政府依法予以关闭。要加强对境外中资企业安全生产工作的指导和管理，严格落实境内投资主体和派出企业的安全生产监督责任。

（4）及时排查治理安全隐患。企业要经常性开展安全隐患排查，并切实做到整改措施、责任、资金、时限和预案“五到位”。建立以安全生产专业人员为主导的隐患整改效果评价制度，确保整改到位。对隐患整改不力造成事故的，要依法追究企业和企业相关负责人的责任。对停产整改逾期未完成的不得复产。

（5）强化生产过程管理的领导责任。企业主要负责人和领导班子成员要轮流现场带班。煤矿、非煤矿山要有矿领导带班并与工人同时下井、同时升井，对无企业负责人带班下井或该带班而未带班的，对有关责任人按擅离职守处理，同时给予规定上限的经济处罚。发生事故而没有领导现场带班的，对企业给予规定上限的经济处罚，并依法从重追究企业主要负责人的责任。

（6）强化职工安全培训。企业主要负责人和安全生产管理人员、特殊工种人员一律严格考核，按国家有关规定持职业资格证书上岗；职工必须全部经过培训合格后上岗。企业用工要严格依照劳动合同法与职工签订劳动合同。凡存在不经培训上岗、无证上岗的企业，依法停产整顿。没有对井下作业人员进行安全培训教育，或存在特种作业人员无证上岗的企业，情节严重的要依法予以关闭。

（7）全面开展安全达标。深入开展以岗位达标、专业达标和企业达标为内容的安全生产标准化建设，凡在规定时间内未实现达标的企业要依法暂扣其生产许可证、安全生产许可证，责令停产整顿；对整改逾期未达标的，地方政府要依法予以关闭。

2. 技术保障体系建设的有关规定

（8）加强企业生产技术管理。强化企业技术管理机构的安全职能，按规定配备安全技术人员，切实落实企业负责人安全生产技术管理负责制，强化企业主要技术负责人技术决策和指挥权。因安全生产技术问题不解决产生重大隐患的，要对企业主要负责人、主要技术负责人和有关人员给予处罚；发生事故的，依法追究责任。

（9）强制推行先进适用的技术装备。煤矿、非煤矿山要制定和实施生产技术装备标准，安装监测监控系统、井下人员定位系统、紧急避险系统、压风自救系统、供水施救系统和通信联络系统等技术装备，并于3年之内完成。逾期未安装的，依法暂扣安全生产许可证、生产许可证。运输危险化学品、烟花爆竹、民用爆炸物品的道路专用车辆，旅游包车和三类以上的班线客车要安装使用具有行驶记录功能的卫星定位装置，于2年之内全部完成；鼓励有条件的渔船安装防撞自动识别系统，在大型尾矿库安装全过程在线监控系统，大型起重机械要安装安全监控管理系统；积极推进信息化建设，努力提高企业安全防护水平。

（10）加快安全生产技术研发。企业在年度财务预算中必须确定必要的安全投入。国家鼓励企业开展安全科技研发，加快安全生产关键技术装备的换代升级。进一步落实《国家中长期科学和技术发展规划纲要（2006—2020 年）》等，加大对高危行业安全技术、装备、工艺和产品研发的支持力度，引导高危行业提高机械化、自动化生产水平，合理确定生产一线用工。“十二五”期间要继续组织研发一批提升我国重点行业领域安全生产保障能力的关键技术和装备项目。

3. 安全生产监督管理及行业安全准入的有关规定

（11）进一步加大安全监管力度。强化安全生产监管部门对安全生产的综合监管，全面落实公安、交通、国土资源、建设、工商、质检等部门的安全生产监督管理及工业主管部门的安全生产指导职责，形成安全生产综合监管与行业监管指导相结合的工作机制，加强协作，形成合力。在各级政府统一领导下，严厉打击非法违法生产、经营、建设等影响安全生产的行为，安全生产综合监管和行业管理部门要会同司法机关联合执法，以强有力措施查处、取缔非法企业。对重大安全隐患治理实行逐级挂牌督办、公告制度，重大隐患治理由省级安全生产监管部门或行业主管部门挂牌督办，国家相关部门加强督促检查。对拒不执行监管监察指令的企业，要依法依规从重处罚。进一步加强监管力量建设，提高监管人员专业素质和技术装备水平，强化基层站点监管能力，加强对企业安全生产的现场监管和技术指导。

（12）强化企业安全生产属地管理。安全生产监管监察部门、负有安全生产监管职责的有关部门和行业管理部门要按职责分工，对当地企业包括中央、省属企业实行严格的安全生产监督检查和管理，组织对企业安全生产状况进行安全标准化分级考核评价，评价结果向社会公开，并向银行业、证券业、保险业、担保业等主管部门通报，作为企业信用评级的重要参考依据。

（13）加强建设项目安全管理。强化项目安全设施核准审批，加强建设项目的日常安全监管，严格落实审批、监管的责任。企业新建、改建、扩建工程项目的安全设施，要包括安全监控设施和防瓦斯等有害气体、防尘、排水、防火、防爆等设施，并与主体工程同时设计、同时施工、同时投入生产和使用。安全设施与建设项目主体工程未做到同时设计的一律不予审批，未做到同时施工的责令立即停止施工，未同时投入使用的不得颁发安全生产许可证，并视情节追究有关单位负责人的责任。严格落实建设、设计、施工、监理、监管等各方安全责任。对项目建设生产经营单位存在违法分包、转包等行为的，立即依法停工停产整顿，并追究项目业主、承包方等各方责任。

（14）加强社会监督和舆论监督。要充分发挥工会、共青团、妇联组织的作用，依法维护和落实企业职工对安全生产的参与权与监督权，鼓励职工监督举报各类安全隐患，对举报者予以奖励。有关部门和地方要进一步畅通安全生产的社会监督渠道，设立举报箱，公布举报电话，接受人民群众的公开监督。要发挥新闻媒体的舆论监督，对舆论反映的客观问题要深查原因，切实整改。

4. 应急救援体系建设的有关规定

（15）加快国家安全生产应急救援基地建设。按行业类型和区域分布，依托大型企业，在中央预算内基建投资支持下，先期抓紧建设 7 个国家矿山应急救援队，配备性能可靠、机动性强的装备和设备，保障必要的运行维护费用。推进公路交通、铁路运输、水上搜救、船舶溢油、油气田、危险化学品等行业（领域）国家救援基地和队伍建设。鼓励和支持各地区、各部门、各行业依托大型企业和专业救援力量，加强服务周边的区域性应急救援能力建设。

（16）建立完善企业安全生产预警机制。企业要建立完善安全生产动态监控及预警预报体系，每月进行一次安全生产风险分析。发现事故征兆要立即发布预警信息，落实防范和应急处置措施。对重大危险源和重大隐患要报当地安全生产监管监察部门、负有安全生产监管职责的有关部门和行业管理部门备案。涉及国家秘密的，按有关规定执行。

（17）完善企业应急预案。企业应急预案要与当地政府应急预案保持衔接，并定期进行演练。赋予企业生产现场带班人员、班组长和调度人员在遇到险情时第一时间下达停产撤人命令的直接决策权和指挥权。因撤离不及时导致人身伤亡事故的，要从重追究相关人员的法律责任。

（19）严格安全生产准入前置条件。把符合安全生产标准作为高危行业企业准入的前置条件，实行严格的安全标准核准制度。矿山建设项目和用于生产、储存危险物品的建设项目，应当分别按照国家有关规定进行安全条件论证和安全评价，严把安全生产准入关。凡不符合安全生产条件违规建设的，要立即停止建设，情节严重的由本级人民政府或主管部门实施关闭取缔。降低标准造成隐患的，要追究相关人员和负责人的责任。

（23）提高工伤事故死亡职工一次性赔偿标准。从2011年1月1日起，依照《工伤保险条例》的规定，对因生产安全事故造成的职工死亡，其一次性工亡补助金标准调整为按全国上一年度城镇居民人均可支配收入的20倍计算，发放给工亡职工近亲属。同时，依法确保工亡职工一次性丧葬补助金、供养亲属抚恤金的发放。

5. 安全生产目标考核和责任追究的有关规定

（28）严格落实安全目标考核。对各地区、各有关部门和企业完成年度生产安全事故控制指标情况进行严格考核，并建立激励约束机制。加大重特大事故的考核权重，发生特别重大生产安全事故的，要根据情节轻重，追究地市级分管领导或主要领导的责任；后果特别严重、影响特别恶劣的，要按规定追究省部级相关领导的责任。加强安全生产基础工作考核，加快推进安全生产长效机制建设，坚决遏制重特大事故的发生。

（29）加大对事故企业负责人的责任追究力度。企业发生重大生产安全责任事故，追究事故企业主要负责人责任；触犯法律的，依法追究事故企业主要负责人或企业实际控制人的法律责任。发生特别重大事故，除追究企业主要负责人和实际控制人责任外，还要追究上级企业主要负责人的责任；触犯法律的，依法追究企业主要负责人、企业实际控制人和上级企业负责人的法律责任。对重大、特别重大生产安全责任事故负有主要责任的企业，其主要负责人终身不得担任本行业企业的矿长（厂长、经理）。对非法违法生产造成人员伤亡的，以及瞒报事故、事故后逃逸等情节特别恶劣的，要依法从重处罚。

（30）加大对事故企业的处罚力度。对于发生重大、特别重大生产安全责任事故或一年内发生2次以上较大生产安全责任事故并负主要责任的企业，以及存在重大隐患整改不力的企业，由省级及以上安全监管监察部门会同有关行业主管部门向社会公告，并向投资、国土资源、建设、银行、证券等主管部门通报，一年内严格限制新增的项目核准、用地审批、证券融资等，并作为银行贷款等的重要参考依据。

(31)对打击非法生产不力的地方实行严格的责任追究。在所辖区域对群众举报、上级督办、日常检查发现的非法生产企业(单位)没有采取有效措施予以查处，致使非法生产企业(单位)存在的，对县(市、区)、乡(镇)人民政府主要领导以及相关责任人，根据情节轻重，给予降级、撤职或者开除的行政处分，涉嫌犯罪的，依法追究刑事责任。国家另有规定的，从其规定。

(32)建立事故查处督办制度。依法严格事故查处，对事故查处实行地方各级安全生产委员会层层挂牌督办，重大事故查处实行国务院安全生产委员会挂牌督办。事故查处结案后，要及时予以公告，接受社会监督。

(七)《国务院关于坚持科学发展安全发展促进安全生产形势持续稳定好转的意见》

为深入贯彻落实科学发展观，实现安全发展，促进全国安全生产形势持续稳定好转，国务院以国发〔2011〕40号文出台了《国务院关于坚持科学发展安全发展促进安全生产形势持续稳定好转的意见》。

1. 落实企业安全生产主体责任的有关规定

(9)认真落实企业安全生产主体责任。企业必须严格遵守和执行安全生产法律法规、规章制度与技术标准，依法依规加强安全生产，加大安全投入，健全安全管理机构，加强班组安全建设，保持安全设备设施完好有效。企业主要负责人、实际控制人要切实承担安全生产第一责任人的责任，带头执行现场带班制度，加强现场安全管理。强化企业技术负责人技术决策和指挥权，注重发挥注册安全工程师对企业安全状况诊断、评估、整改方面的作用。企业主要负责人、安全管理人员、特种作业人员一律经严格考核、持证上岗。企业用工要严格依照劳动合同法与职工签订劳动合同，职工必须全部经培训合格后上岗。

2. 安全生产基础建设的有关规定

(12)严格安全生产准入条件。要认真执行安全生产许可制度和产业政策，严格技术和安全质量标准，严把行业安全准入关。强化建设项目安全核准，把安全生产条件作为高危行业建设项目审批的前置条件，未通过安全评估的不准立项；未经批准擅自开工建设的，要依法取缔。严格执行建设项目安全设施"三同时"(同时设计、同时施工、同时投产和使用)制度。制定和实施高危行业从业人员资格标准。加强对安全生产专业服务机构管理，实行严格的资格认证制度，确保其评价、检测结果的专业性和客观性。

(13)加强安全生产风险监控管理。充分运用科技和信息手段，建立健全安全生产隐患排查治理体系，强化监测监控、预报预警，及时发现和消除安全隐患。企业要定期进行安全风险评估分析，重大隐患要及时报安全监管监察和行业主管部门备案。各级政府要对重大隐患实行挂牌督办，确保监控、整改、防范等措施落实到位。各地区要建立重大危险源管理档案，实施动态全程监控。

(14)推进安全生产标准化建设。在工矿商贸和交通运输行业领域普遍开展岗位达标、专业达标和企业达标建设，对在规定期限内未实现达标的企业，要依据有关规定暂扣其生产许可证、安全生产许可证，责令停产整顿；对整改逾期仍未达标的，要依法予以关闭。加强安全标准化分级考核评价，将评价结果向银行、证券、保险、担保等主管部门通报，作为企业信用评级的重要参考依据。

(15)加强职业病危害防治工作。要严格执行职业病防治法,认真实施国家职业病防治规划,深入落实职业危害防护设施“三同时”制度,切实抓好煤(矽)尘、热害、高毒物质等职业危害防范治理。对可能产生职业病危害的建设项目,必须进行严格的职业病危害预评价,未提交预评价报告或预评价报告未经审核同意的,一律不得批准建设;对职业病危害防控措施不到位的企业,要依法责令其整改,情节严重的要依法予以关闭。切实做好职业病诊断、鉴定和治疗,保障职工安全健康权益。

3. 建筑施工安全生产管理的有关规定

(20)加强建筑施工安全生产管理。按照“谁发证、谁审批、谁负责”的原则,进一步落实建筑工程招投标、资质审批、施工许可、现场作业等各环节安全监管责任。强化建筑工程参建各方企业安全生产主体责任。严密排查治理起重机、吊罐、脚手架等设施设备安全隐患。建立建筑工程安全生产信息系统,健全施工企业和从业人员安全信用体系,完善失信惩戒制度。建立完善铁路、公路、水利、核电等重点工程项目安全风险评估制度。严厉打击超越资质范围承揽工程、违法分包转包工程等不法行为。

4. 安全保障能力建设的有关规定

(22)持续加大安全生产投入。探索建立中央、地方、企业和社会共同承担的安全生产长效投入机制,加大对贫困地区和高危行业领域倾斜。完善有利于安全生产的财政、税收、信贷政策,强化政府投资对安全生产投入的引导和带动作用。企业在年度财务预算中必须确定必要的安全投入,提足用好安全生产费用。完善落实工伤保险制度,积极稳妥推行安全生产责任保险制度,发挥保险机制的预防和促进作用。

(23)充分发挥科技支撑作用。整合安全科技优势资源,建立完善以企业为主体、以市场为导向、产学研用相结合的安全技术创新体系。加快推进安全生产关键技术及装备的研发,在事故预防预警、防治控制、抢险处置等方面尽快推出一批具有自主知识产权的科技成果。积极推广应用安全性能可靠、先进适用的新技术、新工艺、新设备和新材料。企业必须加快国家规定的各项安全系统和装备建设,提高生产安全防护水平。加强安全生产信息化建设,建立健全信息科技支撑服务体系。

(25)加强安全人才和监管监察队伍建设。加强安全科学与工程学科建设,办好安全工程类高等教育和职业教育,重点培养中高级安全工程与管理人才。鼓励高等院校、职业学校进一步落实完善校企合作办学、对口单招、订单式培养等政策,加快培养高危行业专业人才和生产一线急需技能型人才。加快建设专业化的安全监管监察队伍,建立以岗位职责为基础的能力评价体系,加强在岗人员业务培训。进一步充实基层监管力量,改善监管监察装备和条件,创新安全监管监察机制,切实做到严格、公正、廉洁、文明执法。

5. 应急救援体系建设和安全文化建设的有关规定

(26)加强应急救援队伍和基地建设。抓紧7个国家级、14个区域性矿山应急救援基地建设,加快推进重点行业领域的专业应急救援队伍建设。县级以上地方人民政府要结合实际,整合应急资源,依托大型企业、公安消防等救援力量,加强本地区应急救援队伍建设。建立紧急医学救援体系,提升事故医疗救治能力。建立救援队伍社会化服务补偿机制,鼓励和引导社会力量参与应急救援。

(27)完善应急救援机制和基础条件。健全省、市、县及中央企业安全生产应急管理体系，加快建设应急平台，完善应急救援协调联动机制。建立健全自然灾害预报预警联合处置机制，加强安监、气象、地震、海洋等部门的协调配合，严防自然灾害引发事故灾难。建立完善企业安全生产动态监控及预警预报体系。加强应急救援装备建设，强化应急物资和紧急运输能力储备，提高应急处置效率。

(28)加强预案管理和应急演练。建立健全安全生产应急预案体系，加强动态修订完善。落实省、市、县三级安全生产预案报备制度，加强企业预案与政府相关应急预案的衔接。定期开展应急预案演练，切实提高事故救援实战能力。企业生产现场带班人员、班组长和调度人员在遇到险情时，要按照预案规定，立即组织停产撤人。

(29)加强安全知识普及和技能培训。加强安全教育基地建设，充分利用电视、互联网、报纸、广播等多种形式和手段普及安全常识，增强全社会科学发展、安全发展的思想意识。在中小学广泛普及安全基础教育，加强防灾避险演练。全面开展安全生产、应急避险和职业健康知识进企业、进学校、进乡村、进社区、进家庭活动，努力提升全民安全素质。大力开展企业全员安全培训，重点强化高危行业和中小企业一线员工安全培训。完善农民工向产业工人转化过程中的安全教育培训机制。建立完善安全技术人员继续教育制度。大型企业要建立健全职业教育和培训机构。加强地方政府安全生产分管领导干部的安全培训，提高安全管理水平。

(30)推动安全文化发展繁荣。充分利用社会资源和市场机制，培育发展安全文化产业，打造安全文化精品，促进安全文化市场繁荣。加强安全公益宣传，大力倡导“关注安全、关爱生命”的安全文化。建设安全文化主题公园、主题街道和安全社区，创建若干安全文化示范企业和安全发展示范城市。推进安全文化理论和建设手段创新，构建自我约束、持续改进的长效机制，不断提高安全文化建设水平，切实发挥其对安全生产工作的引领和推动作用。

(八)《河南省安全生产条例》

2019 年 5 月 31 日河南省第十三届人大常委会第十次会议审议通过《河南省安全生产条例》，第十三届人大常委会公告第 21 号公布，自 2019 年 10 月 1 日起施行。

1. 主体责任

第四条　生产经营单位是安全生产的责任主体，生产经营单位的主要负责人对本单位的安全生产工作全面负责。

生产经营单位应当遵守有关安全生产法律、法规，建立健全安全生产责任制和安全生产规章制度，加强安全生产管理，改善安全生产条件，推进安全生产科技化、标准化、信息化建设，提高安全生产水平，确保安全生产。

第十一条　生产经营单位应当建立健全安全生产责任制，明确各级、各岗位的责任人员、责任范围和考核标准，形成包括全体人员和全部生产经营活动的安全生产责任体系，加强对安全生产责任制落实情况的监督考核，保证安全生产责任制的落实。

2. 生产经营单位主要负责人的安全生产职责

第十三条　生产经营单位的主要负责人是本单位安全生产工作的第一责任人，应当履行下列职责：

(一)建立、健全并组织落实本单位安全生产责任制；

（二）组织制定本单位安全生产规章制度和操作规程；

（三）组织开展本单位安全生产标准化建设；

（四）组织制定并实施本单位年度安全生产教育和培训计划；

（五）落实本单位安全生产条件所必需的资金投入和安全生产费用的提取使用；

（六）督促检查本单位安全生产工作，组织开展安全生产风险管控和事故隐患排查治理；

（七）及时、如实报告生产安全事故，配合生产安全事故调查；

（八）组织制定并实施本单位的生产安全事故应急救援预案；

（九）负责将重大隐患治理情况向负有安全生产监督管理职责的部门和企业职工代表大会报告；

（十）法律、法规规定的其他安全生产责任。

生产经营单位的其他负责人对职责范围内的安全生产工作负责。

3. 生产经营单位安全生产管理机构及其安全生产管理人员的职责

第十四条 矿山、金属冶炼、建筑施工、道路运输单位和危险物品的生产、经营、储存、废弃处置以及使用危险物品的数量构成重大危险源的单位从业人员在五十人以上的，应当设置具备相对独立职能的安全生产管理机构，健全安全生产管理体系，或者配备不低于从业人员百分之二的专职安全生产管理人员；从业人员不满五十人的，应当配备专职安全生产管理人员。

前款规定以外的其他生产经营单位，从业人员超过一百人的，应当设置安全生产管理机构或者配备专职安全生产管理人员，专职安全生产管理人员不得少于二人；从业人员在一百人以下的，应当配备专职或者兼职的安全生产管理人员。

矿山、金属冶炼、建筑施工和危险物品的生产、经营、储存、废弃处置以及使用危险物品的数量构成重大危险源的单位应当有注册安全工程师从事安全生产管理工作。鼓励其他生产经营单位聘用注册安全工程师从事安全生产管理工作。

第十五条 生产经营单位的安全生产管理机构及其安全生产管理人员应当履行下列职责：

（一）贯彻执行安全生产法律、法规和有关国家标准、行业标准，为本单位安全生产决策提出意见和建议；

（二）组织或者参与拟定年度安全生产工作计划；

（三）组织或者参与拟订本单位安全生产规章制度、操作规程和生产安全事故应急救援预案；

（四）检查本单位安全生产状况，开展安全生产风险管控，及时排查生产安全事故隐患，提出改进安全生产管理的建议，督促落实本单位安全生产整改措施和重大危险源的安全管理措施；

（五）组织或者参与实施本单位安全生产标准化建设；

（六）组织或者参与本单位安全生产教育和培训，如实记录安全生产教育和培训情况；

（七）组织或者参与本单位新建、改建、扩建工程项目安全设施的审查；

（八）组织或者参与本单位应急救援预案演练；

（九）协助调查和处理生产安全事故，对事故进行统计、分析，落实防范措施；

（十）具体负责安全生产考核，提出奖惩意见；

（十一）制止和纠正违章指挥、强令冒险作业、违反操作规程的行为。

4. 安全生产教育培训、考核与持证上岗

第十六条　生产经营单位应当对包括被派遣劳动者在内的从业人员，按照国家规定的学时进行岗位安全操作规程、操作技能、事故防范措施和应急措施、应急技能等教育培训。未经安全生产教育培训合格的人员不得上岗作业。

对调换工种或者采用新工艺、新技术、新材料及使用新设备的从业人员，应当进行专门的安全生产教育和培训，并经培训合格后，方可上岗作业。

生产经营单位接收中等职业学校、高等学校学生实习的，应当对实习学生进行相应的安全生产教育和培训，提供必要的劳动防护用品。学校应当协助生产经营单位对实习学生进行安全生产教育和培训。

生产经营单位应当建立从业人员安全生产教育和培训档案，如实记录安全生产教育和培训的时间、地点、内容、参加人员以及考核结果等情况。

第十七条　矿山、金属冶炼、建筑施工、道路运输单位和危险物品的生产、经营、储存、废弃处置以及使用危险物品的数量构成重大危险源的单位的主要负责人和安全生产管理人员应当由主管的负有安全生产监督管理职责的部门对其安全生产知识和管理能力考核合格。考核不得收费。

其他生产经营单位的主要负责人和安全生产管理人员应当具备与本单位所从事的生产经营活动相应的安全生产知识和管理能力。

5. 劳动防护用品的规定

第十八条　生产经营单位应当按照国家和本省规定，为从业人员免费发放符合国家标准或者行业标准的劳动防护用品，并监督、教育从业人员按照使用规则佩戴、使用，不得以货币或者其他物品替代应当按规定配备的劳动防护用品。

6. 安全设施“三同时”的规定

第十九条　生产经营单位新建、改建、扩建工程项目（以下统称建设项目）的安全设施，必须与主体工程同时设计、同时施工、同时投入生产和使用。安全设施投资应当纳入建设项目概算。

7. 安全警示标志设置的规定

第二十一条　生产经营单位应当在存在安全生产风险的作业场所和生产、储存设施处，设置明显的安全警示标志；向从业人员如实告知作业场所和工作岗位存在的危险因素、防范措施以及事故应急措施。

人员密集场所的经营管理单位应当采取播放安全告知、张贴安全须知或者设置安全警示标志等方式进行安全提示。

8. 经营场所内安全禁止的规定

第二十二条　生产经营单位的经营场所应当按照国家标准、行业标准配备应急广播以及通风、消防设施和器材，设置安全出口和应急疏散通道，标示疏散位置和疏散方向，并定期检查、维修，保证正常运行和使用。经营场所内禁止下列行为：

(一)违反国家有关规定,生产、经营、存放、携带危险化学品、烟花爆竹等有毒有害、易燃易爆物品;

(二)挤占、堵塞疏散通道、通风口、消防通道;

(三)在地下空间采用液化石油气和汽油、煤油、甲醇、乙醇等易燃液体作为燃料;

(四)违反规定安装、使用电器产品和敷设用电线路;

(五)拆除、损毁各类安全设施和器材;

(六)法律、法规禁止的其他行为。学校、幼儿园、商场、医疗机构、养老机构、宾馆、集贸市场等人员密集的单位或者场所不得出租房屋、场地用于危险物品的生产、经营、储存、装卸活动。

9. 重大危险源监测监控管理和事故隐患排查治理的规定

第二十三条　生产经营单位应当按照国家规定落实重大危险源监测监控管理责任,并对重大危险源采取下列措施:

(一)登记、建档、申报;

(二)建立重大危险源的监测监控系统并进行经常性维护,保持正常运行;

(三)定期对设施、设备进行检验、检测;

(四)制定重大危险源应急预案,每半年至少组织一次演练;

(五)定期进行安全评估。

涉及重大危险源的生产经营单位应当将重大危险源存在的危险因素和应急措施及时如实告知从业人员和相关人员,在醒目位置设置警示标志,并按照有关规定将重大危险源及其有关安全措施、应急预案报负有安全生产监督管理职责的部门备案。生产经营单位应当每半年向负有安全生产监督管理职责的部门报告一次本单位重大危险源监控及相应的安全措施、应急措施的实施情况,在重大危险源发生变化时应当及时报告。

第二十四条　生产经营单位应当建立健全安全生产事故隐患排查治理制度,明确本单位负责人和各岗位从业人员的排查治理责任,编制本单位事故隐患排查治理标准清单,及时发现并消除事故隐患。

对于一般事故隐患,应当立即组织整改治理;对于重大事故隐患,应当及时制定治理方案并向县级以上人民政府负有安全生产监督管理职责的部门报告,根据治理方案采取相应措施予以消除,治理完毕后应当组织验收。

生产经营单位在事故隐患治理过程中,应当采取必要的措施防止事故发生。无法保证安全的,应当从危险区域内撤出作业人员,及时疏散可能危及的其他人员,暂时停产停业或者停止使用相关设施、设备和装置,并设置警示标志,必要时应当派员值守;对难以停产或者停止使用的相关设施、设备和装置,应当加强监护,防止事故发生。

生产经营单位应当每月对事故隐患排查治理情况进行统计分析,向负有安全生产监督管理职责的部门报告,并向从业人员通报。

第二十五条　有下列情形之一的,生产经营单位应当进行专项事故隐患排查:

(一)有关安全生产的法律、法规、规章发布或者修改后安全生产标准发生变化;

(二)作业条件、设备设施、工艺技术改变;

(三)复工复产、发生事故或者险情;

(四)汛期、极端或者异常天气、重大节假日、大型活动；

(五)应当进行专项事故隐患排查的其他情况。

第二十六条　生产经营单位进行爆破、吊装以及国家规定的其他危险作业，应当严格执行有关安全技术标准和管理规范，并落实下列安全措施：

(一)确认作业人员的上岗资格、身体状况、配备的劳动防护用品符合安全作业要求；

(二)确认现场作业条件符合安全作业要求；

(三)向作业人员说明危险因素、作业安全要求和应急措施；

(四)严格按照岗位安全操作规程规定的程序作业；

(五)安排现场监管人员进行现场安全管理，发现直接危及人身安全的紧急情况时，采取有效的应急处置措施。

生产经营单位委托其他有专业资质的单位进行危险作业的，应当在作业前与受委托方签订安全生产管理协议，明确各自的安全生产管理职责。

10. 工伤保险的规定

第二十九条　生产经营单位应当依法参加工伤保险，为从业人员缴纳保险费。

矿山、道路运输、危险化学品、建筑施工、民用爆炸物品、金属冶炼、渔业生产等行业和领域应当根据国家规定实施安全生产责任保险制度。

鼓励其他行业和领域的生产经营单位参加安全生产责任保险。

11. 有关施工企业的特别规定

第三十条　矿山、金属冶炼、建筑施工、道路运输、危险化学品、民用爆炸物品、粉尘涉爆、涉氨制冷、机械制造等行业和领域的生产经营单位，应当严格执行安全生产规章制度和安全技术操作规程，强化生产环境和安全设施建设，强化从业人员的安全作业培训考核。

第三十一条　矿山、建筑施工单位和危险化学品、民用爆炸物品等生产单位应当依法取得安全生产许可证。未依法取得安全生产许可证的生产经营单位，不得从事该项生产活动。

第三十五条　矿山、金属冶炼、建筑施工以及危险物品的生产、经营、储存单位有关负责人应当现场带班，巡查关键环节、重点部位，掌握现场安全生产情况，及时发现和处置事故隐患，发现直接危及人身安全的紧急情况时，应当立即组织人员撤离现场。

12. 从业人员安全生产权利义务的规定

第三十八条　生产经营单位的从业人员及被派遣劳动者享有下列权利：

(一)依法享受工伤保险待遇；

(二)参加安全生产教育培训；

(三)了解作业场所、工作岗位存在的危险、危害因素及防范和应急措施，获得工作所需的符合国家标准或者行业标准的劳动防护用品；

(四)对本单位安全生产工作有建议权、批评权、检举权和控告权；

(五)拒绝违章指挥或者强令冒险作业；

(六)发现直接危及人身安全紧急情况时，有权停止作业或者采取可能的应急措施后撤离作业现场；

(七)因生产安全事故导致损害后依法提出赔偿要求;

(八)法律、法规规定的其他权利。

第三十九条 生产经营单位从业人员及被派遣劳动者应当履行下列义务:

(一)遵守安全生产法律、法规和本单位安全生产规章制度、安全操作规程,服从安全生产管理;

(二)接受安全生产教育和培训,参加应急演练;

(三)发现事故隐患或者其他不安全因素时,立即向安全生产管理人员或者本单位负责人报告;

(四)依法参加生产安全事故抢险救援,紧急撤离时,服从现场统一指挥;配合事故调查,如实提供有关情况。

第四十条 生产经营单位不得将安全生产保障责任转移给劳务派遣单位。

生产经营单位不得因从业人员对本单位安全生产工作提出批评、检举、控告或者拒绝违章指挥、强令冒险作业而降低其工资、福利等待遇或者解除与其订立的劳动合同。

13. 应急救援和事故调查处理的规定

第四十八条 县级以上人民政府应当建立健全生产安全事故应急救援工作机制,制定生产安全事故应急救援预案并定期组织演练,建立应急救援基地和应急救援物资储备、管理、调拨体系,配备应急救援队伍,组织开展生产安全事故应急救援工作。

鼓励和支持生产经营单位和其他社会力量建立提供社会化应急救援服务的生产安全事故应急救援队伍。

第四十九条 生产经营单位应当依法履行下列应急救援职责:

(一)编制生产安全事故应急救援预案,与所在地县级以上人民政府组织制定的生产安全事故应急救援预案相衔接;

(二)配备必要的应急救援设备和器材;

(三)对生产经营活动中容易发生生产安全事故的区域和环节进行监控;

(四)在作业区域设置紧急避险救生设施;

(五)组织开展应急预案培训;

(六)每年至少组织一次综合应急预案演练或者专项应急预案演练,每半年至少组织一次现场处置方案演练。

第五十条 矿山、金属冶炼、建筑施工、道路运输单位、人员密集场所和危险物品的生产、经营、储存、废弃处置以及使用危险物品的数量构成重大危险源的单位应当建立应急救援组织,配备应急救援人员;从业人员不满一百人的,可以不建立应急救援组织,但应当指定专职或者兼职的应急救援人员。

开发区管理委员会管辖范围内的生产经营单位,可以联合建立应急救援队伍。

第五十一条 生产经营单位发生生产安全事故后,应当立即启动应急救援预案,采取有效措施,组织事故救援,生产经营单位负责人应当在接到事故报告一小时内按规定向有关部门报告。

接到事故报告的有关部门应当根据事故等级,立即启动相应的应急预案,组织进行救援,核查研判事故性质,协调解决事故应急救援、善后处理中遇到的重大问题,并及时向本级人民政府及上级有关部门报告。

14. 有关施工企业的法律责任

第五十五条 生产经营单位有下列行为之一的，责令限期改正，可以处一万元以上五万元以下罚款；逾期未改正的，责令停产停业整顿，并处五万元以上十万元以下罚款，对其直接负责的主管人员和其他直接责任人员处一万元以上二万元以下罚款：

（一）未按照规定设置安全生产管理机构或者配备安全生产管理人员的；

（二）矿山、金属冶炼、建筑施工、道路运输单位和危险物品的生产、经营、储存、废弃处置以及使用危险物品的数量构成重大危险源的单位的主要负责人或者安全生产管理人员未按照有关规定经考核合格的；

（三）未按照规定对从业人员、被派遣劳动者、实习学生进行安全生产教育和培训的；

（四）未按照规定告知作业场所、工作岗位存在的危险、危害因素及防范和应急措施等有关安全生产事项的；

（五）未如实记录安全生产教育和培训情况的；

（六）未按照规定制定生产安全事故应急救援预案、建立应急救援组织、配备必要的应急救援物资装备、设置紧急避险救生设施的；

（七）未开展应急预案培训或者定期组织应急预案演练的；

（八）未将事故隐患排查治理有关情况向负有安全生产监督管理职责的部门报告或者向从业人员通报的；

（九）矿山、金属冶炼、建筑施工、危险物品的生产、经营、存储单位有关负责人未执行现场带班制度的。

第五十六条 生产经营单位的主要负责人未履行本条例规定的安全生产管理职责的，责令限期改正；逾期未改正的，处二万元以上五万元以下的罚款，责令生产经营单位停产停业整顿。

生产经营单位的主要负责人有前款违法行为，导致发生生产安全事故的，给予撤职处分；构成犯罪的，依照刑法有关规定追究刑事责任。

生产经营单位的主要负责人依照前款规定受刑事处罚或者撤职处分的，自刑罚执行完毕或者受处分之日起，五年内不得担任任何生产经营单位的主要负责人；对重大、特别重大生产安全事故负有责任的，终身不得担任本行业生产经营单位的主要负责人。

第五十七条 生产经营单位的安全生产管理人员未履行本条例规定的安全生产管理职责的，责令限期改正；导致发生生产安全事故的，暂停或者撤销其与安全生产有关的资格；构成犯罪的，依照刑法有关规定追究刑事责任。

第五十八条 生产经营单位有下列行为之一的，责令限期改正，可以处一万元以上五万元以下的罚款，对其直接负责的主管人员和其他直接责任人员可以处一万元以下的罚款；逾期未改正的，责令停产停业整顿；构成犯罪的，依照刑法有关规定追究刑事责任：

（一）生产经营单位的生产区域、生活区域、储存区域之间的安全距离以及周边防护安全距离不符合国家标准或者行业标准的；

（二）生产经营场所未按照规定设置安全出口和应急疏散通道，或者有挤占、堵塞疏散通道、通风口、消防通道行为的；

（三）人员密集场所的经营管理单位未采取播放安全告知、张贴安全须知或者设置安全警示标志等方式进行安全提示的。

第五十九条　生产经营单位未按照安全生产事故隐患排查治理制度组织事故隐患排查的，责令限期改正；逾期未改正的，责令停产停业整顿，并处五万元以上十万元以下的罚款，对其直接负责的主管人员和其他直接责任人员处一万元以上五万元以下的罚款。

生产经营单位未采取措施消除事故隐患的，责令立即消除或者限期消除；生产经营单位拒不执行的，责令停产停业整顿，并处十万元以上五十万元以下的罚款，对其直接负责的主管人员和其他直接责任人员处二万元以上五万元以下的罚款。

第六十条　生产经营单位有下列行为之一的，责令限期改正，可以处五千元以上五万元以下的罚款；逾期未改正的，处五万元以上二十万元以下的罚款，对其直接负责的主管人员和其他直接责任人员处一万元以上二万元以下的罚款；情节严重的，责令停产停业整顿；构成犯罪的，依照刑法有关规定追究刑事责任：

（一）未为从业人员提供符合国家标准或者行业标准的劳动防护用品或者以货币等形式替代发放劳动防护用品的；

（二）未在存在安全生产风险的作业场所和生产、储存设施处设置明显的安全警示标志的；

（三）安全设备以及相关设施不符合国家标准或者行业标准的。

第六十一条　生产经营单位有下列行为之一的，责令限期改正，可以处一万元以上十万元以下的罚款；逾期未改正的，责令停产停业整顿，并处十万元以上二十万元以下的罚款，对其直接负责的主管人员和其他直接责任人员处二万元以上五万元以下的罚款；构成犯罪的，依照刑法有关规定追究刑事责任：

（一）未落实重大危险源监测监控管理责任的；

（二）进行爆破、吊装以及国家规定的其他危险作业，未落实有关安全措施的；

（三）未建立实施安全生产风险管控和事故隐患排查治理制度的。

第三节　水利水电工程建设安全生产相关部门规章和规范性文件

一、水利水电工程建设安全生产部门规章

水利水电工程建设安全生产部门规章包括水利部、国家安全生产监督管理总局、国家质量监督检验检疫总局、住房和城乡建设部、国家卫生和计划生育委员会、河南省人民政府等颁布的安全生产、职业健康方面的规章。如《水利工程建设安全生产管理规定》（2005年7月22日水利部令第26号发布，2014年8月19日水利部令第46号第一次修正，2017年12月22日水利部令第49号第二次修正、2019年5月10日水利部令第50号第三次修正）、《安全生产事故隐患排查治理暂行规定》（国家安监总局令第16号）、《生产经营单位安全培训规定》（2006年1月17日国家安全监管总局令第3号公布，2013年8月29日国家安全监管总局令第63号第一次修正，2015年5月29日国家安全生产监管总局令第80

号第二次修正)、《危险性较大的分部分项工程安全管理规定》(住房和城乡建设部令第37号)、《河南省安全生产风险管控与隐患治理办法》(省政府令第191号)等。

(一)《水利工程建设安全生产管理规定》

2005年7月22日水利部令第26号发布《水利工程建设安全生产管理规定》,2014年8月19日水利部令第46号第一次修正,2017年12月22日水利部令第49号第二次修正,2019年5月10日水利部令第50号第三次修正。

1. 水利工程施工企业的安全责任的规定

第十八条　施工单位主要负责人依法对本单位的安全生产工作全面负责。施工单位应当建立健全安全生产责任制度和安全生产教育培训制度,制定安全生产规章制度和操作规程,保证本单位建立和完善安全生产条件所需资金的投入,对所承担的水利工程进行定期和专项安全检查,并做好安全检查记录。

施工单位的项目负责人应当由取得相应执业资格的人员担任,对水利工程建设项目的安全施工负责,落实安全生产责任制度、安全生产规章制度和操作规程,确保安全生产费用的有效使用,并根据工程的特点组织制定安全施工措施,消除安全事故隐患,及时、如实报告生产安全事故。

第十九条　施工单位在工程报价中应当包含工程施工的安全作业环境及安全施工措施所需费用。对列入建设工程概算的上述费用,应当用于施工安全防护用具及设施的采购和更新、安全施工措施的落实、安全生产条件的改善,不得挪作他用。

第二十条　施工单位应当设立安全生产管理机构,按照国家有关规定配备专职安全生产管理人员。施工现场必须有专职安全生产管理人员。

专职安全生产管理人员负责对安全生产进行现场监督检查。发现生产安全事故隐患,应当及时向项目负责人和安全生产管理机构报告;对违章指挥、违章操作的,应当立即制止。

第二十一条　施工单位在建设有度汛要求的水利工程时,应当根据项目法人编制的工程度汛方案、措施制定相应的度汛方案,报项目法人批准;涉及防汛调度或者影响其他工程、设施度汛安全的,由项目法人报有管辖权的防汛指挥机构批准。

第二十二条　垂直运输机械作业人员、安装拆卸工、爆破作业人员、起重信号工、登高架设作业人员等特种作业人员,必须按照国家有关规定经过专门的安全作业培训,并取得特种作业操作资格证书后,方可上岗作业。

第二十三条　施工单位应当在施工组织设计中编制安全技术措施和施工现场临时用电方案,对下列达到一定规模的危险性较大的工程应当编制专项施工方案,并附具安全验算结果,经施工单位技术负责人签字以及总监理工程师核签后实施,由专职安全生产管理人员进行现场监督:

(一)基坑支护与降水工程;

(二)土方和石方开挖工程;

(三)模板工程;

(四)起重吊装工程;

(五)脚手架工程;

(六)拆除、爆破工程;

(七)围堰工程;

(八)其他危险性较大的工程。

对前款所列工程中涉及高边坡、深基坑、地下暗挖工程、高大模板工程的专项施工方案,施工单位还应当组织专家进行论证、审查。

第二十四条 施工单位在使用施工起重机械和整体提升脚手架、模板等自升式架设设施前,应当组织有关单位进行验收,也可以委托具有相应资质的检验检测机构进行验收;使用承租的机械设备和施工机具及配件的,由施工总承包单位、分包单位、出租单位和安装单位共同进行验收。验收合格的方可使用。

第二十五条 施工单位的主要负责人、项目负责人、专职安全生产管理人员应当经水行政主管部门对其安全生产知识和管理能力考核合格。

施工单位应当对管理人员和作业人员每年至少进行一次安全生产教育培训,其教育培训情况记入个人工作档案。安全生产教育培训考核不合格的人员,不得上岗。

施工单位在采用新技术、新工艺、新设备、新材料时,应当对作业人员进行相应的安全生产教育培训。

2. 水利工程施工企业的生产安全事故应急救援和调查处理的规定

第三十四条 各级地方人民政府水行政主管部门应当根据本级人民政府的要求,制定本行政区域内水利工程建设特大生产安全事故应急救援预案,并报上一级人民政府水行政主管部门备案。流域管理机构应当编制所管辖的水利工程建设特大生产安全事故应急救援预案,并报水利部备案。

第三十五条 项目法人应当组织制定本建设项目的生产安全事故应急救援预案,并定期组织演练。应急救援预案应当包括紧急救援的组织机构、人员配备、物资准备、人员财产救援措施、事故分析与报告等方面的方案。

第三十六条 施工单位应当根据水利工程施工的特点和范围,对施工现场易发生重大事故的部位、环节进行监控,制定施工现场生产安全事故应急救援预案。实行施工总承包的,由总承包单位统一组织编制水利工程建设生产安全事故应急救援预案,工程总承包单位和分包单位按照应急救援预案,各自建立应急救援组织或者配备应急救援人员,配备救援器材、设备,并定期组织演练。

第三十七条 施工单位发生生产安全事故,应当按照国家有关伤亡事故报告和调查处理的规定,及时、如实地向负责安全生产监督管理的部门以及水行政主管部门或者流域管理机构报告;特种设备发生事故的,还应当同时向特种设备安全监督管理部门报告。接到报告的部门应当按照国家有关规定,如实上报。

实行施工总承包的建设工程,由总承包单位负责上报事故。

发生生产安全事故,项目法人及其他有关单位应当及时、如实地向负责安全生产监督管理的部门以及水行政主管部门或者流域管理机构报告。

第三十八条 发生生产安全事故后,有关单位应当采取措施防止事故扩大,保护事故现场。需要移动现场物品时,应当做出标记和书面记录,妥善保管有关证物。

(二)《河南省安全生产风险管控与隐患治理办法》

2019 年 11 月 12 日省政府第 68 次常务会议通过《河南省安全生产风险管控与隐患治理办法》,省政府令第 191 号公布,自 2020 年 1 月 31 日起施行。

1. 目的

第一条　为构建安全生产风险管控与生产安全事故隐患治理双重预防工作机制,落实生产经营单位安全生产主体责任,强化安全生产监督管理,防止和减少生产安全事故,根据《中华人民共和国安全生产法》《河南省安全生产条例》等法律、法规规定,结合本省实际,制定本办法。

2. 适用范围和原则

第二条　本省行政区域内生产经营单位的安全生产风险管控(以下简称风险管控)与生产安全事故隐患排查治理(以下简称事故隐患治理)及其相关监督管理活动,适用本办法。

第三条　风险管控与事故隐患治理工作应当坚持源头防范、系统治理、依法监管的原则。

3. 责任主体的规定

第四条　生产经营单位是风险管控与事故隐患治理的责任主体,应当深入推进安全生产标准化建设,建立健全风险自辨自控、隐患自查自治工作机制,明确本单位负责人和各级、各岗位人员的责任。

生产经营单位将生产经营项目、场所、设备发包或者租赁给其他单位的,应当与承包、承租单位签订安全生产管理协议,明确各方的风险管控与事故隐患治理责任,并对承包、承租单位的风险管控与事故隐患治理工作进行统一协调和管理;发现承包、承租单位存在事故隐患的,应当及时督促其治理。

4. 风险管控的规定

第七条　生产经营单位应当将风险管控纳入安全生产责任制,具体履行下列风险管控责任:

(一)建立包括辨识部位、存在风险、风险分级、事故类型、主要管控措施、责任部门和责任人等内容的风险管控制度;

(二)根据生产工艺、设备、设计等环节变化情况,及时修改完善相应的安全操作规程;

(三)将风险管控纳入年度教育和培训计划并组织实施,确保从业人员熟悉掌握相关知识技能;

(四)编制本单位风险管控清单,并建立预报预警机制;

(五)及时向负有安全生产监督管理职责部门报送重大风险辨识、评估、管控等基本信息。

第八条　生产经营单位应当针对下列内容开展全面安全风险辨识:

(一)生产工艺和生产技术;

(二)普通设备设施和特种设备,能源隔离、机械防护等涉及安全生产的设备设施及其检验检测情况;

(三)建筑物、构筑物、易燃易爆和有毒有害生产经营环境,以及与生产经营相关相邻的作业环境、场所和气象条件；

（四）从业人员的健康状况、安全防护状况和安全作业行为；

（五）安全生产责任制、操作规程、教育培训、现场作业、应急救援等安全生产管理制度的制定和落实情况；

（六）其他可能产生安全风险的因素。

第九条　生产经营单位应当对辨识出的安全风险进行评估，确定风险等级。安全风险等级从高到低依次分为重大风险、较大风险、一般风险和低风险四个等级，对应使用红、橙、黄、蓝四色标注：

（一）重大风险（红色风险）：危险因素多，管控难度大，如发生事故，将造成特大经济损失或者特大伤亡事故；

（二）较大风险（橙色风险）：危险因素较多，管控难度较大，如发生事故，将造成重大经济损失或者重大伤亡事故；

（三）一般风险（黄色风险）：风险在受控范围内，如发生事故，将造成较大经济损失或者重伤事故；

（四）低风险（蓝色风险）：风险在受控范围内，如发生事故，将造成一般经济损失或者轻伤事故。

第十条　生产经营单位应当根据风险辨识和分级结果，编制风险管控清单，实施风险分级管控。风险管控清单应当包括风险点名称、风险描述、可能导致后果、风险等级、风险管控措施、管控层级、排查频次、责任部门和责任人等内容。

对重大风险应当编制专项应急预案，并建立包含风险部位、责任部门、责任人、风险评估情况的档案，档案信息发生变化的应当及时更新完善。

第十一条　矿山、金属冶炼、建筑施工、道路运输、城市轨道交通和危险物品的生产、经营、储存、废弃处置以及使用危险物品的数量构成重大危险源的单位应当每年进行一次全面风险辨识和评估，其他生产经营单位应当每三年进行一次全面风险辨识和评估，存在重大风险的生产经营单位应当于下一年重新对重大风险进行辨识和评估。

有关法律、法规和标准修改或者生产经营单位的工艺技术、设备设施、原辅材料改变时，或者生产安全事故（事件）发生后，生产经营单位应当及时进行风险辨识和评估。

第十二条　生产经营单位应当在醒目位置和重点区域分别设置安全风险公告栏，制作岗位安全风险告知卡，标明主要安全风险、可能引发事故隐患类别、事故后果、管控措施、应急措施及报告方式等内容。

对存在风险的工作场所、岗位和有关设备设施，应当设置明显警示标志，并强化危险源监测和预警。

5. 事故隐患治理的规定

第十三条　生产经营单位应当将事故隐患治理纳入安全生产责任制，具体履行下列事故隐患治理责任：

（一）建立事故隐患排查、治理、奖惩考核等工作制度，明确本单位负责人和各岗位人员的事故隐患治理责任；

（二）对从业人员进行事故隐患治理技能教育和培训；

（三）依据风险管控清单，对风险部位、风险管控措施或者专项应急预案的落实情况进行定期排查和专项排查；

（四）对排查出的事故隐患，制定措施及时治理，并将治理情况如实记录，向从业人员通报；

（五）定期向负有安全生产监督管理职责部门报告事故隐患治理情况；

（六）及时向负有安全生产监督管理职责部门报告重大事故隐患。

第十四条 本办法所称事故隐患，是指生产经营单位违反安全生产法律、法规、规章、标准、规程和安全生产管理制度规定，或者因其他因素在生产经营活动中存在可能导致事故发生的物的危险状态、人的不安全行为、环境的影响和管理上的缺陷。

事故隐患分为一般事故隐患和重大事故隐患。一般事故隐患，是指危害和整改难度较小，发现后能够立即整改排除的隐患。重大事故隐患，是指危害和整改难度较大，应当全部或者局部停产停业，并经过一定时间整改治理方能排除的隐患，或者因外部因素影响致使生产经营单位自身难以排除的隐患。

第十五条 生产经营单位的安全生产管理人员和其他从业人员应当根据岗位职责，依据风险管控清单，对风险部位、风险管控措施或者专项应急预案的落实情况进行定期排查。

第十六条 出现下列情况时，应当进行专项排查：

（一）有关安全生产法律、法规、规章、标准、规程发布或者修改；

（二）新建、改建、扩建项目；

（三）周边环境、作业条件、设备设施、工艺技术发生改变；

（四）复工复产、发生事故或者险情；

（五）汛期、森林防火紧要期、地震风险影响期、极端或者异常天气、重大节假日、大型活动；

（六）其他应当进行专项排查的情况。

第十七条 经排查发现事故隐患的，对一般事故隐患应当确定治理措施，当场或者限时治理。对重大事故隐患应当制定治理方案。

重大事故隐患治理方案应当包括下列内容：

（一）治理的目标和任务；

（二）采取的方法和措施；

（三）经费和物资的落实；

（四）负责治理的部门和人员；

（五）治理的期限和要求；

（六）安全措施和应急预案；

（七）复查工作要求和安排；

（八）其他需要明确的事项。

生产经营单位在重大事故隐患治理完毕后，应当对治理效果组织验收。

第十八条 生产经营单位在事故隐患治理过程中，应当采取必要措施，防止事故发生。事故隐患排除前或者排除过程中无法保证安全的，应当从危险区域撤出作业人员，并疏散可能危及的其他人员，设置警戒标识，暂时停产停业或者停止使用生产储存装置、设备设施；对暂时难以停产或者停止使用的生产储存装置、设备设施，应当加强管控。

事故隐患涉及相邻地区、单位或者公众安全的，生产经营单位应当及时报告所在地人民政府及其有关部门，告知相关单位采取适当方式加以明示，并加强对治理工作的协调。

第十九条 对因自然灾害可能引发事故的隐患，生产经营单位应当采取可靠的预防措施；接到自然灾害预报后，应当及时向所属单位发出预警通知；发生自然灾害可能危及单位和人员安全时，应当及时采取停止作业、撤离人员、加强监测等措施，并及时向所在地人民政府及其有关部门报告。

第二十条 生产经营单位应当如实记录下列事故隐患治理情况：

（一）风险管控措施落实情况、风险失控表现、失职部门和人员；

（二）事故隐患排查的时间、具体部位或者场所；

（三）事故隐患的级别和具体情况；

（四）参加事故隐患排查的人员及其签字；

（五）事故隐患治理情况和复查验收时间、结论、人员及其签字。

事故隐患治理情况记录应当保存2年以上。

6. *法律责任*

第二十八条 生产经营单位有下列行为之一的，责令限期改正，可以处一万元以上五万元以下的罚款；逾期未改正的，处五万元以上十万元以下的罚款，对其直接负责的主管人员和其他直接责任人员处一万元以上二万元以下的罚款：

（一）未按照本办法第七条规定向负有安全生产监督管理职责部门报送重大风险基本信息的；

（二）未按照本办法第十条规定编制风险管控清单的；

（三）未按照本办法第十二条规定设置安全风险公告栏、制作岗位安全风险告知卡的；

（四）未按照本办法第十三条规定向从业人员通报事故隐患治理情况的；

（五）未按照本办法第二十条规定如实记录事故隐患治理情况的。

第二十九条 生产经营单位未按照本办法规定建立实施风险管控和事故隐患治理制度的，责令限期改正，可以处一万元以上十万元以下的罚款；逾期未改正的，处十万元以上二十万元以下的罚款，对其直接负责的主管人员和其他直接责任人员处二万元以上五万元以下的罚款；构成犯罪的，依照刑法有关规定追究刑事责任。

二、水利水电工程建设安全生产规范性文件

水利水电工程建设安全生产规范性文件也是水利水电工程建设安全生产的依据之一，对水利水电工程建设安全生产工作的开展具有重要的指导意义。

规范性文件是指由国务院所属各部委制定，或由各省（自治区、直辖市）政府以及各厅（局）、委员会等政府管理部门制定，对某方面或某项工作进行规范的文件，一般以“通知”“规定”“决定”等文件形式出现。如：水利部国家工商行政管理总局、国家安全生产监督管理总局、国家电力监管委员会《关于加强小水电站安全监管工作的通知》（水电〔2009〕585号）、《关于进一步加强企业安全生产规范化建设严格落实企业安全生产主体责任的指导

意见》(安监总办〔2010〕139号)、《关于印发〈水利水电工程施工企业主要负责人、项目负责人和专职安全生产管理人员安全生产考核管理办法〉的通知》(水安监〔2011〕374号)、河南省水利厅办公室关于印发《河南省水利水电工程施工安全风险辨识管理与隐患排查治理双重预防体系建设实施细则的通知》(豫水办安监〔2018〕63号)等。

规范性文件是安全生产法律体系的重要补充。

(一)《国务院安委会关于进一步加强安全培训工作的决定》

为提高企业从业人员安全素质和安全监管监察效能,防止和减少违章指挥、违规作业和违反劳动纪律(以下简称"三违")行为,促进全国安全生产形势持续稳定好转,2012年11月21日,国务院安委会以安委〔2012〕10号出台了《关于进一步加强安全培训工作的决定》。

1. 企业安全培训主体责任的有关规定

(4)认真落实企业安全培训主体责任。企业是从业人员安全培训的责任主体,要把安全培训纳入企业发展规划,健全落实以"一把手"负总责、领导班子成员"一岗双责"为主要内容的安全培训责任体系,建立健全机构并配备充足人员,保障经费需求,严格落实"三项岗位"人员持证上岗和从业人员先培训后上岗制度,健全安全培训档案。劳务派遣单位要加强劳务派遣工基本安全知识培训,劳务使用单位要确保劳务派遣工与本企业职工接受同等安全培训。境内投资主体要指导督促境外中资企业依法加强安全培训工作。安全生产技术研发、装备制造单位要与使用单位共同承担新工艺、新技术、新设备、新材料培训责任。

2. 持证上岗和先培训后上岗制度的有关规定

(7)实施高危企业从业人员准入制度。有关主管部门要结合实际,制定本行业领域从业人员准入制度。矿山和危险物品生产企业专职安全管理人员要至少具备相关专业中专以上学历或者中级以上专业技术职称、高级工以上技能等级,或者具备注册安全工程师资格。各类特种作业人员要具有初中及以上文化程度,危险化学品特种作业人员要具有高中或者相当于高中及以上文化程度。矿山井下、危险化学品生产单位从业人员要具有初中及以上文化程度。安全生产专业服务机构为企业提供安全技术服务时,要对企业安全培训情况进行审核。高危企业安全生产许可证发放、延期和安全生产标准化考评时,有关主管部门要审核企业安全培训情况。

(8)严格落实"三项岗位"人员持证上岗制度。企业新任用或者招录"三项岗位"人员,要组织其参加安全培训,经考试合格持证后上岗。取得注册安全工程师资格证并经注册的,可以直接申领矿山、危险物品行业主要负责人和安全管理人员安全资格证。对发生人员死亡事故负有责任的企业主要负责人、实际控制人和安全管理人员,要重新参加安全培训考试。要严格证书延期继续教育制度。有关主管部门要按照职责分工,定期开展本行业领域"三项岗位"人员持证上岗情况登记普查,建立信息库。要建立特种作业人员范围修订机制。

(9)严格落实企业职工先培训后上岗制度。矿山、危险物品等高危企业要对新职工进行至少72学时的安全培训,建筑企业要对新职工进行至少32学时的安全培训,每年进行至少20学时的再培训;非高危企业新职工上岗前要经过至少24学时的安全培训,每年进行至少8学时的再培训。企业调整职工岗位或者采用新工艺、新技术、新设备、新材料的，要进行专门的安全培训。矿山和危险物品生产企业逐步实现从职业院校和技工院校相关专业毕业生中录用新职工。政府有关部门要实施“中小企业安全培训援助”工程，推动大型企业和培训机构与中小企业签订培训服务协议；组织讲师团，开展培训下基层进企业活动。

（10）完善和落实师傅带徒弟制度。高危企业新职工安全培训合格后，要在经验丰富的工人师傅带领下，实习至少2个月后方可独立上岗。工人师傅一般应当具备中级工以上技能等级，3年以上相应工作经历，成绩突出，善于“传、帮、带”，没有发生过“三违”行为等条件。要组织签订师徒协议，建立师傅带徒弟激励约束机制。

3. 安全培训基础保障能力建设的有关规定

（12）完善安全培训大纲和教材。有关主管部门要定期制定、修订各类人员安全培训大纲和考核标准，根据安全生产工作发展需要和企业安全生产实际，不断规范安全培训内容。鼓励行业组织、企业及培训机构编写针对性、实效性强的实用教材。要分行业组织编写企业职工安全生产应知应会读本、建立生产安全事故案例库和制作警示教育片。

（13）加强安全培训师资队伍建设。承担安全培训的机构要建立健全安全培训专职教师考核合格后上岗制度，保证专职教师定期参加继续教育，积极组织教师参加国际学术交流。有关主管部门要加强承担安全培训的教师培训，定期开展教师讲课大赛，建立安全培训师资库。企业要建立领导干部上讲台制度，选聘一线安全管理、技术人员担任兼职教师。

（14）加强安全培训机构建设。要根据实际需要，科学规划安全培训机构建设，控制数量，合理布局。支持大中型企业和欠发达地区建立安全培训机构，重点建设一批具有仿真、体感、实操特色的示范培训机构。要加强安全培训机构管理，定期公布安全培训机构名单和培训范围，接受社会监督。支持高等学校、职业院校、技工院校、工会培训机构等开展安全培训。

（15）加强远程安全培训。开发国家安全培训网和有关行业网络学习平台，实现优质资源共享。建立安全培训视频课程征集、遴选、审核制度，建设课程“超市”，推行自主选学。实行网络培训学时学分制，将学时和学分结果与继续教育、再培训挂钩，与安全监管监察人员年度考核、提拔使用、评先评优挂钩。利用视频、电视、手机等拓展远程培训形式。

（16）加强安全培训管理信息化建设。编制安全培训信息管理数据标准。开发安全培训信息管理系统。健全“三项岗位”人员、安全监管监察人员培训持证情况和考试题库、培训机构、考试机构、培训教师等数据库，实现全国安全培训数据共享。

4. 提高安全培训质量的有关规定

（17）强化实际操作培训。制定特种作业人员实训大纲和考试标准。建立安全监管监察人员实训制度。推动科研和装备制造企业在安全培训场所展示新装备新技术。提高3D、4D、虚拟现实等技术在安全培训中的应用，组织开发特种作业各工种仿真实训系统。

（18）强化现场安全培训。高危企业要严格班前安全培训制度，有针对性地讲述岗位安全生产与应急救援知识、安全隐患和注意事项等，使班前安全培训成为安全生产第一道防线。要大力推广“手指口述”等安全确认法，帮助员工通过心想、眼看、手指、口述，确保按规程作业。要加强班组长培训，提高班组长现场安全管理水平和现场安全风险管控能力。

(19)建立安全培训示范视频课程体系。分行业建立“三项岗位”人员安全培训示范视频课程体系，上网发布，逐步实现优质培训资源社会共享。将示范课程作为教师培训的重要内容。建立示范课程跟踪评价制度，定期评选优质课程，给予荣誉称号或者适当资助。

(20)加强安全培训过程管理和质量评估。建立安全培训需求调研、培训策划、培训计划备案、教学管理、培训效果评估等制度，加强安全培训全过程管理。制定安全培训质量评估指标体系，定期向全社会公布评估结果，并将评估结果作为安全培训机构考评的重要依据。

(二)《安全生产事故隐患排查治理暂行规定》

2007年12月22日国家安全生产监督管理总局局长办公会议审议通过《安全生产事故隐患排查治理暂行规定》，国家安全生产监督管理总局以安监总局令第16号公布，自2008年2月1日起施行。

1. 生产经营单位事故隐患排查治理的安全责任

第八条 生产经营单位是事故隐患排查、治理和防控的责任主体。

生产经营单位应当建立健全事故隐患排查治理和建档监控等制度，逐级建立并落实从主要负责人到每个从业人员的隐患排查治理和监控责任制。

第九条 生产经营单位应当保证事故隐患排查治理所需的资金，建立资金使用专项制度。

第十条 生产经营单位应当定期组织安全生产管理人员、工程技术人员和其他相关人员排查本单位的事故隐患。对排查出的事故隐患，应当按照事故隐患的等级进行登记，建立事故隐患信息档案，并按照职责分工实施监控治理。

第十四条 生产经营单位应当每季、每年对本单位事故隐患排查治理情况进行统计分析，并分别于下一季度15日前和下一年1月31日前向安全监管监察部门和有关部门报送书面统计分析表。统计分析表应当由生产经营单位主要负责人签字。

对于重大事故隐患，生产经营单位除依照前款规定报送外，应当及时向安全监管监察部门和有关部门报告。重大事故隐患报告内容应当包括：

(一)隐患的现状及其产生原因；

(二)隐患的危害程度和整改难易程度分析；

(三)隐患的治理方案。

第十五条 对于一般事故隐患，由生产经营单位(车间、分厂、区队等)负责人或者有关人员立即组织整改。

对于重大事故隐患，由生产经营单位主要负责人组织制定并实施事故隐患治理方案。重大事故隐患治理方案应当包括以下内容：

(一)治理的目标和任务；

(二)采取的方法和措施；

(三)经费和物资的落实；

（四）负责治理的机构和人员；

（五）治理的时限和要求；

（六）安全措施和应急预案。

第十六条 生产经营单位在事故隐患治理过程中，应当采取相应的安全防范措施，防止事故发生。事故隐患排除前或者排除过程中无法保证安全的，应当从危险区域内撤出作业人员，并疏散可能危及的其他人员，设置警戒标志，暂时停产停业或者停止使用；对暂时难以停产或者停止使用的相关生产储存装置、设施、设备，应当加强维护和保养，防止事故发生。

第十七条 生产经营单位应当加强对自然灾害的预防。对于因自然灾害可能导致事故灾难的隐患，应当按照有关法律、法规、标准和本规定的要求排查治理，采取可靠的预防措施，制定应急预案。在接到有关自然灾害预报时，应当及时向下属单位发出预警通知；发生自然灾害可能危及生产经营单位和人员安全的情况时，应当采取撤离人员、停止作业、加强监测等安全措施，并及时向当地人民政府及其有关部门报告。

2. 生产经营单位事故隐患排查治理罚则的规定

第二十五条 生产经营单位及其主要负责人未履行事故隐患排查治理职责，导致发生生产安全事故的，依法给予行政处罚。

第二十六条 生产经营单位违反本规定，有下列行为之一的，由安全监管监察部门给予警告，并处三万元以下的罚款：

（一）未建立安全生产事故隐患排查治理等各项制度的；

（二）未按规定上报事故隐患排查治理统计分析表的；

（三）未制定事故隐患治理方案的；

（四）重大事故隐患不报或者未及时报告的；

（五）未对事故隐患进行排查治理擅自生产经营的；

（六）整改不合格或者未经安全监管监察部门审查同意擅自恢复生产经营的。

（三）《水利安全生产标准化评审标准》（简称《评审标准》）

2013 年 4 月 7 日，为进一步落实水利生产经营单位安全生产主体责任，规范水利安全生产标准化评审工作，水利部印发了《水利安全生产标准化评审管理暂行办法》（水安监〔2013〕189 号）。2018 年 4 月 18 日，为进一步规范和完善水利安全生产标准化评审工作，提升水利行业安全生产管理水平，水利部办公厅印发了《水利安全生产标准化评审标准》（办安监〔2018〕52 号），对 2013 年制定的《水利安全生产标准化评审管理暂行办法》进行了修订，自印发之日起施行。

1. 水利安全生产标准化等级及评审程序

第四条 水利安全生产标准化等级分为一级、二级和三级，依据评审得分确定，评审满分为 100 分。具体标准为：

（一）一级：评审得分 90 分以上（含），且各一级评审项目得分不低于应得分的 70%；

（二）二级：评审得分 80 分以上（含），且各一级评审项目得分不低于应得分的 70%；

（三）三级：评审得分 70 分以上（含），且各一级评审项目得分不低于应得分的 60%；

（四）不达标：评审得分低于 70 分，或任何一项一级评审项目得分低于应得分的 60%。

第五条　水利部安全生产标准化评审委员会负责部属水利生产经营单位一、二、三级和非部属水利生产经营单位一级安全生产标准化评审的指导、管理和监督，其办公室设在水利部安全监督司。评审具体组织工作由中国水利企业协会承担。

第六条　水利安全生产标准化评审程序：

（一）水利生产经营单位依照《评审标准》进行自主评定；

（二）水利生产经营单位根据自主评定结果向水利部提出评审申请；

（三）经审核符合条件的，由水利部认可的评审机构开展评审；

（四）水利部安全生产标准化评审委员会审定，由水利部公告、颁证授牌。

2. 水利安全生产标准化自评要求

第九条　水利生产经营单位应按照《评审标准》组织开展安全生产标准化建设，自主开展等级评定，形成自评报告。自评报告内容应包括：单位概况及安全管理状况、基本条件的符合情况、自主评定工作开展情况、自主评定结果、发现的主要问题、整改计划及措施、整改完成情况等。

水利生产经营单位在策划、实施安全生产标准化工作和自主开展安全生产标准化等级评定时，可以聘请专业技术咨询机构提供支持。

第十条　水利生产经营单位根据自主评定结果，按照下列规定提出评审书面申请，申请材料包括申请表和自评报告：

（一）部属水利生产经营单位经上级主管单位审核同意后，向水利部提出评审申请；

（二）地方水利生产经营单位申请水利安全生产标准化一级的，经所在地省级水行政主管部门审核同意后，向水利部提出评审申请；

（三）上述两款规定以外的水利生产经营单位申请水利安全生产标准化一级的，经上级主管单位审核同意后，向水利部提出评审申请。

第十一条　申请水利安全生产标准化评审的单位应具备以下条件：

（一）设立有安全生产行政许可的，应依法取得国家规定的相应安全生产行政许可；

（二）水利工程项目法人所管辖的建设项目、水利水电施工企业在评审期（申请等级评审之日前1年）内，未发生较大及以上生产安全事故，不存在非法违法生产经营建设行为，重大事故隐患已治理达到安全生产要求；

（三）水利工程管理单位在评审期内，未发生造成人员死亡、重伤3人以上或直接经济损失超过100万元以上的生产安全事故，不存在非法违法生产经营建设行为，重大事故隐患已治理达到安全生产要求。

3. 水利安全生产标准化达标申请要求及流程

第十二条　水利部对申请材料进行审核，符合申请条件的，通知申请单位开展评审机构评审。

第十三条　评审机构按照以下程序进行评审：

（一）评审机构依据相关法律法规、技术标准以及《评审标准》，采用抽样的方式，采取文件审查、资料核对、人员询问、现场察看等方法，对申请单位进行评审；

（二）评审机构评审工作应在30日内完成（不含申请单位整改时间）；

（三）评审机构应在评审工作结束后15日内完成评审报告（格式见附件6）。评审报告内容应包括:单位概况,安全生产管理及绩效,评审情况、得分及得分明细表,存在的主要问题及整改建议,推荐性评审意见,现场评审人员组成及分工。

第十四条 水利部安全生产标准化评审委员会对评审报告进行审定,达到申请等级的,公示后由水利部公告、颁证授牌。

(四)《工程建设标准强制性条文(水利工程)》

1.《工程建设标准强制性条文》简介

工程建设强制性标准是直接涉及工程质量、安全、卫生及环境保护等方面的工程建设标准强制性条文。为贯彻落实《建设工程质量管理条例》(国务院令第279号)的有关规定,充分发挥工程建设标准在确保建设工程质量、促进技术进步等方面的作用,根据原建设部《关于编制〈工程建设强制性标准实施监督导则〉的通知》(建标〔2000〕31号文)的要求,原建设部会同有关部门共同编制了《工程建设标准强制性条文》(简称《强制性条文》)。《强制性条文》是现行工程建设标准、行业标准中,直接涉及人民生命财产安全、人身健康、环境保护和公共利益,并考虑了保护资源、节约投资、提高经济效益和社会效益等政策要求,必须严格执行的强制性条文。内容包括城乡规划、城市建设、房屋建筑、工业建筑、水利工程、电力工程、信息工程、水运工程、公路工程、铁道工程、石油和化工建设工程、矿山工程、人防工程、民航机场工程、广播电影电视工程等15部分。强制性条文的内容,既覆盖了中华人民共和国工程建设的各领域,又贯穿了工程建设的全过程。

《强制性条文》自2000年颁布以来,国务院有关建设行政主管部门和广大工程技术人员高度重视,纷纷开展了贯彻实施《强制性条文》的活动,以准确理解《强制性条文》的内容,把握《强制性条文》的精神实质,全面了解《强制性条文》的产生背景、作用、意义和违反《强制性条文》的处罚等内容。

2000年8月25日原建设部颁布的《实施工程建设强制性标准监督规定》(建设部第81号令),对《强制性条文》实施的监督工作、违反《强制性条文》行为的处罚等作出了明确规定。

《强制性条文》是工程建设过程中的强制性技术规定,是参与建设活动各方执行工程建设强制性标准的依据。执行《强制性条文》既是贯彻落实《建设工程质量管理条例》的重要内容,又是从技术上确保建设工程质量的关键,同时也是推进工程建设的标准体系改革所迈出的关键的一步。《强制性条文》的正确实施,对促进工程建设活动健康发展,保证工程质量、安全,提高投资效益、社会效益和环境效益都具有重要的意义。

2.《水利工程建设标准强制性条文》

2011年5月6日,住房和城乡建设部发布2010年版《工程建设标准强制性条文》(水利工程部分)(建〔2011〕60号),由住房和城乡建设部会同水利部组织有关单位对2004年版《工程建设标准强制性条文》(水利工程部分)进行了修订,完成了2010年版《工程建设标准强制性条文》(水利工程部分),本条文共分4篇,分别为:水利工程设计、水利工程施工、劳动安全与卫生及水利工程验收。自2011年7月1日起施行。《工程建设标准强制性条文》(水利工程部分)的内容,是现行工程建设国家标准和行业标准中直接涉及人民生命财产安全、人身健康、环境保护和公共利益等方面的条文,同时兼顾了提高经济效益、环境效益和社会效益等方面的要求。列入本《工程建设标准强制性条文》(水利工程部分)的所有条文都必须严格执行。

今后新批准发布的工程建设标准，凡有强制性条文的，均在文本中以黑体字标志，并适时编入《工程建设标准强制性条文》。《工程建设标准强制性条文》(水利工程部分)由水利部负责具体管理、解释和发行。如《水利工程施工安全防护设施技术规范》(SL 714—2015)的3.2.10条、3.3.6条、3.5.3条、3.7.3条第6款、3.7.4条第7款、3.10.10条、3.12.5条、4.1.4条第9款、4.2.4条第1款、4.2.5条第4款、4.3.2条第1款、6.1.1条第3款、7.1.14条第4款、7.2.1条第7款、8.1.2条第3款、10.1.2条、10.1.7条第10款、10.1.11条、11.1.2条、11.1.7条、11.2.6条、11.3.1条;《水利水电工程钢闸门设计规范》(SL 74—2013)的3.1.4条、3.1.9条;《水利水电工程水土保持技术规范》(SL 575—2012)的4.1.1条1~6款、4.1.5条2款、4.2.1条14款、6.1.2条1~3款、6.4.1条4款、10.5.2条;《泵站设计规范》(GB 50265—2010)的6.1.3条、6.3.5条、6.3.7条;《水工混凝土施工规范》(SL 677—2014)的3.6.1条、10.4.6条;《水利水电工程钢闸门设计规范》(SL 74—2013)的3.1.4条、3.1.9条;《小型水电站建设工程验收规范》(SL 168—2012)的1.0.6条等，以黑体字标识，必须严格执行。

2012年12月16日，水利部印发了《水利工程建设标准强制性条文管理办法(试行)》(水国科〔2012〕546号)(简称《管理办法》)，明确提出"根据《中华人民共和国标准化实施条例》(国务院第53号令)、《建设工程质量管理条例》(国务院第279号令)、《建设工程勘察设计管理条例》(国务院第293号令)和《建设工程安全生产管理条例》(国务院第393号令)的有关规定，结合水利行业实际制定，对水利行业建设标准强制条文编制、实施、监督检查提出了明确要求。

《管理办法》分为5章32条，界定了强制性条文的范围，规范了强制性条文编制的程序和原则，统一了强制性条文的表现形式，明确了各水行政主管部门、工程参建各方在强制性条文编制、实施、监督检查等主要环节的职责和具体要求，进一步明确了对违反强制性条文的处理有关规定。明确要求县级以上人民政府水行政主管部门或者流域管理机构按照"三定"方案的规定范围履行强制性条文的相关职责。水利工程建设项目管理、勘测、设计、施工、监理、检测、运行以及质量监督等工作必须执行强制性条文。

编制方面，《管理办法》明确了强制性条文提出、初审、审查、审定、发布实施的编制程序，并规定有关部门应将宣贯培训列入年度工作计划。

实施方面，《管理办法》明确要求强制性条文实施应与管理体系工作相结合，勘测设计单位不得批准不符合强制性条文的勘测、设计成果，项目法人对于工程建设中拟采用的新技术、新工艺、新材料、新装备应按程序履行审批手续，并规定工程建设项目的强制性条文执行情况是验收资料的组成部分。

监督检查方面，《管理办法》规定了各水行政主管部门特别是设计质量监督或设计文件审查机构、安全监督机构、稽察机构在强制性条文监督检查方面的职责，明确了监督检查形式、监督检查内容、监督检查报告等内容，并要求水利工程重大质量与安全事故报告应包括强制性条文执行情况的内容。为强化监督检查，《管理办法》要求实施监督检查的部门应督促被检查单位对涉及强制性条文的问题及时进行整改。

《管理办法》的实施，规范并完善了强制性条文在制定、实施、监督检查等各个环节的要求,对提高水利工程建设质量,保障水利工程安全,将发挥重要作用。

为了方便建设各方理解和掌握水利工程建设标准强制性条文并配合强制性条文监督检查,水利部水利水电规划设计总院组织中水北方勘测设计研究有限责任公司、长江勘测规划设计研究有限公司等单位的专家先后编写了2016年版《水利工程建设标准强制性条文》《水利工程建设标准强制性条文(2016年版)实施指南》以及2020年版《水利工程建设标准强制性条文》《水利工程建设标准强制性条文(2020年版)实施指南》。

2020年版《水利工程建设标准强制性条文》汇编收录的水利工程建设标准发布日期截至2019年11月30日,包括未修订标准、新制定与修订标准。其共分4篇,分别为水利工程设计、水利工程施工、劳动安全与卫生及水利工程验收,共涉及94项水利工程建设标准、557条强制性条文。

《水利工程建设标准强制性条文(2020年版)实施指南》包含了2020年版《水利工程建设标准强制性条文》所有条文内容,并结合实际工程经验对条文进行了摘编说明,阐述了作为强制性条文的缘由,针对条文执行过程中应注意的问题编写了检查要点和方法,并对部分条文进行了案例分析。

第四节 水利水电工程建设相关安全生产标准

一、基本概念

(一)技术标准

技术标准是指对标准化领域中需要协调统一的技术事项所制定的标准,是为在科学技术范围内获得最佳秩序,对科技活动或其结果规定共同的和重复使用的规则、导则或特性的文件,该文件经协商一致制定并经一个公认机构批准,以科学技术和实践经验的综合成果为基础,以促进最佳社会效益为目的。技术标准的范围涉及除政治、道德、法律外的国民经济和社会发展的各个领域。

技术标准包括基础标准、产品标准、工艺标准、检测试验方法标准,以及安全、卫生、环保标准等。

1. 基础标准

即在一定范围内作为其他标准的基础并普遍使用,具有广泛指导意义的标准。包括术语、符号、代号、制图、计量单位、标记方法等通用技术语言标准;精度与互换性标准;结构要素标准等。如国家标准《水土保持术语》(GB/T 20465—2006)、水利行业标准《水利水电工程制图标准 基础制图》(SL 73.1—2013)、《水利水电工程制图标准 水工建筑图》(SL 73.2—2013)等。

2. 产品标准

即为保证产品的适用性,对产品必须达到的某些或全部要求所制定的标准。其范围包括品种、规格、技术性能、试验方法、检验规则、包装、贮藏、运输等。在工程建设领域内针对常用的、已作为工业化生产和商品化供应的一些构配件、零部件或仪器所制定的标准。如国家标准《岩土工程仪器基本参数及通用技术条件》(GB/T 15406—2007)等。

3. 工程建设标准

即对基本建设中的各类工程的勘测、规划、设计、施工、安装、验收等需要协调统一的事项所制定的标准。如水利行业标准《水工建筑物抗冰冻设计规范》(SL 211—2006))等。

4. 方法标准

即以试验、检查、分析、抽样、统计、计算、测定、作业等各种方法为对象制定的标准。如国家标准《土工试验方法标准》(GB/T 50123—2019)、《水文仪器通则 第5部分:工作条件影响试验方法》(GB/T 18522.5—2005)等。

5. 安全标准

即以保护人和物的安全为目的制定的标准。如国家标准《环境影响评价技术导则 水利水电工程》(HJ/T 88—2003),水利行业标准《泵站安全鉴定规程》(SL 316—2015)等。

6. 卫生标准

即为保护人的健康,对食品、医药及其他方面的卫生要求制定的标准。如国家标准《食品安全管理体系　食品链中各类组织的要求》(GB/T 22000—2006)、《生活饮用水卫生标准》(GB 5749—2006)、《工业企业设计卫生标准》(GBZ1—2010)等。

7. 环境保护标准

即为保护环境和有利于生态平衡,对大气、水、土壤、噪声、振动等环境质量、污染源、检测方法以及其他事项制定的标准。如国家标准《洁净厂房设计规范》(GB 50073—2013)、《建筑隔声测量规范》(GBJ 75—84)以及水利行业标准《水环境检测规范》(SL 219—2013)等。

(二)水利水电安全生产技术标准

水利水电安全生产技术标准,是指为在水利水电安全生产领域获得最佳秩序,由国家标准化主管机关、国务院水行政主管部门或者地方政府制定、审批和发布的,从技术控制的角度来规范和约束水利安全生产活动的文件。

(三)法律规范与技术标准

法律规范与技术标准的性质和内容虽不相同,但两者的目标指向是一致的,因此两者相互联系、相辅相成。法律规范为规范和加强安全生产管理提供法律依据,而技术标准为法律规范的施行提供重要的技术支撑。

我国制定的许多安全生产方面的法规,将安全生产标准作为生产经营单位必须执行的技术规范。

二、安全生产标准分类

安全生产标准分为国家标准、行业标准、地方标准、团体标准和企业标准,安全生产标准对生产经营单位的安全生产均具有约束力。

(一)国家标准

安全生产国家标准是指国家标准化行政主管部门依照《标准化法》(主席令第78号)制定的在全国范围内适用的安全生产技术规范。

《标准化法》规定,对需要在全国范围内统一的技术要求,应当制定国家标准。也就是说,国家标准是指对国民经济和技术发展有重大意义,需要在全国范围内统一的标准。工程建设国家标准是指在全国范围内需要统一或国家需要控制的工程建设技术要求所指定的标准。国家标准由国务院标准化行政主管部门编制计划，组织草拟，统一审批、编号、发布。工程建设、药品、食品卫生、兽药、环境保护国家标准，分别由国务院工程建设主管部门、卫生主管部门、农业主管部门、环境保护主管部门组织草拟、审批、编号、发布办法，由国务院标准化行政主管部门会同国务院有关行政主管部门制定。法律对国家标准的制定另有规定的，依照法律的规定执行。国家标准分为强制性标准和推荐性标准，强制性标准代号为“GB”，推荐性标准代号为“GB/T”。国家标准的编号由国家标准代号、国家标准发布顺序号及国家标准发布的年号组成。

（二）行业标准

安全生产行业标准是在某个行业范围内统一的，没有国家标准的技术要求，由国务院有关行政部门依照《标准化法》制定的在安全生产领域内适用的安全生产技术规范。行业标准需报国务院标准化行政主管部门备案。行业标准代号如水利行业标准（SL）、建筑工业行业标准（JGJ）、安全标准（AQ）、电力行业标准（DL）等。

行业标准是对国家标准的补充。对没有国家标准而又需要在全国某个行业范围内统一的技术要求，可以制定行业标准（含标准样品的制作）。制定行业标准的项目由国务院有关行政主管部门确定。行业标准由国务院有关行政主管部门编制计划，组织草拟，统一审批、编号、发布，并报国务院标准化行政主管部门备案，如《水利水电起重机械安全规程》（SL 425—2017）、《水利水电工程施工安全管理导则》（SL 721—2015）等。行业标准对同一事项的技术要求，可以高于国家标准，但不得与其相抵触。

（三）地方标准

地方标准是为满足地方自然条件、风俗习惯等特殊技术要求而制定的。对没有国家标准和行业标准而又需要在省、自治区、直辖市范围内统一的工业产品的安全、卫生要求，可以制定地方标准。制定地方标准的项目，由省、自治区、直辖市人民政府标准化行政主管部门确定。设区的市级人民政府标准化行政主管部门根据本行政区域的特殊需要，经所在地省（自治区、直辖市）人民政府标准化行政主管部门批准，可以制定本行政区域的地方标准。地方标准的代号由汉语拼音字母“DB”加上省、自治区、直辖市行政区划代码前两位数字，再加斜线组成。例如，河南省地方标准的代号为 DB 41/和 DB 41/T，《河南省生产建设项目水土保持单元工程质量评定标准》（DB 41/T 995—2014）；上海市地方标准的代号为 DB 31/和 DB 31/T 等。地方标准由省、自治区、直辖市人民政府标准化行政主管部门报国务院标准化行政主管部门备案，由国务院标准化行政主管部门通报国务院有关行政主管部门。

安全生产地方标准是推荐性标准。如《水电水利工程施工卷扬机提升系统安全技术规范》（DB 51/1178—2010）、《建设施工现场安全防护设施技术规程》（DB 42/535—2009）等。地方标准对同一事项的技术要求，可以高于国家标准，但不得与其相抵触。

（四）团体标准

根据国家标准委、民政部联合印发《团体标准管理规定》（国标委联〔2019〕1 号），团体标准是依法成立的社会团体为满足市场和创新需要，协调相关市场主体共同制定的标准。团体标准包括学会、协会、商会、联合会、产业技术联盟等社会团体，协调相关市场主体共同制定满足市场和创新需要的团体标准。团体标准由本团体成员约定采用或者按照本团体的规定供社会自愿采用。团体标准编号依次由团体标准代号、社会团体代号、团体标准顺序号和年代号组成。团体标准的技术要求不得低于强制性标准的相关技术要求。

(五)企业标准

企业生产的产品没有国家标准、行业标准和地方标准的,应当制定相应的企业标准。企业标准由企业组织制定(农业企业标准制定办法另定),并按省、自治区、直辖市人民政府的规定备案。对已有国家标准、行业标准或者地方标准的,鼓励企业制定严于国家标准、行业标准或者地方标准要求的企业标准,在企业内部适用。企业标准一般以“Q”作为企业标准的开头。

安全生产企业标准是对企业范围内需要协调、统一的技术要求、管理要求和工作要求所制定的标准。企业标准由企业制定,由企业法人代表或法人代表授权的主管领导批准、发布。

另外,对于技术尚在发展中,需要有相应的标准文件引导其发展或具有标准化价值,尚不能制定为标准的项目,以及采用国际标准化组织、国际电工委员会及其他国际组织的技术报告的项目,可以制定国家标准化指导性技术文件。如中华人民共和国水利行业指导性技术文件《水利水电工程施工质量通病防治手册》(SL/Z 690—2013)。

需要指出的是,工程建设过程中经常应用到的“标准”、“规范”、“规程”等技术文件,实际上都是标准的不同表现形式,习惯上统称为标准,只有针对具体对象才加以区别 。

“标准”是为在一定的范围内获得最佳的秩序,对活动或其结果规定共同的和重复使用的规则、导则或特性的文件。

“规范”一般是在工农业生产和工程建设中,对设计、施工、制造、检验等技术事项所做的一系列规定。

“规程”则是对作业、安装、鉴定、安全、管理等技术要求和实施程序所做的统一规定。

三、水利水电工程建设安全生产标准

水利水电工程建设安全生产标准是水利水电工程建设的重要依据,对水利水电工程建设的安全生产具有重大的指导意义,它不仅包括了水利行业标准,还包括其他行业安全生产有关标准。

目前,我国共有国家标准 25 700 余项,其中安全类技术标准 1 200 余项。由安全、劳动、电力、建筑、环境保护、道路交通、特种设备、危险化学品、消防等主管部门发布有关安全生产标准 1 000 余项。水利行业共制定了约 800 项行业技术标准,与水利工程安全生产直接相关的标准共有 24 项。《水利水电工程施工通用安全技术规程》(SL 398—2007)、《水利水电工程土建施工安全技术规程》(SL 399—2007)、《水利水电工程机电设备安装安全技术规程》(SL 400—2016)、《水利水电工程施工作业人员安全操作规程》(SL 401—2007)、《水利水电起重机械安全规程》(SL 425—2017)、《企业安全生产标准化基本规范》(GB/T 33000—2016)等为水利水电工程建设安全生产管理最主要的技术标准。

(一)《水利水电工程施工通用安全技术规程》

《水利水电工程施工通用安全技术规程》(SL 398—2007)依据《安全生产法》《建设工程安全生产管理条例》等有关安全生产的法律法规和标准,结合水利工程建设特点,对水利水电工程施工的通用安全技术要求做了规定。

1. 总体要求

(1)目的。本标准是为了贯彻执行国家“安全第一、预防为主”的安全生产方针,并进行综合治理,坚持“以人为本”的安全理念,规范我国水利水电工程建设的安全生产工作,防止和减少施工过程的人身伤害和财产损失而制定。

(2)适用范围。适用于大中型水利水电工程施工安全技术管理、安全防护与安全施工,小型水利水电工程可参照执行。

2. 主要内容

本标准针对水利水电工程的特点和施工现状,明确了水利水电工程建设施工过程安全技术工作的基本要求和基本规定,共包括 11 章 65 节。

本标准涉及范围及主要内容包括:总则,术语,施工现场,施工用电、供水、供风及通信,安全防护设施,大型施工设备安装与运行,起重与运输,爆破器材与爆破作业,焊接与气割,锅炉及压力容器,危险物品管理。

(二)《水利水电工程土建施工安全技术规程》

《水利水电工程土建施工安全技术规程》(SL 399—2007)依据《安全生产法》《建筑法》和《建设工程安全生产管理条例》等有关安全生产的法律、法规和标准,结合水利水电工程实际,对水利水电工程土建施工的安全技术要求做了规定。

1. 总体要求

(1)目的。本标准是为了贯彻执行国家“安全第一、预防为主”的安全生产方针,并进行综合治理,坚持“以人为本”的安全理念,保证从事水利水电工程土建施工全体员工的安全和工程的安全而制定。

(2)适用范围。适用于大中型水利水电工程土建施工中的安全技术管理、安全防护与安全施工,小型水利水电工程及其他土建工程也可参照执行。

2. 主要内容

本标准共 13 章 65 节。

本标准涉及范围及主要内容包括:总则,术语,土石方工程,地基与基础工程,砂石料生产工程,混凝土工程,沥青混凝土,砌石工程,堤防工程,疏浚与吹填工程,渠道、水闸与泵站工程,房屋建筑工程,拆除工程。

(三)《水利水电工程机电设备安装安全技术规程》

《水利水电工程机电设备安装安全技术规程》(SL 400—2016)依据《安全标志及其使用导则》《水轮发电机组安装技术规范》等安全生产有关的法律法规、标准规范,结合水利工程建设特点,对泵站、水电站机电设备安装和机组启动试运行等方面的安全技术管理、安全防护技术与安全施工操作做了规定。

1. 总体要求

(1)目的。本标准是为了贯彻执行国家“安全第一、预防为主、综合治理”的方针,为提高水利水电工程机电设备安装安全水平,对机电设备安装进行安全生产全过程控制,保障人的安全健康和设备安全而制定。

(2)适用范围。本标准适用于大中型水利水电工程机电设备安装、调试、试运行及维修，小型水利水电工程机电设备安装、调试、试运行及维修可参照执行。

2. 主要内容

本标准共包括 11 章 87 节。

本标准涉及范围及主要内容包括：总则，术语，基本规定，泵站主机泵安装，水电站水轮机安装，水电站发电机安装，辅助设备安装，电气设备安装，机组启动试运行，桥式起重机安装，施工用具及专用工具。

（四）《水利水电工程施工作业人员安全操作规程》

《水利水电工程施工作业人员安全操作规程》（SL 401—2007）是以《水利水电工程施工通用安全技术规程》《水利水电工程土建施工安全技术规程》等一系列国家安全生产的法律法规、标准规范为依据，并遵照水利水电工程施工现行安全技术规程及相关施工机械设备运行、保养规程的要求进行编制的。

1. 总体要求

（1）目的。本标准是为了贯彻执行国家"安全第一、预防为主"的安全生产方针，并进行综合治理，坚持"以人为本"的安全理念，规范水利水电工程施工现场作业人员的安全、文明施工行为，以控制各类事故的发生，确保施工人员的安全、健康，确保安全生产而制定。

（2）适用范围。本标准适用于大中型水利水电工程施工现场作业人员安全技术管理、安全防护与安全、文明施工，小型水利水电工程可参照执行。

2. 主要内容

本标准规定了参加水利水电工程施工作业人员安全、文明施工行为。本标准共有 11 章 73 节。本标准在章节设置上，采用按工程项目分类，按工序进行编制。本标准涉及范围及主要内容包括：总则，基本规定，施工供风、供水、用电，起重、运输各工种，土石方工程，地基与基础工程，砂石料工程，混凝土工程，金属结构与机电设备安装，监测及试验，主要辅助工种。

（五）《水利水电起重机械安全规程》

《水利水电起重机械安全规程》（SL 425—2017）是水利部于 2017 年 5 月 5 日第 18 号水利行业标准公告公布的，自 2017 年 8 月 5 日起实施。

1. 总体要求

（1）目的。本标准是为了规范水利水电起重机械在设计、制造、安装、改造、使用、维修、检验、管理与报废等方面的安全技术要求而制定。

（2）适用范围。本标准适用于水利水电工程塔式起重机、门座起重机、缆索起重机、桥式起重机、门式起重机。升船机、启闭机、拦污栅前的清污机可参照执行。

2. 主要内容

本标准共包括 10 章，主要内容包括：范围，规范性引用文件，整机，金属结构，机构及零部件，安全防护装置，电气系统，安装、改造与维修，检验与试验，使用与管理。

（六）《水利水电工程施工安全防护设施技术规范》

《水利水电工程施工安全防护设施技术规范》（SL 714—2015）是水利部于 2015 年 5 月 22 日第 42 号水利行业标准公告公布的，自 2015 年 8 月 22 日起实施。

1. 总体要求

(1)目的。本标准是为提高水利水电工程施工安全水平,实现施工现场安全防护设施的规范化、科学化和系统化,促进行业发展而制定。

(2)适用范围。本标准适用于水利水电工程新建、扩建、改建及维修加固工程施工现场安全防护设施的设施。

2. 主要内容

本标准主要规定了水利水电工程施工现场安全防护设施的设置、维护及使用的相关要求,共11章,分为总则、术语、基本规定、工地运输、土石方工程、基础处理、砂石料与混凝土生产、混凝土工程、疏浚与吹填工程、金属结构及启闭设备制作与安装、机电设备安装与调试。

(七)《水利水电工程施工安全管理导则》

《水利水电工程施工安全管理导则》(SL 721—2015)是水利部于2015年7月31日第46号水利行业标准公告公布的,自2015年10月31日起实施。

1. 总体要求

(1)目的。本标准是为规范水利水电工程施工安全管理行为,指导施工安全管理活动,提高施工安全管理水平而制定。

(2)适用范围。本标准适用于大中型水利水电工程的施工安全管理。小型水利水电工程的施工安全管理可参照执行。

2. 主要内容

本标准包括总则、术语、安全生产目标管理、安全生产管理机构和职责、安全生产管理制度、安全生产费用管理、安全技术措施和专项施工方案、安全生产教育培训、设施设备安全管理、作业安全管理、生产安全事故隐患排查治理与重大危险源管理、职业卫生与环境保护、应急管理、安全生产档案管理14章和5个附录。

(八)《企业安全生产标准化基本规范》

2010年4月15日,国家安全生产监督管理总局发布了安全生产行业标准《企业安全生产标准化基本规范》(AQ/T 9006—2010),自2010年6月1日起实施。2016年12月13日,国家质检总局、国家标准委发布了2016年第23号中国国家标准公告,批准发布了《企业安全生产标准化基本规范》(GB/T 33000—2016),于2017年4月1日起实施。

1. 总体要求

(1)适用范围。适用于工矿商贸企业开展安全生产标准化建设工作,有关行业制修订安全生产标准化标准、评定标准,以及对标准化工作的咨询、服务、评审、科研、管理和规划等。其他企业和生产经营单位等可参照执行。

(2)安全生产标准化定义。"安全生产标准化"是指通过落实企业安全生产主体责任,全员全过程参与,建立并保持安全生产管理体系,全面管控生产经营活动各环节的安全生产与职业卫生工作,实现安全健康管理系统化、岗位操作行为规范化、设备设施本质安全化、作业环境器具定置化,并持续改进。

2. 主要内容

《企业安全生产标准化基本规范》共分为范围、规范性引用文件、术语和定义、一般要求、核心要求等5章。规定了企业安全生产标准化管理体系建立、保持与评定的原则和一般要求，以及目标职责、制度化管理、教育培训、现场管理、安全风险管控及隐患排查治理、应急管理、事故管理和持续改进8个体系的核心技术要求。

（九）《水利水电工程劳动安全与工业卫生设计规范》

《水利水电工程劳动安全与工业卫生设计规范》（GB 50706—2011）是住房和城乡建设部于2011年7月26日第1091号国家标准公告公布的，自2012年6月1日起实施。

1. 总体要求

（1）目的。本标准是为贯彻“安全第一，预防为主”的方针，做到“劳动安全与卫生必须与主体工程同时设计、同时施工、同时投入生产和使用”的要求，保障劳动者在劳动过程中的安全健康而制定的。

（2）适用范围。本标准适用于新建、改建和扩建的水利水电工程的劳动安全和工业卫生的设计。

2. 主要内容

本标准包括总则、基本规定、工程总体布置、劳动安全、工业卫生、安全卫生辅助设施6章和附录。

第三章　安全管理基础知识

水利水电工程涉及参建方多，流动性大，不安全因素多，安全生产形势不容乐观。作为水利水电工程安全管理人员，掌握安全生产管理知识，熟悉安全生产管理的原理与原则，了解事故致因理论，不断提高自身安全生产知识水平和管理能力，对确保水利水电工程建设安全生产、改善水利水电工程建设安全管理状况具有重要意义。

第一节　安全生产基本概念

一、安全

在古代汉语中，并没有“安全”一词，但“安”字却在许多场合下表达着现代汉语中“安全”的意义，表达了人们通常理解的“安全”这一概念。例如，“是故君子安而不忘危，存而不忘亡，治而不忘乱，是以身安而国家可保也。”（《周易系辞下》）。这里的“安”是与“危”相对的，并且如同“危”表达了现代汉语的“危险”一样，“安”所表达的就是“安全”的概念。“安全”作为现代汉语的一个基本语词，在各种现代汉语辞书中有着基本相同的解释。《现代汉语词典》对“安”字的第 4 个释义是：“平安；安全（跟‘危险’相对）”。对“安全”的解释是：“没有危险；不受威胁；不出事故”。

安全泛指没有危险，不出事故的状态。如汉语中有“无危则安，无缺则全”的说法。安全是在人类生产过程中，将系统的运行状态对人类的生命、财产、环境可能产生的损害控制在人类能接受水平以下的状态。

生产过程中的安全是指不发生工伤事故、职业病、设备或财产损失的状况，即指人不受伤害，物不受损失。安全系统工程的观点认为，世界上没有绝对安全的事物，任何事物都包含不安全的因素，具有一定的危险性。安全只是一个相对的概念，任何事物都包含不安全的因素，具有一定的危险性，当危险低于某种程度时，就可认为是安全的，安全与危险的相对性如图 3-1 所示。

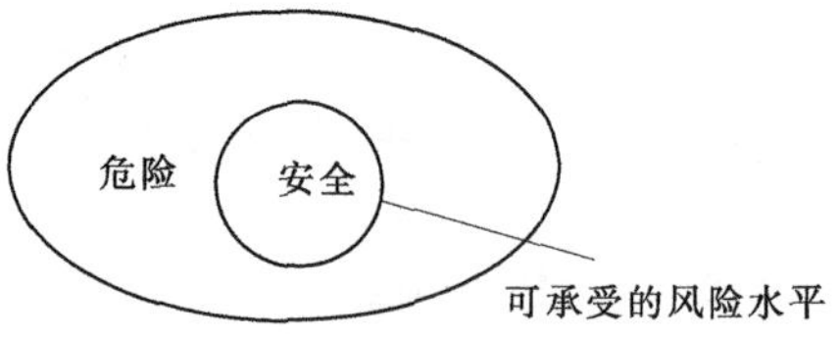

图 3-1　安全与危险的相对性示意图

二、安全生产

《辞源》将“安全生产”解释为：为预防生产过程中发生人身、设备事故，形成良好劳动环境和工作秩序而采取的一系列措施和活动。《中国大百科全书》将“安全生产”解释为：旨在保护劳动者在生产过程中安全的一项方针，也是企业管理必须遵循的一项原则，要求最大限度地减少劳动者的工伤和职业病，保障劳动者在生产过程中的生命安全和身体健康。后者将安全生产解释为企业生产的一项方针、原则和要求，前者则解释为企业生产的一系列措施和活动。根据现代系统安全工程的观点，安全生产，一般意义上讲，是指在社会生产活动中,通过人、机器设备、物料、环境的和谐运作,使生产过程中潜在的各种事故风险和伤害因素始终处于有效控制状态,切实保护劳动者的生命安全和身体健康。

水利水电工程建设安全生产,是指在水利水电工程建设实施(从事新建、扩建、改建和拆除等作业)阶段,防止和减少生产安全事故,消除或控制危险和有害因素,保障人身安全与健康、设备设施免受损坏、环境免遭破坏的总称。

三、安全生产管理

安全生产管理是管理的重要组成部分,是安全科学的一个分支。安全生产管理就是针对人们在生产过程中的安全问题,运用有效的资源,发挥人们的智慧,通过人们的努力,进行有关决策、计划、组织和控制等活动,实现生产过程中人与机器设备、物料、环境的和谐,达到安全生产的目标。

水利水电工程建设安全生产管理的目标是:减少和控制危害,减少和控制事故,尽量避免水利水电工程建设过程中由事故所造成的人身伤害、财产损失、环境污染以及其他损失。

安全生产管理的基本对象是企业的员工,涉及企业中的所有人员、设备设施、物料、环境、财务、信息等各个方面。安全生产管理的内容包括:安全生产管理机构和安全生产管理人员、安全生产责任制、安全生产管理规章制度、安全培训教育、事故隐患排查和治理、职业健康、应急救援、安全生产档案等。

四、本质安全

广义的本质安全(企业本质安全)是指企业以本质安全为目标,科学控制物的不安全状态、人的不安全行为,从而达到预防事故的目的,主要包括人、机器设备、环境、管理4个方面的本质安全。

狭义的本质安全是指机器设备本身所具有的安全性能,通过设计等手段使生产设备或生产系统本身具有安全性,即使在失误操作或发生故障的情况下也不会造成事故。具体包括下列两方面的内容:

(1)失误—安全功能。指操作者即使操作失误,也不会发生事故或伤害,或者说设备、设施和技术工艺本身具有自动防止人的不安全行为的功能。

(2)故障—安全功能。指设备、设施或技术工艺发生故障或损坏时,还能暂时维持正常工作或自动转变为安全状态。

上述两种安全功能应该是设备、设施和技术工艺本身固有的,即在规划设计阶段就被纳入其中,而不是事后补偿的。

本质安全是安全生产管理预防为主的根本体现,也是安全生产管理的最高境界。随着科学技术的进步和安全理论的不断发展,本质安全的概念也得到了扩展,逐步被广泛接受。实际上,受技术、资金和人们对事故认识等因素的制约,目前还很难做到本质安全,只能将其作为追求的目标。

五、危险因素和有害因素

危险因素是指在生产过程中能对人造成伤亡或对物造成突发性损坏的因素(强调突

发性和瞬间作用)。

有害因素是指能影响人的身体健康,导致疾病,或对物造成慢性损坏的因素(强调在一定时间内的积累作用)。

有时为方便起见,对两者不加以区分,统称危险有害因素。《生产过程危险和有害因素分类与代码》(GB/T 13861—2009)中按可能导致生产过程中危险和有害因素的性质进行分类,分为人的因素、物的因素、环境因素和管理因素四类。

存在能量、有害物质失去控制是危险有害因素产生的根本原因。能量、有害物质失去控制则主要体现在设备故障(含缺陷)、人员失误和管理缺陷3个方面。

(1)设备故障(含缺陷):故障是指设备、元件在运行过程中由于性能低下而不能实现预定功能的现象。

(2)人员失误:泛指不安全行为所产生的不良后果。

(3)管理缺陷:为保证及时、有效地实现既定安全生产目标,安全管理是在预测、分析的基础上进行的计划、组织、协调、检查等工作,是预防故障和人员失误发生的有效手段,因此管理缺陷是影响失控发生的重要因素。

六、危险源和重大危险源

(一)危险源

危险源是指可能造成人员伤害和疾病、财产损失、作业环境破坏或其他损失的根源、状态或行为,或其组合。从上述意义上讲,危险源可以是一次事故、一种环境、一种状态的载体,也可以是可能产生不期望后果的人或物。例如,操作过程中没有完善的操作标准,可能使员工出现不安全行为,因此没有操作标准是危险源。例如,水利水电工程建设施工现场的油库、炸药库,皆有发生火灾、爆炸事故的可能,所以两者都是危险源。

作为危险源应具有3个要素:

(1)潜在危险性。危险源的潜在危险性是指一旦触发事故,可能带来危害程度或损失大小,或者是危险源可能释放的能量强度或危险物质量的大小。

(2)存在条件。危险源的存在条件是指危险源所处的物理、化学状态和约束条件状态。包括:理化性能,如温度、压力、状态、有害特性等;设备完好程度,如缺陷、维护保养、使用年限等;防护条件,如防护措施、故障处理措施、安全装置及标志等;操作条件,如操作技术水平、操作失误率等;管理条件,如组织、指挥、协调、控制、计划等。

(3)触发因素。触发因素包括人为因素,如不正确的操作、粗心大意、漫不经心、心理因素、生理因素等;物的因素,如设备、设施、工具、附件缺陷等;自然因素,包括引起危险源转化的各种自然条件及其变化,如气温、雷电等。触发因素虽然不属于危险源的固有因素,但它是危险源转化成事故的外因,而且每一类型的危险源都有相应的敏感触发因素。

只有同时具备这三个基本因素,才能成为发生事故的危险源。

(二)重大危险源

《中华人民共和国安全生产法》(主席令第十三号)第一百一十二条阐明,重大危险源是指长期地或临时地生产、搬运、使用或者储存危险物品,且危险物品的数量等于或者超过临界量的单元(包括场所和设施)。

《危险化学品重大危险源辨识》(GB 18218—2018)、《水电水利工程施工重大危险源辨识及评价导则》(DL/T 5274—2012)、《水利水电工程施工安全管理导则》(SL 721—2015)分别对危险化学品、水电水利工程施工中的重大危险源范围进行了规定。《水电水利工程施工重大危险源辨识及评价导则》(DL/T 5274—2012)中的重大危险源指水电水利工程施工中可能导致人员死亡及严重伤害、财产严重损失或环境严重破坏的根源或状态。

七、事故隐患

事故隐患是指生产经营单位违反安全生产法律、法规、规章、标准、规程和安全生产管理制度的规定,或者因其他因素在生产经营活动中存在可能导致事故发生的物的危险状态、人的不安全行为和管理上的缺陷。

《安全生产事故隐患排查治理暂行规定》(国家安监总局令第16号)中根据危害程度和整改难易程度的大小,将事故隐患分为一般事故隐患和重大事故隐患。一般事故隐患是指危害和整改程度较小,发现后能够立即整改排除的隐患。重大事故隐患是指危害和整改难度较大,应当全部或者局部停产停业,并经过一定时间整改治理方能排除的隐患,或者因外部因素影响致使生产经营单位自身难以排除的隐患。《安全生产法》第一百一十三条第二款规定,国务院安全生产监督管理部门和其他负有安全生产监督管理职责的部门应当根据各自的职责分工,制定相关行业、领域重大事故隐患的判定标准。为规范水利工程生产安全事故隐患排查治理工作,有效防范生产安全事故,根据《安全生产法》等有关法律法规,水利部组织制定了《水利工程生产安全重大事故隐患判定标准(试行)》(水安监〔2017〕344号)。水利水电工程建设各参建单位、政府和公众等多方应综合性地开展隐患辨识、评价、消除、整改、监控等活动和措施,使生产安全系统的事故风险处于可接受水平。

事故隐患与危险源不是等同的概念,事故隐患实质是有危险的、不安全的、有缺陷的"状态",这种状态可在人或物上表现出来,如人走路不稳、路面太滑都是导致摔倒致伤的隐患;也可表现在管理的程序、内容或方式上,如检查不到位、制度的不健全、人员培训不到位等。危险源的实质是具有潜在危险的源点或部位,是能量、危险物质集中的核心,是爆发事故的源头,是能量传出或爆发的地方。

一般来说,危险源可能存在事故隐患,也可能不存在事故隐患,对于存在事故隐患的危险源一定要及时加以整改,否则随时都可能导致事故。实际中,对事故隐患的控制管理总是与一定的危险源联系在一起,因为没有危险的隐患也就谈不上要去控制它;而对危险源的控制,实际就是消除其存在的事故隐患或防止其出现事故隐患。所以,在实际中有时不加区别也使用这两个概念。

八、事件、事故

《职业健康安全管理体系要求》(GB/T 28001—2011)中对事件的定义为:发生或可能发生与工作相关的健康损害或人身伤亡(无论严重程度),或者死亡的情况。对事故的定位为:事故是一种发生人身伤害、健康损害或死亡的事件。未发生人身伤害、健康损害或死亡的事件通常也称为"未遂事件"。

《现代汉语词典》对“事故”的解释是：多指生产、工作上发生的意外损失或灾祸。

在国际劳工组织制定的一些指导性文件，如《职业事故和职业病记录与通报实用规程》中，将职业事故定义为：由工作引起或者在工作过程中发生的事件，并导致致命或非致命的职业伤害。

《生产安全事故报告和调查处理条例》（国务院令第 493 号）将“生产安全事故”定义为：生产经营活动中发生的造成人身伤亡或者直接经济损失的事件。《企业职工伤亡事故分类》（GB/T 6441—1986）综合考虑起因物、致害物、伤害方式等，将事故分为 20 类，分别为物体打击、车辆伤害、机械伤害、起重伤害、触电、淹溺、灼烫、火灾、高处坠落、坍塌、冒顶片帮、透水、放炮、火药爆炸、瓦斯爆炸、锅炉爆炸、容器爆炸、其他爆炸、中毒和窒息及其他伤害。

九、职业健康

职业健康是指研究并预防因工作导致的疾病，防止原有疾病的恶化。主要表现为工作中因环境及接触有害因素引起人体生理机能的变化。1950 年由国际劳工组织和世界卫生组织的联合职业委员会给出定义为：职业健康应以促进并维持各行业职业的生理、心理和社交处在最好状态为目的，并防止职工的健康受工作环境影响，保护职工不受健康危害因素伤害，并将职工安排在适合他们的生理和心理的工作环境中。

《企业安全生产标准化基本规范》（GB/T 33000—2016）指出了职业健康的基本要求，企业应为从业人员提供符合职业卫生要求的工作环境和条件，为接触职业危害的从业人员提供个人使用的职业病防护用品，建立、健全职业卫生档案和健康监护档案。

十、安全文化

安全文化有广义和狭义之分。

广义的安全文化是指在人类生存、繁衍和发展历程中，在其从事生产、生活乃至生存实践的一切领域内，为保障人类身心安全并使其能安全、舒适、高效地从事一切活动，预防、避免、控制和消除意外事故和灾害，建立起安全、可靠、和谐、协调的环境和匹配运行的安全体系，使人类变得更加安全、康乐、长寿，使世界变得友爱、和平、繁荣而创造的物质财富和精神财富的总和。

狭义的安全文化是指企业安全文化。关于狭义的安全文化，比较全面的是英国安全健康委员会给出的定义：一个单位的安全文化是个人和集体的价值观、态度、能力和行为方式的综合产物。

《企业安全文化建设导则》（AQ/T 9004—2008）给出了企业安全文化的定义：被企业组织的员工群体所共享的安全价值观、态度、道德和行为规范的统一体。

安全文化是预防事故的一种“软”力量，是一种人性化的管理手段。安全文化建设通过创造一种良好的安全人文氛围和协调的人机环境，对人的观念、意识、态度、行为等形成无形到有形的影响，从而对人的不安全行为产生控制作用，以达到减少人为事故的效果。

十一、安全生产目标管理

安全生产目标管理的是在一定的时期内（通常为 1 年），根据企业经营管理的总目标，从上到下地确定安全生产目标，并为达到这一目标制定一系列对策、措施，开展一系列的计划、组织、协调、指导、激励和控制活动。

安全生产目标管理是一种高层次、综合的科学管理方法，它能有效地调动各级组织、各级领导、各个部门和全体人员搞好安全生产的积极性；能充分发挥一切现代安全管理方法的积极作用；能充分体现全员、全面、全过程的现代管理思想。它的实行可以全面推进安全管理水平的提高，有效地促进安全生产状况的改善。

十二、安全生产责任制

《安全生产法》第四条明确规定，生产经营单位必须遵守本法和其他有关安全生产的法律、法规，加强安全生产管理，建立、健全安全生产责任制和安全生产规章制度，改善安全生产条件，推进安全生产标准化建设，提高安全生产水平，确保安全生产。

安全生产责任制是根据安全生产法律法规建立的各级领导、职能部门、工程技术人员、岗位操作人员在劳动生产过程中对安全生产层层负责的制度，是岗位责任制的一个组成部分，是企业中最基本的一项安全管理制度，也是企业安全生产、劳动保护管理制度的核心。

安全生产责任制的核心是清晰界定安全生产管理的责任，解决“谁来管，管什么，怎么管，承担什么责任”的问题。安全生产责任制是生产经营单位安全生产规章制度建立的基础，是生产经营单位最基本的规章制度。

安全生产责任制的内容概括来说，就是企业各级领导应对本单位的安全生产工作负起的责任：各级工程技术人员、管理人员和生产工人在各自的职责范围内对安全工作负责。应特别指出，安全生产责任制尤其强调各级领导的责任。

十三、安全生产标准化

《企业安全生产标准化基本规范》(GB/T 33000—2016)中给安全生产标准化的定义，是指通过落实安全生产主体责任，全员全过程参与，建立并保持安全生产管理体系，全面管控生产经营活动各环节的安全生产与职业卫生工作，实现安全健康管理系统化、岗位操作行为规范化、设备设施本质化、作业环境器具定置化，并持续改进。

开展安全生产标准化工作，应遵循“安全第一、预防为主、综合治理”的方针，落实企业主体责任。以安全风险管理、隐患排查治理、职业病危害防治为基础，以安全生产责任制为核心，建立安全生产标准化管理体系，实现全员参与，全面提升安全生产管理水平，持续改进安全生产工作，不断提升安全生产绩效，预防和减少事故的发生，保障人身安全健康，保证生产经营活动的有序进行。应采用“策划、实施、检查、改进”的“PDCA”动态循环模式，依据相关标准的规定，结合企业自身特点，自主建立并保持安全生产标准化管理体系，通过自我检查、自我纠正和自我完善，构建安全生产长效机制，持续提升安全生产绩效。

第二节　安全生产管理原理

安全生产管理作为管理的主要组成部分，既服从管理的基本原理和原则，又有其特殊的原理和原则。

安全生产管理的原理是从生产管理的共性出发，对生产管理中安全工作的实质内容进行科学分析、综合、抽象概括所得出的安全生产管理规律。安全生产管理的原理有：系统原理、人本原理、强制原理、预防原理和责任原理。

一、系统原理

（一）系统原理的定义

系统原理是指人们在从事管理工作时，运用系统的理论、观点和方法，对管理活动进行充分分析，以达到管理的优化目的，即用系统论的观点、理论和方法来认识和处理管理中出现的问题。

系统是指由若干个相互联系、相互作用的要素组成的具有特定结构和功能的有机整体。一个系统可分为若干个子系统和要素，如安全生产管理系统是企业管理的一个子系统，安全生产管理系统又包括各级安全管理人员、安全防护设施设备、安全管理制度、安全操作规程以及各类安全生产管理信息等。

系统理论认为现代管理的管理对象总是处于各个不同的大系统之中，任何一个管理对象均可看成一个系统，在分析和解决问题时，应从整体出发去研究事物间的联系。

安全贯穿生产活动的方方面面，水利水电工程建设安全生产管理是全方位、全天候和涉及全体人员的管理。

（二）系统原理的运用原则

运用系统原理时应遵循整分合原则、反馈原则、封闭原则和动态相关性原则。

1. 整分合原则

整分合原则是指为了实现高效的管理，必须在整体规划下明确分工，在分工基础上进行有效的综合。

在整分合原则中，整体把握是前提，科学分工是关键，组织综合是保证。没有整体目标的指导，分工就会盲目而混乱；离开分工，整体目标就难以高效地实现，如果只有分工，没有综合与协作，就会出现分工各环节脱节等问题。因此，高效的管理必须遵循整分合原则。

水利水电工程建设安全生产责任制就是整分合原则在水利水电工程建设的应用。各级领导、职能部门、工程技术人员、岗位作业人员在生产的同时，对安全生产层层负责，层层落实，全面协调，最终实现全面的安全管理。

运用该原则，要求管理者在制定整体目标和进行宏观决策时，必须将安全生产纳入其中，并将其作为一项重要内容考虑；然后在此基础上对安全管理活动进行有效分工，明确每个人的安全职责；最后通过协调控制，实现有效的组织综合。

2. 反馈原则

反馈原则是指被控制过程对控制机构的反作用，即由控制系统把信息输送出去，又把其作用结果返送回来，并对信息的再输出发生影响，起到控制作用，以达到预定的目的。

管理中的反馈原则是指为了实现系统目标，把行为结果传回决策机构，使因果关系相互作用，实行动态控制的行为准则。

反馈普遍存在于各种系统之中，是管理中的一种普遍现象，是管理系统达到预期目标的主要条件，其最终目标就是要求决策管理者对客观变化做出应有的反应。

在水利水电工程建设过程中，施工现场会存在一些不安全的因素，如油库存在作业人员加油作业时吸烟、使用明火照明等不安全行为。现场安全检查人员要及时捕捉这些信息，并将其反馈给安全管理人员和有关领导，以便根据反馈信息，采取完善安全管理制度、加强油库作业人员安全教育培训等措施，保障油库安全运行，这便是对反馈原则的应用。

水利水电工程建设安全生产管理是一项复杂的系统工程，其内部条件和外部环境都在不断变化。成功、高效的安全生产管理，必须通过灵活、准确、快速的反馈，及时捕获各种信息，快速采取行动。

3. 封闭原则

封闭原则是指一个管理系统的管理手段、管理过程等构成一个连续封闭的回路。

一个管理系统的管理手段、管理过程等环节既相对独立，充分发挥自己的功能，又互相衔接，互相制约，并且首尾相连，形成一条封闭的管理链。如水利水电工程建设施工现场的安全检查工作，其工作流程如图3-2所示，包括制定水利水电工程建设施工现场安全管理制度、制定安全检查方案、实施检查、检查结果统计与分析、整改与验收、持续改进等流程，整个过程形成封闭回路。

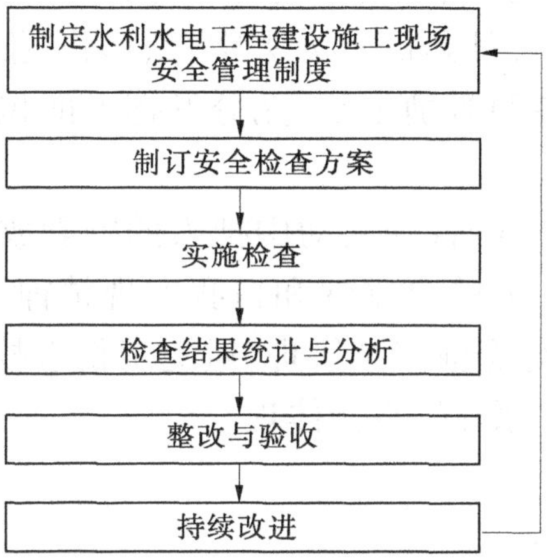

图3-2　安全检查工作流程

在水利水电工程建设施工过程中，各安全生产管理机构、制度和方法之间，必须紧密联系，形成封闭的回路，这样才能实现有效的安全管理。

4. 动态相关性原则

动态相关性原则是指任何安全管理系统的正常运转，不仅受到系统自身条件和因素的制约，还受到其他有关系统的影响，并随着时间、地点以及人们的不同努力程度而发生变化。因此，要提高安全生产管理的效果，必须掌握各个管理对象要素之间的动态相关特征，充分利用各要素之间的相互作用。

水利水电施工企业的安全生产管理中，动态相关性原则可从下列两个角度考虑：

(1)系统内各要素之间的动态相关性是事故发生的根本原因。构成管理系统的各要素之间相互联系，彼此制约，才使事故有可能发生。

(2)搞好安全生产管理，掌握与安全生产有关的各对象要素间的动态相关性特征，必须要有良好的信息反馈手段，能够随时随地掌握企业安全生产的动态，且处理各种问题时要考虑各种事物之间的动态联系性。

在水利水电工程建设施工现场,处理员工违章作业时,管理者不仅要考虑员工的自身问题,还应考虑物与环境的状态、劳动作业安排、安全管理制度、安全教育培训等问题,甚至考虑员工的家庭和社会生活的影响,全面考虑各因素,从而有针对性地解决员工违章问题。

水利水电工程建设管理工作中,要注意各要素间的动态相关性特征,处理好各事物间的动态联系性,确保水利水电工程建设安全进行。

二、人本原理

(一)人本原理定义

人本原理是指在管理活动中必须把人的因素放在首位,体现以人为本的指导思想。以人为本有下列两层含义:

(1)一切管理活动均是以人为本展开的。人既是管理的主体(管理者),又是管理的客体(被管理者),每个人都处在一定的管理层次上,离开人,就无所谓管理。因此,人是管理活动的主要对象和重要资源。

(2)在管理活动中,作为管理对象的诸要素(资金、物质、时间、信息等)和管理系统的诸环节(组织机构、规章制度等),都是需要人去掌管、运作、推动和实施的。因此,应该根据人的思想和行为规律,运用各种激励手段,充分发挥人的积极性和创造性,挖掘人的内在潜力。

现代安全管理要求在安全生产管理活动中把人的因素放在第一位,使全体成员明确组织目标和自身职责,尽量发挥人的自觉性和自我实现精神,强调人的主动性和创造性,充分发挥人的主观能动性。搞好企业安全管理,避免工伤事故与职业病的发生,充分保护企业职工的安全与健康,是人本原理的直接体现。

(二)人本原理的运用原则

1. 能级原则

能级原则是指一个稳定而高效的管理系统必须是由若干分别具有不同能级的不同层次有规律地组合而成的。

现代管理的任务就是建立一个合理的能级,使管理的内容动态地处于相应的能级中。在现代管理系统中,各元素的活动必须满足高效率、高可靠的要求,管理系统能级的划分不是随意的,它们的组合也不是随意的。

稳定的管理能级结构一般分为决策层、管理层、执行层、操作层 4 个层次,如图 3-3 所示。4 个层次能级不同,使命各异,必须划分清楚,不可混淆。

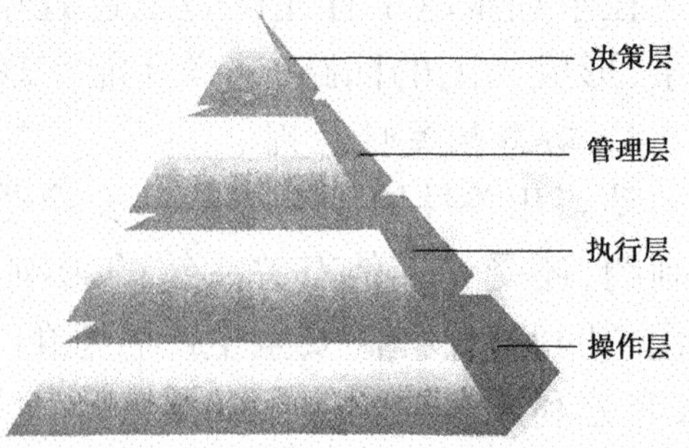

图 3-3 稳定的管理能级 4 个层次结构

水利水电施工企业的 4 个层次为:

(1)决策层——公司领导,确定整个公司的方针政策。

(2)管理层——中层管理人员,运用各种管理技术来贯彻落实上级领导精神。

(3)执行层——班组长,贯彻执行管理指令,直接调动和组织人、财、物等管理内容。

(4)操作层——现场作业人员,从事操作和完成各项具体任务。

在水利水电施工企业安全生产管理中运用能级原则时应该做到3点:一是能级的确定必须保证管理结构具有最大的稳定性;二是人才的配备必须对应,根据单位和个人能量的大小安排工作,使人各尽其才,各尽所能;三是责、权、利应做到能级对等,在赋予责任的同时授予权力和给予利益,才能使其能量得到相应能级的发挥。

2. 动力原则

动力原则是指管理必须有能够激发人的工作能力的动力,才能使管理活动持续、有效地进行下去。

对于管理系统而言,基本动力主要有3类:物质动力、精神动力和信息动力。

(1)物质动力是以适当的物质利益刺激人的行为动机。物质动力是根本动力,不仅是物质刺激,更重要的是经济效益。

(2)精神动力是运用理想、信念、鼓励等精神力量刺激人的行为动机。精神动力可以补偿物质动力的缺陷,并且在特定的情况下,它也可以成为决定性动力。物质越丰富,越要给人精神鼓励。

(3)信息动力则是通过信息的获取与交流使人产生奋起直追或领先他人的动机。

科学地实行按劳分配,根据每个人贡献大小给予相应的工资收入、奖金、生活待遇,为员工提供良好的物质工作环境和生活条件,这些都是动力原则在实际工作中的应用。

水利水电工程建设各参建单位在安全生产管理中运用动力原则时,首先,要注意综合协调运用3种动力;其次,要正确认识和处理个体动力与集体动力的辩证关系;再次,要处理好暂时动力与持久动力之间的关系;最后,则应掌握好各种刺激量的阀值。只有这样,水利水电工程建设安全生产管理才能取得良好效果。

3. 激励原则

激励原则就是利用某种外部诱因的刺激,调动人的积极性和创造性,以科学的手段,激发人的内在潜力,使其充分发挥积极性、主动性和创造性。

人发挥其积极性的动力来源于内在动力、外部压力和工作吸引力。内在动力指人本身具有的奋斗精神;外部压力指外部施加于人的某种力量;工作吸引力指能够使人产生兴趣和爱好的某种力量。水利水电工程建设各单位运用激励原则时,要采用符合人的心理活动和行为活动规律的各种有效的激励措施和手段,并且要因人而异,科学合理地选择激励方法和激励强度,从而最大程度地激发人的潜力。

三、强制原理

(一)强制原理定义

强制原理是指采取强制管理的手段控制人的意愿和行动,使个人的活动、行为等受到安全生产管理要求的约束,从而实现有效的安全生产管理。

一般来说,管理均带有一定的强制性。管理是管理者对被管理者施加作用和影响,并要求被管理者服从其意志,满足其要求,完成其规定的任务的活动,这显然带有强制性。

强制可以有效地控制被管理者的行为，将其调动到符合整体管理利益和目的的轨道上来。

安全生产管理更需要强制性，这基于下列3个原因：

(1)事故损失的偶然性。由于事故的发生及其造成的损失具有偶然性，并不一定马上会产生灾害性的后果，这样会使人忽视安全工作，使得不安全行为和不安全状态继续存在，直至发生事故。

(2)人的冒险心理。这里所谓的冒险是指某些人为了获得某种利益而甘愿冒受到伤害的风险。持有这种心理的人不恰当地估计了事故潜在的可能性，心存侥幸，冒险心理往往会使人产生有意识的不安全行为。

(3)事故损失的不可挽回性。这一原因可以说是安全生产管理需要强制性的根本原因。事故损失一旦发生，往往会造成永久性的损害，尤其是人的生命和健康，更是无法挽回。

安全生产管理强制性的实现，离不开严格合理的安全生产法律法规、标准规范和管理制度。同时，还要有强有力的安全生产管理和监督体系，以保证被管理者始终按照行为规范进行活动，一旦其行为超出规范的约束，就要有严厉的惩处措施。

(二)强制原理的运用原则

1. 安全第一原则

安全第一原则就是要求在进行生产和其他活动的同时，把安全工作放在一切工作的首要位置。当生产和其他工作与安全发生矛盾时，要以安全为主，生产和其他工作要服从安全。

作为强制原理范畴中的一个原则，安全第一应该成为企业的统一认识和行动准则，各级领导和全体员工在从事各项工作中都要以安全为根本，把安全生产作为衡量企业工作好坏的一项基本内容，作为一项有“否决权”的指标，不安全不准进行生产。

水利水电工程建设各参建单位在安全生产管理中，坚持安全第一原则，就要建立和健全各级安全生产责任制，从组织上、思想上、制度上切实把安全工作摆在首位，常抓不懈，形成“标准化、制度化、经常化”的安全工作体系。

2. 监督原则

监督原则是指在安全工作中，为了使安全生产法律法规得到落实，必须明确安全生产监督职责，对企业生产中的守法和执法情况进行监督。

只要求执行系统自动贯彻实施安全生产法律法规，而缺乏强有力的监督系统去监督执行，安全生产法律法规的强制力是难以发挥的。在这种情况下，必须建立专门的安全生产管理机构，配备合格的安全生产管理人员，赋予必要的强制力，以保证其履行监督职责，才能保证安全管理工作落到实处。

监督原则的应用在实际安全管理中具有重要的作用。例如，某水利水电工程建设施工现场，张某在高处平台上进行拆除作业，既不系安全带，又未采取其他安全防护措施。该现场专职安全生产管理人员发现后，立即向张某发出警告，指出不系安全带的危险性和违章的严重后果，并要求他立刻停工，佩戴好安全带、安全帽等防护措施。张某听从安全生产管理人员的指示，佩戴好安全带、安全帽后，继续作业。在即将完工时，张某由于站立不稳，从平台上坠落，因其佩戴了安全带和安全帽，身上只有轻微擦伤，并无大碍。如果当时没有安全生产管理人员的及时制止，后果将不堪设想。在水利水电工程建设安全生产管理工作中，必须授权专门的部门和人员行使监督、检查和惩罚的职责，对各单位工作人员的守法和执行情况进行监督，追究和惩戒违章失职行为，以保证水利水电工程建设的正常进行。

四、预防原理

（一）预防原理的定义

预防原理是指安全生产管理工作应当以预防为主，即通过有效的管理和技术手段，防止人的不安全行为和物的不安全状态出现，从而使事故发生的概率降到最低。

为了做好预防工作，水利水电施工企业一方面要重视经验的积累，对既成事故和大量的未遂事故（险肇事故）进行统计分析，从中发现规律，做到有的放矢；另一方面要采用科学的安全分析、评价方法，对生产中人和物的不安全因素及其后果做出准确的判断，从而实施有效的对策，预防事故的发生。

（二）预防原理的运用原则

1. 偶然损失原则

偶然损失原则是指事故所产生的后果（人员伤亡、健康损害、物质损失等）以及后果的严重程度都是随机的，是难以准确预测的。反复发生的同类事故，并不一定产生相同的后果。

美国学者海因里希通过对跌倒人身事故进行调查统计发现，对于跌倒这样的事故，如果反复发生，则存在这样的后果：在 330 次跌倒中，无伤害 300 次，轻伤 29 次，重伤 1 次。这就是著名的海因里希法则，或者称为 1∶29∶300 法则。该法则指出了事故与伤害后果之间存在着偶然性的概率原则。

根据事故损失的偶然性，可得到安全生产管理上的偶然损失原则：无论事故是否造成了损失，为了防止事故损失的发生，必须采取措施防止事故再次发生。偶然损失原则强调，在安全生产管理实践中，必须重视包括险肇事故在内的各类事故，才能真正防止事故发生。

2. 因果关系原则

因果关系原则是指事故的发生是许多因素互为因果连续发生的最终结果，只要诱发事故的因素存在，发生事故是必然的，只是时间或早或迟而已。

一个因素是前一因素的结果，又是后一因素的原因，环环相扣，导致事故的发生。事故的因果关系决定了事故发生的必然性，即事故因素及其因果关系的存在决定了事故或早或迟，但必然要发生。

在水利水电工程建设安全生产管理中，要从事故的因果关系中认识必然性，发现事故发生的规律，变不安全条件为安全条件，把事故消灭在早期起因阶段。

3. 3E 原则

3E 原则是针对造成人的不安全行为和物的不安全状态所采取的三种防止对策，即工程技术（Engineering）对策、教育（Education）对策和法制（Enforcement）对策。

（1）工程技术对策是运用工程技术手段消除生产设施设备的不安全因素，改善作业环境条件，完善防护与报警装置，实现生产条件的安全和卫生，如消除危险源、限制能量或危险物质、隔离等。

(2)教育对策是提供各种层次、各种形式和内容的教育和训练,使职工牢固树立“安全第一”的思想,掌握安全生产所必需的知识和技能,如安全态度教育、安全知识教育(管理、技术)和技能教育等。

(3)法制对策是利用安全生产法律法规、标准规范以及规章制度等必要的强制性手段约束人们的行为,从而达到消除不重视安全、违章作业等现象的目的,如安全检查、安全审查等。

在应用3E原则时,应该针对造成人的不安全行为和物的不安全状态的原因,综合、灵活地运用这三种对策,不要片面强调其中某一个对策。具体改进的顺序是:首先是工程技术措施,然后是教育训练,最后才是法制。

4. 本质安全化原则

本质安全化原则是指从一开始和本质上实现了安全化,就可从根本上消除事故发生的可能性,从而达到预防事故发生的目的。

以双手操作式安全装置为例,双手操作式安全装置是将滑块的下行程运动与对双手的限制联系起来,强制操作者必须双手同时推按操作器时滑块才向下运动。此间,如果操作者有一只手离开或双手都离开操作器,滑块就会停止下行程或超过下死点,使双手没有机会进入危险区域,从而避免受到伤害。

本质安全化的概念不仅可应用于设备、设施的本质安全化,还可以扩展到工程建设项目,新技术、新工艺、新材料的应用,甚至包括人们的日常生活等各个领域。

五、责任原理

安全生产管理的责任原理是指在安全生产管理活动中,为实现管理过程的有效性,管理工作需要在合理分工的基础上,明确规定各级部门和个人必须完成的工作任务和必须承担的相应责任。责任原理与整分合原则相辅相成,有分工就必须有各自的责任,否则所谓的分工就是“分”而无“工”。

责任通常可以从下列两个层面来理解:

(1)责任主体方对客体方承担必须承担的任务,完成必须完成的使命和工作,如员工的义务、岗位职责等。

(2)责任主体没有完成分内的工作而应承担的后果或强制性义务,如担负责任、承担后果等。责任既包含个人的责任,又包含单位(集体)的责任。在安全生产管理实践中,通常所说的“安全生产责任制”、“事故责任问责制”、“一岗双责”、“权责对等”等都反映了安全生产管理的责任原理。

此外,国际上推行的SA 8000即“社会责任标准”,也是责任原理的具体体现。SA 8000是全球首个道德规范国际标准,是以保护劳动环境和条件、保障劳工权利等为主要内容的管理标准体系,其主要内容包括对童工、强迫性劳动、健康与安全、结社自由和集体谈判权、歧视、惩戒性措施、工作时间、工资报酬、管理系统等方面的要求。其中与安全相关的有下列内容:

(1)企业不应使用或者支持使用童工,不得将其置于不安全或不健康的工作环境或条件下。

(2)企业应具备避免各种工业与特定危害的知识,为员工提供健康、安全的工作环境,采取足够的措施,最大限度地降低工作中的危害隐患,尽量防止意外或伤害的发生;为所有员工提供安全卫生的生活环境,包括干净的浴室、厕所,可饮用的水,洁净安全的宿舍,卫生的食品存储设备等。

(3)企业支付给员工的工资不应低于法律或行业的最低标准,必须足以满足员工基本需求,对工资的扣除不能是惩罚性的。

SA 8000 规定了企业必须承担的对社会和利益相关者的责任,其中有许多与安全生产紧密相关。目前,我国的许多企业均发布了年度社会责任报告。

在安全生产管理活动中,运用责任原理,应建立健全安全生产责任制,在责、权、利、能四者相匹配的前提下,构建落实安全生产责任的保障机制,促使安全生产责任落实到位,并强制性地实施安全问责,做到奖罚分明,激发和引导员工的责任心。

第三节　事故致因理论

事故致因理论是从大量典型事故的本质原因中分析、提炼出的事故机理和事故模型。这些机理和模型反映了事故发生的规律性,能够为事故原因的定性、定量分析及事故的预防提供科学依据。本书主要介绍下列 3 种事故致因理论。

一、事故因果连锁理论

(一)海因里希事故因果连锁理论

事故因果连锁理论最早由海因里希提出,该理论阐明了导致伤亡事故的各种因素之间及这些因素与伤害之间的关系。

该理论的核心思想是:伤亡事故的发生不是一个孤立的事件,而是一系列原因事件相继发生的结果,即伤害与各原因相互之间具有连锁关系。

海因里希提出的事故因果连锁过程包括下列 5 个因素:

(1)遗传及社会环境(M)。遗传及社会环境是造成人的缺点的原因。遗传因素可能使人具有鲁莽、固执、粗心等性格,这些性格特点对于安全来说属于不良性格;社会环境可能妨碍人的安全素质培养,助长不良性格的发展。这是因果链上最基本的因素。

(2)人的缺点(P)。人的缺点是由遗传和社会环境因素所造成的,是使人产生不安全行为或造成物的不安全状态的原因。这些缺点既包括诸如鲁莽、固执、易过激、神经质、轻率等性格上的先天缺陷,也包括诸如缺乏安全生产知识和技能等的后天不足。

(3)人的不安全行为或物的不安全状态(H)。这两者是造成事故的直接原因。海因里希认为,人的不安全行为是由人的缺点而产生的,是造成事故的主要原因。

(4)事故(D)。事故是使人员受到或可能受到伤害的出乎意料的、失去控制的事件。

(5)伤害(A)。即直接由事故产生的人身伤害。

上述事故因果连锁关系,可以用 5 块多米诺骨牌来形象地描述。海因里希事故因果连锁关系如图 3-4 所示。

该理论积极的意义在于,如果移去因果连锁中的任一块骨牌,则连锁被破坏,事故过程被中止。海因里希认为,企业安全工作的中心就是要移去中间的骨牌——防止人的不安全行为或消除物的不安全状态,从而中断事故连锁的进程,避免伤害的发生。海因里希事故连锁过程中断如图 3-5 所示。

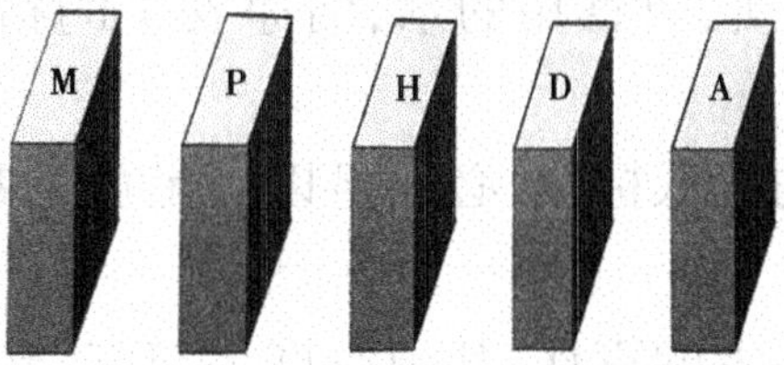

图 3-4　海因里希事故因果连锁关系

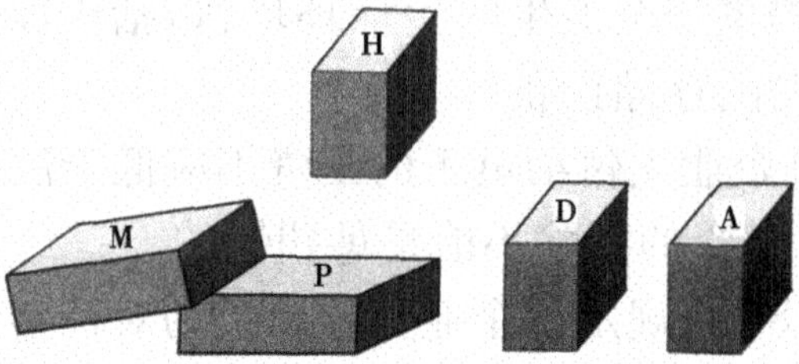

图 3-5　海因里希事故连锁过程中断

海因里希的理论对事故致因连锁关系的描述过于绝对化、简单化。事实上,各个骨牌(因素)之间的连锁关系是复杂的、随机的。前面的牌倒下,后面的牌不一定倒下。事故并不一定造成伤害,不安全行为或不安全状态也并不一定造成事故。尽管如此,海因里希的理论促进了事故致因理论的发展,成为事故研究科学化的先导,具有重要的历史地位。

(二)博德事故因果连锁理论

在海因里希事故因果连锁理论中,把遗传和社会环境看作事故的根本原因,表现出了它的时代局限性。尽管遗传因素和人成长的社会环境对人员的行为有一定的影响,却不是影响人员行为的主要因素。在企业中,若管理者能充分发挥管理控制技能,则可以有效控制人的不安全行为、物的不安全状态。博德(Frank Bird)在海因里希事故因果连锁理论的基础上,提出了与现代安全观点更加吻合的事故因果连锁理论。

博德事故因果连锁过程同样为 5 个因素,但每个因素的概念与海因里希的有所不同:

(1)管理失误。企业管理者必须认识到,只要生产没有实现本质安全化,就有发生事故及伤害的可能性,因此安全生产管理是企业管理的重要一环。安全生产管理系统要随着生产的发展变化而不断调整完善,十全十美的管理系统不可能存在。安全管理上的缺陷,致使能够造成事故的其他原因出现。

(2)个人原因及工作条件。个人原因及工作条件是事故的基本原因。个人原因包括缺乏安全知识或技能,行为动机不正确,生理或心理有问题等;工作条件原因包括安全操作规程不健全,设备、材料不合适,以及存在有害作业环境因素等。只有找出并控制这些原因,才能有效地防止后续原因的发生,从而防止事故发生。

(3)人的不安全行为或物的不安全状态。人的不安全行为或物的不安全状态是事故的直接原因。直接原因只是一种表面现象,是深层次原因的表征。在实际工作中,不能停留在这种表面现象上,而要追究其背后隐藏的管理上的缺陷,并采取有效的控制措施,从根本上杜绝事故的发生。

(4)事故。这里的事故被看作是人体或物体与超过其承受阀值的能量接触,或人体与妨碍正常生理活动的物质的接触。因此,防止事故就是防止接触。可以通过对装置、材料、工艺等的改进来防止能量的释放,或者训练工人提高识别和回避危险的能力,佩戴劳动防护用品等来防止接触。

(5)损失。人员伤害及财物损坏统称为损失。人员伤害包括工伤、职业病、精神创伤等。在许多情况下,可以采取恰当的措施,最大限度地减小事故造成的损失。

(三)亚当斯事故因果连锁理论

亚当斯(Edward Adams)提出了一种与博德事故因果连锁理论类似的因果连锁模型。

在该理论中,把人的不安全行为和物的不安全状态称作现场失误,其目的在于提醒人们注意不安全行为和不安全状态的性质。

亚当斯事故因果连锁理论的核心在于对现场失误的背后原因进行了深入的研究。操作者的不安全行为及生产作业中的不安全状态等现场失误,是由企业负责人和安全管理人员的管理失误造成的。管理人员在管理工作中的差错或疏忽,企业负责人的决策失误,对企业经营管理及安全工作具有决定性的影响。管理失误又由企业管理体系中的问题所导致,这些问题包括:如何有组织地进行管理工作,确定怎样的管理目标,如何计划、如何实施等。管理体系反映了作为决策中心的领导人的信念、目标及规范,它决定各级管理人员安排工作的轻重缓急、工作基准及方针等重大问题。

二、能量意外释放理论

(一)能量意外释放理论基础

能量意外释放理论认为,正常情况下,能量和危险物质是在有效的屏蔽中做有序的流动,事故是由能量和危险物质的无控制释放和转移造成人员、设备和环境的破坏。

1961 年由吉布森(Gibson)最早提出该理论,认为事故是一种不正常的或不希望的能量释放,各种形式的能量是构成伤害的直接原因。

1966 年,哈登(Haddon)进一步完善了能量意外释放理论,他认为:生物体(人)受伤害的原因只能是某种能量的转移。此外,他还提出伤害分为两类:第一类伤害是由施加了超过局部或全身性损伤阀值的能量引起的;第二类伤害是由影响了局部的或全身性能量交换引起的,主要指中毒窒息和冻伤。

哈登认为,在一定条件下某种形式的能量能否产生伤害,造成人员伤亡事故,取决于能量大小、接触能量时间长短和频率以及力的集中程度。根据能量意外释放,可以利用各种屏蔽来防止意外的能量转移,从而防止事故的发生。

(二)预防事故发生的基本措施

从能量意外释放理论出发,预防伤害事故就是防止能量或危险物质的意外释放,防止人体与过量的能量或危险物质接触。

(1)用安全的能源代替不安全的能源。如在容易发生触电的作业场所,用压缩空气代替电力,可以防止触电事故的发生。

(2)限制能量的大小和速度。如利用低压设备防止电击,限制设备运转速度以防止机械伤害。

(3)防止能量的蓄积。如通过良好的接地消除静电蓄积,利用避雷针放电保护重要设施等。

(4)控制能量释放。如建立水闸墙,防止高势能地下水突然涌出等。

(5)延缓释放能量。如采用各种减振装置吸收冲击能量,防止人员受到伤害等。

(6)开辟释放能量的渠道。如安全接地可以防止触电等。

（7）设置屏蔽设施。如安全围栏等。

（8）提高防护标准。如用耐高温、耐高寒、高强度材料制作的劳动防护用品等。

（9）改变工作方式。如搬运作业中以机械代替人工搬运，防止伤脚、伤手等。

三、轨迹交叉理论

（一）轨迹交叉理论基础

轨迹交叉理论的基本思想是：伤害事故是许多相互联系的事件顺序发展的结果。这些事件概括起来不外乎人和物（包括环境）两大发展系列。当人的不安全行为和物的不安全状态在各自发展过程（轨迹）中，在一定时间、空间上发生了接触（交叉），能量转移于人体时，伤害事故就会发生，或能量转移于物体时，物品产生损坏。而人的不安全行为和物的不安全状态之所以产生和发展，又是受多种因素作用的结果。

轨迹交叉理论事故模型如图 3-6 所示。图中，起因物与致害物可能是不同的物体，也可能是同一个物体；同样，肇事者和受害者可能是不同的人，也可能是同一个人。

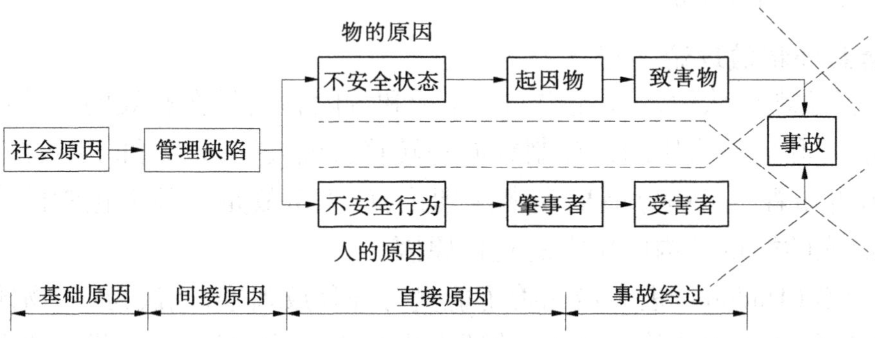

图 3-6　轨迹交叉理论事故模型

轨迹交叉理论反映了绝大多数事故的情况。在实际生产过程中，只有少量的事故仅仅由人的不安全行为或物的不安全状态引起，绝大多数的事故是与两者同时相关的。例如，原日本劳动省通过对 50 万起工伤事故调查发现，只有约 4% 的事故与人的不安全行为无关，而只有约 9% 的事故与物的不安全状态无关。

值得注意的是，在人和物两大系列的运动中，两者往往是相互关联、互为因果、相互转化的。有时人的不安全行为促进了物的不安全状态的发展，或导致新的不安全状态的出现；而物的不安全状态可以诱发人的不安全行为。因此，事故的发生可能并不是如图 3-7 所示的那样简单地按照人、物两条轨迹独立地运行，而是呈现较为复杂的因果关系。

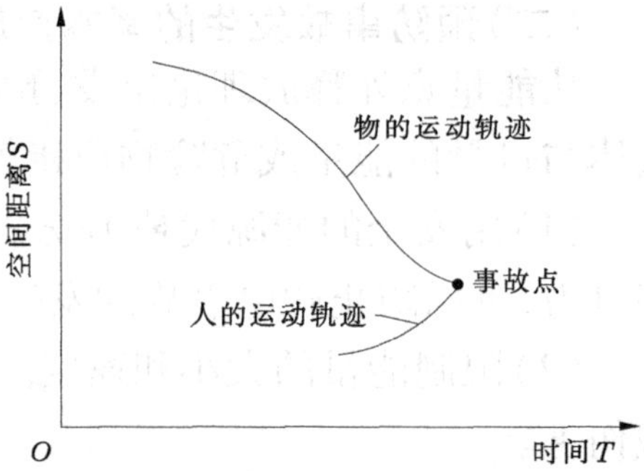

图 3-7　轨迹交叉理论事故模型曲线

按照轨迹交叉理论的观点，构成事故的要素为：人的不安全行为、物的不安全状态和人与物的运动轨迹交叉。根据此理念，可以通过避免人与物两种因素运动轨迹交叉，来预防事故的发生。

（二）预防事故发生的措施

根据轨迹交叉理论，可以从下列几个方面预防事故的发生。

1. 防止人和物发生时空交叉

不安全行为的人和不安全状态的物的时空交叉点就是事故点。因此，防止事故的根本出路就是避免两者的轨迹交叉。如隔离、屏蔽、尽量避免交叉作业以及危险设备的连锁保险装置等。

2. 控制人的不安全行为

控制人的不安全行为的目的是切断人和物两系列中人的不安全行为的形成系列。控制人的不安全行为的措施主要有下列内容：

（1）职业适应性选择。由于工作的类型不同，对职工素质的要求亦不同。尤其是职业禁忌症应加倍注意，避免因生理、心理素质的欠缺而发生工作失误。

（2）创造良好的工作环境。消除工作环境中的有害因素，使机械、设备、环境适合人的工作，使人适应工作环境。这就要按照人机工程的设计原则进行机械、设备、环境以及劳动负荷、劳动姿势、劳动方法的设计。

（3）加强教育与培训，提高职工的安全素质。实践证明，事故的发生与职工的文化素质、专业技能和安全知识密切相关。加强职工的教育与培训，提高广大职工安全素质，减少不安全行为是一项根本性措施。

（4）健全管理体制，严格管理制度。加强安全管理必须有健全的组织，完善的制度并严格贯彻执行。

3. 控制物的不安全状态

从设计、制（建）造、使用、维修等方面消除不安全因素，控制物的不安全状态，创造本质安全条件。

第四章　水利水电工程建设项目安全管理

为了减少和杜绝水利水电工程建设重大安全事故的发生，落实水利工程项目法人安全生产责任制，保障国家财产和劳动者安全，确保建设项目顺利实施，必须进一步加强水利水电工程建设项目安全管理工作，切实做到项目安全管理工作的层层推进和高效实施。

第一节　概　述

一、建设项目安全管理主要内容

建设项目安全管理是指在建设项目实施过程中，组织安全生产的全部管理活动，即通过对建设过程中不安全因素进行控制或消除，减少或杜绝事故的发生。水利水电工程建设项目安全管理属于项目管理的范畴，按照现代项目管理理论，建设项目安全管理的主要内容有安全策划、安全组织、安全评价与控制。

（一）安全策划

安全策划是有效开展建设项目安全管理的依据与前提。水利水电工程建设安全策划是在项目实施前，根据水利水电工程建设安全生产有关法律法规、标准规范和项目总体安全生产目标的要求，以危险源的控制为基础，对建设项目范围中的各项安全工作做出合理的安排，确定安全工作范围及安全控制措施，并对安全管理所需的资源做出规划。

所有建设项目的安全管理都要从安全策划开始，从系统、科学、经济的角度出发，做好周密的策划，进而使整个项目的安全管理工作做到最佳安排。

（二）安全组织

安全组织是水利水电工程建设项目安全管理的基础，水利水电工程建设项目安全管理的过程实际上就是安全组织机构，按照安全策划、安全生产目标合理地安排人力、物力、财力的过程。安全组织的建立、运行和调整是水利水电工程建设项目安全管理的基础，如果没有高效率的安全组织机构，没有良好的安全管理运行机制和协调机制，就难以实现项目安全管理的目标。

（三）安全评价与控制

安全评价与控制是实现策划、跟踪、控制的封闭循环过程，水利水电工程建设项目安全评价与控制主要是根据安全策划和目标的要求，分析评价现场实际的安全情况，并采取纠正措施。在水利水电工程建设安全管理中，由于主观和客观条件的变化，往往会发生偏离策划的轨迹，这就需要通过跟踪项目工程建设实施过程，及时发现偏差、评估偏差，并按照系统控制的原理，根据工程项目安全控制的实际情况，采取有效的控制措施调整策划内容，以消除或缩小偏差。

二、建设项目安全管理一般方法

(一)安全生产目标管理法

目标管理是指以目标为导向,以人为中心,以成果为标准,而使组织和个人取得最佳业绩的现代管理方法,其亦称为“成果管理”。安全生产目标管理是目标管理在安全生产管理方面的应用,它主要是指在一定的时期内(通常为一年),根据企业安全生产总目标,从上到下地确定安全工作目标,并为达到这一目标制定一系列对策、措施,开展一系列的计划、组织、协调、指导、激励和控制活动。

依据安全生产目标管理的要求,水利水电工程建设安全生产总目标必须逐级、逐项分解,使安全生产总目标分解落实到每个部门和岗位。在目标实施阶段,要充分信任基层人员,实行权力下放和民主协商,使下级人员进行自我控制,独立自主地完成各自的任务,实现各自的目标。成果评价和奖励时,必须严格按照每个岗位和个人的目标任务完成情况和实际成果大小来进行,以激励其工作热情,发挥其主动性和创造性。

1. 安全生产目标管理的特点

安全生产目标管理法是一种激励性的安全管理方法,主要具有下列特点:

(1)安全生产目标管理重视人的作用,目标的实现者同时也是目标制定的参与者,人人可以参加目标制定并保证目标的实现,参与目标管理的人员便能够对自己负责。因此,安全生产目标管理是一种民主的、自我控制的管理制度,也是一种把个人需求与企业安全生产目标结合起来的管理制度。

(2)安全生产目标管理的主要表现形式为目标锁链与目标体系,根据企业安全生产的使命确定一定时期内企业安全生产总目标,然后对总目标进行分解,由此决定上、下级的责任和分目标,形成一个有层次的目标锁链与目标体系。同时,这些目标也是组织检查、评估和奖励每个单位和个人贡献的标准。

2. 安全生产目标管理的作用

(1)安全生产目标管理能够使企业各级领导及从业人员明确需要重点防范的生产安全事故和安全生产工作的努力方向,有利于统一思想、统一调动企业的管理和技术资源。

(2)安全生产目标是企业向社会及从业人员作出的承诺,是履行社会责任的一种重要行为,安全生产目标管理可以使企业的各职能部门和各级人员,更加自觉地履行安全生产责任,落实各项安全生产工作。

(二)全面管理

全面管理,也称为“四全”管理,是指水利水电工程建设安全管理应该是全过程、全方位、全员参与、全天候的管理。

1. 全过程安全管理

水利水电工程建设全过程安全管理,是指从签订施工合同,进行施工组织设计、现场平面布置等施工准备工作开始,到施工的各个阶段,直至工程收尾、竣工、交付使用的全过程,都进行安全管理。也就是说,全过程安全管理就是贯穿各项工作始终,形成纵向一条线的安全管理方式。建设项目施工过程是一个动态的过程,涉及很多变化的因素,事故隐患也不断变化、随时可出现,极易发生事故。因此,必须加强全过程管理,对所有生产过程进行安全预控、安全检查、监控,及时消除事故隐患。

2. 全方位安全管理

水利水电工程建设全方位安全管理，是对整个建设项目所有的工作内容都要进行管理。首先，水利水电工程是由各个单项工程构成的，只有实现各分项工程的安全生产，才能保证整个水利水电工程的安全生产。其次，整个建设项目安全管理的对象主要包括人、机器设备、环境和管理因素，具体工作内容包括安全教育培训、日常检查、工作例会等多个方面，因此必须对这些管理内容进行有针对性的管理和控制，只有做好每一个环节，最终才能保证整个建设项目的安全生产。

3. 全员参与安全管理

从目标管理的观点来看，无论是管理者还是作业人员，每个岗位都承担着相应的安全生产职责，一旦确定了安全生产方针和安全生产目标，就应组织和动员全体员工参与到安全生产活动中，充分发挥每个角色的作用。

4. 全天候安全管理

全天候安全管理，就是在一年365天，一天24小时，不管什么天气、不管什么环境，每时每刻都要注意安全，要求现场作业人员时时刻刻把安全放在第一位。

（三）循环管理

循环管理是按照戴明理论策划（P）、实施（D）、检查（C）、改进（A）4个阶段不断循环进行管理的方法。其中，循环管理方法应用到水利水电工程建设项目安全管理，其4个阶段又可细分为8个步骤，见表4-1。

表4-1　循环管理的步骤

策划阶段	实施阶段	检查阶段	改进阶段
（1）分析安全现状，找出存在的主要安全问题； （2）分析各种影响因素，找出安全问题的形成原因； （3）确认造成安全问题形成的主要原因； （4）针对安全问题形成的主要原因，制订安全措施和实施计划	（5）按照安全措施实施计划，贯彻落实安全措施	（6）检查验证并评估安全措施的实施效果	（7）巩固措施，把成功的经验和方法加以肯定，形成标准； （8）把遗留的问题，转入下一轮循环继续解决

在水利水电工程建设项目安全管理过程中，循环管理方法的应用具有下列特点：

（1）大环套小环，小环保大环，推动大循环。整个建设项目就是一个大循环，各个施工区域相当于一个小循环，再到各施工队伍对应更小的循环，直到任务具体落实到每个员工，形成一个最小的循环。上一级的PDCA循环是下一级PDCA循环的依据；下一级的PDCA循环是上一级PDCA循环的组成部分和实现保证。通过各个小循环的不停转动，推动上一级循环乃至整个工程的大循环不停转动，把各项安全工作有机地联系起来，彼此协同，互相促进。PDCA的运行如图4-1所示。

（2）爬楼梯。PDCA循环的4个阶段周而复始地运转，每转一次都有新的内容和目标，经过一次循环，就解决一批问题，安全管理水平就有了新的提高。PDCA持续改进如图4-2所示。

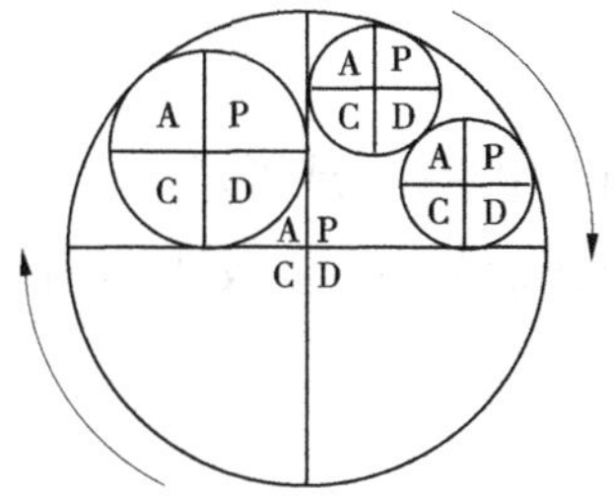

图4-1　PDCA 运行图

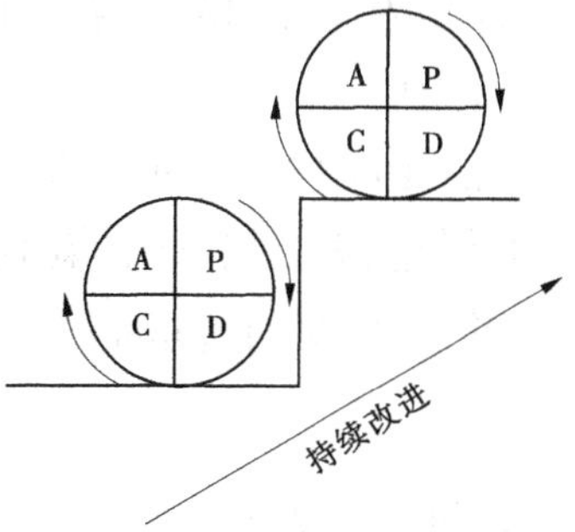

图4-2　PDCA 持续改进图

(3)循环的关键在于改进阶段。改进阶段就是总结经验,巩固成果,纠正错误,以不断提高、进步。为此,就必须把成功的经验纳入标准,定为规程,使之标准化、制度化,以便在下一个循环中执行,巩固成绩。对于失败的教训,则要引以为戒,避免再犯错误。

第二节　安全策划

一、安全策划的目的

水利水电工程建设项目安全策划主要是指通过识别和评价工程施工生产中危险源和环境因素,确定安全生产目标,并规定必要的控制措施、资源和活动顺序要求,编制工程施工安全计划(也称为安全生产保证计划或安全保证计划),并组织实施,以实现安全生产目标的活动。

水利水电工程建设安全策划的目的是加强施工阶段的安全管理和程序管理,规范员工行为,使其严格工艺操作纪律,最终达到提高工程施工安全,实现安全生产的目标。

水利水电工程建设安全策划的作用是规划、确定安全生产目标、安全组织机构及职责,提出危险源管理、职业健康管理、事故及应急管理等过程控制要求,编制安全管理措施和安全技术措施,配置必要的资源,确保安全生产目标的实现。

二、安全策划的基本要求

(一)安全策划的依据

进行水利水电工程建设项目安全策划的依据包括下列内容:

(1)安全生产法律、法规、标准规范及其他要求。

(2)上级主管单位有关工程安全生产的规定。

(3)本工程危险源辨识、评价和控制情况。

(4)本工程的特点及资源条件,包括技术水平、管理水平、财力、物力、员工素质等。

(5)其他水利水电工程安全工作经验和教训。

(6)国内外安全文明施工的先进经验。

(二)安全策划的时间要求

1. 在施工前完成策划

为了确保安全策划内容的全面性、针对性、可行性和可操作性,安全策划应结合工程建设项目的具体情况,依据适用的安全生产法律法规、标准规范及其他要求,结合施工现场危险源辨识、评价和控制的结果，在施工前完成策划，才能充分发挥安全策划对安全工作的指导和约束作用。

2. 策划与施工组织设计同步进行

水利水电工程建设项目安全策划是施工组织设计的重要组成部分，为防止总体与局部脱节，要求两者同步策划，同时经上级部门或单位审核确认，并形成书面记录，以保证相互协调。

三、安全策划的内容

（一）安全生产目标

安全生产目标是水利水电工程建设项目安全生产方面要达到的核心目的和预期结果，是安全生产工作的努力方向，也是进行安全生产绩效考核的依据。

1. 安全生产目标制定时应考虑的因素

（1）国家的有关法律、法规、规章、制度和标准的规定及合同约定。

（2）水利行业安全生产监督管理部门的要求。

（3）水利行业的技术水平和项目特点。

（4）采用的工艺和设施设备状况等。

2. 安全生产目标的内容

（1）生产安全事故控制目标。

（2）安全生产投入目标。

（3）安全生产教育培训目标。

（4）安全生产事故隐患排查治理目标。

（5）重大危险源监控目标。

（6）应急管理目标。

（7）文明施工管理目标。

（8）人员、机械、设备、交通、消防、环境和职业健康等方面的安全管理控制指标等。

3. 安全生产目标制定的要求

（1）目标指标必须具体、明确。

（2）目标指标必须是可衡量的。

（3）目标指标必须是可实现的。

（4）目标指标必须与实际相符。

（5）目标指标必须有时间表。

（6）必要时，可结合一些动词，如减少、避免、降低等。

（二）安全组织机构及职责

水利水电工程建设项目应建立安全生产组织机构，明确安全生产组织机构及参建各方的职责和权限，确保各项安全生产工作有序开展。

安全生产组织机构一般包括项目安全生产委员会及其办公室、安全生产管理机构。

1. 安全生产委员会

项目安全生产委员会应由项目法人主要负责人、其他领导班子成员和部门负责人及参建单位现场负责人组成，由项目法人主要负责人担任主任。安全生产委员会的职责主要包括：

(1)贯彻落实国家有关安全生产的法律、法规、规章、制度和标准，制定项目安全生产总体目标及年度目标、安全生产目标管理计划。

(2)组织制定项目安全生产管理制度，并落实。

(3)组织编制保证安全生产措施方案和蓄水安全鉴定等工作。

(4)协调解决项目安全生产工作中的重大问题等。

2. 安全生产委员会办公室

安全生产委员会下设办公室，作为日常办事机构，负责执行和实施安全生产委员会的决定、决议和制度，负责工程建设过程的安全生产文明施工的全面监督和控制。安全生产委员会办公室一般设在项目法人安全主管部门，配备专职安全管理人员，办公室主任由项目法人安全主管部门主任担任。

安全生产委员会办公室的职责主要包括：

(1)负责处理安全文明施工有关日常管理事务。

(2)负责安全生产委员会组织的安全检查考核评比工作。

(3)组织召开安全生产委员会会议和重要的安全生产活动。

(4)负责监督参建单位对安全生产委员会决议的执行、落实情况。

(5)负责项目生产安全事故、事件的统计、汇总与上报，协助有关部门开展生产安全事故的调查处理，并组织协调重大、特别重大事故应急救援工作。

(6)承办安全生产委员会交办的其他工作。

3. 安全生产管理机构

安全生产管理机构的职责主要包括：

(1)组织制定安全生产管理制度、安全生产目标、保证安全生产的措施方案，建立健全安全生产责任制。

(2)组织审查重大安全技术措施。

(3)审查施工单位安全生产许可证及有关人员的执业资格。

(4)监督检查施工单位安全生产费用使用情况。

(5)组织开展安全检查，组织召开安全例会，组织年度安全考核、评比，提出安全奖惩的建议。

(6)负责日常安全管理工作，做好施工重大危险源、重大生产安全事故隐患及事故统计、报告工作，建立安全生产档案。

(7)负责办理安全监督手续。

(8)协助生产安全事故调查处理工作。

(9)监督检查监理单位的安全监理工作。

(10)负责安全生产领导小组的日常工作等。

4. 参建各方安全职责

项目法人、监理单位、施工企业等应根据项目特点、安全生产目标及各自的角色、分工，明确其安全职责。具体内容见本章第四节。

(三)危险源识别、评价和控制

在水利水电工程建设项目开工前，项目法人应组织参建单位全面辨识、评价现场的危险源，制定控制措施，并编制《危险源辨识、评价和控制手册》，给出土石方工程、基础处理工程、砂石料生产、混凝土工程、砌石工程、堤防工程、渠道、水闸与泵站工程、水工建筑工程、金属结构制作、闸门安装、启闭机安装、电气设备安装工程等各阶段危险源及可能导致的事故，确定其风险级别，给出控制措施及责任人。在工程建设过程中，项目法人应根据本工程实际情况，及时更新本项目危险源信息。

（四）安全管理措施

安全管理措施的策划内容应包括安全生产规章、制度，安全生产投入，安全教育培训，安全检查等。

1. 安全生产规章制度

建立健全安全生产规章制度是实现项目科学管理，保证工程建设安全、有序进行的重要手段。安全策划应根据相关法规要求和上级单位安全生产规章制度建立的相关要求，明确参建各方应建立的安全生产规章制度，明确制度修编、更新、贯彻落实的要求。

参建各方主要建立下列安全生产规章制度（不限于）：

(1)安全生产目标管理制度；

(2)安全生产责任制；

(3)安全生产费用管理制度；

(4)安全生产考核奖惩制度；

(5)安全生产教育培训制度；

(6)安全生产会议制度；

(7)生产安全事故隐患排查治理制度；

(8)危险性较大的单项工程管理制度；

(9)安全文明施工奖惩制度；

(10)特种作业人员管理制度；

(11)消防安全管理制度；

(12)机械设备管理制度；

(13)安全防护用品、设施管理制度；

(14)危险物品和重大危险源管理制度；

(15)文明施工管理制度；

(16)安全工作管理制度；

(17)职业健康管理制度；

(18)应急管理制度；

(19)事故管理制度。

2. 安全生产投入

水利水电工程建设项目要具备法定的安全生产条件，必须有相应的安全生产投入资金保障。

安全策划应明确参建各方安全生产投入相关制度建立的要求，明确工程建设项目安全作业环境及安全施工措施所需费用，细化各阶段安全生产投入计划，提出安全生产费用提取、使用、管理的相关要求，保证专款专用。

3. 安全教育培训

安全教育培训工作是项目安全管理的一项基础工作,是培养员工安全意识、提高员工安全素质的重要手段。

安全教育培训策划应明确安全教育培训管理程序,提出参建各方各类人员安全教育培训要求,明确安全教育培训记录、档案管理要求。

4. 安全检查

安全检查是项目安全生产工作的重要内容,重点是辨识安全生产工作存在的漏洞和死角,检查生产现场安全防护设施、作业环境是否存在不安全状态,现场作业人员的行为是否符合安全规范,以及设备、系统运行状况是否符合现场规程的要求等。

安全策划应明确参建各方安全检查的职责、方式、内容,提出安全检查工作开展要求,包括安全检查的频次、检查人员、问题处理、检查记录等。

(五)安全技术措施

水利水电工程建设安全管理是一个系统的管理过程,必须对施工现场所有的危险源和危险性较大的作业施工项目进行安全控制,包括防火、防毒、防爆、防洪、防雷击、防坍塌、防物体打击、防溜车、防机械伤害、防高空坠落和防交通事故,以及防寒、防暑、防疫和防环境污染等。因此,在进行安全策划时,必须在识别现场危险源的基础上,对现场潜在的风险制定控制措施,包括下列几个方面:

(1)针对危险源和重要环境因素,编制相应的安全技术措施。

(2)对专业性强、危险性大的项目,必须编制专项施工方案,制定详细的安全技术和安全管理措施。

(3)按照爆炸和火灾危险场所的类别、等级、范围,选择电气设备的安全距离及防雷、防静电、防误操作等设施。

(4)对高处作业、临边作业等危险场所、部位以及冬季、雨季、夏季高温天气、夜间施工等危险期间应采用安全防护设备、安全设施等安全措施。

(5)对可能发生的事故做出应急救援预案,落实抢救、疏散和应急等措施。

(六)职业健康管理

水利水电工程建设过程中存在着大量粉尘、毒物、红外辐射、紫外辐射、噪声、振动及高温等职业危害因素,这些职业危害因素对劳动者的健康损害极大。

安全策划应明确参建各方职业健康管理制度、记录、档案建立的要求,职业危害告知、警示、监护以及职业病危害申报、防治的要求,确保前期预防管理、建设过程中的管理、职业病诊断及病人保障工作有序开展。

(七)文件和档案管理

文件和档案是各项安全工作的有效证据,因此项目法人应强化项目文件和档案管理。

安全策划应明确参建各方应保存的文件和档案的类别、各类安全报表的上报流程及时间要求等,提出文件和档案管理的要求。

(八)事故及应急管理

安全策划应明确参建各方事故报告及调查处理制度、应急管理制度建立的要求,明确事故报告、调查和处理的职责、流程、管理要求,明确应急组织机构和队伍建立、应急物资准备、事故发生后的应急救援要求，并依据《生产经营单位生产安全事故应急预案编制导则》(GB/T 29639—2013)，明确参建各方应建立的应急预案，提出应急培训、演练的要求。

(九)安全生产绩效考核

安全生产绩效考核是对项目安全生产工作的评价，是实现安全生产工作持续改进的重要依据。安全策划应依据上级主管单位的相关要求，明确安全生产绩效考核工作中参建各方的职责，明确安全生产奖励和处罚的依据、项目及实施程序等。

(十)现场安全文明施工总规划

现场安全文明施工总规划的内容包括施工场区布置、消防安全管理、交通安全管理、环境保护管理、防汛管理、安全防护设施等。具体见本章第五节。

第三节　危险源辨识、评价、控制与更新

水利水电工程建设项目现场安全管理的实质就是危险源辨识、评价、控制与更新，即控制和减少施工现场的施工危险源，做好事故预防措施，实现安全生产目标。危险源管理主要包括危险源辨识、危险源评价、危险源控制、危险源更新4个基本步骤，如图4-3所示。

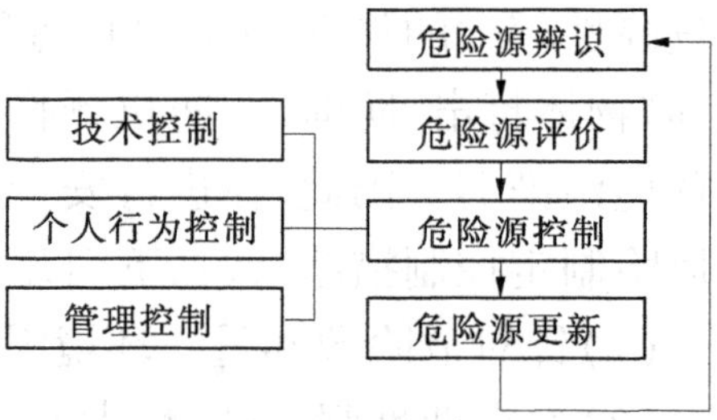

图4-3　危险源管理基本步骤

一、危险源辨识

危险源辨识是发现、识别系统中的危险源，它是危险源控制的基础，只有正确辨识了危险源，才能有的放矢地考虑如何采取措施控制危险源。

常用的危险源辨识方法有询问交谈、问卷调查、现场观察等，见表4-2。

表4-2　危险源辨识方法

方法	具体操作
询问交谈	与有丰富工作经验的老员工询问、交谈，可初步分析现场存在的一类、二类危险源
问卷调查	通过事先准备好的一系列问题，到现场察看及与作业人员交流沟通的方式，来获取危险源信息
现场观察	通过对作业环境的现场观察，可发现存在的危险源。从事现场观察的人员，要求具有安全技术知识并掌握了职业健康安全法规、标准
查阅有关记录	查阅企业的事故、职业病的相关记录，可从中发现存在的危险源
获取外部信息	从有关类似工程、文献资料、专家咨询等方面获取有关危险源信息，加以分析研究，可辨识出工程存在的危险源
工作任务分析	通过分析现场作业人员作业任务中所涉及的危害，可以对危险源进行辨识
安全检查表	运用已编制好的安全检查表，对工程现场进行系统的安全检查，可辨识出存在的危险源
危险与可操作性研究	此方法是一种对工艺过程中的危险源实行严格审查和控制的技术，通过指导语句和标准格式寻找工艺偏差，以辨识工程所存在的危险源，并确定控制危险源风险的对策
事件树分析	从初始原因事件起，分析各环节事件“成功(正常)”或“失败(失效)”的发展变化过程，并预测各种可能结果的方法
故障树分析	根据系统可能发生的或已经发生的事故结果，去寻找与事故发生有关的原因和规律
相关标准规范	依据《危险化学品重大危险源辨识》(GB 18218—2009)的要求，根据危险化学品储存量和临界值，进行危险化学品重大危险源的辨识

二、危险源评价

危险源评价是指对可能造成事故的施工作业活动、大型施工设备、设施场所及危险环境进行风险评价，判断水利水电工程建设期各类危险源的等级、可能发生的事故类型及严重程度。

危险源评价参照《企业职工伤亡事故分类》(GB 6441—1986)，综合考虑起因物、引起事故的诱导性原因、致害物、伤害方式等，确定安全生产风险级别。安全生产风险等级可从高到低划分为重大风险、较大风险、一般风险和低风险，并用红、橙、黄、蓝四种颜色标示。

《国务院安委会办公室关于实施遏制重特大事故工作指南构建双重预防机制的意见》(安委办〔2016〕11号)要求，对于不同类别的安全风险，采用相应的风险评估方法。作业条件危险性评价法(LEC法)是最常用的半定量安全风险评估方法之一。

作业条件危险性评价法用与系统风险有关的3种因素之积来评价操作人员伤亡风险大小，这3种因素是：事故发生的可能性(L)、人员暴露于危险环境中的频繁程度(E)和一旦发生事故可能造成的后果(C)，详见第六章第二节"作业条件危险性评价法"介绍。

根据工程项目实际，依据《危险化学品重大危险源监督管理暂行规定》(国家安监总局令第40号，2015年修正)、《水电水利工程施工重大危险源辨识及评价导则》(DL/T 5274—2012)确定重大危险源等级。

三、危险源控制

对安全生产风险要分级、分层、分类、分专业进行管理，逐一落实公司、项目、班组和岗位的重点管控。

对危险源的控制主要有技术控制、个人行为控制和管理控制3种方法，见表4-3。

表4-3　危险源的控制方法

控制途径	定义	举例
技术控制	采用技术措施对危险源进行控制	消除、控制、防护、隔离、监控、保留和转移等
个人行为控制	控制人为失误，减少人的不安全行为	加强教育培训，提高人的安全意识、操作技能等
管理控制	通过加强完善管理措施控制危险源	建立危险源管理制度和档案、明确责任人和控制措施、定期检查、设置安全警示标志牌等

四、危险源更新

在下列情况下，各有关单位应及时重新组织危险源的辨识与评价，更新危险源信息。

(1)管理评审有要求时。

(2)当安全生产法律法规、标准规范及其他要求发生变化时(包括新颁发、修订、替代、废止等情况)。

(3)工程现场施工发生重大调整和变化时。

(4)采用新设备、新技术、新工艺、新材料前。

(5)相关方的抱怨明显增多时。

(6)发现危险源辨识有遗漏时。

(7)发生重大及以上生产安全事故后等。

第四节　参建各方项目安全管理

一、项目法人项目安全管理

(一)项目法人的主要职责

项目法人的主要职责包括:

(1)负责贯彻执行国家、行业及上级有关安全工作的方针、政策、法律、法规、规章、标准,协调解决贯彻落实中出现的问题。

(2)组织建立项目安全生产委员会,设置安全生产管理机构,配备专职安全生产管理人员。

(3)负责提出工程建设项目安全生产总目标和年度安全生产目标。

(4)负责工程安全文明施工总体策划,并组织实施,监督施工企业编制实施二次策划。

(5)建立健全和落实工程项目安全管理制度。

(6)按照相关规定提取安全生产投入。

(7)负责组织开展安全生产标准化建设和安全生产标准化达标评级申报、证件申领和换证工作。

(8)负责组织审查工程承包商安全施工资质,监督设计、监理、施工、调试单位履行安全生产职责。

(9)负责组织落实保证安全生产的措施方案及设计交底,并监督相关安全措施的落实。

(10)监督检查参建单位安全教育培训实施情况。

(11)监督检查施工设施设备安全管理制度执行情况、施工设施设备使用情况、操作人员持证情况。

(12)负责组织开展本工程建设项目危险源辨识与评价,组织隐患排查治理和安全事故应急管理。

(13)开展工程项目的安全检查。

(14)负责向上级单位报送安全统计报表和其他有关安全分析资料。

(15)参加承包单位人身死亡事故和其他重、特大事故的调查处理工作,并承担相应的事故连带责任。

(16)建立项目奖惩机制,开展对全体参建单位的安全检查、评比、考核。

(二)项目法人的主要工作内容

1. 参建单位准入管理

项目法人应对参建单位的安全资质进行审查,确保其具备工程建设所需的安全生产能力、条件。对监理单位审核的主要内容包括投标人的业绩和资信、项目总监理工程师经历及主要监理人员情况、监理规划(大纲)、财务状况。对施工企业审查的主要内容包括施工方案(或施工组织设计)与工期、安全生产管理机构和安全管理人员配备情况、主要施工设备、安全管理措施、业绩及类似工程经历和资信、财务状况。

招标程序、评标方法、评标工作程序等具体要求可参照《建设工程安全生产管理条例》(国务院令第 393 号)、《水利工程建设项目招标投标管理规定》(水利部令第 14 号)等有关规定。

2. 编制安全生产措施方案

项目法人编制的保证安全生产的措施方案,应当根据有关法律法规、强制性标准和技术规范的要求并结合工程的具体情况编制,应包括下列内容:

(1)项目概况;

(2)编制依据和安全生产目标;

(3)安全生产管理机构及相关负责人;

(4)安全生产的有关规章制度制定情况;

(5)安全生产管理人员及特种作业人员持证上岗情况等;

(6)重大危险源监测管理和安全事故隐患排查治理方案;

(7)生产安全事故的应急救援预案;

(8)工程度汛方案;

(9)其他有关事项等。

安全生产的措施方案应于工程开工之日起 15 日内报有管辖权的水行政主管部门及安全生产监督机构备案。建设过程中安全生产的情况发生变化时,应及时对保证安全生产的措施方案进行调整,并重新备案。

3. 设置项目安全组织机构

(1)安全生产委员会。项目法人成立由主要负责人、领导班子成员、部门负责人和各参建单位现场负责人组成的安全生产委员会,对工程建设项目参建各方特别是施工企业的安全行为进行沟通、监督和约束。项目法人负责建立健全和落实工程项目安全管理制度,定期主持召开安全生产委员会工作例会。

(2)安全生产管理机构。按规定设置安全生产管理机构,配备专职的安全生产管理人员。

安全生产管理机构就是安全管理工作的具体执行机构,负责对工程建设安全生产进行监督检查,保证项目安全管理工作的顺利推进。

4. 签订安全生产责任书

项目法人在水利水电工程建设项目开工前,应就落实保证安全生产的措施进行全面系统的布置,明确承包单位的安全生产责任。签订安全生产责任书是明确各承包单位责任的有效手段。

施工企业进场后,项目法人应及时与施工企业签订安全生产责任书,项目法人与施工企业签订的合同中有关安全管理的要求不能代替安全生产责任书。

安全生产责任书的主要内容包括:甲方(项目法人)和乙方(工程参建方)的名称;承包项目(工作)名称;安全文明施工目标;甲乙双方职责;为实现安全文明施工应采取的措施;

考核与奖惩;责任书有效期;甲乙双方主要责任人签字及签字时间。

5. 提供相关资料

项目法人应向施工企业提供施工现场及施工可能影响的毗邻区域内供水、排水、供电、供气、供热、通信、广播电视等地下管线资料,气象和水文观测资料,拟建工程可能影响的相邻建筑物和构筑物、地下工程的有关资料,并保证有关资料的真实、准确、完整,满足有关技术规范的要求。

6. 组织设计交底

组织设计单位就工程的外部环境、工程地质、水文条件对工程施工安全可能构成的影响,工程施工对当地环境安全可能造成的影响,以及工程主体结构和关键部位的施工安全注意事项等进行设计交底。

7. 安全生产费用管理

项目法人在工程承包合同中应明确安全生产所需费用、支付计划、使用要求、调整方式等,不得调减或挪用批准概算中所确定的安全生产费用。同时监督施工单位落实安全作业环境及安全施工措施费用,确保专款专用。

8. 审批施工组织设计

施工组织设计原则上由施工企业在开工前编制完成,经监理单位审核后,提交至项目法人审批。

项目法人应根据现场实际状况,仔细分析施工组织总设计的可操作性和完整性后进行审批,审批之前可提出修改意见,要求施工企业修改,审批之后的施工组织总设计才可由施工企业遵照执行。

9. 安全检查

项目法人应定期组织全面安全检查,检查下列主要内容:

(1)各参建单位各项安全生产规章制度是否完善,安全管理体系、保证体系和监督体系是否健全,运行是否正常。

(2)各施工项目工作面存在的事故隐患。

(3)各单位预防安全事故的措施是否得当。

(4)各单位各级安全管理和监督部门履行职责的情况。

(5)各单位安全生产投入的情况。

(6)各施工企业文明施工情况。

检查对象应包括设计单位、监理单位、施工企业和项目法人的职能部门。检查应使用安全检查表,发现的隐患和管理漏洞应下发“安全生产监督通知书”,限期整改,整改结果经监理工程师验收签字后,报项目法人安全主管部门备案。

10. 安全会议

通过召开安全工作会议,及时总结、通报安全情况,贯彻落实上级部门对安全工作的要求,协调解决有关安全生产问题。一般建设工程现场主要有安全生产委员会会议、安全生产例会、安全专题会议。

安全生产委员会会议由安全生产委员会主任组织,每季度至少组织一次,分析安全生产形势,研究解决安全生产工作的重大问题。

安全生产例会一般由项目法人组织,各参建单位安全负责人参加,每月主持召开一次。

安全专题会议有较强的针对性,主要是针对重大的安全决议或者安全事件、事故举行的会议,根据具体涉及范围的不同,专题会议可以由安全生产委员会组织,也可以由安全生产管理机构组织。所有安全工作会议均应形成书面会议纪要,并发布给所有参建单位,以便各参建单位明确并落实会议决议的要求,参加人员和单位要有会议签到和纪要签收记录。

11. 安全档案管理

在项目开工建设期间制定的各种安全生产规章制度、程序文件以及在现场安全管理过程中产生的大量数据记录及资料,都必须归档。如安全会议记录、检查及整改记录、培训记录、三类人员安全资质备案、特种作业人员资质备案、奖惩记录、宣传材料、培训材料、事故报告、事故调查及处理、事故统计等。

二、施工企业项目安全管理

(一)施工企业的主要职责

施工企业主要职责包括:

(1)认真贯彻执行国家有关工程建设安全生产的方针、政策、法律、法规。

(2)负责依据工程项目年度安全目标,制定本单位安全生产目标。

(3)服从项目法人、监理单位对安全工作的管理,全面遵守项目法人在发包合同中及施工现场规定的各项条款。

(4)按项目法人安全文明施工总体措施策划的要求,制定并落实项目安全文明施工总体措施策划工作。

(5)建立安全生产管理机构,配置专职安全生产管理人员。

(6)负责适用的安全生产法律法规、标准规范的识别、获取、发布和使用。

(7)建立健全本单位安全生产规章制度体系。

(8)按照相关要求落实安全生产费用,做到专款专用。

(9)组织危险源、环境因素的识别、评价和控制工作。

(10)配合项目法人、监理单位,或独立进行施工现场安全检查,对所承担的水利工程进行定期和专项安全检查,并做好安全检查记录,及时发现事故隐患,并对隐患进行分级治理及监控。

(11)严格分包单位的施工资质和安全资质审查,严格控制分包范围(主体工程不得分包);分包工程及分包单位资质,必须报监理单位审查批准,并征得项目法人同意后方可分包工程项目。

(12)将项目法人对分包单位的要求传递给分包单位,并监督分包单位落实总体措施策划及项目法人的要求。

(13)组织各类人员(包括特种作业人员、特种设备作业人员、新员工、换岗或转岗人员等)的安全教育和培训工作。

(14)负责制订本单位安全活动策划方案,开展安全文化活动。

(15)对施工设备进行使用前的验收，组织有资质的检验机构对特种设备进行检验。

(16)建立施工设备台账及管理档案。

(17)负责施工设备的日常维护保养、维修结束后的验收、专项检查。

(18)针对危险作业，编制并落实安全技术措施，执行安全技术交底。

(19)负责本单位的消防安全、交通安全、治安保卫管理。

(20)建立本单位应急预案体系，组织应急培训及演练活动。

(21)按照变更审批、验收程序实施变更管理。

(22)落实项目法人对本单位的安全文明施工考核，并定期组织本单位安全文明施工情况的评价和考核。

(23)承担合同中明确的其他安全工作责任。

(二)施工企业的主要工作内容

1. 资质报审

施工企业应当依法取得安全生产许可证后，方可从事工程施工活动。施工企业应将主要负责人、项目负责人、专职安全生产管理人员等的相关资质报监理单位、项目法人审核。

2. 确定安全生产目标

施工企业应根据上级的有关规定，确定整个工程建设期、单位工程及年度安全生产目标，制订安全生产目标管理计划，其内容包括安全生产目标值、保证措施、完成时间、责任人等。施工单位的安全生产目标管理计划应经监理单位审核，项目法人同意。项目安全生产目标的实施结果，是对施工企业进行安全考核的依据。

3. 设立组织机构

(1)安全生产委员会。施工企业应成立以主要负责人为领导，有领导班子成员及部门负责人参加的安全生产委员会(或安全生产领导小组)，如图4-4所示。

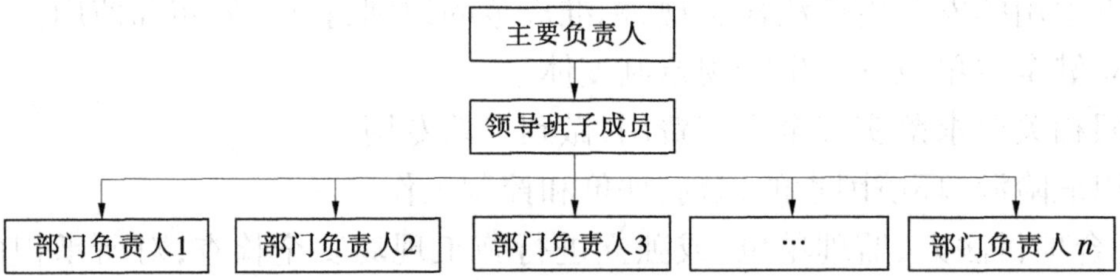

图4-4　施工企业安全生产管理结构

(2)安全生产管理机构及安全生产管理人员。按规定设置安全生产管理机构，并配备经水行政主管部门安全生产考核合格的专职安全生产管理人员。

4. 建立安全管理制度或体系

为了规范现场施工人员的各种行为，营造环保、安全、文明施工环境，施工企业应制定项目安全生产规章制度或编制项目安全管理体系文件。

施工企业在建设有度汛要求的水利工程时，应根据项目法人报有管辖权的防汛指挥机构批准的度汛方案和超标准洪水应急预案制定防汛度汛及抢险措施，报项目法人批准。

5. 编制安全技术措施和专项施工方案

施工企业应在施工组织设计中编制安全技术措施和施工现场临时用电方案，对下列达到一定规模的危险性较大的工程应编制专项施工方案，并附具安全验算结果，经施工企业技术负责人签字及总监理工程师核签后实施，并由专职安全生产管理人员对专项施工方案实施情况进行现场监督。

(1)基坑支护、降水工程。

(2)土方开挖工程。

(3)模板工程及支撑体系。

(4)起重吊装及安装拆卸工程。

(5)脚手架工程。

(6)拆除、爆破工程。

(7)围堰工程。

(8)其他危险性较大的工程。

对工程中涉及高边坡、深基坑、地下暗挖工程、高大模板工程的专项施工方案，施工企业还应组织专家进行论证、审查。

6. 安全教育培训

(1)安全生产管理人员的培训。安全生产管理人员(包括主要负责人、项目负责人、安全生产管理人员)经水行政主管部门考核合格，并且每年还应进行再培训。

(2)三级安全教育培训。新进场作业人员在上岗前，必须接受三级安全教育培训，即从公司、项目、班组层面上对新进场作业人员进行安全教育培训。

(3)"五新"培训。在新工艺、新技术、新材料、新装备、新流程投入使用前，对有关管理、操作人员进行有针对性的安全技术和操作技能培训。

(4)转岗、待岗人员安全教育培训。转岗、待岗的职工，上岗前必须经过安全生产教育培训，时间不得少于20学时。

(5)经常性安全教育培训。对在岗的作业人员，施工企业每年应进行不少于20学时的经常性安全生产教育培训。

(6)其他安全教育培训。包括针对外来参观、学习人员进行有关安全规定、可能接触到的危险及应急知识等内容的安全教育培训，针对应急预案、演练等应急知识的培训，针对特种作业人员的培训等。

7. 安全记录

施工企业应制定记录管理制度，明确记录的管理职责及记录的填写、收集、标记、储存、保护、检索、保留和处置要求，并严格执行。

施工企业应保存的记录包括：安全费用提取使用记录，劳动防护用品采购、发放记录，技术文件及其编制、审批、发放记录，事故、事件记录及调查报告，危险源辨识、评价、控制记录，检查、整改记录，职业卫生检查与监护记录，检验、检测、校验记录，设备安全管理记录，安全设施管理记录，应急演练记录，对分包方和供应方监管记录，安全生产会议记录，安全活动记录，安全培训记录，人员资格证书以及安全奖惩记录等。

8. 特种作业人员管理

特种作业人员必须经专门的安全技术培训并考核合格，取得"中华人民共和国特种作业操作证"后方可上岗作业。特种作业人员离岗3个月以上重新上岗前，应经实际操作考核合格。

特种作业人员是现场管理重点监控对象，实行入场登记管理。特种作业人员必须持证上岗，严禁无证上岗，违章作业。监理单位检查特种作业操作证原件，并将复印件加盖施工企业公章存档并向项目法人报备存档。项目法人监督监理单位和施工企业落实特种作业持证上岗的核查管控情况，发现无证上岗的，项目法人有权要求清退违规作业人员并追究有关单位和人员的管理责任。

9. 事故隐患排查和治理

施工企业应根据项目法人的相关要求做好日常的事故隐患排查工作，安全检查是事故隐患排查的主要实施方式，在检查中发现的事故隐患，应当按照事故隐患的等级进行登记，建立事故隐患汇总登记台账和档案，并按照职责分工实施监控治理。

10. 现场验收

施工企业设施设备投入使用前，应报监理单位验收。验收合格后，方可投入使用。

《特种设备安全法》（主席令第四号）规定的施工起重机械验收前，应经具备资质的检验检测机构检验。自施工起重机械和整体提升脚手架、模板等自升式架设设施验收合格之日起30日内，向建设行政主管部门或者其他有关部门登记。登记、检验结果应报监理单位备案。

11. 文明施工

施工企业在工程开工前，将文明施工纳入工程组织设计，建立健全组织机构及各项文明施工措施，并保证各项制度和措施的有效和落实。

施工企业应做好现场安全标志、标牌、安全设施的设置，确保各类安全标志、安全设施齐全、完善、可靠；合理布置施工厂房和生活用房、风水电管线、通信设施、施工照明灯等；确保施工道路平整、畅通，施工设备设施存放、材料工具摆放整齐、有序；消防器材齐全，消防通道畅通；施工环境整洁、优美。

三、监理单位项目安全管理

（一）监理单位的主要职责

（1）负责制定监理安全管理工作规划和实施细则，建立本单位安全管理制度体系，并监督施工企业安全管理制度的建立和执行情况。

（2）负责本单位适用的安全生产法律法规、标准规范的识别、获取、发布和使用。

（3）负责对施工企业安全生产法律法规、标准规范、规章制度、操作规程的执行情况和适用情况进行监督检查。

（4）负责监督施工企业危险源和环境因素评价、控制情况。

（5）监督施工企业安全生产费用使用情况。

（6）负责工程项目的日常安全检查，召开安全监督例会，并配合上级单位、项目法人组织的安全检查工作，发现事故隐患，要求施工企业进行整改，并监督整改落实情况。

（7）监督施工企业的安全教育培训工作，监督检查特种作业人员、特种设备作业人员持证上岗情况。

（8）负责制订本单位安全活动策划方案，开展安全文化活动，并监督施工企业安全活动策划及安全活动实施情况。

(9)负责大型施工设备准入管理,进场的施工设备的验证。

(10)建立施工设备台账及管理档案。

(11)组织重要安全防护设施、重大事故隐患整改验收等。

(12)审查施工组织设计中的安全技术措施、专项施工方案和施工临时用电方案,并监督实施。

(13)审核施工企业制订的应急预案。

(14)负责本单位的消防安全、交通安全、治安保卫管理。

(15)按照变更审批、验收程序实施变更管理。

(16)负责对施工企业安全文明施工情况进行评价,提出安全文明施工考核建议。

(二)监理单位的主要工作内容

1. 施工准备阶段的安全审查

施工准备阶段监理单位应对施工企业有关文件、报告和报表进行审查,主要内容包括下列几点:

(1)审查进入水利水电工程建设现场各施工企业的安全生产许可证、资质等级等相关证明文件和三类人员上岗资质,施工企业安全生产管理机构及安全生产管理人员配备情况,安全生产规章制度、操作规程建立情况。

(2)审查正式开工报告所需的文件,根据项目法人划分的审批权限,办理开工指令。

(3)审查施工企业提交的施工组织设计中的安全技术措施和危险性较大工程的专项施工方案及安全文明措施方案。

(4)审查施工企业提交的有关安全教育资料、特种设备检验报告和进场设备验收合格报告。

(5)审查施工企业提交的安全动态、进度计划等统计资料或图表。

(6)参与图纸会审,审核设计变更图纸。

(7)审查工程安全事故处理报告。

(8)审查新工艺、新技术、新材料、新结构的技术鉴定书。

(9)审查施工企业提交的关于工序交接检查、危险性较大工程的安全检查报告。

2. 施工实施阶段的安全检查

安全检查是监理人员发现施工企业安全管理问题的主要方式,是了解施工企业安全状况的主要途径,也是监理人员进行安全监控的基础。

安全检查的主要方式包括下列4种:

(1)旁站。结合日常监理工作,在施工现场对工程项目的重要部位和关键工序的施工,实施连续性的全过程检查、监督与管理。

(2)巡视。采取定期检查和不定期巡视检查,对施工现场实施全方位的安全监督。

(3)专项检查。结合工程建设情况,对危险性较大的施工作业或重点部位进行的专项检查。

(4)例行检查。按工程建设项目制定的有关规定定期进行的安全检查。

3. 事故隐患处理

对于事故隐患的处理,监理人员应根据事故隐患的等级,提出相应的整改要求,并跟踪整改落实情况。

（1）对于检查出的人员违章等能够立即整改排除的一般事故隐患，监理人员应要求相关责任人员立即组织整改排除。

（2）对于无法立即整改的一般事故隐患和重大事故隐患，监理人员应发出事故隐患整改通知单，并进行跟踪复查。

（3）对于重大事故隐患，监理人员还应要求施工企业制订重大事故隐患治理方案，在重大事故隐患治理前采取临时控制措施并制订应急预案。

4. 执行安全生产奖惩

通过执行安全生产协议书中安全生产奖惩制，确保施工过程中的安全，促使施工生产顺利进行。

5. 安全监理记录与报告

建立健全安全监理记录与报告是做好安全监控的重要环节。

监理人员应对工程建设项目现场进行全面了解，掌握安全工作的具体情况，掌握安全工作动态，保存相关安全记录与报告，确保安全监理记录与报告完整齐全、真实可靠。

安全监理记录包括安全检查记录、审查记录等。安全监理报告包括月报、年报、专题报告等。

第五节　现场安全文明施工管理

一、现场布置

水利水电工程建设项目整体场区规划由项目法人按照《水利水电工程施工组织设计规范》（SL 303—2017）等有关规定进行统筹管理，各承包单位在进场前应充分考察场地实际情况，掌握原有建筑物、构筑物、道路、管线资料，根据项目法人的要求，针对现有条件，科学合理地布置施工现场。

（1）现场施工总体规划布置应遵循合理使用场地、有利施工、便于管理等基本原则。分区布置应满足防洪、防火等安全要求及环境保护要求。

（2）生产、生活、办公区和危险化学品仓库布置应遵守下列规定：

①与工程施工顺序和施工方法相适应。

②选址地质稳定，不受洪水、滑坡、泥石流、塌方及危石等威胁。

③交通道路畅通，区域道路宜避免与施工主干线交叉。

④生产车间，生活、办公房屋，仓库的间距应符合防火安全要求。

⑤危险化学品仓库应远离其他区布置。

（3）施工区内起重设施、施工机械、移动式电焊机及工具房、水泵房、空压机房、电工值班房等布置应符合安全、卫生、环境保护要求。

（4）混凝土、砂石料等辅助生产系统和制作加工维修厂、车间布置应符合下列要求：

①单独布置，基础稳固，交通方便、畅通。

②应设置处理废水、粉尘等污染的设施。

③应减少因施工生产产生的噪声对生活区、办公区的干扰。

（5）生产区仓库、堆料场布置应符合下列要求：

①单独设置并靠近所服务的对象区域，进出交通畅通。

②存放易燃易爆、有毒等危险物品的仓储场所应符合有关安全的要求。

③有消防通道和消防设施。

（6）生产区大型施工机械与车辆停放场的布置应与施工生产相适应，要求场地平整、排水畅通、基础稳固，并应满足消防安全要求。

（7）弃渣场布置应满足环境保护、水土保持和安全防护的要求。

二、施工道路及交通

（1）永久性机动车辆道路、桥梁、隧道，应按照《公路工程质量检验评定标准第一册 土建工程》（JTGF 80/1—2017）的有关规定，并考虑施工运输的安全要求进行设计修建。

（2）施工生产区内机动车辆临时道路应符合下列规定：

①道路纵坡不宜大于8%，进入基坑等特殊部位的个别短距离地段最大纵坡不应超过15%；道路最小转弯半径不应小于15 m；路面宽度不应小于施工车辆宽度的1.5倍，且双车道路面宽度不宜窄于7.0 m，单车道宽度不宜窄于4.0 m。单车道应在可视范围内设有会车位置。

②路基基础及边坡保持稳定。

③在急弯、陡坡等危险路段及岔路、涵洞口应设有相应警示标志。

④悬崖陡坡、路边临空边缘除应设有警示标志外还应设有安全墩、挡墙等安全防护设施。

⑤路面应经常清扫、维护和保养并应做好排水设施，不应占用有效路面。

（3）交通繁忙的路口和危险地段应有专人指挥或监护。

（4）施工现场的轨道机车道路，应遵守下列规定：

①基础稳固，边坡保持稳定。

②道路纵坡应小于3%。

③机车轨道的端部应设有钢轨车挡，其高度不低于机车轮的半径，并设有红色警示灯。

④机车轨道的外侧应设有宽度不小于0.6 m的人行通道，人行通道临空高度大于2.0 m时，边缘应设置防护栏杆。

⑤机车轨道、现场公路、人行通道等的交叉路口应设置明显的警示标志或设专人值班监护。

⑥设有专用的机车检修轨道。

⑦通信联系信号齐全可靠。

（5）施工现场临时性桥梁，应根据桥梁的用途、承重载荷和相应技术规范进行设计修建，并符合下列要求：

①宽度应不小于施工车辆最大宽度的1.5倍。

②人行道宽度应不小于1.0 m，并应设置防护栏杆。

（6）施工现场架设临时性跨越沟槽的便桥和边坡栈桥，应符合下列要求：

①基础稳固、平坦畅通。

②人行便桥、栈桥宽度不应小于 1.2 m。

③手推车便桥、栈桥宽度不应小于 1.5 m。

④机动翻斗车便桥、栈桥，应根据荷载进行设计施工，其最小宽度不应小于 2.5 m。

⑤设有防护栏杆。

(7)施工现场的各种桥梁、便桥上不应堆放设备及材料等物品，应及时维护、保养，定期进行检查。

(8)施工交通隧道，应符合下列要求：

①隧道在平面上宜布置为直线。

②机车交通隧道的高度应满足机车以及装运货物设施总高度的要求，宽度不应小于车体宽度与人行通道宽度之和的 1.2 倍。

③汽车交通隧道洞内单线路基宽度应不小于 3.0 m，双线路基宽度应不小于 5.0 m。

④洞口应有防护设施，洞内不良地质条件洞段应进行支护。

⑤长度 100 m 以上的隧道内应设有照明设施。

⑥应设排水沟，且排水畅通。

⑦隧道内斗车路基的纵坡不宜超过 1.0%。

(9)施工现场工作面、固定生产设备及设施处所等应设置人行通道，并应符合下列要求：

①基础牢固、通道无障碍、有防滑措施并设置护栏，无积水。

②宽度不应小于 0.6 m。

③危险地段应设置警示标志或警戒线。

三、封闭管理

(1)施工生产区域宜实行封闭管理。施工现场进出口设置大门，并设置门卫值班室。

(2)主要进出口处应设有明显的施工警示标志和安全文明生产规定、禁令，与施工无关的人员、设备不应进入封闭作业区。

(3)建立门卫职守管理制度，并配备门卫职守人员。施工人员进入施工现场佩戴工作卡。

(4)施工现场及各项目部的入口处设置明显的企业名称、工程概况、项目负责人、文明施工纪律等标志牌。

四、消防安全管理

水利水电工程建设现场存在大量的易燃易爆危险物品及场所，如可燃的建筑材料、油库、危化品仓库、宿舍、动火作业场所等，一旦发生火灾，会带来巨大的财产损失和人身伤亡事故，因此在项目管理中必须做好消防安全管理。

(一)消防安全管理制度

项目法人、监理单位和施工企业应建立完善的消防安全管理制度，并严格实施。

(二)消防安全检查

施工过程中，施工现场的消防安全负责人应定期组织消防安全管理人员对施工现场的消防安全进行检查。消防安全检查应包括下列主要内容：

(1)可燃物及易燃易爆危险品的管理是否落实。

(2)动火作业的防火措施是否落实。

(3)用火、用电、用气是否存在违章操作，电、气焊及保温防水施工是否执行操作规程。

(4)临时消防设施是否完好有效。

(5)临时消防车道及临时疏散设施是否畅通。

(三)临时消防设施

项目法人安全管理部门要对各参建单位的消防器材的配置、采购、摆放、检查测试、更换维护情况和经费的保证情况予以监督。对不符合的要责令其整改落实，以保障消防设施和器材的有效性。

施工现场临时消防设施应满足下列要求：

(1)施工现场应设置灭火器、临时消防给水系统和临时消防应急照明等临时消防设施。

(2)临时消防设施应与在建工程的施工同步设置。

(3)施工现场在建工程可利用已具备使用条件的永久性消防设施作为临时消防设施。当永久性消防设施无法满足使用要求时，应增设临时消防设施，并应符合《建设工程施工现场消防安全技术规范》(GB 50720—2011)第5.2～5.4节的有关规定。

(4)施工现场的消火栓泵应采用专用消防配电线路。专用消防配电线路应自施工现场总配电箱的总断路器上端接入，且应保持不间断供电。

(5)临时消防给水系统的贮水池、消火栓泵、室内消防竖管及水泵接合器等，应设有醒目标识。

(四)火灾隐患整改

项目法人、监理单位应对检查中存在的火灾隐患责令其及时予以消除，并复查整改落实情况。对不能当场改正的火灾隐患应按有关规定，向责任单位提出制订整改方案的要求，并限期落实整改。

(五)动火作业管理

施工现场用火，应符合下列要求：

(1)动火作业应办理动火作业票，动火作业票的签发人收到动火申请后，应前往现场查验并确认动火作业的防火措施落实后，方可签发动火作业票。

(2)动火操作人员应具有相应资格。

(3)焊接、切割、烘烤或加热等动火作业前，应对作业现场的可燃物进行清理；对于作业现场及其附近无法移走的可燃物，应采用不燃材料对其覆盖或隔离；作业现场应配备灭火器材，并设动火监护人进行现场监护，每个动火作业点均应设置一个监护人。

(4)施工作业安排时，宜将动火作业安排在使用可燃建筑材料的施工作业前进行。确需在使用可燃建筑材料的施工作业之后进行动火作业的，应采取可靠的防火措施。

(5)裸露的可燃材料上严禁直接进行动火作业。

(6)五级(含五级)以上风力时，应停止焊接、切割等室外动火作业，否则应采取可靠的挡风措施。

(7)动火作业后,应对现场进行检查,确认无火灾危险后,动火操作人员方可离开。

(8)具有火灾、爆炸危险的场所严禁明火。

(六)防火重点部位或场所

防火重点部位管理,应符合下列要求:

(1)施工企业应建立防火重点部位或场所档案。

(2)施工现场的重点防火部位或场所,应设置防火警示标志。

(3)防火重点部位或场所需动火作业时,严格执行动火审批制度。

五、环境保护管理

水利水电工程建设施工现场环境保护的主要目的在于保障从业人员的健康,保证不发生群体健康事故,同时避免施工对周围环境造成污染,达到项目安全管理整体目标。

水利水电工程建设现场在施工过程中主要会产生噪声、废水、固体废弃物、现场粉尘等污染物。参建各方应严格落实环境因素识别及废水、废弃物、噪声等污染物的管理,项目法人应对各参建单位的环境保护管理情况进行统一管理和监督。

(一)总体要求

(1)建立健全环境保护责任体系,制定相应的管理制度,做到环境保护工作与施工生产任务同时计划、布置、检查、考核、总结。

(2)在施工组织设计中编制施工道路,材料堆放场,设备停放场和生产、生活设施等用地规划,以及土石方平衡和弃渣规划,减少土地占用和渣料的废弃、倒运。

(3)施工企业应采取有效的职业病防护措施,为作业人员提供必备的防护用品,对从事有职业病危害作业的人员定期进行体检和培训。

(4)对突发事件可能引起的有毒有害、易燃易爆等物质泄漏,或突发事件产生新的有毒有害物质造成的对人及环境的影响进行评估,制订应急预案。

(二)环境因素识别

在开工前,项目法人应组织各参建单位对施工过程中潜在的环境因素进行识别,并进行分析评价,制定控制措施,并编制"施工现场环境因素清单",同时各参建单位应根据清单制定的控制措施严格执行。

由于此清单是在项目开工前进行编制的,在具体施工过程中可能与实际不符合,因此清单内容应视工程实际情况定期更新。

(三)粉尘管理

(1)施工现场的主要道路必须进行硬化处理,土方应集中堆放。裸露的场地和集中堆放的土方应采取覆盖、固化或绿化等措施。

(2)拆除建筑物、构筑物时,应采用隔离、洒水等措施。

(3)施工现场土方作业应采取防止扬尘的措施。

(4)从事土方、渣土和施工垃圾运输作业应采用密闭式运输车辆或采取覆盖措施;施工现场出入口处应采取保证车辆清洁的措施。

(5)施工现场的材料和大模板等存放场地必须平整坚实。水泥和其他易飞扬的细颗粒建筑材料应密闭存放或采取覆盖等措施。

(6)施工现场混凝土搅拌场所应采取封闭、降尘措施。

(四)废水管理

为了有效预防和治理水体污染,各参建单位必须对施工现场的废水排放进行控制检查,以实现节能降耗和保护环境的目的。废水管理的范围包括雨水管网的管理、施工污水的管理、生活废水的管理。

(1)施工现场污水排放应达到国家标准规定的要求。

(2)在施工现场应针对不同的污水,设置相应的处理设施,如沉淀池、隔油池、化粪池等。

(3)配合污水排放检测单位进行废水水质检测。

(4)保护地下水环境。

(5)对于化学品等有毒材料、油料的贮存地,应有严格的隔水层设计,做好渗漏液收集和处理。

(五)废弃物管理

为了保证工程建设施工现场和办公过程中产生的建筑垃圾和办公废弃物得到有效地控制和处理,施工企业应加强对废弃物的管理,防止或减少废弃物对环境造成的污染和危害。

(1)建筑物内施工垃圾的清运,必须采用相应容器或管道运输,严禁凌空抛掷。

(2)施工现场应设置密闭式垃圾站,施工垃圾、生活垃圾应分类存放,并应及时清运出场。

(六)噪声管理

水利水电工程建设施工现场的噪声源主要包括施工机械的运行、电动工具的操作、模板的支拆和修复与清理及非标准设备制作等,会对周围环境造成一定的影响。

在开工前,项目法人、监理单位应监督施工企业到工程建设项目所在辖区的环保部门进行噪声排放申请,经批准后方可进行施工。

同时,项目法人、监理单位应监督施工企业编制施工生产中应该控制的噪声源清单,以便监督和管理,同时将噪声源清单报项目法人安全管理部门,并且监理单位要对施工企业遵守情况进行日常监督检查,对不符合规定的要及时制定有效的纠正措施,并监督施工企业按要求执行。

施工现场噪声管理,应符合下列要求:

(1)施工现场应按照现行国家标准《建筑施工场界环境噪声排放标准》(GB 12523—2011)制定降噪措施,并定期组织或委托职业卫生技术服务机构对产生噪声的作业地点进行监测。

(2)施工现场的强噪声设备宜设置在远离居民区的一侧,并应采取降低噪声的措施。

(3)对因生产工艺要求或其他特殊需要,确需在夜间进行超过噪声标准施工的,施工前建设单位应向有关部门提出申请,经批准后方可进行夜间施工。

(4)运输材料的车辆进入施工现场,严禁鸣笛,装卸材料应做到轻拿轻放。

六、防汛管理

(一)防汛组织与职责

水利水电工程建设项目应成立防洪度汛指挥部,成员包括项目法人、各参建单位及公安武警等单位的负责人，成立由设计、施工、监理等单位参加的工程防汛机构，负责工程安全度汛工作。各参建单位成立防汛领导小组，下设防汛办公室和抢险突击队，全面负责本单位防洪度汛工作，协助其他单位的抢险救灾工作。领导小组由本单位负责人担任组长，成员包括本单位各部门、各作业队的负责人。

严格执行“防汛工作行政首长负责制”，统一指挥、分级分部门负责。各单位行政正职是本单位防汛工作的第一责任人，单位副职对分管业务范围内的防汛工作负责。各单位工程部门是防汛工作的归口管理部门，技术部门负责编制和审查防汛方案，安全生产管理部门负责防汛工作的监督检查，其他部门对各自业务范围内的防汛工作负责。

防汛指挥部主要职责：

(1)服从地方政府防汛指挥机构的统一领导和指挥。

(2)统一领导和指挥水电工程防洪度汛工作，就重大问题做出决策。

(3)组织编制水利水电工程防洪度汛方案和超标准防汛抢险应急预案。

(4)组织审查各合同项目超标洪水应急救援预案和重大防汛方案。

(5)组织和协调重大汛情和险情的抢险救灾工作。

项目法人主要职责：

(1)负责组建水电工程防汛指挥部，配备相应的设施设备。

(2)统筹、监督、检查和协调建设项目防洪度汛工作。

(3)组织制订建设项目防洪度汛方案和超标洪水应急预案。

(4)负责组织和协调公共道路、供电、供水和通信系统的运行维护。

(5)负责接收和传递水情气象信息及重大灾情预报。

(6)配合上级单位防洪度汛检查，组织建设项目防洪度汛检查。

(7)协调解决参建单位之间的问题，督促实施重点防汛项目。

施工企业主要职责：

(1)按照“谁承包，谁负责”的原则，全面负责本单位及承建项目(包括已竣工但未办理竣工验收移交手续的项目)的防洪度汛工作，配合和协助其他单位的防洪度汛工作。

(2)负责组建本单位防洪度汛组织机构和队伍，配备相应的防洪度汛和应急救援的设施、设备及物资。

(3)按照法规、标准、规范和设计要求，编制承包项目的防洪度汛预案和专项方案(措施)，报经监理单位批准后实施。

(4)落实汛前和汛期预控措施，制订和实施承包项目的超标洪水、自然灾害等应急预案，开展应急培训和演练。

(5)组织承包项目的防汛安全检查，包括汛前检查、汛期检查和雨后检查，主要包括防洪度汛方案、项目和措施的进展情况，及时整改各类防汛和安全隐患。

(6)组织开展生产生活区泥石流、塌方等自然灾害的排查和治理，组织实施承包项目的抢险救灾工作，协助其他项目的抢险救灾工作。

(7)负责实施所承包项目的施工期安全监测，认真开展生产生活区汛期巡查，遇有险情发生时应立即报告并采取有效措施排险。

(8)负责承包项目的供电、供水和通信系统的运行维护与保障。

(9)接收和传递地方政府的水情气象信息、重大灾情预报,适时发出预警预报并采取应对措施,负责重大汛情和险情的紧急处理。

(10)负责防洪度汛及抢险救灾中本单位伤亡人员的抚恤和善后处理等工作。

(二)防汛措施

项目法人负责与地方政府气象、水利等部门保持联系,通过短信、传真、网络、电话等方式,向建设项目防汛指挥部进行水情和气象预测预报。加强通信设备设施的巡视和维护,保障汛情等信息和调度指令的畅通,并做好汛期水情预报工作,准确提供水文气象信息,预测洪峰流量及到来时间和过程,及时通告各单位。

在汛前和汛期,各参建单位应全面排查高山滚石、山体滑坡、崩塌和泥石流等安全隐患,划定重点防治区并提出防治措施。各单位应梳理重点防汛项目并制订详细进度计划加快实施,对易发生泥石流、塌陷、边坡崩塌、落石等的危险区域(处所)进行重点检查监控,抓好边坡支护、河道防护、沟水处理等重点环节的安全防范,及时落实病险工程和隐患点的除险加固,汛前要完成水毁工程和度汛应急工程建设。

各参建单位要认真做好营区、边坡、洞室、渣场、挡墙和围堰等重点部位的安全监测,按时进行监测数据统计分析并提交报告和建议。加强险工险段和重点部位的巡视检查,密切关注生产生活区周边环境变化,及时发现险情并组织抢险,及时向项目法人报送防汛信息。

各参建单位应在汛前组织防汛应急救援演练,主要检验超标洪水、自然灾害等应急预案(措施)的可操作性,检验防汛指挥调度系统的灵敏性和畅通性,检验相关单位协调配合的严密性,检验防汛物资和应急物资的储备是否充足。演练结束后进行总结评审,针对发现的问题修改、完善预案和措施。防汛期间,在抢险时应安排专人进行安全监视,确保抢险人员的安全。当洪水达到警戒水位时,各级防汛机构和抢险队伍进入警戒状态,昼夜巡视检查并加强观测,将防汛物资运到指定地点,做好人员和设备物资撤离的准备。当洪水超过警戒水位一定值时,要组织抢险队立即就位,进入抢险状态,同时启动防洪度汛应急预案。

(三)抢险救灾

当遭受重大险情或灾害时,建设项目防汛指挥部应即刻将灾情报告当地政府和项目法人防汛指挥机构,需要时发布有关安全禁令。

发生险情后,责任单位、相关监理单位和项目法人相关部门主要负责人必须及时到达现场,立即启动防洪度汛应急预案,组织、配合抢险工作,并且做好现场证据收集工作。

灾情期间,对要害部位、关键设备、生命线工程、化学危险品库和储罐要加强检查、监护。由自然灾害造成化学危险品溢出和泄漏的,应立即上报有关部门并采取抢护措施。

洪水期间施工运输船舶如发生主流改道和航标漂流移位、熄灭等情况,应停泊于安全地点。

堤防工程防汛抢险,应遵循“前堵后导、强身固脚、减载平压、缓流消浪”的原则。

灾后,各单位应做好受灾职工、家属的生活供给及住房安置,医疗防疫及伤亡人员处理,做好水毁工程修复等工作,尽快恢复正常的生产与生活。相关单位应立即组织灾情调查,按国家统计部门的有关要求,会同当地行政部门、保险公司统计、核实灾情,并及时上报,不应虚报、瞒报。

七、安全防护设施

(1)坝顶、屋顶、原料平台、工作平台等临空面边沿和道路、通道、洞孔、井口等边沿应设置安全防护栏杆。安全防护栏杆应由上、中、下三道横杆和栏杆柱组成,上杆离地高度不低于1.2 m,下杆离地高度为0.3 m,栏杆立柱间距不宜大于2.0 m。栏杆立柱应固定牢固、可靠,栏杆底部应设置高度不低于0.2 m的挡脚板。坡度大于25°时,安全防护栏杆应加高至1.5 m,特殊部门必须用网栅封闭。

(2)高处临边、临空作业应设置安全网,安全网距工作面的最大高度不应超过3.0 m,水平投影宽度应不小于2.0 m。安全网应挂设牢固,随工作面升高而升高。

(3)禁止非作业人员进出的变电站、油库、炸药库等场所应设置高度不低于2.0m的围栏或围墙,并设安全保卫值班人员。

(4)高边坡、基坑边坡应根据具体情况设置高度不低于1.0 m的安全防护栏杆或挡墙,安全防护栏杆和挡墙应牢固。

(5)悬崖陡坡处的机动车道路、平台作业面等临空边缘应设置安全墩(墙),墩(墙)高度不应低于0.6 m,宽度不应小于0.3 m,宜采用混凝土或浆砌石修建。

(6)弃渣场、出料口的临空边缘应设置防护墩,其高度不应小于车辆轮胎直径的1/3,且不应低于0.3 m。宜用土石堆体、砌石或混凝土浇筑。

(7)排架、井架、施工用电梯、大坝廊道、隧洞等出入口和上部有施工作业的通道,应设有防护棚,其长度应超过可能坠落范围,宽度不应小于通道的宽度。当可能坠落的高度超过24 m时,应设双层防护棚。

(8)高处施工通道的临边(如栈桥、栈道、悬空通道的两侧、架空皮带机廊道的边沿、垂直运输设备与建筑物相连通的通道两侧等)必须设置安全防护栏杆。当临空边沿下方有人作业或通行时,还应在安全防护栏杆下部设置高度不低于0.20 m的挡脚板。

(9)各类洞(孔)口、沟槽应设有固定盖板,在洞(孔)口边设置安全防护栏杆,同时设有安全警告标志和夜间警示红灯。

(10)各种施工设备、机具传动与转动的露出部分,如传动带、开式齿轮、电锯、砂轮、接近于行走面的联轴节、转轴、皮带轮和飞轮等必须安设拆装方便、网孔尺寸符合安全要求的封闭的钢防护网罩或防护挡板或防护栏杆等安全防护装置。

(11)高处作业、多层作业、隧道(隧洞)出口、运行设备等可能造成落物的部位,应设置防护棚,所用材料和厚度应符合安全要求。

(12)地下工程作业,不良地质部位应采取钢、木、混凝土预制件支撑,或喷锚支护等措施。

(13)施工生产区域内使用的各种安全标志的图形、颜色应符合国家标准。

(14)夜间和地下工程施工应配有灯光信号。

(15)危险作业场所、机动车道交叉路口、易燃易爆有毒危险物品存放场所、库房、变配电场所以及禁止烟火场所等应设置相应的禁止、指示、警示标志。

第六节　本质安全化建设

一、本质安全化建设内容

（一）本质安全化建设概念

在水利水电工程建设过程中，施工现场危险、有害因素很多，加之施工人员安全素质不高，容易导致施工现场事故频发，造成人员伤亡和财产损失。因而，在工程建设过程中采取必要的手段提高工程施工的本质安全水平势在必行。

本质安全化建设是通过对建设过程中涉及的人、机器设备、环境、管理四个方面要素的控制，使各种危险有害因素限制在可接受的范围内，从而达到规避安全生产风险，避免和减少生产安全事故的发生，实现工程建设的本质安全。

水利水电工程本质安全化是“预防为主”思想的根本体现，也是安全生产管理的最高境界。水利水电工程本质安全化的目的是通过有效控制危险源，全面配置安全防护设施等手段，最大程度消除事故隐患，提高施工现场安全管理水平，减少人的不安全行为的发生，从而降低施工过程中事故发生的可能性和事故的严重程度。

（二）本质安全化建设重点内容

事故致因理论表明，人、机器设备、环境、管理是事故致因的主要因素。实践表明，从人、机器设备、环境、管理等方面考虑进行本质安全建设是切实可行的方法。在许多工程建设实践中（包括水利水电工程建设），一些大型施工企业已摸索出许多效果比较理想的本质安全化建设方法。这些方法主要集中在对人、机器设备、环境、管理等要素的控制，包括多媒体安全培训、作业安全行为规范化、现场安全可视化、安全设施标准化、危险源辨识与控制、安全文明施工、安全管理信息化等。这些方法也是水利水电工程本质安全化建设的主要手段，将在本章进行专门详细介绍。

在水利水电工程本质安全化建设过程中，应根据工程和施工特点，重点考虑强化危险源管理、危险区域有效隔离、全面的个人防护和科学的人因控制体系等方面的建设。

1. 强化危险源管理

水利水电工程建设施工现场危险源较多，如电气设备、高处落物、脚手架、机械设备、滑坡等，加强现场危险源管理，是避免事故发生的关键环节之一。因此，应全面识别施工现场危险源，采取有效控制措施，避免出现事故隐患。危险源控制措施举例如下：

（1）电气设备采用三级漏电保护。

（2）防护栏杆加踢脚板，防止石块、工具、物料落下伤人。

（3）加强脚手架的验收与运行管理，明确运行安全责任人，负责在脚手架验收后进行经常性检查，及时发现和消除在施工过程中脚手架出现的隐患。

（4）滑坡等危险源，应划定危险区域，并做好危险源警示标志，标明可能造成的危害后果，以及应急措施等。

2. 危险区域有效隔离

水利水电工程建设施工现场危险区域较多，如高处临边、孔洞、爆破区域等，需采取有效措施进行隔离，防止人员进入而造成危害。危险区域隔离措施举例如下：

(1)凡是高处临边处必须设防护栏杆,如需经常上下,还应设固定钢梯作为安全通道。

(2)所有孔洞应设结实的盖板,如孔洞较大,不便于搭设盖板,应设防护栏杆。

(3)交叉施工的出入口,应搭设结实的顶部防护安全通道。

(4)爆破区域设置警戒线,出入口专人看守,并设警示旗等。

3.全面的个体防护

水利水电工程建设施工现场危险、有害因素较多,施工人员始终存在发生意外的危险,尤其是某些高危作业危险性更大,因此要求施工人员必须进行全面的个体防护,构筑最后一道防线。全面的个体防护措施举例如下:

(1)高处作业双保险,配置两条安全绳,防止高处作业人员因上下移动时无保护而造成坠落事故。

(2)高处平台作业需要经常水平移动时,水平方向配置一条母绳,将安全带系好,防止因水平移动时无保护而造成坠落。

(3)个体防护装备配置齐全,凡是进入施工现场人员必须严格按照要求配置个体防护装备,进场人员均应戴安全帽等。

4.科学的人因控制体系

以人为控制对象,从人的"安全意识、安全知识、安全技能、安全行为"4个方面建立教育和管理相结合的控制体系,保证人的安全。人因控制措施举例如下:

(1)建立多媒体培训教室,采用多媒体动画方式对施工现场作业人员进行培训教育,生动形象、易于理解,可有效提高作业人员的安全意识与安全技能。

(2)搭建一站式移动安全培训体验馆,采用VR伤害体验+多媒体安全培训+安全实操的方式,使作业人员感受事故后果,提高安全意识。

(3)人手一本图文并茂的行为规范手册,作为安全教育培训教材,可随身携带随时翻阅。

(4)科学监控,对于经常违章人员或班组,进行重点监控,也可配备兼职安全员进行监督管理。

二、人的本质安全化建设

在事故致因中,人的因素是最关键的,人的本质安全化建设的目的就是杜绝人的不安全行为。在水利水电工程施工建设中,管理因素、环境因素、设备因素、社会因素以及工人的心理因素、身体因素、技能因素、教育因素等往往是导致不安全行为出现的主要因素。其中,心存侥幸、急功近利、明知故犯、盲目无知的心理状态,不健康的身体状态,不合格的操作技能和安全技能,违章管理和教育培训的缺乏等又是主要原因。在人的本质安全化建设过程中,主要采取强化安全教育培训的方式、人员不安全行为控制与管理的方式来提升人的安全作业能力。多媒体安全培训、作业行为安全规范化和现场安全可视化是常用的有效方法。

(一)多媒体安全培训

安全培训教育的重要性不再赘述,但一般的、传统的培训模式存在许多弊端,最后往往让培训过程流于形式,无法满足现场实际的需求,进行多媒体安全培训是一种科学有效的方法。

1. 多媒体安全培训工具箱

多媒体安全培训工具箱电脑以主机为主体、内置 Flash 动画、视频等多媒体课程,场景生动、直观、形象,语言通俗幽默,易于理解。多媒体教材库中包含的知识点应该全面,包括安全知识教学、习惯性违章、典型事故重演、亲情教育等方面内容。附带考勤设备、无线答题器等,可置于临时场所进行集中安全培训。主要功能包括自动建档、集中考勤、集中培训、集中考试等。

2. 一站式移动安全培训体验馆

一站式移动安全培训体验馆是根据水利水电施工特点、安全培训要求,进行硬件整体规划、培训资源定向配套研发的安全培训一体化设施。体验馆采用集装箱一体化的设计,划分为 VR 伤害体验区和安全教学区 2 个区域。集 VR 伤害体验、VR 安全教学、多媒体安全培训、安全实操于一体,采用四位一体式的安全培训模式,多角度全面提升安全培训效果。

(1)VR 伤害体验。VR 伤害体验以施工场景为背景,采用全沉浸、人机交互的方式高度还原事故发生过程。体验者佩戴 VR 眼镜和外部环境完全隔绝,进入到虚拟环境中,施工机械和场地逼真地展示在眼前。通过操作手柄在虚拟环境中实现走动、全视角场景观摩、各类任务动作的触发。通过视觉、听觉、触觉等多种感官系统,完成在现实中无法实现的逼真伤害体验过程,使体验者对事故后果产生"敬畏之心",深切认识到高处坠落、物体打击、机械伤害、坍塌、触电等伤害,起到警示、震撼教育的目的,从而提高作业人员的安全意识。

(2)VR 安全教学。VR 安全教学通过在立式机上安装 VR 安全教学系统,构建立式机对 VR 一体机的播放资源控制,从而实现多人 VR 安全体验教学,解决外接式 VR 眼镜一次只能一人体验的困境,大大节省了 VR 安全体验的人力和物力,可实现集中培训和自主学习,作业人员可 360°全景观摩作业安全技能,明确在作业前应做的安全准备,作业过程中的安全操作事项,作业终结后的安全收尾工作。

(3)多媒体安全培训。采用多媒体安全培训工具箱,集实名制考勤、多媒体培训、无纸化考试、自动化建档等功能于一体,配合多媒体安全培训管理平台及手机 APP,实现培训大数据远程监控、作业人员信息二维码快速查询,从而形成线下移动培训、线上集中管理、现场实时查询的新型移动式多媒体安全培训模式,能满足入场安全培训、三类人员培训、特种作业人员培训等各类安全培训需求。

(4)安全实操。体验馆内可放置的安全实操有实物展示类(安全防护设备等)、技能实操类(急救体验、灭火体验、登高攀爬等)、物理伤害体验类(安全鞋体验、安全用电体验)等,实现可感触、可操作的实体化教育,切实提高操作人员安全技能。

(二)作业行为安全规范化

作业行为安全规范化建设是人员不安全行为控制与管理的一种重要实现方法。

1. 人员不安全行为控制与管理的基本内容

水利水电工程建设不安全行为管理,一般包括以下内容:

(1)制定工作人员的工作任务、职责、行为规范、规章制度等。

(2)识别工作人员可能发生的不安全行为或不尽职行为。

(3)采取预防性措施消除或者减少可能发生的不安全行为或不尽职行为。

(4)现场检查工作人员的行为状态和工作条件。

(5)现场监督、指导和纠正工作人员的不当工作行为。

(6)采取措施防止因行为问题而导致的事故发生。

(7)总结不安全行为和不尽职行为发生规律,不断提高行为安全管理水平。

2. 人员不安全行为控制与管理的基本途径

不安全行为管理应该是系统的和全方位的,实施系统的、全方位的行为管理控制,意味着从各个方面对工作人员的行为实施管理控制。因此,至少应该包括自我行为控制、横向行为控制和纵向行为控制这 3 种基本控制途径,见表 4-4。

表 4-4　人员不安全行为的基本控制途径及其主要控制要素

控制途径	主要控制要素
自我行为控制	通过思想、情感、价值观、利益等的影响
横向行为控制	通过工作任务设计实施控制
纵向行为控制	通过计划、监督、检查和改正实施控制

1)人员的自我行为控制途径

自我行为控制的主要方法有:价值观干预措施、价值因素感知干预措施、目标激励干预措施等。目的是通过实施各种措施,促使员工在工作中自觉地做出更多的安全行为。

员工的不安全行为可以分为有意选择和无意选择两大类,涉及价值观、安全管理职责、认知能力 3 个方面问题。所以,员工不安全行为的控制与管理措施也应该针对价值观、安全管理职责和认知能力。

员工有选择自己行动的权力,也有按照自己的预期来做事的倾向,只是因为某些原因才会按照组织规定的行为行动。因此,最好的方法是为员工提供一种自己行动决策的工作环境,在其中员工自己选择安全的行为。

针对员工这种有意识选择的不安全行为,其控制与管理措施应该是刺激或影响员工的选择性感知、价值判断、价值观等因素,促使其自觉地做出更加安全的行为方式。为此,管理者应该从以下 3 个途径来制定控制与管理措施。

(1)管理者应该通过在一些刺激因素与安全行为之间建立刺激—反应式的条件反射,利用经典条件反射式学习原理将员工有意识做出的不安全行为转变为其无意识的安全行为。主要手段有:教育、训练、誓言口号、承诺等。

(2)管理者应该通过对员工行为结果的不断反馈来达到正强化安全行为,负强化不安全行为,利用操作性条件反射式学习原理促使员工更多地自觉做出安全行为。

(3)管理者应该通过构建注重安全的工作环境,利用观察学习原理促进员工更多地实施安全行为。主要手段有:加强沟通,使员工认识到安全行为更有价值,培养崇尚安全行为的企业文化和社会文化等。

针对员工无意选择的不安全行为,管理者应该从员工的安全管理职责和员工的认知能力两个方面入手,让员工通过学习建立起不安全行为的条件反射系统,使其意识到自己从事了不安全行为,再运用员工有意选择的不安全行为控制与管理措施加以改变。管理者应该采取各种措施,让员工在工作中能够清晰地认识到自己的安全管理职责要求,了解工作中可能接触的危险源和各种风险因素,知道如何预先分析工作过程安全风险,在各种状态下都应该知道自己应该做什么、如何做、做到什么程度、可能的后果。

对于已经养成不安全行为习惯的员工,除了要让其意识到自己从事了不安全行为,更重要的是要通过长期地强化安全行为,使其养成安全行为的习惯。

2)人员的任务分析控制途径

任务分析控制途径目的是通过分析作业人员的工作任务,制定行为规范,减少员工不安全行为的发生。主要措施有制定员工安全行为规范手册、施工前安全技术交底等。

水利水电工程建设是一个多元的、立体的施工过程,施工环境十分复杂,因此必须全面分析现场各施工人员的工作任务。随着水利水电工程建设施工过程现场环境不断变化,每个阶段的危险点不一样,因此对于人员的任务分析相对其他行业更加复杂。但是,在水利水电工程建设中,各种工作任务也存在很大程度上的通用性,可以选择一些较为常见的作业类型进行分析,如高处作业、脚手架搭设、电焊气割等作业。通过分析它们的危险因素,制定好人员行为规范,指导现场作业人员在施工作业中按照安全行为规范进行施工。

对于一些高危专项施工作业,作业环境相对较为复杂,管理人员可以针对专项施工的作业流程,分析各员工的具体工作任务,制定专项的安全控制措施,提前对作业人员进行技术交底,交代要遵循的安全规定及要求,保障作业人员避免不安全行为。

3)人员的监督检查控制途径

人员的监督检查控制途径目的是通过检查监控制度建设来减少员工不安全行为的发生。至少应该做好下列工作:根据监控内容要求形成监控组织结构、形成日常和临时监控任务指派机制、制定监控运作机制(包括监控的频次要求、处理要求、记录要求等)、制定监控体系考评体制(包括考评方法、考评结果及要求、奖惩细则及不断改进机制等)。

各级管理者的监督检查是控制员工行为的重要手段。通过监督检查,及时发现问题,采取一定措施予以制止或改进,不断降低员工不安全行为发生率。企业应该制定科学可行的监督检查制度、明确监督检查方法、具体实现步骤、检查结果的处理方法等。在制定监督检查制度时管理者至少应该对下列内容做出明确规定:

(1)监督检查的执行者。

(2)监督检查方式方法。

(3)监督检查时间和空间要求。

(4)监督检查结果的处理方法。

(5)监督检查效果的评价和改进等。

3.作业行为安全规范化

在许多水利水电工程建设现场,制定《现场员工行为规范手册》是实现人员不安全行为控制的一种重要方法。《现场员工行为规范手册》一般是小开本、图文并茂、通俗易懂的手册,携带方便、便于阅读,能够对员工作业行为进行指导,提高员工安全意识,实现员工自律,规范员工安全行为。因其具备很好的指导性和教育性,在许多行业的施工企业都被广泛使用。

行为规范手册中的内容应包括通用安全和专项安全两类。

1）通用安全

通用安全内容包括新工人入场安全须知、水利水电工程建设施工一般安全规定、职业病防治、应急与自救互救。

通用安全方面组成元素是列举的安全知识点，并配置相对应的安全漫画。

2）专项安全

专项安全内容包括土石方作业安全、混凝土作业安全、脚手架作业安全、砌石作业安全等水利水电工程建设专项施工安全。

专项安全组成元素为该作业的危险点分析和可能造成的伤害、安全行为要求、典型事故举例。

（三）现场安全可视化

1. 可视化管理的定义

可视化管理也称为一目了然的管理，是利用形象直观、色彩适宜的各种视觉感知信息来组织现场生产活动，达到提高劳动生产率目的的一种管理方式。可视化管理是用眼睛观察的管理，体现了主动性和有意识性。

安全可视化管理是利用人的视觉感知能力，感知由视觉技术处理后的安全相关信息，从而提高人的安全可靠度的管理技术和方法。

2. 可视化管理的目的

（1）明确告知应该做什么，做到早期发现异常情况，使检查有效。

（2）防止人为失误或遗漏，并始终维持正常状态。

（3）通过视觉，使问题点容易暴露，实现预防和消除各类隐患和浪费。

3. 可视化管理的原则

（1）视觉化。彻底标示、标志，进行色彩管理。

（2）透明化。将需要看到的被遮隐的地方显露出来。

（3）界限化。即标示管理界限、标示正常与异常的定量界限，使之一目了然。

4. 可视化管理的实施步骤

（1）明确可视化管理的目的。

（2）准备实现目的的管理要害部位。

（3）准备管理部位的可视化管理的模拟道具和材料。

（4）制作、设置，并按企业管理标准进行配置。

（5）维持管理、持续改善。

5. 可视化管理的种类

可视化管理的种类见表4-5。

表4-5　可视化管理的种类

可视化管理的种类	通用实例	水利水电工程建设应用实例
颜色线条	工厂基本颜色标准、常用线条规格、重点工序	辅助厂区可用
空间地名	建筑编号、房间命名、区域品牌	隧道、各辅助厂区名等
地面通道	通行线、地面导向、门管理	生活区道路线、现场安全通道等
设备电器	流体管理、物流方向、仪表阀门	现场变压器、配电箱标志牌
物品材料	物品原位置、保管柜、定量标示	辅助生产区物料定位
工具器具	各类工具、手套、绳索、搬运车辆	电动工具定位管理
安全警示	消防设施、安全护栏、危险品	危险源(点)标志牌、安全标志牌等
外围环境	车库、道路路沿	施工用道防护墩等
办公部门	办公桌面物品、抽屉柜子、文件资料	办公室文件管理
管理看板	方针指标、公告栏、红牌	办公区公告

6. 水利水电工程建设现场安全可视化管理的内容

1) 安全文化可视化

文化作为精神文明的范畴,它是影响人的第二基因。同样企业安全文化,也是企业安全生产的基因。安全文化氛围浓厚则安全生产有保障,反之则事故频发。在企业生产过程中,采用一系列艺术形式,充分展现企业的安全文化,使安全文化不至于成为枯燥的口号,而是为大众所乐见、接受。

2) 安全警示信息可视化

施工现场的各种安全标志、危险源警示牌、危险预知训练都属于安全警示信息可视化内容。通过这一系列的警示信息让入场人员通过眼睛就可知道应该做什么、不应该做什么、哪里危险、哪里安全。

3) 安全行为控制可视化

农民工是水利水电工程建设的主力军,但由于安全意识不高与安全技能不强,他们也是事故的多发群体。可采用内容生动形象的漫画作为控制不安全行为的措施之一,警示现场工人,使他们不断提高安全意识,减少不安全行为。

农民工文化水平有限，通过运用内容生动形象的现场漫画，激发农民工的兴趣，可起到良好的警示效果。同时，可通过对违章较多的工人进行标记（安全帽、工作服），重点监控。

4）环境信息可视化

主要包括现场部位通向标志、交通标志、建筑物标志等，用于提示施工现场各类场所在何处、如何走等信息。

7. 水利水电工程建设现场安全可视化管理的作用

（1）通过可视化管理，企业安全文化不再是只放在总结汇报材料里做官方语言，而是切实放在工作场所里通俗化，让大家能看见、能理解、能实现。

（2）通过可视化管理，将工种的规范操作显露并形象化，使作业有据可依；降低工种作业难度，使新工人也能正确作业；省心省力，减少操作失误。

（3）通过可视化管理，在作业点设置与作业相关的安全警示和应急提示。

（4）通过可视化管理，将各种机械设备、物资的重要信息显露，以备不时之需。需要了解哪里、看哪里，不会因到处寻找而错过时机。

（5）通过可视化管理，将危险源"包藏祸心"的真实面目显露出来，让人容易、迅速了解它，彻底打消侥幸心理。

（6）通过可视化管理，安全教育培训从管理方法到教学方法、教材形式都得到了创新，让管理更加高效，培训更加有效。

因此，现场安全可视化管理作为一种"一目了然"的管理方法和手段，它能够营造浓郁的企业安全文化氛围，降低安全管理的难度，提高企业安全管理水平，提高员工的安全素质，最终达到降低事故发生率的目的。

三、机器设备的本质安全化建设

机器设备的本质安全化建设的根本目的是消除和避免机器、设备设施的不安全状态的出现，也就是控制危险源和消除事故隐患。除常规的从工艺、技术角度考虑提升物的本质安全水平外，安全检查、事故隐患排查与治理是提升本质安全水平的主要常规手段，除此之外，安全设施标准化建设和危险源辨识与控制在很大程度上能够进一步提升物的本质安全化水平，也是较常采用的手段。

（一）安全设施标准化

安全设施是防止生产活动中可能发生的人员误操作，以及外因引发的人身伤害、设备损坏等，而设置的安全标志、设备标志、安全警示线和安全防护设施的总称。

水利水电工程建设工序复杂，现场危险源众多，而人员素质普遍不高，如果防护设施不到位、安全提示不明显，很容易导致事故发生。为确保施工现场人员的安全、施工正常进行，配置全面合理的安全设施显得非常重要。因而，进行安全设施标准化建设是实现水利水电工程建设过程中物的本质安全化建设的重要内容。

1. 水利水电施工现场主要安全设施

1）现场安全防护设施

水利水电工程建设施工现场用得较多的防护设施有：防护栏杆、安全网、安全通道、孔洞盖板、防护棚等，现场安全防护设施设置应符合本书第四章第五节"七、安全防护设施"

的相关要求。

2)标志(标识)

水利水电工程建设施工现场用到的标志较多,如安全标志、交通标志、安全警示标志、重大危险源警示牌、脚手架验收牌、部位指示标志、爆破点警示标志等。此处给出常见标志(标识)的制作标准供各单位参考。

(1)安全标志。安全标志牌的制作、安装必须符合《安全标志及其使用导则》(GB 2894—2008)等相关标准、规范的要求。安全标志主要分为4类:警告标志、禁止标志、指令标志、提示标志。

①警告标志,表示警告人注意某种危险。

②禁止标志,表示禁止、停止某种危险行为。

③指令标志,表示指令、要求人们必须遵守的规定。

④提示标志,表示给人们提供允许、安全的信息。

(2)交通标志。交通标志牌的制作、安装必须符合《道路交通标志和标线》(GB 5768—2009)等相关标准、规范的要求。施工现场主要用到限速标志、限高标志、限宽标志、转弯标志、停车场标志等。

(3)安全警示标志。

①防止碰头线。在人行通道高度不足1 800 mm的障碍物上配置防止碰头线。防止碰头线为黄黑相间的安全色,与水平面夹角为45°,间隔100 mm。

②防止绊跤线。人行通道地面上高差300 mm以上的管线或其他障碍物上配置防止绊跤线。防止绊跤线为黄黑相间,间隔100 mm。

③防碰撞警示线。在车辆易碰的设备、管道上配置防碰撞警示线,防止碰撞线为黄黑相间的安全色,与水平面夹角为45°,间隔100 mm,最好选择反光材料。

(4)现场实用标志。

①危险源警示牌。用于危险源相关信息公开、警示,牌板主要内容为工程项目名称、作业内容、危险源名称、危险源描述、可能导致的危险、控制措施、责任单位、相关责任人、联系方式等。警示牌配置在危险源(点)附近醒目位置,不得妨碍施工。牌板尺寸、结构根据牌板内容和现场实际情况确定。

②安全文化宣传牌。安全文化宣传牌配置在地势开阔、可以向各单位展示自己的安全文化理念的位置,如生活区宿舍楼前、进出工地的主要通道两侧。

③施工现场安全警告宣传牌。施工现场安全警告宣传牌配置在现场位置比较固定处,如防护栏上。标志牌尺寸一般为120 cm×80 cm,或以长宽比为3∶2适当缩放。标志牌上可写上单位名称,配置安全标志和宣传标语。

④部位指示牌。部位指示牌配置在爬梯、通道等入口处,用于指示某重要位置的方向。条件允许的情况下,牌板中心点距地面1.5 m。标识牌框采用25 mm×25 mm的角钢,面板采用1 mm铁皮制作,底色为蓝色,字体为白色黑体字,尺寸为60 cm×80 cm。

⑤爆破作业面警示标志。工程施工爆破作业周围300 m区域为危险区域,爆破警示标志为标志牌、彩旗、文字标志牌。危险区域边界采用彩旗,以提示爆破区域,危险区域内不得有非施工生产设施。对危险区域内的生产设施设备应采取有效的防护措施;爆破危

险区域边界的所有通道应设有明显的提示标志牌，标明规定的爆破时间和危险区域的范围，并悬挂“爆破区域，禁止入内”文字标志牌；区域内明显警示装置，在爆破作业点插爆破警示旗，使危险区内人员都能清楚看到警示信号。

3）文明施工

水利水电工程建设施工现场一般在野外，相对于城市建筑工程，文明施工管理难度大，涉及内容较多，包括移动厕所、移动板房、道路清洁、物料堆放、风水管线敷设、垃圾处理等多个方面的管理。

2. 安全设施标准化建设步骤

尽管水利水电工程建设施工现场安全设施通用部分较多，但会有不同的危险源，需不同的安全设施；且每个单位文化内涵不同，安全文化宣传内容、形式也会不同，所以通常需聘请专业机构进行全面策划，做到现场安全设施标准化。

具体实施程序如下：

（1）寻找专业策划机构，其必须有水利水电工程安全设施策划经验。

（2）专业机构派专家进行现场诊断，分析辨识现场危险、有害因素与安全设施配置状况。

（3）专业机构提交现场诊断报告，给出危险、有害因素种类及存在部位，现场安全设施配置情况，存在的问题等。

（4）在现场全面诊断的基础上，专业机构提交初步策划方案，应明确策划内容和采用形式。

（5）专业机构、水利水电工程建设项目相关单位共同讨论、交流提出意见。

（6）专业机构根据意见进行修改、完善，并进行专业策划；各类设施设计、图片处理、手册排版等，经反复讨论、修改，形成最终标准化手册。

（7）按照安全设施标准化手册，进行现场实施，有针对性地全面控制施工现场。

3. 安全设施标准化实施示例

2017 年 9 月至 2018 年年底，××公司××水利水电工程建设进行了全面的安全设施策划，策划内容全面、实用，提高了该水利水电工程建设现场安全管理水平，提升了企业总体形象。该项目策划介绍具体如下。

1）策划背景

××公司非常重视水利水电工程建设安全管理，特以××水利水电工程建设为试点，策划了《××水利水电工程建设安全文明施工设施标准化手册》，并在实际应用中不断完善。本次策划完善了××水利水电工程建设安全管理体系，加强了××水利水电工程建设安全管理采取的重要措施。该手册的应用，将大大提高××水利水电工程建设安全生产的监督管理水平，加强对施工企业的管理，实现文明施工有标准可依，各施工企业可按照标准实施，各监理单位可按照本手册进行监督检查，最终实现工程全面标准化管理。

2）策划内容

《××水利水电工程建设安全文明施工设施标准化手册》策划内容全面、实用，主要策划有下列内容：

1　生产、生活区布置

1.1　办公区
1.2　生活区
1.3　生产区
1.4　辅助生产区
1.5　砂石场
1.6　拌和场
1.7　炸药库
1.8　加油站(油库)
1.9　变电所
1.10　生产、生活供水区
1.11　污水处理厂
1.12　设备物资库
1.13　气象站
2　安全设施
2.1　"四牌一图一栏"
2.2　防护栏杆
2.3　临时提示遮拦
2.4　孔口盖板
2.5　安全通道
2.6　施工排架
2.7　安全防护网
2.8　设备安全防护设施
2.9　施工用电
2.10　消防设施
2.11　组合式柱头托架
3　警示、标志(标识)宣传
3.1　危险源(点)警示牌
3.2　安全宣传牌
3.3　施工现场安全警告宣传牌
3.4　组合安全标志牌
3.5　施工排架验收牌
3.6　部位指示牌
3.7　爆破作业面警示标志
3.8　应急救援设施标志
3.9　大型机械(含特种设备)标志
3.10　安全标志
3.11　道路交通标志
3.12　消防设施标志

3.13　安全警标志
3.14　管道色标(风、水管)
4　环境卫生、文明施工设施
4.1　食堂
4.2　现场值班室、吸烟室及休息室
4.3　医疗室
4.4　现场会议室
4.5　现场调度室
4.6　工具房
4.7　灌浆站
4.8　制冷站(制冷车间)
4.9　风、水、电等管线布设
4.10　饮水点
4.11　垃圾箱
4.12　搅拌、制浆站废水排放沉淀池
4.13　道路清洁
4.14　现场排水沟道
4.15　移动厕所
4.16　设备、材料堆放
5　成品保护
5.1　线路保护
5.2　监测设施保护
5.3　混凝土保护
5.4　机械设备隔离保护
5.5　不锈钢栏杆保护
5.6　钢筋保护
5.7　止水保护
5.8　金属结构保护
5.9　其他成品保护
6　现场保卫
6.1　警卫与交通安全管理
6.2　交通安全管理
7　个体防护
7.1　基本要求
7.2　安全员服装
7.3　交通指挥人员服装
7.4　安全帽
7.5　安全带

7.6　安全绳

7.7　防护服(静电、酸、碱等)

7.8　防尘口罩

7.9　防毒面具

7.10　防护手套

7.11　绝缘鞋

7.12　双保险及母绳使用方法

3)应用效果

项目实施前后对比明显,主要表现在下列方面:

(1)安全设施方面。项目实施前,有些施工企业安全设施存在不符合标准的情况;项目实施后,整个工地的防护栏杆、盖板、梯子等安全防护设施全部符合标准,并且规格、颜色一致,施工现场防护到位、井然有序。

(2)标志(标识)、安全文化宣传方面。项目实施前,现场安全标志不规范、安全文化宣传内容很少,安全文化氛围不浓;项目实施后,安全标志统一规范,危险源警示牌等醒目、内容充实,安全文化氛围浓厚,工地总体形象良好。

(3)施工环境方面。项目实施前,现场存在会议室、休息室等大小不一,物料随意堆放等现象;项目实施后,现场会议室、休息室规格统一、颜色一致,物料定位堆放,并配置物料标志牌,做到了安全生产文明施工。

(二)危险源辨识与控制

危险源辨识与控制是全方位、全过程地辨识水利水电工程建设过程中可能存在的危险源,评价危险源风险大小,制定针对性的控制措施,从而达到风险识别与控制的目的。

1.危险源识别与控制流程

危险源辨识与控制一般以现场各种场所、作业活动为单位作为辨识、评价与控制的单元,采用作业条件危险性评价法对辨识出的危险源进行半定量评价,并判断风险等级,明确危险源控制重点,继而制定管理、培训、技术等多方面的针对性措施并组织实施,最终实现危险源控制的目的。其流程参阅本章第三节。

2.危险源辨识与评价

危险源辨识与评价参考本章第三节。

3.危险源控制

1)控制内容

危险源控制可分为预防控制和编制作业文件、应急预案两方面。预防控制的主要目的是防止意外事件发生,作业文件、应急预案主要是避免或减少意外事件导致事故的可能性及其造成的损失。

控制活动及过程有确定风险值、制定风险控制措施、绩效检测与改进。

2)控制措施

(1)可能存在不可接受的危险,且尚无可靠的控制措施的,必须制订并落实应急预案,并报最高管理者批准。

(2)对重要危险因素应综合考虑技术方案、运行控制等因素,或制定目标、指标管理方案，编制专项方案或作业指导书，或制订应急计划等措施。

(3)对非重要危险因素也必须采取培训、教育等控制措施，防止形成新的重要危险因素。

4.《危险源辨识与控制手册》

《危险源辨识与控制手册》是根据危险源辨识、风险评价和控制措施所制定的手册，用于指导控制措施的落实与实施。表4-6为某施工企业《水利水电工程危险源辨识与控制手册》的内容示例。

表4-6 《水利水电工程危险源辨识与控制手册》内容示例

作业活动	伤害类别	危险源描述	L	E	C	D	危险等级	控制措施
高处作业	高处坠落	无相应防护设施或安全设施不完善导致作业人员高处坠落	6	6	15	540	1	设置安全网、防护栏杆等防护设施
		未设置安全通道或设置不当，人员上下时不慎坠落伤亡	3	6	15	270	2	设置安全网、防护栏杆等防护设施；加强员工安全意识教育，认识到安全通道的真正作用
		悬空通道无围栏或台阶有缺陷导致作业人员坠落伤亡	6	10	15	900	1	加强现场检查，发现隐患及时处理
		未有效使用安全带(绳)等防护用品	3	3	15	135	3	作为强制性条款，要求员工佩戴；加强现场检查

四、环境的本质安全化建设

环境的本质安全化建设内容与人、机器设备的本质安全化建设内容存在交叉，譬如现场安全可视化、安全设施标准化等也包含环境的本质安全化建设内容。安全文明施工是环境的本质安全化建设的主要方面，也是被广泛使用的一种手段。

水利水电工程建设现场环境及施工条件较为复杂，要长效保持安全文明施工处于较好水平，结合工程建设的规模、技术、环境等特点，进行工程安全文明施工策划是最有效的手段。通过安全文明施工的策划，做到“设施标准、环境整洁、行为规范、施工有序、安全文明”，创建水利水电工程建设安全文明施工一流现场，树立安全文明施工品牌形象工程，为各项安全控制目标顺利实现创造条件。

根据不同企业实施的安全文明施工策划情况来看，安全文明施工策划内容存在较大差异，基本可以分为两类：综合性的安全文明施工策划和专项的安全文明施工策划。

综合性的安全文明施工策划主要包括下列内容：

(1)施工企业安全管理体系的完善。主要包括建立完善的安全管理体系、建立健全各种规章制度等。

(2)水利水电工程建设安全管理方法、管理模式的创新。包括建立信息化的安全管理系统、区域模块化封闭管理等。

(3)安全生产管理重点内容的建设。包括安全培训系统建设、安全文化建设、特种设备管理、重大危险源管理、隐患排查与治理等方面内容。

(4)现场文明施工的建设。包括施工现场安全管理、安全设施、标志(标识)等方面内容。

可以看出,综合性的安全文明施工策划等价于全范围的工程本质安全化建设;现场文明施工策划等价于专项安全文明施工策划,两者只有描述上的用语差异,而本质内容没有差异。

在《建筑施工安全检查标准》(JGJ 59—2011)中将文明施工的检查范围分为下列10类:

①现场围挡。

②封闭管理。

③施工场地。

④材料管理。

⑤现场办公与住宿。

⑥现场防火。

⑦综合治理。

⑧公示标牌。

⑨生活设施。

⑩社区服务。

针对水利水电工程建设,结合企业安全文明施工策划经验,专项的安全文明施工策划应包括下列基本内容:

①文明施工管理。

②现场总体布局。

③安全防护设施。

④施工走道、栈道与梯子。

⑤机电设备的安全防护。

⑥标志(标识)。

⑦施工用电。

⑧施工道路运输。

⑨施工周边环境保护。

⑩个体劳动防护。

⑪办公、生活区文明形象管理。

⑫施工现场文明形象管理。

以上基本内容并非一成不变,可以根据工程建设实际情况和策划情况进行调整。譬如,在有些专项安全文明施工策划中,也加入了安全生产方针、安全生产目标、安全文化建设、安全监督管理体系和保障体系等方面的内容。

五、管理的本质安全化建设

（一）安全生产管理体系

由于水利水电工程建设项目建设周期长短不一，涉及项目法人、勘察设计单位、监理单位和多家施工企业等单位，再加上工程建设周边环境条件差，使得工程建设安全生产管理一直是管理的重点和难点。尽管施工企业一般都建立了安全管理体系，并通过培训来提高安全管理水平，但对具体工程项目依然存在业主、监理、施工企业责任定位不清，管理流程不具体等问题，工程建设管理混乱的现象亦时有发生。因此，针对具体工程建设项目，项目法人一般会结合项目具体情况，对安全生产管理体系进行完善。

项目法人进行的安全生产管理体系完善一般以规范设计单位、施工企业、监理单位等的安全生产活动为主要目的。主要依据安全管理体系标准和先进的安全管理方法，针对工程项目建立内容全面、管理科学、流程清晰的安全生产管理体系，明确业主、设计单位、监理单位和施工企业的安全管理职责和相互协调沟通工作记录形式，为工程项目提供有效的安全管理方法与手段。

水利水电工程建设项目安全管理体系的完善要点包括下列内容：

（1）以工程项目为对象，建立集业主、监理和施工企业三方于一体的安全生产管理体系，明确工程项目安全管理的内容，有效规范外部协调管理程序，提供有效的安全管理手段。

（2）以过程控制为方法，梳理优化业主、监理、施工企业的安全管理职责与各项安全管理工作流程，提高安全监管绩效，保证良好的安全文明施工秩序。

（3）以风险预控为主线，针对工程项目施工人员、设施设备和作业环境各类风险因素，提供有效的风险控制措施，促进工程现场安全管理水平的提高。

（4）以管理手册、程序文件及操作规程的修订完善为主要成果。

（二）安全生产管理信息化

安全生产管理信息化建设是加强施工现场安全生产管理的一种重要途径。对于大型水利水电工程，加强安全生产管理信息化建设能够起到非常明显的效果。

1. 安全生产管理信息系统

建立实现业主、监理、施工企业一体化管理的水利水电工程建设安全生产管理信息系统，实现安全管理各项业务的在线申报与审批，各类安全数据信息化管理。水利水电工程安全生产管理信息系统结构如图4-5所示。

2. 封闭式多维现场安全监控平台

建立封闭式多维现场安全监控平台，利用计算机技术、监控设备、GPS技术、通信技术和物联网技术等现代科学技术，实现对水利水电工程建设现场的信息化安全监管。

1）安全准入管理系统

策划施工现场安全准入管理模式，制定现场安全准入制度，开发安全准入管理系统。利用无源低频电子标签（或IC卡、ID卡等）记录工人的作业信息和安全培训教育信息，记录车辆和机械的信息，通过对电子标签的读取和监控管理，从而实现对入场人员、车辆、设备的安全准入管理。安全培训合格的人员才能准入施工现场。当入场人员刷卡时，发现

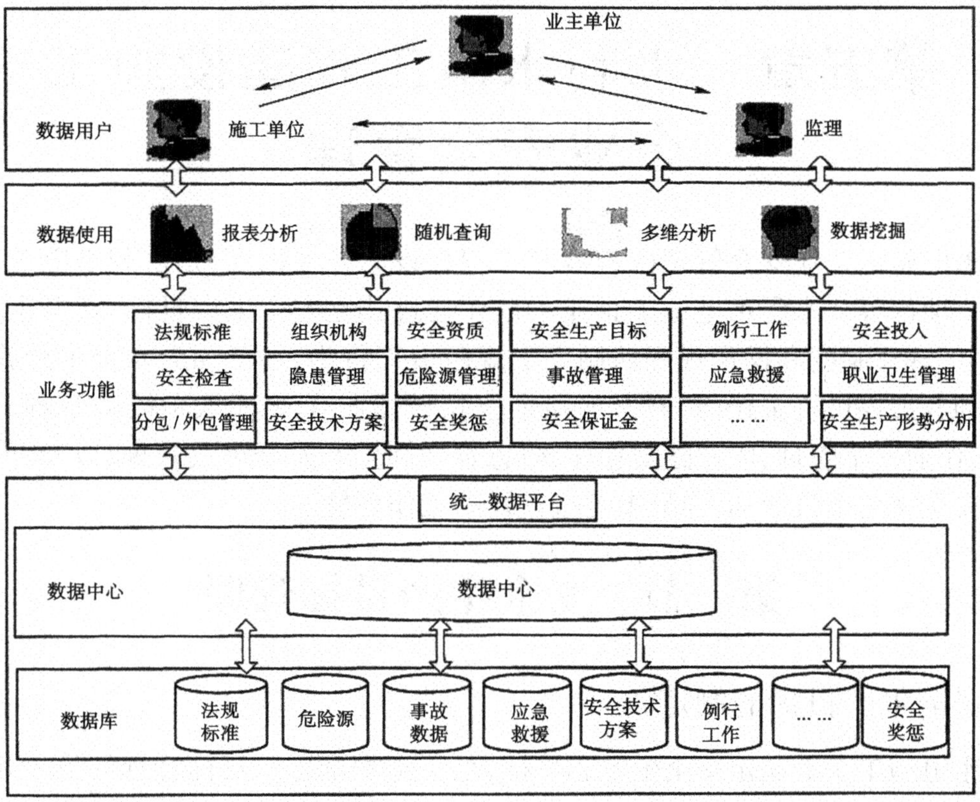

图 4-5　水利水电工程安全生产管理信息系统结构

不合要求的，系统则进行报警，安保人员可阻止其进入现场。对无 IC 卡的场外人员，系统进行报警，实时监控画面会发送到系统监控中心，安保人员可阻止其进入现场。

对进入施工现场的机器设备、物料、设施等进行控制，通过 IC 卡系统可以读取相关信息，出入门或施工单元区域，系统自动识别，给出通行与否的决定；通过系统记录入场状态、监控场内动向；入场机械、车辆换发场内通行证，通行证标示作业范围和时间，不得超时间、超区域作业。

2）安全管理移动办公

针对施工现场安全管理工作量大，移动性、紧急性显著的特点，可以借助安全管理移动办公工具，实现安全管理人员移动办公。现场安全员手持“安全通”（可读取无源低频电子标签的设备），可进行现场安全检查，读取人员、设备信息，查询安全管理资料和违规处罚等操作。“安全通”类似智能化的定制手机，内部固化安全管理相关应用软件和资料，为施工现场安全管理移动办公提供方便。

3）全方位视频监控系统

通过主要入口、工作面等全方位监控摄像设备，监控出入人员、车辆状态，以及工作状态，发现异常或违章，监控人员可进行控制。

4）重大危险源监控系统

建立重大危险源监控系统，实现对重大危险源的实时监控、动态监管和及时预警。将重大危险源的日常管理和实时监控相结合，保障重大危险源处于可控状态。

第五章　水利水电工程建设施工企业安全管理

水利水电施工企业安全管理内容涉及工程建设的方方面面，是水利水电工程建设必不可少的一项内容。水利水电施工企业不仅要通过建立安全生产目标、安全生产管理机构、安全生产规章制度和操作规程从制度上规范员工行为，还要加大安全生产投入，为安全工作顺利开展提供资金保障，通过加强事故隐患排查治理、重大危险源管理、生产设备设施管理、作业安全管理、职业健康管理、应急管理和生产安全事故管理，以及开展安全教育培训和安全文化建设活动，为员工营造良好的工作环境。

第一节　安全生产目标管理

一、安全生产目标的制定

水利水电施工企业制定安全生产总目标，是实施安全生产目标管理的第一步，也是安全生产目标管理的核心。安全生产总目标制定的合适与否，关系到安全生产目标管理的成败。

依据《水利安全生产标准化评审管理暂行办法》附件2《水利水电施工企业安全生产标准化评审标准（试行）》（水安监〔2013〕189号）及修订后的《水利安全生产标准化评审标准》附件《水利水电施工企业安全生产标准化评审标准》（办安监〔2018〕52号），水利水电施工企业应根据自身安全生产实际，制定总体和年度安全生产目标。按照所属基层单位和部门在安全生产中的职能，分解年度安全生产目标，制定基层单位和部门目标及个人目标。同时还要制定完成目标的标准，以及达到目标的方法和保证措施等内容。

（一）安全生产目标制定的依据

水利水电施工企业制定企业安全生产总目标的依据包括下列内容：

（1）国家与上级主管部门的安全工作方针、政策及下达的安全指标。

（2）本企业的中、长期安全工作规划。

（3）工伤事故和职业病统计资料及数据。

（4）企业安全工作及劳动条件的现状及主要问题。

（5）企业的经济条件及技术条件。

（二）安全生产目标的内容

水利水电施工企业安全生产目标的内容包括安全生产目标和保证措施两个部分。

1. 安全生产目标

水利水电施工企业安全生产目标一般包括下列几个方面：

（1）重大事故次数，包括死亡事故、重伤事故、重大设备事故、重大火灾事故、急性中毒事故等。

(2)死亡人数指标。

(3)伤害频率或伤害严重程度。

(4)事故造成的经济损失,如工作日损失、工伤治疗费、死亡抚恤费等。

(5)作业点尘毒达标率。

(6)劳动安全措施计划完好率、隐患整改率、设施完好率。

(7)全员安全教育率、特种作业人员培训率等。

2. 保证措施

水利水电施工企业保证措施大致有下列几个方面:

(1)安全教育措施。安全教育措施包括教育的内容、时间安排、参加人员规模、宣传控制和整改,并制定整改期限和完成率。

(2)安全检查措施。安全检查措施包括检查内容、时间安排、责任人、检查结果等。

(3)危险因素的控制和整改。对危险因素和危险点要采取有效的技术和管理措施进行控制和整改,并制定整改期限和完成率。

(4)安全评比。水利水电施工企业定期组织安全评比,评出先进班组。

(5)安全控制点管理。安全控制点管理要求制度无漏洞、检查无差错、设备无故障、人员无违章。

二、安全生产目标的实施

(一)安全生产目标的分解

水利水电施工企业安全生产总目标制定以后,必须按层次逐级进行安全生产目标的分解落实,将安全生产总目标从上到下层层展开,分解到各级、各部门直到每个人,形成自下而上层层保证的安全生产目标体系。安全生产目标分解如图5-1所示。

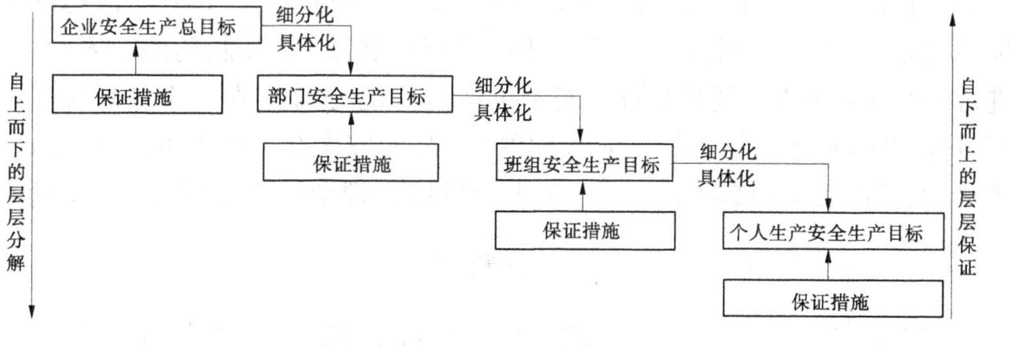

图5-1　安全生产目标的分解

安全生产目标分解的形式通常有下列3种:

(1)纵向分解。安全生产目标的纵向分解是指将安全生产总目标自上而下逐级分解到每个管理层次直至每个人的分目标。企业安全生产总目标可分解为部门级、班组级、个人安全生产目标。

(2)横向分解。安全生产目标的横向分解是指将目标在同一层次上分解为不同部门的分目标。企业安全生产目标可分解为安全专职机构、生产部门、技术部门等的安全生产目标。

(3)时序分解。按时间顺序分解总目标是将安全生产总目标按时间顺序分解为各个时期的分目标,如年度安全生产目标、季度安全生产目标、月度安全生产目标等。

在实际应用中,上述3种方法往往是综合应用,形成三维立体目标。一个企业的安全生产总目标既要横向分解到各个职能部门,又要纵向分解到班组和个人,还要在不同年度和季度有各自的分目标。

(二)安全生产目标的实施

安全生产目标是由上而下层层分解的,保证措施是由下而上层层保证的。各单位或部门应逐级签订安全生产目标责任书,目标实施应与经济挂钩,每个分目标都要有具体的保证措施、责任承担者及相应的权重系数。

安全生产目标的实施需要上级对下级的工作进行有效监督、指导、协调和控制。上级对下级部门的监督和指导,不是干涉,下级部门不必事事向上级请示,时时汇报工作情况。但是,"放权"不等于撒手不管。上级要对下级目标的实施状况进行管理,定期深入下级部门,了解和检查目标完成情况,交换工作意见,对下级工作进行必要的具体指导。除此之外,安全生产目标的实施还需要依靠各级组织和广大职工的自我管理、自我控制,各部门各级人员的共同努力、协作配合,通过有效协调可以消除实施过程中各阶段、各部门之间的矛盾,保证目标按计划顺利实施。

三、安全生产目标的考核与评价

安全生产目标的考核与评价是对实际取得的目标成果做出客观的评价,对达到目标的给予奖励,对未达目标的给予惩罚,从而使先进的受到鼓舞,使落后的得到激励,进一步调动全体职工追求更高目标的积极性。通过考评还可以总结经验和教训,发扬优势、克服缺点,明确前进的方向,为下期安全生产目标管理奠定基础。

安全生产目标管理的4个阶段,即安全生产目标的制定、安全生产目标的分解、安全生产目标的实施、安全生产目标的考核与评价是相互联系、相互制约的。安全生产目标的制定是进行安全生产目标管理的前提,安全生产目标的分解是安全生产目标管理的基础,安全生产目标的实施是安全生产目标管理的关键,而安全生产目标的考核与评价是实现安全生产目标管理持续发展的动力。安全生产目标管理全过程流程如图5-2所示。

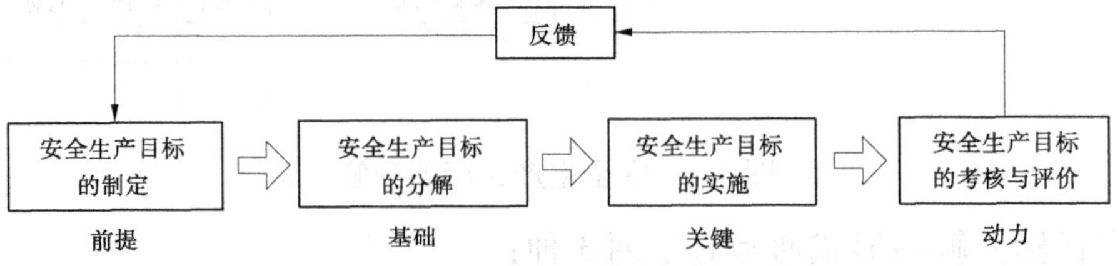

图5-2　安全生产目标管理全过程流程

第二节　安全生产管理机构与人员配备

水利水电施工企业的安全生产管理必须有组织上的保障,否则安全生产管理工作就无从谈起。组织保障主要包括两方面:一是安全生产管理机构的设置及职能;二是安全生产管理人员配备及职能。

安全生产管理机构是指企业中专门负责安全生产监督管理的内设机构。安全生产管理人员是指企业中从事安全生产管理工作的专职或兼职人员。其中，专门从事安全生产管理工作的人员则是专职安全生产管理人员。既承担其他工作职责，又承担安全生产管理职责的人员则为兼职安全生产管理人员。

一、安全生产管理机构设置及职责

水利水电施工企业安全生产管理机构是指水利水电施工企业设置的负责安全生产管理工作的独立职能部门。

依据《建筑施工企业安全生产管理机构设置及专职安全生产管理人员配备办法》（建质〔2008〕91 号，简称《办法》）的规定，水利水电施工企业应当依法设置安全生产管理机构，在企业主要负责人的领导下开展本企业的安全生产管理工作。

水利水电施工企业所属的分公司、区域公司等较大的分支机构应当各自独立设置安全生产管理机构，负责本企业（分支机构）的安全生产管理工作。

水利水电施工企业安全生产管理机构主要有下列职责：

（1）宣传和贯彻国家有关安全生产法律法规及标准。

（2）编制并适时更新安全生产管理制度、操作规程并监督实施。

（3）组织或参与企业生产安全事故应急救援预案的编制及演练。

（4）组织开展安全教育培训与交流，如实记录安全生产教育和培训情况。

（5）协调配备项目专职安全生产管理人员。

（6）制订企业安全生产检查计划并组织实施。

（7）监督在建项目安全生产费用的使用。

（8）参与危险性较大工程的安全专项施工方案专家论证会。

（9）通报在建项目违规违章查处情况。

（10）组织开展安全生产评优评先表彰工作。

（11）建立企业在建项目安全生产管理档案。

（12）考核评价分包企业安全生产业绩及项目安全生产管理情况。

（13）参加生产安全事故的调查和处理工作。

（14）企业明确的其他安全生产管理职责。

二、安全生产管理人员配备及职责

水利水电施工企业专职安全生产管理人员是指经省级以上水行政主管部门安全生产考核合格，并取得安全生产考核合格证书，在企业从事安全生产管理工作的专职人员，包括企业安全生产管理机构的负责人、工作人员和施工现场专职安全员。

依据《安全生产法》的规定，水利水电施工企业必须配备专职的安全生产管理人员。

《办法》规定，建筑施工企业安全生产管理机构专职安全生产管理人员的配备应满足下列要求，并应根据企业经营规模、设备管理和生产需要予以增加：

（1）建筑施工总承包资质序列企业：特级资质不少于 6 人；一级资质不少于 4 人；二级

和二级以下资质企业不少于 3 人。

(2)建筑施工专业承包资质序列企业：一级资质不少于 3 人；二级和二级以下资质企业不少于 2 人。

(3)建筑施工劳务分包资质序列企业：不少于 2 人。

(4)建筑施工企业的分公司、区域公司等较大的分支机构应依据实际生产情况配备不少于 2 人的专职安全生产管理人员。

水利水电施工企业专职安全生产管理人员在施工现场检查过程中具有下列职责：

(1)查阅在建项目安全生产有关资料、核实有关情况。

(2)检查危险性较大工程安全专项施工方案落实情况。

(3)监督项目专职安全生产管理人员履责情况。

(4)监督作业人员安全防护用品的配备及使用情况。

(5)对发现的安全生产违章违规行为或安全隐患，有权当场予以纠正或做出处理决定。

(6)对不符合安全生产条件的设施、设备、器材，有权当场做出停止使用的处理决定。

(7)对施工现场存在的重大事故隐患有权越级报告或直接向建设主管部门报告。

(8)企业明确的其他安全生产管理职责。

三、施工现场安全生产管理机构设置及人员配备

水利水电工程建设施工现场应按工程建设规模设置安全生产管理机构、配备专职安全生产管理人员，工程建设项目应当成立由项目负责人负责的安全生产领导小组。建设工程实行施工总承包的，安全生产领导小组由总承包企业、专业承包企业和劳务分包企业项目负责人、技术负责人和专职安全生产管理人员组成。

施工现场的项目负责人应必须取得省级以上水行政主管部门颁发的安全生产考核合格证书，对水利水电工程建设项目的安全施工负责，落实安全生产责任制度、安全生产规章制度和操作规程，确保安全生产费用的有效使用，并根据工程的特点组织制定安全施工措施，消除安全事故隐患，及时、如实报告生产安全事故。

施工现场的专职安全生产管理人员负责对安全生产进行现场监督检查，发现生产安全事故隐患并及时向项目负责人和安全生产管理机构报告；对违章指挥、违章操作立即制止。

参照《办法》第十三条规定，总承包单位配备项目专职安全生产管理人员应当满足下列要求：

建筑工程、装修工程按照建筑面积配备：

(1)1 万平方米以下的工程不少于 1 人。

(2)1 万 ~5 万平方米的工程不少于 2 人。

(3)5 万平方米及以上的工程不少于 3 人，且按专业配备专职安全生产管理人员。

土木工程、线路管道、设备安装工程按照工程合同价配备：

(1)5000 万元以下的工程不少于 1 人。

(2)5000 万 ~1 亿元的工程不少于 2 人。

(3)1 亿元及以上的工程不少于 3 人,且按专业配备专职安全生产管理人员。

《办法》第十四条规定分包单位配备项目专职安全生产管理人员应当满足下列要求:

(1)专业承包单位应当配置至少 1 人,并根据所承担的单元工程的工程量和施工危险程度增加。

(2)劳务分包单位施工人员在 50 人以下的,应当配备 1 名专职安全生产管理人员;50~200人的,应当配备 2 名专职安全生产管理人员;200 人及以上的,应当配备 3 名及以上专职安全生产管理人员,并根据所承担的分部分项工程施工危险实际情况增加,不得少于工程施工人员总人数的 5‰。

第三节　安全生产规章制度

一、安全生产规章制度的建立健全

(一)安全生产规章制度的编制

安全生产规章制度是指企业依据国家有关法律法规、国家标准和行业标准,结合生产经营的安全生产实际,以企业名义颁发的有关安全生产的规范性文件。一般包括规程、标准、规定、措施、办法、制度、指导意见等。

1. 主要依据

安全生产规章制度以安全生产法律法规、标准规范、危险有害因素的辨识结果、相关事故教训和国内外先进的安全管理方法为依据。

2. 编制计划

安全生产规章制度编制计划内容包括制度名称、编制目的、主要内容、责任部门、进度安排。

3. 编制流程

安全生产规章制度编制流程包括起草、会签、审核、签发、发布 5 个步骤。制度发布后,组织相关人员学习、培训、考试,让每位职工都熟悉本企业的安全生产规章制度。

4. 编制注意事项

安全生产规章制度编制应做到目的明确、责任落实、流程清晰、标准明确,编制过程中应注意下列几点:

(1)与国家安全生产法律法规、标准规范保持协调一致,有利于国家安全生产法律法规、标准规范的贯彻落实。

(2)广泛吸收国内外安全生产管理的经验,并密切结合自身的实际情况。

(3)覆盖安全生产的各个方面,形成体系,不出现死角和漏洞。

(二)安全生产规章制度体系的建立

水利水电施工企业应依据《水利水电施工企业安全生产标准化评审标准(试行)》(水安监〔2013〕189 号)、《水利水电工程施工安全管理导则》(SL 721—2015)制定完善安全生产规章制度,形成安全生产规章制度体系。

水利水电施工企业安全生产规章制度至少应包括下列内容:

(1)安全生产目标管理制度。

(2)安全生产责任制度。

(3)安全生产考核奖惩制度。

(4)安全生产费用管理制度。

(5)意外伤害保险管理制度。

(6)安全技术措施审查制度。

(7)用工管理、安全生产教育培训制度。

(8)安全防护用品、设施管理制度。

(9)生产设备、设施安全管理制度。

(10)分包(供)方管理制度。

(11)安全作业管理制度。

(12)安全生产事故隐患排查治理制度。

(13)危险物品和重大危险源管理制度。

(14)安全例会、技术交底制度。

(15)危险性较大的单项工程管理制度。

(16)文明施工、环境保护制度。

(17)消防安全、社会治安管理制度。

(18)职业卫生、健康管理制度。

(19)应急管理制度。

(20)事故管理制度。

(21)安全生产档案管理制度等。

二、安全生产责任制

安全生产责任制是企业最基本的安全管理制度,是所有安全生产规章制度的核心。《安全生产法》明确规定,生产经营单位必须建立健全安全生产责任制。

(一)建立安全生产责任制

企业安全生产责任制按照“安全第一、预防为主、综合治理”的方针和“管生产同时必须管安全”的原则,将各级负责人员、各职能部门及其工作人员和各岗位生产工人在职业安全健康方面应做的事情和应负的责任加以明确。

企业安全生产责任制的核心是实现安全生产的“五同时”,就是在计划、布置、检查、总结、评比生产工作的时候,同时计划、布置、检查、总结、评比安全工作。一个完整的安全生产责任制体系的内容大体分为两个方面:一是纵向方面,各级组织、各级人员的安全生产责任制;二是横向方面,各职能管理部门的安全生产责任制。

水利水电施工企业安全生产责任制的制定范围应覆盖本企业所有组织、管理部门和岗位;应根据其组织机构的设置及职能,分别制定出各级领导干部、各职能管理部门的安全生产责任制;根据本企业所有岗位设置及职责,分别制定出各岗位员工的安全生产责任制。水利水电施工企业在制定安全生产责任制时,建议采取下列程序:

(1)成立编制机构,专人实施编制。

(2)根据机构编制,核实机构职能、岗位及人员配置。

(3)对本企业各所属组织安全管理状况和各岗位风险进行识别、评估、定位。

(4)制定安全生产责任制大纲,指导编制工作。

(5)组织人员编制。

(6)下发征求意见并修改完善。

(7)审查安全生产责任制草案。

(8)企业主要负责人批准、发布。

水利水电施工企业建立安全生产责任制的同时,要结合实际建立健全各项配套制度,特别要注意发挥工会的监督作用,以保证安全生产责任制得到真正落实。水利水电施工企业建立安全生产监督检查制度,通过安全生产监督检查工作来确保安全生产责任制的落实;对于违反安全管理制度的,建立奖惩制度,如安全生产奖惩制度、“三违”处罚办法等;对于发生生产安全事故的,要建立事故责任追究制度,如生产安全事故问责制度等。

(二)明确员工安全生产责任

1. 主要负责人的安全生产职责

水利水电施工企业主要负责人主要有下列安全生产职责:

(1)贯彻执行国家法律、法规、规章、制度和标准,建立健全安全生产责任制,组织制定安全生产管理制度、操作规程、安全生产目标计划、生产安全事故应急救援预案。

(2)保证安全生产费用的足额投入和有效使用。

(3)组织制定并实施本单位安全生产教育和培训计划,依法为从业人员办理保险。

(4)组织编制、落实安全技术措施和专项施工方案。

(5)组织危险性较大的单项工程、重大事故隐患治理和特种设备验收。

(6)组织事故应急救援演练。

(7)组织安全生产检查,制定隐患整改措施并监督落实。

(8)及时、如实报告生产安全事故,组织生产安全事故现场保护与抢救工作,组织、配合事故的调查等。

2. 项目负责人的安全生产职责

水利水电施工企业项目负责人是施工现场安全生产的第一责任人,对施工现场的安全生产全面领导。主要有下列安全生产职责:

(1)依据项目规模特点,建立安全生产管理体系,制定本项目安全生产管理具体办法和要求,按有关规定配备专职安全管理人员,落实安全生产管理责任,并组织监督、检查安全管理工作实施情况。

(2)组织制订具体的施工现场安全施工费用计划,确保安全生产费用的有效使用。

(3)负责组织项目主管、安全副经理、总工程师、安全管理人员落实施工组织设计、施工方案及其安全技术措施,监督单元工程施工中安全施工措施的实施。

(4)项目开工前,对施工现场形象进行规划、管理,达到安全文明工地标准。

(5)负责组织对本项目全体人员进行安全生产法律、法规、规章、制度以安全防护知识与技能的培训教育。

(6)负责组织项目各专业人员进行危险源辨识,做好预防预控,制订文明安全施工计划并贯彻执行;负责组织安全生产和文明施工定期与不定期检查,评估安全管理绩效,研究分析并及时解决存在的问题;同时,接受上级机关对施工现场安全文明施工的检查,对检查中发现的事故隐患和提出的问题,定人、定时间、定措施予以整改,及时反馈整改意见,并采取预防措施避免重复发生。

(7)负责组织制定安全文明施工方面的奖惩制度,并组织实施。

(8)负责组织监督分包单位在其资质等级许可的范围内承揽业务,并根据有关规定及合同约定对其实施安全管理。

(9)组织制订生产安全事故的应急救援预案。

(10)及时、如实报告生产安全事故,组织抢救,做好现场保护工作,积极配合有关部门调查事故原因,提出预防事故重复发生和防止事故危害扩延的措施。

3.专职安全管理人员安全生产职责

水利水电施工企业专职安全管理人员主要有下列安全生产职责:

(1)组织或参与制定安全生产规章制度、操作规程和生产安全事故应急救援预案。

(2)协助施工单位主要负责人签订安全生产目标责任书,并进行考核。

(3)参与编制施工组织设计和专项施工方案,制定并监督落实重大危险源安全管理和重大事故隐患治理措施。

(4)协助项目负责人开展安全教育培训、考核。

(5)负责安全生产日常检查,建立安全生产管理台账。

(6)制止和纠正违章指挥、强令冒险作业、违反操作规程和劳动纪律的行为。

(7)编制安全生产费用使用计划并监督落实。

(8)参与或监督班前安全活动和安全技术交底。

(9)参与事故应急救援演练。

(10)参与安全设施设备、危险性较大的单项工程、重大事故隐患治理验收。

(11)及时报告生产安全事故,配合调查处理。

(12)负责安全生产管理资料收集、整理和归档等。

三、安全操作规程

依据《水利水电施工企业安全生产标准化评审标准(试行)》(水安监〔2013〕189号)的要求,水利水电施工企业应根据国家安全生产方针政策法规及本企业的安全生产规章制度,并结合岗位、工种特点,引用或编制齐全、完善、适用的岗位安全操作规程,发放到相关班组、岗位,并对员工进行培训和考核。

安全操作规程一般应包括下列内容:

(1)操作必须遵循的程序和方法。

(2)操作过程中有可能出现的危及安全的异常现象及紧急处理方法。

(3)操作过程中应经常检查的部位、部件及检查验证是否处于安全稳定状态的方法。

(4)对作业人员无法处理的问题的报告方法。

(5)禁止作业人员出现的不安全行为。

(6)非本岗人员禁止出现的不安全行为。

(7)停止作业后的维护和保养方法等。

四、安全生产规章制度和操作规程的执行

安全生产规章制度和操作规程的执行是水利水电施工企业保护从业人员安全与健康的重要手段。

通过安全生产规章制度和操作规程的执行，使从业人员明确自己的权利和义务，也为从业人员遵章守纪、规范操作提供标准和依据。

（1）加强宣传贯彻。水利水电施工企业必须加大安全生产规章制度和操作规程的宣传力度，通过大力宣传贯彻和教育培训，使员工掌握安全生产规章制度和操作规程的要领，熟悉制度和规程的各项规定。

（2）重在落实。安全生产规章制度和操作规程一旦编制下发，要始终保持制度和规程的严肃性，保证正确的规定和指令安排得到有效执行。

（3）评估与修订。水利水电施工企业应定期对安全生产规章制度和操作规程的执行情况进行检查评估，并根据评估情况、安全检查反馈的问题、生产安全事故案例、绩效评定结果等，对安全生产管理规章制度进行修订，确保其有效和适用，保证每个岗位所使用的为最新有效版本。

（4）监督检查。水利水电施工企业安全管理部门要深入基层，采取定期、不定期和动态、静态的方式，对安全生产规章制度和操作规程的落实情况进行监督检查。

（5）严格执行文件和档案管理制度。为确保安全规章制度和操作规程编制、使用、评审、修订的效力，水利水电施工企业必须建立文件和档案管理制度，并严格执行落实。

第四节　安全教育培训

安全教育培训是各级领导从“以人为本”的高度出发，实现“安全第一、预防为主、综合治理”的根本保证，其最终目的是教育从事安全生产相关工作的人员如何提高自身安全素质，保障生命安全。

依据《水利水电施工企业安全生产标准化评审标准（试行）》（水安监〔2013〕189 号）的要求，水利水电施工企业应确定安全教育培训主管部门，按规定及岗位需要，定期识别安全教育培训需求，制订、实施安全教育培训计划，提供相应的资源保证，并应做好安全教育培训记录，建立安全教育培训档案，实施分级管理，对培训效果进行评估和改进。

一、安全教育培训的种类

安全教育培训按教育培训的对象分类，可分为安全管理人员（包括企业主要负责人、项目负责人、专职安全生产管理人员）、岗位操作人员（包括特种作业人员、新员工、转岗或离岗人员等）和其他人员的安全教育。水利水电施工企业根据教育培训对象、侧重内容的不同提出教育培训要求。

（一）安全管理人员的安全教育培训

水利水电施工企业主要负责人、项目负责人、专职安全生产管理人员应具备与本企业所从事的生产经营活动相适应的安全生产知识、管理能力和资格，每年按规定进行再培训。

1. 安全管理人员安全教育培训学时要求

水利水电施工企业主要负责人、项目负责人、专职安全生产管理人员初次安全培训时间不少于32学时,每年至少进行12学时的再培训。

2. 安全管理人员安全教育培训内容要求

水利水电施工企业主要负责人、项目负责人安全培训应当包括下列内容:

(1)国家安全生产方针、政策和有关安全生产的法律、法规、规章及标准。

(2)安全生产管理基本知识、安全生产技术、安全生产专业知识。

(3)重大危险源管理、重大事故防范、应急管理和救援组织及事故调查处理的有关规定。

(4)职业危害及其预防措施。

(5)国内外先进的安全生产管理经验。

(6)典型事故和应急救援案例分析。

(7)其他需要培训的内容。

水利水电工程建设专职安全生产管理人员安全培训应当包括下列内容:

(1)国家安全生产方针、政策和有关安全生产的法律、法规、规章及标准。

(2)安全生产管理、安全生产技术、职业卫生等知识。

(3)伤亡事故统计、报告及职业危害防范、调查处理方法。

(4)应急管理、应急预案编制及应急处置的内容和要求。

(5)国内外先进的安全生产管理经验。

(6)典型事故和应急救援案例分析。

(7)其他需要培训的内容等。

(二)岗位操作人员安全教育培训

1. 特种作业人员安全教育培训

特种作业是指容易发生事故,对操作者本人、他人的安全健康及设备、设施的安全可能造成重大危害的作业。水利水电工程建设项目特种作业包括:电工作业、焊接与热切割作业、高处作业、制冷与空调作业、安全监管总局认定的其他作业。

直接从事特种作业的人员称为特种作业人员。特种作业人员必须经专门的安全技术培训并考核合格,取得特种作业操作证后,方可上岗作业。

特种作业操作证在全国范围内有效,有效期为6年,每3年复审1次。特种作业人员在特种作业操作证有效期内,连续从事本工种10年以上,严格遵守有关安全生产法律法规的,经原考核发证机关或者从业所在地考核发证机关同意,特种作业操作证的复审时间可以延长至每6年1次。

特种作业操作证申请复审或者延期复审前,特种作业人员应当参加必要的安全培训并考试合格。

安全培训时间不少于8个学时,主要培训法律、法规、标准、事故案例和有关新工艺、新技术、新装备等知识。再复审、延期复审仍不合格,或者未按期复审的,特种作业操作证失效。

2. 新员工三级安全教育

三级安全教育一般是指企业、部门、班组的安全教育。一般是由企业的安全、教育、劳动、技术等部门配合组织进行的。受教育者必须经过教育、考试,合格后才准许进入生产岗位;考试不合格者不得上岗工作,必须重新补考,合格后方可工作。

企业级安全教育指新员工分配到工作岗位之前,由水利水电施工企业的安全生产部门进行的初步安全教育。教育培训的重点内容是国家和地方有关安全生产法律、法规、规章、制度、标准、企业安全生产规章制度和劳动纪律、从业人员安全生产权利和义务等。

部门级安全教育指新员工分配到部门后,由部门进行的安全教育。培训内容重点是:本岗位工作及作业环境范围内的安全风险辨识、评价和控制措施;典型事故案例;岗位安全职责、操作技能及强制性标准;自救互救、急救方法,疏散和现场紧急情况的处理;安全设施、个人防护用品的使用和维护等。

班组级安全教育指新员工进入工作岗位前的教育,一般采用“以老带新”或“师带徒”的方式。

教育内容:本工种的安全操作规程和技能、劳动纪律、安全作业与职业卫生要求、作业质量与安全标准、岗位之间衔接配合注意事项、危险点识别、事故防范和紧急避险方法等。

新员工三级安全教育时间不得少于24学时。新员工工作一段时间后,为加深其对三级安全教育的感性和理性认识,也为了使其适应现场变化,必须进行安全继续教育。培训内容可从原先的三级安全教育内容中有重点地选择,并进行考核,不合格者不得上岗工作。

3.“五新”教育培训

在新工艺、新技术、新材料、新装备、新流程投入使用前,对有关管理、操作人员进行有针对性的安全技术和操作技能培训。

4.转岗或待岗安全教育

待岗、转岗的职工,上岗前必须经过安全生产教育培训,时间不得少于20学时。

(三)其他从业人员安全教育培训

水利水电施工企业应督促分包单位对员工按照规定进行安全生产教育培训,经考核合格后进入施工现场,并保存好员工安全教育培训记录资料;需持证上岗的岗位,不安排无证人员上岗作业。水利水电施工企业应对外来参观、学习等人员进行有关安全规定、可能接触到的危险及应急知识等内容的安全教育和告知,并由专人带领做好相关监护工作。

二、安全教育培训实施与考核

安全教育培训的指导思想是企业开展安全培训的总的指导理念,也是主动开展企业职业健康安全教育的关键。安全教育培训工作是一个系统工程,涉及计划、实施、检查与评估、改进等诸多环节,只有确定与企业职业健康安全方针一致的安全教育培训指导思想才能实现企业安全教育系统的PDCA循环,确保安全教育培训体系的有效运行,顺利实现企业的职业健康安全方针。

(一)制订安全教育培训计划

水利水电施工企业应定期识别安全教育培训需求,制订教育培训计划。安全教育培训计划要确定培训内容、培训的对象和时间,对培训的经费做出概算。

一般来说,教育培训对象主要分为安全管理人员、特种作业人员、一般操作人员;教育培训时间可分为定期(如安全管理人员和特种作业人员的年度培训)和不定期培训(如一般性操作工人的安全基础知识培训、企业安全生产规章制度和操作规程培训、分阶段的危险源专项培训等)。教育培训的内容、对象和时间确定后,安全教育培训计划还应对培训的经费做出概算。

(二)选择安全教育培训方式

从教育培训手段看,目前多数还是授课的传统手段,运用多媒体技术开展教育培训还不太普遍。

从解决行业内较大教育培训需求和教育培训资源相对不足的矛盾来看,采取多媒体技术大范围开展培训势在必行。

一般性操作工人的安全基础知识的教育培训,应遵循易懂、易记、易操作、趣味性强的原则,建议采用发放图文并茂的安全知识小手册,播放安全教育多媒体教程的方式增强培训效果。

多媒体安全教育培训可使枯燥的安全培训工作寓教于乐,充分提升安全培训效果。现场培训可应用便携式多媒体安全培训工具箱。多媒体安全培训工具箱对安全培训教室所需的硬件、软件、课件进行集成,并以培训自动化、多媒体化的优势将安全生产管理人员从繁重的安全培训工作中彻底解放出来。

VR 体验式培训以现场施工环境为背景,采用虚拟环境人机交互体验的方式,高度还原事故发生过程,让体验人员从视觉、听觉、触觉等感官深刻体验现场施工可能对人产生的伤害,对工人产生持久的威慑力,达到更好的培训效果。

另外,班组班前、班后会作为安全教育培训的重要补充,应予以充分重视。

(三)安全教育培训考核

考核是评价教育培训效果的重要环节,是改进安全教育培训效果的重要输入信息。依据考核结果,可以评定员工接受教育培训的认知程度和采用的教育培训方式的适宜程度。

考核的形式一般主要有下列几种:

(1)书面形式开卷。适宜普及性培训的考核,如针对一般性操作工人的安全教育培训。

(2)书面形式闭卷。适宜专业性较强的培训,如管理人员和特殊工种人员的年度考核。

(3)计算机联考。将试卷用计算机程序编制好,并放在企业局域网上,员工可以通过在本地网或通过远程登录的方式在计算机上答题,这种模式一般适用于公司管理人员和特殊工种人员。计算机联考便于培训档案管理,具有到期提醒功能。

(四)安全教育培训档案

安全教育培训档案的管理是安全教育培训的重要环节,通过建立安全教育培训档案,在整体上对培训人员的安全素质做必要的跟踪和综合评估,在招收员工时可以与历史数据进行比对,比对的结果可以作为是否录用或发放安全上岗证的重要依据。安全教育培训档案可以使用计算机管理,通过该程序完成个人培训档案录入、个人培训档案查询、个人安全素质评价、企业安全教育与培训综合评价等功能。

第五节　事故隐患排查和治理

一、隐患排查和治理的职责

根据《安全生产事故隐患排查治理暂行规定》(国家安监总局令第16号)要求,水利水电施工企业是事故隐患排查、治理和防控的责任主体,应当履行下列事故隐患排查治理职责:

(1)建立健全事故隐患排查治理和建档监控等制度,逐级建立并落实从主要负责人到每个从业人员的隐患排查治理和监控责任制。

(2)保证事故隐患排查治理所需的资金,建立资金使用专项制度。

(3)定期组织安全生产管理人员、工程技术人员和其他相关人员排查本单位的事故隐患。对排查出的事故隐患,应当按照事故隐患的等级进行登记,建立事故隐患信息档案,并按照职责分工实施监控治理。

(4)建立事故隐患报告和举报奖励制度,鼓励、发动职工发现和排除事故隐患,鼓励社会公众举报。对发现、排除和举报事故隐患的有功人员,应当给予物质奖励和表彰。

(5)每季、每年对本单位事故隐患排查治理情况进行统计分析,并分别于下一季度15日前和下一年1月31日前向安全监管监察部门和有关部门报送书面统计分析表。统计分析表应当由生产经营单位主要负责人签字。

二、隐患排查

水利水电施工企业应组织事故隐患排查工作,对隐患进行分析评估,确定隐患等级,登记建档,及时采取有效的治理措施。

(一)隐患排查的一般要求

当发生下列情况时,水利水电施工企业应及时组织隐患排查:

(1)法律法规、标准规范发生变更或有新的公布。

(2)企业操作条件或工艺改变。

(3)新建、改建、扩建项目建设。

(4)相关方进入、撤出或改变,对事故、事件或其他信息有新的认识。

(5)组织机构发生大的调整的。

事故隐患排查要做到全员、全过程、全方位,涵盖施工现场人员、设备设施、环境和管理等各个环节。

(二)隐患排查的方式

安全检查是隐患排查的主要方式,其工作重点是检查设备、系统运行状况是否符合现场规程的要求,确认现场安全防护设施是否存在不安全状态,现场作业人员的行为是否符合安全规范,辨识安全生产管理工作存在的漏洞和死角等。

水利水电施工企业应根据施工的需要和特点,采用定期综合检查、专业(项)检查、季节性检查、节假日检查、日常检查等方式进行隐患排查。

(1)定期综合检查。定期综合检查一般是由上级主管部门或地方政府负有安全生产监督管理职责的部门,组织对企业进行的安全检查。

(2)专业(项)检查。专业(项)检查是针对某一个专业设施及工种的专门检查。如施工电梯安全检查、起重机械安全检查等。

(3)季节性检查。季节性安全检查是根据不同季节施工的特点开展的安全检查。如防暑降温安全检查、防雨防雷安全检查、防汛防台风安全检查、防寒防冻安全检查等。

(4)节假日检查。节假日(特别是重大节日)前、后防止员工纪律松懈、思想麻痹等进行的检查。检查应由单位领导组织有关部门人员进行。节日加班,更要重视对加班人员的安全教育,同时要认真检查安全防范措施的落实。

(5)日常检查。日常检查是普遍的、全员性的安全检查活动,包括对作业环境、安全设施、操作人员、机械设备、工器具、个人防护用品、通道、材料堆放等的自检、互检及交接班的检查。

(6)阶段性检查。阶段性安全检查是针对水利水电工程建设项目的各个不同施工阶段特点所进行的安全检查。包括阶段重点工序和危险性较大工程验收检查。

(三)隐患排查的内容

隐患排查的范围应包括所有与施工生产有关的场所、环境、人员、设备设施和活动。

水利水电工程建设施工现场隐患排查的内容与要求一般包括下列内容:

(1)作业场地平整,道路畅通,洞口有盖板或护栏,地下施工通风良好,照明充足。

(2)施工现场工作面、固定生产设备及设施处所等应设置人行通道,宽度不应小于0.6 m。

(3)用电线路布置整齐、醒目,架空高度、线间距离符合用电规范,电气设备接地良好。开关箱应完整并装有漏电保护装置。

(4)高处作业和通道的临空边缘设置高度不小于1.2 m的栏杆。

(5)悬崖、危岩、陡坡、临水场地边缘设置围栏或警告标志。

(6)易燃易爆物品使用场所有相应防护措施和警示标志。

(7)各种安全标志和告示准确、醒目。

(8)施工人员和现场管理人员遵守规章,正确穿戴安全防护用品和使用工器具,特种作业人员持证上岗。

三、重大事故隐患报告

对于重大事故隐患,水利水电施工企业应及时向项目法人、安全监管监察部门和有关部门报告。重大事故隐患报告内容应当包括下列内容:

(1)隐患的现状及其产生原因。

(2)隐患的危害程度和整改难易程度分析。

(3)隐患的治理方案。

四、隐患治理

(一)隐患治理要求

水利水电施工企业应根据事故隐患排查的结果,采取相应措施对隐患及时进行治理。

一般事故隐患由水利水电施工企业（部门、班组等）负责人或者有关人员立即组织整改。

重大事故隐患由水利水电施工企业主要负责人组织制订并实施事故隐患治理方案，在治理前应采取临时控制措施并制订应急预案。

重大事故隐患治理方案应包括治理的目标和任务、采取的方法和措施、经费和物资的落实、负责治理的机构和人员、治理时限和要求、安全措施和应急预案。

（二）隐患治理措施

水利水电施工企业可采取的事故隐患排查治理措施包括下列内容：

（1）工程技术措施。消除和减少危害，实现本质安全。

（2）管理措施。消除管理中的缺陷，提高管理水平。

（3）教育措施。规范作业行为，杜绝人的违章行为。

（4）个体防护措施。切实保护人员安全。

（5）应急措施。最大限度降低事故中的损失。

事故隐患排查治理措施应满足下列基本要求：

（1）能消除和减弱生产过程中产生的危险、有害因素。

（2）处置危险和有害物，并兼顾国家规定的限制。

（3）预防生产装置失灵和操作失误产生的危险、有害因素。

（4）能有效预防重大事故和职业危害的发生。

（5）发生意外事故时，能为遇险人员提供自救和互救条件。

（三）注意事项

水利水电施工企业在事故隐患治理过程中，应注意：

（1）事故隐患排除前或者排除过程中无法保证安全的，应当从危险区域内撤出作业人员，并疏散可能危及的其他人员，设置警戒标志，暂时停产停业或者停止使用。

（2）对暂时难以停产或者停止使用的相关生产储存装置、设施、设备，应当加强维护和保养，防止事故发生。

（3）加强对自然灾害的预防。对于因自然灾害可能导致事故灾难的隐患，应当按照有关法律、法规、标准等的要求排查治理，采取可靠的预防措施，制订应急预案。在接到有关自然灾害预报时，应当及时向下属单位发出预警通知；发生自然灾害可能危及水利水电施工企业和人员安全的情况时，应采取撤离人员、停止作业、加强监测等安全措施，并及时向当地人民政府及其有关部门报告。

五、安全评估与持续改进

事故隐患治理完成后，应对治理情况进行验收和效果评估。地方人民政府或者安全监管监察部门及有关部门挂牌督办并责令全部或者局部停产停业治理的重大事故隐患，治理工作结束后，有条件的水利水电施工企业应当组织本单位的技术人员和专家对重大事故隐患的治理情况进行评估；其他水利水电施工企业应委托具备相应资质的安全评价机构对重大事故隐患的治理情况进行评估。

对于自行组织的事故隐患排查，在事故隐患整改措施计划完成后，安全管理部门应组织有关人员进行验收。对于上级主管部门或地方政府负有安全生产监督管理职责的部门组织的安全检查，在隐患整改措施完成后，应及时上报整改完成情况，申请复查或验收。

对发现的事故隐患，应从安全管理制度的健全和完善、从业人员的安全教育培训、设备设施的更新改造、加强现场检查和监督等环节入手，做到持续改进，不断提高安全生产管理水平，防范生产安全事故的发生。

第六节 重大危险源管理

水利水电工程施工重大危险源是指水利水电工程施工中可能导致人员死亡及严重伤害、财产损失或环境严重破坏的根源或状态。水利水电施工企业应依据《安全生产法》、《危险化学品重大危险源监督管理暂行规定》（国家安监总局令第 40 号，2015 年国家安监总局令第 79 号修正）、《危险化学品重大危险源辨识》（GB 18218—2009）、《水电水利工程施工重大危险源辨识及评价导则》（DL/T 5274—2012）、《水利水电工程施工安全管理导则》（SL 721—2015）等相关文件，结合实际情况，建立健全重大危险源管理的规章制度，明确重大危险源辨识、评价、监控、事故应急的职责、方法、流程等要求，做好本单位重大危险源管理和监控工作。

一、水利水电工程施工重大危险源的辨识

根据《水利水电工程施工安全管理导则》（SL 721—2015），水利水电工程施工的重大危险源应主要从下列几方面考虑。

（一）高边坡作业

（1）土方边坡高度大于 30 m 或地质缺陷部位的开挖作业。

（2）石方边坡高度大于 50 m 或滑坡地段的开挖作业。

（二）深基坑工程

（1）开挖深度超过 3 m（含）的深基坑作业。

（2）开挖深度虽未超过 3 m，但地质条件、周围环境和地下管线复杂，或影响毗邻建筑（构筑）物安全的深基坑作业。

（三）洞挖工程

（1）断面大于 20 m^2 或单洞长度大于 50 m 及地质缺陷部位开挖。

（2）不能及时支护的部位；地应力大于 20 MPa 或大于岩石强度的 1/5 或埋深大于 500 m部位的作业。

（3）洞室临近相互贯通时的作业；当某一工作面爆破作业时，相邻洞室的施工作业。

（四）模板工程及支撑体系

（1）工具式模板工程。包括滑模、爬模、飞模工程。

（2）混凝土模板支撑工程。搭设高度 5 m 以上；搭设跨度10 m及以上；施工总荷载 10 kN/m^2及以上；集中线荷载 15 kN/m 及以上。

（3）承重支撑体系。用于钢结构安装等满堂支撑体系。

（五）起重吊装及安装拆卸工程

（1）采用非常规起重设备、方法，且单件起吊重量在 10 kN 及以上的起重吊装工程。

(2)采用起重机械进行安装的工程。

(3)起重机械设备自身的安装、拆卸作业。

(六)脚手架工程

(1)搭设高度 24 m 以上的落地式钢管脚手架工程。

(2)附着式整体和分片提升脚手架工程。

(3)悬挑式脚手架工程。

(4)吊篮脚手架工程。

(5)自制卸料平台、移动操作平台工程。

(6)新型及异型脚手架工程。

(七)拆除、爆破工程

(1)围堰拆除作业、爆破拆除作业。

(2)可能影响行人、交通、电力设施、通信设施或其他建、构筑物安全的拆除作业。

(3)文物保护建筑、优秀历史建筑或历史文化风貌区控制范围的拆除作业。

(八)储存、生产和供给易燃易爆

危险品的设施、设备及危险品的储运,主要分布于工程项目的施工场所:

(1)油库(储量:汽油 20 t 及以上;柴油 50 t 及以上)。

(2)炸药库(储量:炸药 1 t)。

(3)压力容器($P_{max}>0.1$ MPa 和 $V\geqslant 100\ m^3$)。

(4)锅炉(额定蒸发量 1.0 t/h 及以上)。

(5)重件、超大件运输。

(九)人员集中区域及突发事件

(1)人员集中区域(场所、设施)的活动。

(2)可能发生火灾事故的居住区、办公区、重要设施、重要场所等。

(十)其他

(1)开挖深度超过 16 m 的人工挖孔桩工程。

(2)地下暗挖、顶管作业、水下作业工程及存在上下交叉的作业。

(3)截流工程、围堰工程。

(4)变电站、变压器。

(5)采用新技术、新工艺、新设备及尚无相关技术标准的危险性较大的单项工程。

(6)其他特殊情况下可能造成生产安全事故的作业活动、大型设备、设施和场所等。

二、水利水电工程施工重大危险源的评价

(一)重大危险源评价方法

水利水电工程施工重大危险源评价按层次可分为总体评价、分部评价及专项评价,按阶段可划分为预评价、施工期评价。水利水电工程施工重大危险源评价宜选用安全检查表法、预先危险性分析法、作业条件危险性评价法(LEC)、作业条件-管理因子危险性评价法(LECM)或层次分析法。

不同阶段、层次应采用相应的评价方法,必要时可采用不同评价方法相互验证。

其中,安全检查表法适用于施工期评价,作业条件危险性评价法(LEC)、作业条件-

管理因子危险性评价法(LECM)适用于各阶段评价,预先危险性分析法适用于预评价,层次分析法适用于施工过程风险评价。

(二)重大危险源分级

水利水电工程施工重大危险源应按发生事故的后果分为四级:

(1)可能造成特别重大安全事故的危险源为一级重大危险源。

(2)可能造成重大安全事故的危险源为二级重大危险源。

(3)可能造成较大安全事故的危险源为三级重大危险源。

(4)可能造成一般安全事故的危险源为四级重大危险源。

对于物资仓储区可能存在的危险化学品,依据《危险化学品重大危险源监督管理暂行规定》(国家安监总局令第40号,2015年国家安监总局令第79号修正)进行安全评估,确定重大危险源等级,见式(5-1)。

$$R = \alpha\left(\beta_1 \frac{q_1}{Q_1} + \beta_2 \frac{q_2}{Q_2} + \cdots + \beta_n \frac{q_n}{Q_n}\right) \tag{5-1}$$

式中　$q_1, q_2, \cdots, q_n$——每种危险化学品实际存在(在线)量,t;

$Q_1, Q_2, \cdots, Q_n$——与各危险化学品相对应的临界量,t;

$\beta_1, \beta_2, \cdots, \beta_n$——与各危险化学品相对应的校正系数;

α——该危险化学品重大危险源厂区外暴露人员的校正系数。

根据计算出来的 R 值,按表5-1确定危险化学品重大危险源的级别。

表5-1　危险化学品重大危险源级别和 R 值的对应关系

危险化学品重大危险源级别	R 值	危险化学品重大危险源级别	R 值
一级	$R \geqslant 100$	三级	$50 > R \geqslant 10$
二级	$100 > R \geqslant 50$	四级	$R < 10$

水利水电施工企业应在开工前,对施工现场危险设施或场所组织进行重大危险源辨识,并将辨识成果及时报监理单位和项目法人。由项目法人在开工前,组织参建单位本项目危险设施或场所进行重大危险源辨识,并确定危险等级,报请项目主管部门组织专家组或委托具有相应安全评价资质的中介机构,对辨识出的重大危险源进行安全评估,并形成评估报告。

(三)重大危险源登记建档与备案

水利水电施工企业应针对重大危险源制定防控措施,并应登记建档。

危险化学品重大危险源档案应当包括下列文件、资料:

(1)辨识、分级记录。

(2)重大危险源基本特征表。

(3)涉及的所有化学品安全技术说明书。

(4)区域位置图、平面布置图、工艺流程图和主要设备一览表。

(5)重大危险源安全管理规章制度及安全操作规程。

(6)安全监测监控系统、措施说明、检测、检验结果。

(7)重大危险源事故应急预案、评审意见、演练计划和评估报告。

(8)安全评估报告或者安全评价报告。

(9)重大危险源关键装置、重点部位的责任人、责任机构名称。

(10)重大危险源场所安全警示标志的设置情况。

(11)其他文件、资料。

水利水电施工企业应根据企业所在地有关部门对重大危险源备案的要求,将本企业重大危险源的名称、地点、性质和可能造成的危害及有关安全措施、应急预案,报有关主管部门备案。

三、重大危险源监控

关于水利水电施工企业重大危险源监控要求有:

(1)明确重大危险源管理的责任部门和责任人,对重大危险源的安全状况进行定期检查、评估和监控,并做好记录。

(2)按照国家有关规定,定期对重大危险源的安全设施和安全监测监控系统进行检测、检验,并进行经常性维护、保养,保证安全设施和安全监测监控系统有效、可靠运行。维护、保养、检测应做好记录,并由有关人员签字。

(3)安排专人巡视,并如实记录监控情况。

(4)根据施工进展,对危险源实施动态的辨识、评价和控制。

(5)在重大危险源现场设置明显的安全警示标志和警示牌。警示牌内容应包括危险源名称、地点、责任人员、可能的事故类型、控制措施等。

第七节　安全文化建设

依据《水利水电施工企业安全生产标准化评审标准(试行)》(水安监〔2013〕189号),水利水电施工企业应制定企业安全文化建设规划和计划,重视企业安全文化建设,营造安全文化氛围,形成企业安全价值观,促进安全生产工作。采取多种形式的安全文化活动,形成全体员工所认同、共同遵守、带有本企业特点的安全价值观,形成安全自我约束机制。

一、安全文化建设规划

水利水电施工企业进行安全文化建设,首先应从总体上进行规划,主要应进行安全文化建设现状分析、制定《安全文化建设纲要》、实施安全文化建设各项措施、评估和总结安全文化建设成效等几项工作。

(一)安全文化建设现状分析

水利水电施工企业应当依据《企业安全文化建设评价准则》(AQ/T 9005—2008),通过现场环境布置调研、资料查阅、行为观察、问卷调查、职工沟通等方式对安全文化建设现状进行评估,分析当前安全文化建设存在的问题和不足,提出解决办法。

(二)制定《安全文化建设纲要》

水利水电施工企业在安全文化建设现状分析的基础上,结合实际情况及未来的战略规划,制定《安全文化建设纲要》。《安全文化建设纲要》应明确不同阶段具体的工作任务、工作目标、工作方法和保证措施,能有效指导安全文化建设的稳步开展。

（三）实施安全文化建设各项措施

水利水电施工企业应结合自身安全文化建设所处阶段，对症下药，有针对性地实施安全文化建设的各项措施，充分提升安全文化建设的成效。

（四）评估和总结安全文化建设成效

水利水电施工企业应对安全文化建设情况进行深入解析，总结安全文化建设的先进经验，提出可进一步提升的方面，实现安全文化建设的持续完善和改进。

二、安全文化建设实施

水利水电施工企业在安全文化建设实施过程中，应注重下列几点：

（1）安全文化建设是一项长期的过程，需要领导高度重视，明确员工是企业最宝贵的财富，是最重要的资源。

（2）必须全员参与。安全文化建设的主体是团队，但离不开个体安全人格的培养和塑造。同时，应注意培养骨干，对参与安全文化建设的其他人员起到模范带头作用。

（3）必须以人为本，注重对人行为的引导及安全习惯的养成，通过创造良好的安全氛围和协调的人、机器设备、环境关系，对人的观念、意识、态度、行为等形成从无到有的影响。

（4）必须强调各方面的教育培训（包括法律法规、安全意识、安全技术、事故预防、危险预知、应急处理等）活动，广泛宣传、普及企业文化基本知识，使员工对企业安全文化基本知识及核心理念有基本的了解、掌握。

（5）注重制度的执行。制度仍是安全文化建设与保持的支撑，而标准化、精细化、可视化是制度执行的保障。

（6）采取“柔和型”的管理方式。通过激励的方式能充分调动全体员工参与安全文化建设的积极性和创造性。

水利水电施工企业的安全文化建设的具体实施应逐层推进，主要可分为约束阶段、引导阶段、传播阶段和持续阶段。不同的阶段应侧重于不同的安全文化建设手段。

（一）约束阶段

约束阶段对员工的管理侧重于通过制度或行为准则等方式进行行为约束，它要求各级管理层对安全责任做出承诺，员工按要求执行安全规章制度。

这一阶段应着重对安全管理制度进行梳理，形成完善的安全制度管理体系，主要包括下列内容：

（1）建立健全和优化各项规章制度。

（2）编制管理手册及程序文件，严格依照制度、规范、流程、标准化进行安全管理，从下列 4 个方面展开实施：

①安全管理标准程序。

②人员安全管理标准程序。

③设备设施管理标准程序。

④环境管理标准程序。

每部分包括不同的管理单元，管理单元下分管理要素，不同管理要素对应不同的关键流程管理控制节点，提供安全管理的内容和工作标准，明确管理的对象、管理的范围和管理的方法。

（二）引导阶段

在引导阶段中，开始注重对员工行为的规范和安全意识的提升，该阶段的特点是通过教育培训和安全激励等方式提高员工安全文化素质，引导员工养成良好的安全行为习惯，增强执行安全规章制度的自觉性。

这一阶段的实施内容主要包括编制《安全文化手册》、强化教育培训等。

（1）编制《安全文化手册》。水利水电施工企业根据自身安全文化建设情况及行业特点，编制《安全文化手册》。手册应融入安全文化理念、安全愿景、安全生产目标、安全管理等，能有效提升全体从业人员的安全意识和安全态度，逐步形成为全体员工所认同、共同遵守的安全价值观，实现员工的自我约束，保障安全生产水平持续提高。

（2）强化教育培训。教育培训应注重采取灵活多样的教学形式，如多媒体教学等；丰富教学内容，同时侧重于对规章制度、企业文化、安全生产标准化达标及班组安全生产建设的教育培训，形成良好的安全学习交流氛围。

（三）传播阶段

在传播阶段中，安全意识已深入人心。员工可以方便快捷地获取安全信息，工作和生活中时刻能感受到安全文化的感染和熏陶。

这一阶段的实施内容主要包括设计安全可视化系统、开展安全文化活动等。

（1）设计安全可视化系统。结合水利水电施工企业现场实际环境，设计内容丰富、载体形式多样、传播媒介丰富的安全可视化系统。通过一系列看得见、用得上、感召力量、引领思想、凝聚人心的安全文化宣教体系的建设，营造浓厚的安全文化氛围，提高人员的安全意识。如以安全文化宣传挂图、展板、漫画牌、折页等为载体进行安全理念、安全常识的宣传。

（2）开展安全文化活动。水利水电施工企业应开展多种形式的安全文化活动，包括安全技能演习、安全演讲比赛、班组安全建“小家”等，充分提升员工参与安全文化建设的热情与兴趣。

（四）持续阶段

持续（总结）阶段应重点关注安全文化建设的总结评估和持续改进，以形成安全文化持久的生命力。此阶段要求在前3个阶段已具成效的基础上进行，侧重于对前期安全文化建设成果的总结、评估，整改不足、推广经验，以使安全文化建设不断完善、持续改进，该阶段主要实施的内容是进行安全文化评估和建设总结。

（1）进行安全文化评估。结合《企业安全文化建设评价准则》（AQ/T 9005—2008）《全国安全文化建设示范企业评价标准（修订版）》等对安全文化的建设进行总结评估。评估内容主要包括下列内容：

①基础特征。包括企业状态特征、文化特征、形象特征、员工特征和技术特征、监管环境、经营环境、文化环境。

②安全承诺。包括安全承诺的内容、表述、传播和认同。

③安全管理。包括安全权责、管理机构、制度执行和管理效果。

④安全环境。包括安全指引、安全防护和环境感受。

⑤安全培训与学习。包括重要性体现、充分性体现和有效性体现。

⑥安全信息传播。包括信息资源、信息系统及效能体现。

⑦安全行为激励。包括激励机制、激励方式及激励效果。

⑧安全事务参与。包括安全会议与活动、安全报告、安全建议及沟通交流。

⑨决策层行为。包括公开承诺、责任履行与自我完善。

⑩管理层行为。包括责任履行、指导下属与自我完善。

⑪员工层行为。包括安全态度、知识技能、行为习惯及团队合作。

⑫死亡事故、重伤事故及违章记录情况。

(2)进行安全文化建设总结。对前期安全文化建设总结的目的是将已形成的价值体系、环境氛围、行为习惯固化下来传承下去,同时对上一阶段安全文化建设存在的问题进行修订与完善,持续改进,以实现安全文化建设的总目标。

第八节　水利安全生产标准化建设

一、安全生产标准化建设概述

所谓安全生产标准化建设,就是用科学的方法和手段,提高人的安全意识,创造人的安全环境,规范人的安全行为,使人—机器设备—环境达到最佳统一,从而实现最大限度地防止和减少伤亡事故的目的。安全生产标准化建设的核心是人,即企业的每个员工。因此,它涉及的面很广,既涉及人的思想,又涉及人的行为,还涉及人所从事的环境,所管理的机械设备、物体材料等方面的内容。

开展安全生产标准化工作,要遵循“安全第一、预防为主、综合治理”的方针,以隐患排查治理为基础,提高安全生产水平,减少事故发生,保障人身安全健康,保证生产经营活动的顺利进行。通过加强本企业各个岗位和环节的安全生产标准化建设,不断提高安全管理水平,促进安全生产主体责任落实到位。建立预防机制,规范生产行为,使各生产环节符合有关安全生产法律法规和标准规范的要求,人、机器设备、物料、环境处于良好的生产状态,并持续改进。

安全生产标准化建设是落实企业安全生产主体责任,强化企业安全生产基础工作,改善安全生产条件,提高管理水平,预防事故的重要手段,对保障职工群众生命财产安全具有重要的意义。在水利行业,为了推进水利生产经营单位安全生产标准化建设进程,规范水利安全生产标准化评审工作,水利部根据《国务院安委会关于深入开展企业安全生产标准化建设的指导意见》(安委〔2011〕4 号)等文件精神要求,结合水利实际,相继制定发布了《水利安全生产标准化评审管理暂行办法》(水安监〔2013〕189 号)及修订后的《水利安全生产标准化评审标准》(办安监〔2018〕52 号)和《水利安全生产标准化评审管理暂行办法实施细则》(办安监〔2013〕168 号)。

二、安全生产标准化建设流程

水利水电工程建设安全生产标准化工作采用“策划、实施、检查、改进”动态循环的模式，结合自身的特点，建立并保持安全生产标准化系统，通过自我检查、自我纠正和自我完善，建立安全绩效持续改进的安全生产长效机制。

（一）策划阶段

策划阶段是指水利水电施工企业成立安全生产标准化组织机构，辨识安全生产标准化法律法规、标准规范等要求，分析本企业组织机构、人员素质、设备设施等信息，对本企业安全管理现状进行初步评估，从而建立具体实施方案的阶段。

水利水电施工企业在安全生产标准化策划阶段主要包括下列工作内容：

（1）根据有关规定和企业实际需求，成立安全生产标准化组织机构，明确人员职责，全面部署、协调、实施安全生产标准化建设工作。

（2）识别和获取适用的安全生产标准化法律法规、标准规范及其他要求。

（3）对企业安全管理现状进行评估，创建安全生产标准化实施方案。

（4）对各职能部门、班组安全生产标准化情况进行现状摸底。

（5）领导高度重视安全生产标准化建设，并公开表明态度。

（二）实施阶段

实施阶段是指水利水电施工企业将安全生产标准化策划方案具体落实、实施的过程。水利水电施工企业在安全生产标准化执行阶段的主要包括下列工作内容：

（1）组织全面、分层次的安全生产标准化教育培训，使企业各级、各部门员工理解并掌握安全生产标准化建设及评审的要求和内容，理解安全生产标准化达标对本企业和个人的重要意义，保证安全生产标准化建设工作的顺利实施。

（2）根据识别和获取的适用安全生产标准化法律法规、标准规范及其他要求，构建本企业安全生产标准化体系文件，实现对本企业安全生产标准化文件的制定、修订完善。

（3）加强设备设施管理、作业现场控制、事故隐患排查治理、重大危险源监控、事故管理、应急管理等工作，严格落实安全生产标准化文件的规定，确保各项管理制度、操作规程等落实到位，实现安全生产标准化工作有效实施。

（三）检查阶段

检查阶段是指水利水电施工企业衡量安全生产标准化策划和实施效果，及时发现、查找问题的过程。水利水电施工企业应定期组织安全生产标准化建设情况的检查：一方面督促各职能部门、班组安全生产标准化工作的落实；另一方面及时发现存在的问题，及时整改，实现持续改进。

（四）改进阶段

改进阶段是指水利水电施工企业根据安全检查结果，对发现的问题进行整改，并对整改进行验证，实现安全生产标准化建设不断完善、提高的过程。水利水电施工企业在完成安全生产标准化建设情况检查后，对检查中发现的问题及时落实整改，主要包括下列内容：

（1）制订整改计划，落实责任部门、责任人、责任时间等。

（2）各责任部门、责任人按照整改计划，编制并实施整改方案。

（3）安全生产标准化组织机构对问题整改情况及时验证，并进行统计分析。

三、安全生产标准化达标评审

(一)评级等级

(1)计分方法。水利水电施工企业安全生产标准化达标评级采用对照《水利安全生产标准化评审管理暂行办法》(水安监〔2013〕189 号)及修订后的《水利安全生产标准化评审标准》(办安监〔2018〕52 号)和《水利安全生产标准化评审管理暂行办法实施细则》(办安监〔2013〕168 号),对不符合项扣分的评分方式。对不符合项扣分时,应以“标准分”为准,累计扣完本项分值为止,不计负分。

评审得分 =(各项实际得分之和/应得分)×100,其中实得分为评分项目实际得分值的总和;应得分为评分项目标准分值的总和。

(2)评审等级。依据评审得分,水利水电施工企业安全生产标准化等级分为一级、二级和三级,各评审等级的具体划分标准为:

①一级:评审得分 90 分以上(含),且各一级评审项目得分不低于应得分的 70%。

②二级:评审得分 80 分以上(含),且各一级评审项目得分不低于应得分的 70%。

③三级:评审得分 70 分以上(含),且各一级评审项目得分不低于应得分的 60%。

④不达标:评审得分低于 70 分,或任何一项一级评审项目得分低于应得分的 60%。

(二)达标评审流程

按照分级管理的原则,水利部部属水利水电施工企业一级、二级、三级安全生产标准化达标评级工作和非部属水利水电施工企业一级安全生产标准化达标评审工作由水利部安全生产标准化评审委员会负责。非部属水利水电施工企业二级和三级安全生产标准化达标评审工作由各省、自治区、直辖市水行政主管部门负责。

水利部部属水利水电施工企业及申请一级的非部属水利水电施工企业安全生产标准化达标评审按下列流程:

(1)单位自评。水利水电施工企业依据《水利安全生产标准化评审管理暂行办法》(水安监〔2013〕189 号)及修订后的《水利安全生产标准化评审标准》(办安监〔2018〕52 号)和《水利安全生产标准化评审管理暂行办法实施细则》(办安监〔2013〕168 号)进行自查整改,或聘请有关中介机构进行咨询服务,自主验收评分,形成自评报告。

(2)评审申请。水利水电施工企业根据自主评定的结果,确定申请评审等级,经上级主管单位或所在地省级水行政主管部门同意向水利部提出评审申请,并进行网上申报,评审申请材料应该包括申请表和自评报告。

①部属水利水电施工企业经上级主管单位审核同意后,向水利部提出评审申请。

②地方水利水电施工企业申请水利安全生产标准化一级的,经所在地省级水行政主管部门审核同意后,向水利部提出评审申请。

③上述两款规定以外的水利水电施工企业申请水利安全生产标准化一级的,经上级主管单位审核同意后,向水利部提出评审申请。

(3)评审审核。水利部安全生产标准化评审委员会办公室收到被评审单位提交的自评报告后,应进行初审,初审通过后,由水利部安全生产标准化评审委员会办公室组织评审。认为有必要时,可组织现场核查。

(4)公告、发证。审定通过的水利水电施工企业在水利安全监督网上公示,公示期为7个工作日。公示无异议的,由水利部颁发证书、牌匾;公示有异议的,由水利部安全生产标准化评审委员会办公室核查处理。

非部属水利水电施工企业申请二级、三级的达标评审,整体也按照单位自评—评审申请—评审审核—公告、发证的流程进行,具体的评审流程由各省级水行政主管部门制定。

四、保持与换证

安全生产标准化达标评级工作是水利水电施工企业安全生产管理的长效机制,获级单位应对取得的成果长期保持、持续改进和不断提高,再获得更高级别的荣誉称号。

(一)保持

保持是指水利水电施工企业对取得荣誉称号的延续。

水利水电施工企业取得水利安全生产标准化等级证书后,每年应对本企业安全生产标准化的情况至少进行一次自我评审,并形成报告,及时发现和解决企业生产经营中的安全问题,持续改进,不断提高安全生产水平。

(二)换证

换证是指水利水电施工企业获取的证书、牌匾有效期已满时,须到原发证单位换取新证。

(1)证书有效期满前3个月,应向原发证机关提出延期申请。

(2)评审机构对申请企业进行全面复评,复评通过后换发新等级证书。

(3)等级证书的有效期届满后,未申请复评或复评未通过的单位不得继续使用等级证书,并报请有管辖权的水行政主管部门向社会公告。

第六章　水利水电工程建设职业健康管理

第一节　职业健康基础知识

一、职业危害因素的影响及作用条件

（一）职业危害因素的影响

在生产过程中、劳动过程中、作业环境中存在的危害从业人员健康的因素，称为职业危害因素。在水利水电工程建设中，职业病的危害时有发生，为避免职业危害，防止事故发生，就必须首先对职业危害因素有一定的认识。职业危害因素的影响有以下几个方面：

（1）身体表征特性的改变。例如，水利水电工程建设中常在户外作业的人员的皮肤黝黑。

（2）对作业者生理、心理的影响。例如，噪声环境中的作业人员心情烦躁。

（3）影响正常的生产工作和对环境的破坏。例如，水源污染。

（4）对机体特定某些器官的作用。例如，矽肺病患者。

（二）职业危害的作用条件

职业危害的发生，其作用条件是必不可少的因素，往往决定了职业危害的严重程度，认识职业危害的作用条件，为预防与杜绝职业病的发生提供了科学的依据。职业危害的作用条件有以下几个方面：

（1）接触机会。劳动者只有到环境恶劣的作业现场中去，接触有害物质，才能产生职业性损伤。

（2）作用强度。主要取决于接触量，接触量又与作业环境中有害物质的浓度（强度）和接触时间有关，浓度（强度）越高（强），接触时间越长，危害就越大。

（3）接触方式。通过吸入途径（皮肤、呼吸道、消化道、其他途径）进入人体，或由于意外事故造成疾病。

（4）个体危害因素。包括遗传、年龄和性别、营养状况、其他疾病、文化水平和习惯等因素。

二、职业危害因素的分类

（一）按来源分类

从业人员作业的劳动条件包括生产过程、劳动过程、作业环境几个方面。职业性危害因素按其来源主要包括以下几点：

（1）生产过程。随着生产技术、机器设备、使用材料和工艺流程的变化，生产过程中的原材料、工业毒物、粉尘、噪声、振动、高温、辐射等因素都可能是职业危害因素的来源。

（2）劳动过程。主要是与劳动组织制度、生产设备布局与作业人员体位和方式及智能

化的程度有关。例如，劳动时间过长，作业时间集中在夏季高温时间段，使用劳动工具不合理等。

（3）作业环境。主要是作业场所的环境，如高温辐射严重、有毒工段与无毒工段没有严格隔离，室内由于厂房狭小、车间位置不合理、照明不良与通风不畅等因素的影响都会对作业人员健康产生影响。

（二）按性质分类

1.环境因素

（1）物理因素。是生产环境的主要构成要素。不良的物理因素，或异常的气象条件如高温、低温、噪声、振动、高低气压、非电离辐射（可见光、紫外线、红外线、射频辐射、激光等）与电离辐射（如 α 射线、β 射线、X 射线）等，这些都可以对人产生危害。

（2）化学因素。生产过程中使用和接触到的原料、中间产品、成品及这些物质在生产过程中产生的废气、废水和废渣等都会对人体产生危害，也称为工业毒物。毒物以粉尘、烟尘、雾气、蒸气或气体的形态遍布于生产作业场所的不同地点和空间，接触毒物可对人产生刺激或使人产生过敏反应，还可能引起中毒。

（3）生物因素。生产过程中使用的原料、辅料及在作业环境中都可存在某些致病微生物和寄生虫，如炭疽杆菌、霉菌、布氏杆菌、森林脑炎病毒和真菌等。

2.与职业有关的其他因素

（1）劳动过程中的职业有害因素，如劳动负荷过重，长时间的单调作业、夜班作业，动作和体位的不合理，劳动组织和作息制度的不合理，工作的紧张程度等，都会对人产生影响。

（2）个人生活习惯的不良，如过度饮酒、缺乏锻炼等。

3.其他因素

社会经济因素，如国家的经济发展速度、国民的文化教育程度、生态环境、管理水平等因素都会对企业的安全、卫生的投入和管理带来影响。另外，如职业卫生法制的健全、职业卫生服务和管理系统化，对于控制职业危害的发生和减少作业人员的职业伤害，也是必不可少的因素。

（三）按有关规定分类

《职业病危害因素分类目录》（国卫疾控发〔2015〕92 号）将职业病危害因素分为六大类：①粉尘；②化学因素；③物理因素；④放射性因素；⑤生物因素；⑥其他因素。

三、水利水电工程建设常见职业危害

水利水电工程建设中常见的职业危害主要有粉尘、毒物、红外辐射、紫外辐射、噪声、振动及异常气象条件。同时，在工程建设中，以上职业危害因素可能多种并存，加重危害程度，如振动与噪声的共同作用可加重听力的损伤，粉尘在高温下可加重肺通气量，增加粉尘吸入量等。此外，水利水电工程项目常常地处偏远，交通不便，自然环境与地理环境较为恶劣，有毒有害野外生物众多，易受猛兽袭击、毒虫叮咬及复杂多变的气候变化等，对于水利水电工程建设者来讲，针对性的防护措施是必不可少的。

第二节　水利水电工程建设常见职业危害分析与控制

一、水利水电工程建设常见职业危害分析

（一）粉尘

粉尘是指在生产过程中产生并能较长时间悬浮于气体中的固体粒子。长期吸入大量的粉尘将会对人体的健康产生很大的伤害。

1. 粉尘的理化性质

粉尘对人体的危害程度与其理化性质有关，与其生物学作用及防尘措施等也有密切关系。

（1）游离二氧化硅含量。调查研究表明，粉尘中游离二氧化硅的含量与尘肺的发病时间及程度有直接的关系。含量越高，往往危害性越大。

（2）分散度。粉尘的分散度是表示粉尘颗粒大小的一个概念，粉尘的分散度高，表明较小粒径的粉尘颗粒所占的比例大。粉尘的颗粒大小不同，人体吸入肺部的粉尘颗粒数量不同，对人体所造成的伤害也不一样。

（3）黏附性。粉尘与其他固体表面及粉尘与粉尘之间的黏附性质叫作粉尘的黏附性。粉尘的这种性质使得粉尘被吸入后的沉积量不同，进而导致尘肺病的严重程度不同。

（4）形状与硬度。形状与硬度不同的粉尘对人体器官组织的伤害程度不同。形状会影响粉尘的沉降速度，硬度会影响与组织之间的摩擦，增加对组织的损伤。

（5）荷电性。粉尘在其运动过程中，由于各种因素的作用常带有一定的电荷，这种性质叫作粉尘的荷电性。粉尘的这种性质为制订除尘措施、选择除尘方法提供重要的依据。

（6）爆炸性。当某些悬浮在空气中的粉尘浓度达到一定范围后，在一定条件下就会发生爆炸。超过上限或者低于下限都不会发生爆炸。粉尘的爆炸范围为预防爆炸事故发生、杜绝人身伤亡事故提供了科学的依据。

2. 粉尘引起的职业病

粉尘自源头产生后，扩散到周围空气中，伴随着空气的流通而流动，由于产生粉尘的根源很多，粉尘的种类、理化特性也不尽相同，因而对人体产生的伤害也是多种多样的。

在各种不同生产场所可以接触到不同性质的粉尘。如在开山采石、建筑施工等行业，主要接触的粉尘是石英的混合粉尘；焊接、金属加工时接触金属及其化合物粉尘。根据不同特性，粉尘可对机体引起各种损害。如可溶性有毒粉尘进入呼吸道后，能很快被吸收入血流，引起中毒；放射性粉尘，则可造成放射性损伤；某些硬质粉尘可损伤角膜及结膜，引起角膜混浊和结膜炎等；粉尘堵塞皮脂腺和机械性刺激皮肤时，可引起粉刺、毛囊炎、脓皮病及皮肤皲裂等；粉尘进入外耳道混在皮脂中，可形成耳垢等。粉尘对机体影响最大的是呼吸系统损害，包括上呼吸道炎症、肺炎（如锰尘）、肺肉芽肿（如铍尘）、肺癌（如石棉尘、砷尘）、尘肺（如二氧化硅等尘）及其他职业性肺部疾病等。尘肺是由于在生产环境中长期吸入生产性粉尘而引起的肺弥漫性间质纤维性改变为主的疾病。它是职业性疾病中影响面最广、危害最严重的一类疾病。为了更好地保护工人健康，在2013年国家卫生计生委、人力资源社会保障部、国家安全监管总局、全国总工会关于印发《职业病分类和目录》的通

知（国卫疾控发〔2013〕48 号）中，规定了 13 种尘肺名单，即矽肺、煤工尘肺、石墨尘肺、炭黑尘肺、石棉肺、滑石尘肺、水泥尘肺、云母尘肺、陶工尘肺、铝尘肺、电焊工尘肺、铸工尘肺、根据《尘肺病诊断标准》和《尘肺病理诊断标准》可以诊断的其他尘肺病。在 13 种尘肺中，其病变轻重程度主要与生产性粉尘中所含二氧化硅量有关，以矽肺最严重。尘肺对健康危害极大，关键在于预防。具体包括改革不合理的生产过程，建立粉尘监测制度，切实落实综合防尘措施，减少吸入粉尘的机会，对于粉尘作业工人定期体检，做到早期检查、早期诊断，对已确诊为尘肺的患者及早调离粉尘作业，并进行必要的治疗，平时可服用排毒洗肺的中药防治，清除肺部污物，控制和减少尘肺的发病。

（二）毒物

毒物是指以较少量进入机体，与生物体发生相互作用，引起生物体功能性或器质性损害的物质。在生产中使用和产生的毒物，称为生产性毒物。

1. 毒物存在的状态

生产性毒物的存在形式多种多样，可以以气体、液体、固体的状态呈现出来。生产性毒物来源于生产过程中的原料、辅料、中间体、半成品、成品、废弃物、夹杂物等。由于生产性毒物的来源是多方面的，只有结合生产工艺过程对生产性毒物的来源做全面调查研究，找出主要毒物的发生源及其存在状态，才能有效地控制毒物危害。各种毒物的毒性及作用于机体的靶器官不同，有的可引起全身性中毒，有的可损害神经系统、消化系统、呼吸系统、血液系统、泌尿系统等器官，某些毒物还具有致人体基因突变、致癌作用，对人体产生深远影响。

生产性毒物在生产环境中有以下几种形态：

（1）固体。如氰化钠、对硝基氯苯。

（2）液体。如苯、汽油等有机溶剂。

（3）气体。常温、常压下呈气态的物质，如二氧化硫、氯气等。

（4）蒸气。固体升华、液体蒸发或挥发时形成蒸气，如喷漆作业中的苯、汽 油、醋酸酯类等的蒸气。

（5）粉尘。能较长时间悬浮在空气中的固体微粒称作粉尘，其粒子大小多在 0.1 ～ 10 pm。机械粉碎、碾磨固体物质，粉状原料、半成品或成品的混合、筛分、运送、包装过程等，都能产生大量粉尘，如炸药厂的三硝基甲苯粉尘。

（6）烟（尘）。微悬浮在空气中、直径小于 0.1 pm 的固体微粒。某些金属熔融时产生的蒸气在空气中迅速冷凝或氧化而形成危害物。

2. 毒物侵入人体的途径

毒物侵入人体主要有呼吸道吸收、皮肤吸收、消化道吸收三种途径。

（1）呼吸道吸收。气体、蒸气及气溶胶主要经呼吸道吸入。通过肺泡膜（70 m^2）吸入进入大循环。

（2）皮肤吸收。如有机磷化合物、芳香族的氨基和硝基化合物、有机金属（四乙基铅）等可通过皮肤进入体内。

（3）消化道吸化。难溶粉尘随咽部进入。常见于意外事故，如不良卫生习惯等。

3. 毒物作用于人体的危害表现

（1）局部刺激和腐蚀。例如，二氧化硫引起咳嗽，浓硫酸接触皮肤导致灼伤等。

(2)中毒。例如,长期吸入汞蒸气,可出现头痛、头晕、乏力、倦怠、情绪不稳等全身症状,还可有流涎、口腔溃疡、手颤等体征,实验室检查可有尿汞高,这一切综合到一个人身上,就造成了汞中毒。中毒有急性、慢性之分,也可能以身体某个脏器损害为主,表现形式多种多样。

此外,有的化学物质长期接触后,会造成女工自然流产、子代畸形;有的会增加群体肿瘤的发病率;有的会改变免疫功能等。

(三)红外、紫外辐射

1. 红外线

红外线辐射是生产劳动过程中常见的职业危害因素,在生产工作中,熔炼金属、加工锻造、吹炼玻璃等都容易产生红外线,并且距离高温体越近,受红外线辐射的伤害就越大。红外线易导致人体眼部神经受损,从而引发晶状体混浊,造成红外线性白内障。职业性白内障已纳入我国的职业病名单。

2. 紫外线

紫外线辐射和红外线辐射一样,会给人的眼睛带来巨大的伤害。紫外线既来源于自然光源,比如冰川积雪地区;同样也产生于人工光源,多见于各种电焊及灯光的弧光。如果长时间在冰雪覆盖、盐田道场、广袤沙漠里作业而未采取科学有效的防护措施,容易使两眼不适、流泪、酸疼,严重的会使眼裂部结膜充血、水肿甚至失明。

(四)噪声

噪声对人体的作用可分为对听觉系统的作用与对其他系统的作用两种。对听觉系统的作用主要体现在听力下降、耳鸣、信号辨别力差,严重时可导致耳聋。噪声对其他系统的影响主要表现为头疼、失眠、内分泌失调、全身乏力等症状。噪声对人体的伤害有的表现为暂时性的,随着时间很快就可以恢复;但是有的伤害却需要很长的时间才能得到好转。

1. 影响因素

(1)噪声的强度。噪声强度的大小是噪声对人体造成伤害最重要的因素。强度越大,破坏性越强,对人体的伤害程度也就越深。

(2)噪声的频谱。在相同的强度下,噪声的频率越高,其危害性越大。

(3)接触时间与方式。暴露于噪声中的时间越长,连续性越高,则听力受损程度越厉害,同样的时长中,接触噪声次数多的比接触噪声次数少的听力受损更加严重。噪声的这种特点为合理安排工作时间,制定科学的工作制度提供依据。

(4)噪声性质。噪声一般可以分为稳态噪声与脉冲噪声两种。一般而言,脉冲噪声的危害性要大于稳态噪声,脉冲噪声出现的次数越多,则受伤害的可能性越大。

(5)协同作用。如果噪声与其他生产现场不良因素相结合,比如生产现场还存在振动、照明、寒冷等因素,往往这些因素共同作用对人体的伤害程度将加剧。

(6)个体特性,不同的人对噪声的敏感性不同,所表现出来的症状也不尽相同,而这往往表现出一定的遗传倾向。

2. 生产性噪声的危害

噪声的危害通常一开始为听觉性疲劳,如果在此基础上不采取防护措施加以保护,任其发展，则可发展成为永久性的听阈位移，听力将不能完全恢复。所以，在噪声危害的初始阶段，我们就应该采取有效措施加以保护，防止伤害进一步加深。

（五）振动

1. 产生振动的机械

在生产实践过程中，由于接触各种振动的机械设备，例如冲锋钻、切割机、振捣器等，都会引起身体的颤动，长期剧烈的振动将会给身体引起振动病。振动病根据人体接触振动的方式和振动传递人的范围可以分为全身振动和局部振动。全身振动引起振动病；局部振动将会引起局部振动病。

2. 振动的危害

水利水电工程建设中，接触振动的方式多种多样，振动对人体的伤害也是多样的，对内分泌系统、神经系统、心血管系统、免疫系统等都有一定的影响，振动病就是常说的晕车、晕船病等，患者出现面色苍白、出冷汗、呕吐、身体虚弱等症状；局部振动病患者将会出现手脚颤抖、肿胀麻木、手凉手汗、失眠多梦等症状，严重影响日常工作学习，给生活带来极大的困扰。水利水电工程建设中常见接触振动的方式主要有操作捶打工具、手持转动工具、使用固定轮转工具和驾驶交通运输车辆等。

（六）异常气象条件

1. 异常气象条件下的作业类型

（1）高温作业。水利水电工程建设较为辛苦，除大多地处偏远野外，地理环境复杂，长时间劳动及太阳辐射，使得身体内部热量不能及时散发出去，在体内蓄积，机体内水分、盐分大量流失，机体代谢紊乱，到一定程度时，便发生中暑、呕吐、胸闷、心悸、出冷汗等现象，对人的循环系统、消化系统、泌尿系统等都会造成一定的影响。

（2）低温作业。冬天寒冷季节，在进行水利水电工程建设时，如果不加以防范就会发生冻伤事故。冻伤事故主要见于户外低温作业，特别是北方寒冷地区。在低气温中作业，会使人体散热增加，血液循环加剧，毛孔、骨骼肌收缩产热，在一定程度内维持机体温度，但是如果时间过长，超过机体承受的范围，则身体温度开始下降，从而引发一系列的症状，给身体造成伤害。

（3）高气压作业。水利水电工程建设过程中高气压作业主要有潜水作业和潜涵作业。潜水作业常见于水下施工、沉船打捞等。潜涵作业主要出现于修筑地下隧道或桥墩等，工人在地下水位以下的深处或沉降于水下的潜涵内工作，为排出涵内的水，需通入较高压力的高压气。

高气压对机体的影响，在不同阶段表现不同。在加压过程中，可引起耳充塞感、耳鸣、头晕等，甚至造成鼓膜破裂。在高气压作业条件下，欲恢复到常压状态时，有个减压过程，在减压过程中，如果减压过速，则可引起减压病。

（4）低气压作业。低气压作业引起的危害主要是由缺氧造成的高原病，在高原地区及高山区域修桥、筑路很容易由于缺氧而出现呼吸困难、胸闷、心悸等症状。

2. 异常气象条件引起的职业病

（1）中暑。人体在大脑中枢神经系统的调节下具有调节体温的作用。正常情况下，通过调节，人体温度基本保持在正常范围内，产热与散热处于动态的平衡状态。但是，如果机体产生的热量超过了散发的热量，热量在体内越积越多，积累到一定的量，便会发生中暑现象。中暑症状发生前，会出现口渴、胸闷、气短、注意力不集中等现象，继续发展则会导致呕吐、恶心、面色苍白直至出现痉挛，突然晕倒在地。

（2）减压病。主要是由于机体适应了高压环境，当突然转入正常环境时，由于减压过快而不适，机体血液循环发生障碍，组织受损，引起皮肤瘙痒、关节疼痛、四肢无力等症状。

（3）高原病。是发生于高原低氧环境下的一种疾病。急性高原病分为三种：急性高原反应、高原肺水肿、高原脑水肿等。

二、水利水电工程建设常见职业危害控制

（一）防尘措施

采取工程技术措施消除和降低粉尘危害，是防止尘肺发生的根本措施。粉尘治理的工程技术措施主要有：

（1）改革工艺流程。通过改革工艺流程使生产过程机械化、密闭化、自动化，从而消除和降低粉尘危害。

（2）湿式作业。湿式作业防尘的特点是防尘效果可靠、易于管理、投资较低。该方法已为厂矿广泛应用，如湿法拌料、水力清砂、水爆清砂等。

（3）密闭、抽风、除尘。对不能采用湿式作业的场所应采用该方法。干法生产（粉碎、拌料等）容易造成粉尘飞扬，可采用密闭、抽风、除尘的办法，但其基础是首先必须对生产过程进行改革，理顺生产流程，实现机械化生产。在手工生产、流程紊乱的情况下，该方法是无法奏效的。密闭、抽风、除尘系统可分为密闭设备、吸尘罩、通风管、除尘器等几个部分。

（4）个体防护。当防、降尘措施难以使粉尘浓度降至国家标准水平以下时，应佩戴防尘护具。

另外，应加强对员工的教育培训、现场的安全检查及对防尘的综合管理等。

综合以上方法，在水利水电工程建设中，可具体采取以下防尘措施：

（1）添加除尘器或吸尘罩，将金属切削、木加工等生产性粉尘收集起来集中处理，以减少作业环境中滞留的粉尘。

（2）施工和作业现场经常洒水，控制和减少灰尘飞扬。

（3）钻孔采用湿式作业或采取干式捕尘措施，不打干钻。

（4）水泥储存、运送、混凝土拌和等作业采取隔离、密封措施。

（5）密闭容器、构件及狭窄部位进行电焊作业时加强通风，并佩戴防护电焊烟尘的防护用品。

（6）地下洞室施工配置强制通风设施，确保洞内粉尘、烟尘、废气及时排出。

（7）作业人员配备防尘口罩等防护用品。

（8）在砂石加工系统等重点排放源安装袋式除尘器，洒水防尘。

（二）防毒措施

（1）改革工艺技术，消除毒源。

（2）用无毒原料代替有毒原料。

(3)将毒源隔离防护。

(4)将毒源回收。

(5)增加个体防护。

(三)防红外、紫外辐射措施

(1)红外辐射的防护。红外线辐射主要是对人体眼睛的伤害比较大,所以防护主要以眼睛为主,加强工业卫生教育,尽量避免暴露在红外线照射下,佩戴防红外线辐射眼镜。

(2)紫外辐射的防护。在水利水电工程建设中,紫外线主要来源于电焊作业,所以在电焊作业中,操作者要佩戴面罩、防护眼镜及防护手套,在电焊作业的周围还得增设屏障,防止周围其他人员受到伤害。

(四)防止噪声危害的措施

(1)改进生产工艺,在声源处消除减弱噪声。在振动筛下安装弹簧,电机及时做润滑防护等,在源头处消除或减弱噪声。

(2)在噪声传播过程中防护。将产生噪声的设备添加隔音设备,门窗添加隔音密封保护。

(3)在接收噪声处防护。木工、风动工具操作工、电钻工等佩戴耳塞、头盔等防护措施,杜绝噪声的危害。

(五)防止振动危害的措施

(1)改革工艺措施,减少工器具振动强度。在工具设备设计制造阶段,采取有效措施,降低工器具振动强度,减轻振动危害。

(2)改良生产工艺,淘汰振动工器具。例如,焊接代替铆接,水力清砂代替风铲清砂,避免振动的发生。

(3)严格控制接触振动的时间与强度。

(4)加强组织管理,改善工作环境,增强职业防护意识。

(六)异常气象条件的防护措施

1.技术措施

(1)通过技术革新,如采用管柱钻孔法代替沉箱,防止工人水下高压作业可能引起的高压作业伤害和减压病。

(2)用隔热材料(耐火、保温材料、水等)将各种热的炉体包起来,降低热源的表面温度,减少向作业人员散热和热辐射。

(3)通过自然通风、机械通风实现通风降温。

2.管理措施

(1)合理调整作息时间,避开中午高温时间工作,严格控制工人加班加点,工作时间要适当缩短。保证工人有充足的体息和睡眠时间。

(2)及时供应符合卫生要求的茶水、清凉含盐饮料、绿豆汤等。由于高温作业工人大量排汗,暑季供应含盐的清凉饮料是有特殊意义的保健措施,并应在饮料中适当地补充盐分和水溶性维生素。

(3)对露天作业集中和固定场所,应搭设歇凉棚,防止热辐射,并要经常洒水降温。

(4)高温、高处作业的工人,需经常进行健康检查,发现有职业禁忌证者应及时调离高温和高处作业岗位。

(5)及时给职工发放急救药品和劳动保护用品。

(6)经常组织医护人员深入现场进行巡回医疗和预防工作,重视年老体弱、患过中暑者和血压较高的工人身体情况的变化。

3. 个人防护

高温作业工人佩戴防护服、帽、鞋、手套、眼镜等,低温作业工人要注意防寒和保暖,加强个体防护用品使用。

第三节　水利水电工程建设施工企业职业健康管理

一、前期预防管理

(一)职业卫生要求

水利水电工程建设施工企业应当依照法律、法规要求,严格遵守国家职业卫生标准,落实职业病预防措施,从源头上控制和消除职业病危害。

产生职业病危害的水利水电施工场所应当符合下列职业卫生要求:

(1)职业病危害因素的强度或者浓度符合国家职业卫生标准。

(2)有与职业病危害防护相适应的设施。

(3)生产布局合理,符合有害与无害作业分开的原则。

(4)有配套的更衣间、洗浴间、孕妇休息间等卫生设施。

(5)设备、工具、用具等设施符合保护劳动者生理、心理健康的要求。

(6)法律、行政法规和国务院卫生行政部门、安全生产监督管理部门关于保护劳动者健康的其他要求。

(二)职业病危害项目申报

水利水电工程建设施工企业存在职业病目录所列职业病的危害因素的,应当及时、如实向所在地安全生产监督管理部门申报危害项目,并接受安全生产监督管理部门的监督管理。中央企业、省属企业及其所属用人单位的职业病危害项目,向其所在地设区的市级人民政府安全生产监督管理部门申报。

水利水电工程建设施工企业申报职业病危害项目时,应当提交《职业病危害项目申报表》和下列文件、资料:

(1)用人单位的基本情况。

(2)工作场所职业病危害因素种类、分布情况及接触人数。

(3)法律、法规和规章规定的其他文件、资料。

职业病危害项目申报同时采用电子数据和纸质文本两种方式。水利水电工程建设施工企业应当首先通过“职业病危害项目申报系统”进行电子数据申报,同时将《职业病危害项目申报表》加盖公章并由本单位主要负责人签字后,连同有关文件、资料一并上报所在地设区的市级、县级安全生产监督管理部门。

产生职业病危害的水利水电工程建设施工企业有下列情形之一的,应当向原申报机关申报变更职业病危害项目内容:

(1)进行新建、改建、扩建、技术改造或者技术引进建设项目的,自建设项目竣工验收之日起30日内进行申报。

(2)因技术、工艺、设备或者材料等发生变化导致原申报的职业病危害因素及其相关内容发生重大变化的,自发生变化之日起15日内进行申报。

(3)单位工作场所、名称、法定代表人或者主要负责人发生变化的,自发生变化之日起15日内进行申报。

(4)经过职业病危害因素检测、评价,发现原申报内容发生变化的,自收到有关检测、评价结果之日起15日内进行申报。

(三)建设项目职业卫生"三同时"管理

新建、改建、扩建建设项目和技术改造、技术引进项目可能产生职业病危害的,水利水电工程项目法人在可行性论证阶段应当进行职业病危害预评价。职业病危害预评价报告应当对水利水电工程建设项目可能产生的职业病危害因素及其对工作场所和劳动者健康的影响做出评价,确定危害类别和职业病防护措施。

水利水电工程建设项目的职业病防护设施所需费用应当纳入建设项目工程预算,并与主体工程同时设计、同时施工、同时投入生产和使用。职业病防护设施设计应当符合国家职业卫生标准和卫生要求;水利水电工程建设项目在竣工验收前,项目法人应当进行职业病危害控制效果评价。职业病防护设施应当由项目法人负责依法组织评审与验收,验收合格后,方可投入生产和使用。

二、工程建设过程中的防护和管理

(一)防治管理措施

产生职业病危害的水利水电工程建设施工企业应当采取下列职业病防治管理措施:

(1)设置或者指定职业卫生管理机构或者组织,配备专职或者兼职的职业卫生管理人员,负责本单位的职业病防治工作。

(2)制订职业病防治计划和实施方案。

(3)建立、健全职业卫生管理制度和操作规程。

(4)建立、健全职业卫生档案和劳动者健康监护档案。

(5)建立、健全工作场所职业病危害因素监测及评价制度。

(6)建立、健全职业病危害事故应急救援预案。

(二)材料和设备管理

(1)优先采用有利于防治职业病和保护劳动者健康的新技术、新工艺、新设备、新材料,逐步替代职业病危害严重的技术、工艺、设备、材料。

(2)对放射工作场所和放射性同位素的运输、储存,用人单位必须配置防护设备和报警装置,保证接触放射线的工作人员佩戴个人剂量计。

(3)不得生产、经营、进口和使用国家明令禁止使用的可能产生职业病危害的设备或者材料。

(4)不得将产生职业病危害的作业转移给不具备职业病防护条件的单位和个人。

(5)不具备职业病防护条件的单位和个人不得接受产生职业病危害的作业。

（6）对采用的技术、工艺、设备、材料，应当知悉其产生的职业病危害，对有职业病危害的技术、工艺、设备、材料隐瞒其危害而采用的，对所造成的职业病危害后果承担责任。

（三）作业场所管理

（1）职业危害因素的强度或者浓度应符合国家职业卫生标准要求。

（2）生产布局合理。

（3）有害作业与无害作业分开。

（4）在可能发生急性职业损伤的有毒有害作业场所配置现场急救用品。

（5）在可能发生急性职业损伤的有毒有害作业场所配置冲洗设备。

（6）对于可能发生急性职业损伤的有毒有害作业场所，应设应急撤离通道。

（7）对可能发生急性职业损伤的有毒有害工作场所，应当设置报警装置，配置现场急救用品、冲洗设备、应急撤离通道和必要的泄险区。

（8）一般，有毒作业设置黄色区域警示线，高毒作业场所设置红色区域警示线。

（9）高毒作业应设物品存放专用间。

（10）为女工设冲洗间。

（四）职业危害因素日常监测和职业危害定期检测

（1）应当实施由专人负责的职业病危害因素日常监测，并确保监测系统处于正常运行状态。

（2）对职业病防护设备、应急救援设施和个人使用的职业病防护用品，应当进行经常性的维护、检修，定期检测其性能和效果，确保其处于正常状态，不得擅自拆除或者停止使用。

（3）按照国务院安全生产监督管理部门的规定，定期对水利水电工程建设工作场所进行职业病危害因素检测、评价。检测、评价结果存入水利水电工程建设施工企业职业卫生档案，定期向所在地安全生产监督管理部门报告并向劳动者公布。

（4）职业病危害因素检测、评价由依法设立的取得国务院安全生产监督管理部门或者设区的市级以上地方人民政府安全生产监督管理部门按照职责分工给予资质认可的职业卫生技术服务机构进行。职业卫生技术服务机构所做检测、评价应当客观、真实。

（五）防护设备设施和个人防护用品

（1）为劳动者个人提供的职业病防护用品必须符合防治职业病的要求；不符合要求的，不得使用。

（2）职业危害防护设施台账齐全。

（3）职业危害防护设施配备齐全。

（4）职业危害防护设施有效。

（5）有个人职业危害防护用品计划，并组织实现。

（6）按标准配备符合防治职业病要求的个人防护用品。

（7）有个人职业危害防护用品发放登记记录。

（8）及时维护、定期检测职业危害防护设备、应急救援设施和个人职业危害防护用品。

（六）职业病危害告知与警示标识管理

1. 主要管理工作内容

（1）产生职业病危害的水利水电工程建设施工企业，应当在醒目位置设置公告栏，公布有关职业病防治的规章制度、操作规程、职业病危害事故应急救援措施和工作场所职业病危害因素检测结果。

（2）对产生严重职业病危害的作业岗位，应当在其醒目位置设置警示标识和中文警示说明。警示说明应当载明产生职业病危害的种类、后果、预防及应急救治措施等内容。

（3）水利水电工程建设施工企业与劳动者订立劳动合同（含聘用合同）时，应当将工作过程中可能产生的职业病危害及其后果、职业病防护措施和待遇等内容如实告知劳动者，并在劳动合同中写明，不得隐瞒或者欺骗。

（4）劳动者在已订立劳动合同期间因工作岗位或者工作内容变更，从事与所订立劳动合同中未告知的存在职业病危害的作业时，水利水电工程建设施工企业应当向劳动者履行如实告知的义务，并协商变更原劳动合同相关条款。

2. 职业病危害警示标识

水利水电工程建设施工企业现场产生职业病危害的工作场所，应当在工作场所入口处及产生职业病危害的作业岗位或设备附近的醒目位置设置警示标识：

（1）产生粉尘的工作场所设置"注意防尘"、"戴防尘口罩"、"注意通风"警示标识，对皮肤有刺激性或经皮肤吸收的粉尘工作场所还应设置"穿防护服"、"戴防护手套"、"戴防护眼镜"等警示标识，产生含有有毒物质的混合性粉（烟）尘的工作场所应设置"戴防尘毒口罩"警示标识。

（2）放射工作场所设置"当心电离辐射"等警示标识，在开放性同位素工作场所设置"当心裂变物质"警示标识。

（3）有毒物品工作场所设置"禁止入内"、"当心中毒"、"当心有毒气体"、"必须洗手"、"穿防护服"、"戴防毒面具"、"戴防护手套"、"戴防护眼镜"、"注意通风"警示标识，并标明"紧急出口"、"救援电话"警示标识。

（4）能引起职业性灼伤或腐蚀的化学品工作场所，设置"当心腐蚀"、"腐蚀性"、"遇湿具有腐蚀性"、"当心灼伤"、"穿防护服"、"戴防护手套"、"穿防护鞋"、"戴防护眼镜"、"戴防毒口罩"等警示标识。

（5）产生噪声的工作场所设置"噪声有害"、"戴护耳器"等警示标识。

（6）高温工作场所设置"当心中暑"、"注意高温"、"注意通风"等警示标识。

（7）能引起电光性眼炎的工作场所设置"当心弧光"、"戴防护镜"等警示标识。

（8）生物因素所致职业病的工作场所设置"当心感染"警示标识。

（9）存在低温作业的工作场所设置"注意低温"、"当心冻伤"等警示标识。

（10）密闭空间作业场所出入口设置"密闭空间作业危险"、"进入需许可"警示标识。

（11）产生手传振动的工作场所设置"振动有害"、"使用设备时必须戴防振手套"等警示标识。

（12）能引起其他职业病危害工作场所设置"注意××危害"警示标识。

3. 公告栏与警示标识的设置要求

（1）公告栏应设置在办公区域、工作场所入口处等方便劳动者观看的醒目位置。告知卡应设置在产生或存在严重职业病危害的作业岗位附近的醒目位置。

(2)公告栏和告知卡应使用坚固材料制成,尺寸大小应满足内容需要,高度应适合劳动者阅读,内容应字迹清楚、颜色醒目。

(3)工程现场多处场所都涉及同一职业病危害因素的,应在各工作场所入口处均设置相应的警示标识。

(4)工作场所内存在多个产生相同职业病危害因素的作业岗位的,临近的作业岗位可以共用警示标识、中文警示说明和告知卡。

(5)警示标识(不包括警示线)采用坚固耐用、不易变形变质、阻燃的材料制作。有触电危险的工作场所使用绝缘材料。可能产生职业病危害的设备及化学品、放射性同位素和含放射性物质的材料(产品)包装上,可直接粘贴、印刷或者喷涂警示标识。

(6)警示标识设置的位置应具有良好的照明条件。井下警示标识应用反光材料制作。

(7)公告栏、告知卡和警示标识不应设在门窗或可移动的物体上,其前面不得放置妨碍认读的障碍物。

(8)多个警示标识在一起设置时,应按禁止、警告、指令、提示类型的顺序,先左后右、先上后下排列。

(9)警示标识的规格要求等按照《工作场所职业病危害警示标识》(GB Z 158—2003)执行。

(七)职业健康监护

(1)对从事接触职业病危害作业的劳动者,水利水电工程建设施工企业应当按照规定组织上岗前、在岗期间和离岗时的职业健康检查,并将检查结果书面告知劳动者。职业健康检查费用由企业承担。

(2)不得安排未经上岗前职业健康检查的劳动者从事接触职业病危害的作业。

(3)不得安排有职业禁忌的劳动者从事其所禁忌的作业。

(4)对在职业健康检查中发现有与所从事的职业相关的健康损害的劳动者,应当调离原工作岗位,并妥善安置。

(5)对未进行离岗前职业健康检查的劳动者不得解除或者终止与其订立的劳动合同。

(6)职业健康检查应当由取得《医疗机构执业许可证》的医疗卫生机构承担。

(7)应当为劳动者建立职业健康监护档案,并按照规定的期限妥善保存;职业健康监护档案应当包括劳动者的职业史、职业病危害接触史、职业健康检查结果和职业病诊疗等有关个人健康资料。

(8)不得安排未成年工从事接触职业病危害的作业;不得安排孕期、哺乳期的女职工从事对本人和胎儿、婴儿有危害的作业。

(八)职业卫生培训

(1)主要负责人和职业卫生管理人员应当接受职业卫生培训,遵守职业病防治法律、法规,依法组织本单位的职业病防治工作。

(2)应当对劳动者进行上岗前的职业卫生培训和在岗期间的定期职业卫生培训,普及职业卫生知识,督促劳动者遵守职业病防治法律、法规、规章和操作规程,指导劳动者正确使用职业病防护设备和个人使用的职业病防护用品。

(3)劳动者应当学习和掌握相关的职业卫生知识,增强职业病防范意识,遵守职业病防治法律、法规、规章和操作规程,正确使用、维护职业病防护设备和个人使用的职业病防护用品,发现职业病危害事故隐患应当及时报告。

(九)职业危害事故的应急救援、报告与处理

(1)建立健全职业危害应急救援预案。

(2)应急救援设施应完好。

(3)定期进行职业危害事故应急救援预案的演练。

(4)发生或者可能发生急性职业病危害事故时,应当立即采取应急救援和控制措施,并及时报告所在地安全生产监督管理部门和有关部门。

(5)对遭受或者可能遭受急性职业病危害的劳动者,水利水电工程建设施工企业应当及时组织救治、进行健康检查和医学观察,所需费用由企业承担。

(6)发生职业危害事故时,应当及时向所在地安全生产监督管理部门和有关部门报告,并采取有效措施,减少或者消除职业危害因素,防止事故扩大。对遭受职业危害的从业人员,及时组织救治,并承担所需费用。

三、职业病诊断与职业病病人保障

(1)发现职业病病人或者疑似职业病病人时,应当及时向所在地卫生行政部门和安全生产监督管理部门报告。确诊为职业病的,用人单位还应当向所在地劳动保障行政部门报告。

(2)及时安排对疑似职业病病人进行诊断;在疑似职业病病人诊断或者医学观察期间,不得解除或者终止与其订立的劳动合同。

(3)安排职业病患者进行治疗、定期检查与康复。

(4)对不适宜继续从事原工作的职业病病人,应当调离原岗位,并妥善安置。

(5)对从事接触职业病危害作业的劳动者,应当给予适当岗位津贴。

(6)如实向职工提供职业病诊断证明及鉴定所需要的资料等。

第七章 水利水电工程建设安全技术

安全技术是水利水电施工企业在长期安全生产工作实践中，吸取事故教训，根据不同作业特点和作业过程的危险性，进行总结、提炼，甚至用血的代价换来的，是工程施工管理人员和作业人员在安全生产工作中的行为准则。在水利水电工程建设过程中，各工种作业都要遵循安全技术操作规程，这样才能有效地控制各类生产安全事故的发生，确保水利水电工程建设的安全生产。

第一节 土石方工程安全技术

土石方工程是水利水电工程建设的主要项目，存在于整个工程的绝大部分建设过程。土石方作业多数是露天作业，受环境、气候的影响较大，再加上施工队伍分多处同时作业，管理十分困难，所以土石方工程施工的安全风险往往较大。

在土石方工程施工过程中，容易发生的伤亡事故主要是坍塌、高处坠落、物体打击、机械伤害、触电等，防止和控制这些事故是水利水电工程建设施工安全工作的重点。

一、边坡稳定因素及基坑支护的种类

（一）影响边坡稳定的因素

基坑开挖后，其边坡失稳坍塌的实质是边坡土体中的剪应力大于土的抗剪强度。土体的抗剪强度又是来源于土体的内摩阻力和凝聚力。因此，凡是能影响土体中剪应力、内摩阻力和凝聚力的，都能影响边坡的稳定。

（1）土类别的影响。不同类别的土，其土体的内摩阻力和凝聚力不同。例如砂土的凝聚力为零，只有内摩阻力，靠内摩阻力来保持边坡的稳定平衡；而黏性土则同时存在内摩阻力和凝聚力。因此，对于不同类别的土能保持其边坡稳定的最大坡度也不同。

（2）土湿化程度的影响。土内含水越多，湿化程度越高，使土壤颗粒之间产生的滑润作用越强，内摩阻力和凝聚力均降低，其土的抗剪强度降低，边坡容易失去稳定。同时，含水量增加，使土的自重增加、裂缝中产生静水压力，增加了土体内剪应力。

（3）气候的影响。气候使土质松软或变硬，如冬季冻融又风化，可降低土体的抗剪强度。

（4）基坑边坡上面附加荷载或外力的影响，能使土体中剪应力大大增加，甚至超过土体的抗剪强度，使边坡失去稳定而塌方。

（二）土方边坡最陡坡度

为了防止塌方，保证施工安全，当土石方挖到一定深度时，边坡均应做成一定的坡度。

土石方边坡的坡度以其高度 H 与底宽度 B 之比表示，土石方边坡坡度的大小与土质、开挖深度、开挖方法、边坡留置时间的长短、排水情况、附近堆积荷载等有关。开挖的深度越深，留置时间越长，边坡设计应平缓一些；反之，则可陡一些。边坡可以做成斜坡式，亦

可做成踏步式。地下水位低于基坑(槽)或管沟底面标高时,挖方深度在5 m以内,不加支撑的边坡的最陡坡度应符合表7-1的规定。

表7-1　土石方边坡坡度规定

土的类别	边坡坡度(高:宽)		
	坡顶无荷载	坡顶有静载	坡顶有动载
中密的砂土	1:1.00	1:1.25	1:1.50
中密的碎石类土	1:0.75	1:1.00	1:1.25
硬塑的轻亚黏性土	1:0.67	1:0.75	1:1.00
中密的碎石类土(充填物为黏性土)	1:0.50	1:0.67	1:0.75
硬塑的亚黏土、黏土	1:0.33	1:0.50	1:0.67
老黄土	1:0.10	1:0.25	1:0.33
软土(经井点降水后)	1:1.00	—	—

注:静载指堆土或材料等,动载指机械挖土或汽车运输作业等。在挖方边坡上侧堆土或材料以及移动施工机械时,应与挖方边缘保持一定距离,以保证边坡的稳定。当土质良好时,堆土或材料距挖方边缘0.8 m以外,高度不宜超过1.5 m。

(三)挖方直壁不加支撑的允许深度

土质均匀且地下水位低于基坑(槽)或管沟底面标高时,其挖方边坡可做成直立壁不加支撑,挖方深度应根据土质确定,但不宜超过表7-2的规定。

表7-2　基坑(槽)做成直壁不加支撑的允许深度

土的类别	挖方深度(m)
密实、中密的砂土和碎石类土(充填物为砂土)	1.00
硬塑、可塑的轻亚黏土及亚黏土	1.25
硬塑、可塑的黏土和碎石类土(填充物为黏性土)	1.50
坚硬的黏土	2.00

采用直立壁挖土的基坑(槽)或管沟挖好后,应及时进行地下结构和安装工程施工。在施工过程中,应经常检查坑壁的稳定情况。

挖方深度若超过表7-2规定,则应按表7-3的规定,放坡或直立壁加支撑。

(四)基坑和管沟常用的支护方法

在基坑或管沟开挖时,常因受场地的限制不能放坡,或者为了减少挖填的土石方量,缩短工期以及防止地下水渗入基坑等要求,可采用设置支撑与护壁桩的方法。常用的一些基坑与管沟的支撑方法,见表7-3。

二、施工安全基本要求

(1)土石方开挖施工前,应掌握必要的工程地质、水文地质、气象条件、环境因素等勘测资料。

(2)达到一定规模的危险性较大的土方和石方开挖工程应编制专项施工方案,并附安全验算结果,经施工企业技术负责人签字以及总监理工程师核签后实施,并由专职安全生产管理人员对专项施工方案实施情况进行现场监督。对工程中涉及高边坡、深基坑工程的专项施工方案，施工企业还应组织专家进行论证、审查。

表 7-3　常用的一些基坑与管沟的支撑方法

支撑名称	适用范围	支撑名称	适用范围
间断式水平支撑	能保持直立的干土或天然湿度的黏土类土，深度在 2 m 以内	断续式水平支撑	挖掘湿度小的黏性土及挖土深度小于 3 m 时
连续式水平支撑	挖掘较潮湿的或散粒的土及挖土深度小于 5 m	连续式垂直支撑	挖掘松散的或湿度很高的土（挖土深度不限）
锚拉支撑	开挖较大基坑或使用大型的机械挖土，而不能安装横撑时	斜柱支撑	开挖较大基坑或使用较大的机械挖土，而不能采用锚拉支撑时
短柱横隔支撑	开挖宽度较大的基坑，当部分地段下部放坡不足时	临时挡土墙支撑	开挖宽度大的基坑，当部分地段下部放坡不足时
混凝土或钢筋混凝土支护	天然湿度的黏土类土中，地下水较少，地面荷载较大，深度 6～30 m 的圆形结构护壁或人工挖孔桩护壁用	钢构架支护	在软弱土层中开挖较大、较深基坑，而不能用一般支护方法时
地下连续墙支护	开挖较大较深，周围有建筑物、公路的基坑，作为复合结构的一部分，或用于高层建筑的逆作法施工，作为结构的地下外墙	地下连续墙锚杆支护	开挖较大较深（＞10 m）的大型基坑，周围有高层建筑物，不允许支护有较大变形；采用机械挖土，不允许内部设支撑时
挡土护坡桩支撑	开挖较大较深（＞6 m）基坑，临近有建筑，不允许支撑有较大变形时	挡土护坡桩与锚杆结合支撑	大型较深基坑开挖，临近有高层建筑物，不允许支护有较大变形时

（3）施工中应遵循各项安全技术规程和标准，按施工方案组织施工，在施工过程中注重加强对人、机器设备、物料、环境等因素的安全控制，保证作业人员、设备的安全。

（4）土石方开挖施工前，应根据设计文件复查地下构造物（电缆、管道等）的埋设位置和走向，并采取防护或避让措施。施工中如发现危险物品及其他可疑物品，应立即停止开挖，报请有关部门处理。

（5）土石方开挖过程中应充分重视地质条件的变化，遇到不良地质构造和存在事故隐患的部位应及时采取防范措施，并设置必要的安全围栏和警示标志。

（6）土石方开挖过程中，应采取有效的截水、排水措施，防止地表水和地下水影响开挖作业和施工安全。

（7）土石方开挖程序应遵循自上而下的原则，并采取有效的安全措施。

（8）应合理确定开挖边坡坡比，及时制订边坡支护方案。

三、土方明挖安全技术

（1）人工挖掘土方应符合下列规定：

①边坡开挖中如遇地下水涌出，应先排水，后开挖。

②开挖工作应与装运作业面相互错开，应避免上、下交叉作业。

③边坡开挖影响交通安全时，应设置警示标志，严禁通行，并派专人进行交通疏导。

④边坡开挖时，应及时清除松动的土体和浮石，必要时应进行安全支护。

(2)施工过程当中应密切关注作业部位和周边边坡、山体的稳定情况,一旦发现裂痕、滑动、流土等现象,应停止作业,撤出现场作业人员。

(3)滑坡地段的开挖,应从滑坡体两侧向中部自上而下进行,不应全面拉槽开挖,弃土不应堆在滑动区域内。开挖时应有专职人员监护,随时注意滑动体的变化情况。

(4)已开挖的地段,不应顺土方坡面流水,必要时坡顶应设置截水沟。

(5)在靠近建筑物、设备基础、路基、高压铁塔、电杆等构筑物附近挖土时,应制订防坍塌的安全措施。

(6)开挖基坑(槽)时,应根据土壤性质、含水量、土的抗剪强度、挖深等要素,设计安全边坡及马道。

(7)在不良气象条件下,不应进行边坡开挖作业。

(8)当边坡高度大于5 m时,应在适当高程设置防护栏栅。

四、土方暗挖安全技术

(1)土方暗挖作业应符合下列规定:

①应按施工组织设计和安全技术措施规定的开挖顺序进行施工。

②作业人员到达工作地点时,应首先检查工作面是否处于安全状态,并检查支护是否牢固,如有松动的石、土块或裂缝应先予以清除或支护。

③工具应安装牢固。

(2)土方暗挖的洞口施工应符合下列规定:

①应有良好的排水措施。

②应及时清理洞脸,及时锁口。在洞脸边坡外应设置挡渣墙或积石槽,或在洞口设置钢或木结构防护棚,其顺洞轴方向伸出洞口外的长度不应小于5 m。

③洞口以上边坡和两侧应采用锚喷支护或混凝土永久支护。

(3)土方暗挖应遵循"管超前、严注浆、短开挖、强支护、快封闭、勤量测、速反馈"的施工原则。

(4)开挖过程中,如出现整体裂缝或滑动迹象,应立即停止施工,将人员、设备尽快撤离工作面,视开裂或滑动程度采取不同的应急措施。

(5)土方暗挖的循环应控制在0.5~0.75 m,开挖后应及时喷素混凝土加以封闭,尽快形成拱圈,应在安全受控的情况下,方可进行下一循环的施工。

(6)站在土堆上作业时,应注意土堆的稳定,防止滑坍伤人。

(7)土方暗挖作业面应保持地面平整、无积水、洞壁两侧下边缘应设排水沟。

(8)洞内使用内燃机施工设备,应配有废气净化装置,不应使用汽油发动机施工设备。进洞深度大于5倍洞径时,应采取机械通风措施,送风能力应满足施工人员正常呼吸需要[3 m^2/(人·min)],并能满足冲淡、排除燃油发动机和爆破烟尘的需要。

五、石方明挖安全技术

(1)机械凿岩时,应采用湿式凿岩或装有能够达到国家工业卫生标准的干式捕尘装置,否则不应开钻。

(2)开钻前,应检查工作面附近岩石是否稳定,是否有瞎炮,发现问题应立即处理;否则不应作业,不应在残眼中继续钻孔。

(3)供钻孔用的脚手架,应搭设牢固的栏杆。开钻部位的脚手板应铺满绑牢,板厚应不小于5 cm。

(4)开挖作业开工前应将设计边线外至少10 m范围内的浮石、杂物清除干净,必要时坡顶应设截水沟,并设置安全防护栏。

(5)对开挖部位设计开口线以外的坡面、岸坡和坑槽开挖,应进行安全处理后再作业。

(6)对开挖深度较大的坡(壁)面,每下降5 m应进行一次清坡、测量、检查。对断层、裂隙、破碎带等不良地质构造,应按设计要求及时进行加固或防护,应避免在形成高边坡后进行处理。

(7)进行撬挖作业时应符合下列规定:

①严禁站在石块滑落的方向撬挖或上下层同时撬挖。

②在撬挖作业的下方严禁通行,并应有专人监护。

③撬挖人员应保持适当间距。在悬崖、35°以上陡坡上作业应系好安全绳、配戴安全带,严禁多人共用一根安全绳。撬挖作业宜在白天进行。

(8)高边坡作业时应遵守下列规定:

①高边坡施工搭设的脚手架、排架平台等应符合设计要求,满足施工负荷,操作平台应满铺牢固,临空边缘应设置挡脚板,并应经验收合格后,方可投入使用。

②上、下层垂直交叉作业的中间应设有隔离防护棚或者将作业时间错开,并应有专人监护。

③高边坡开挖每梯段开挖完成后,应进行一次安全处理。

④对断层、裂隙、破碎带等不良地质构造的高边坡,应按设计要求及时采取锚喷或加固等支护措施。

⑤在高边坡底部、基坑施工作业上方边坡上应设置安全防护措施。

⑥高边坡施工时应有专人定期检查,并应对边坡稳定进行监测。

⑦高边坡开挖应边开挖、边支护,确保边坡稳定和施工安全。

六、石方暗挖安全技术

(1)洞室开挖作业应遵守下列规定:

①洞室开挖的洞口边坡上不应存在浮石、危石及倒悬石。

②作业施工环境和条件相对较差时,施工前应制订全方位的安全技术措施,并对作业人员进行交底。

③洞口削坡,应按照明挖要求进行,不应上下层同时作业,并应做好坡面、马道加固及排水等工作。

④进洞前,应对洞脸岩体进行察看,确认稳定或采取可靠措施后方可开挖洞口。

⑤洞口应设置防护棚。其顺洞轴方向的长度,可依据实际地形、地质和洞型断面选定,不宜小于5 m。

⑥自洞口计起,当洞挖长度不超过15~20 m时,应依据地质条件、断面尺寸,及时做

好洞口永久性或临时性支护。支护长度不宜小于10 m。当地质条件不良、全部洞身应进行支护时,洞口段则应进行永久性支护。

⑦暗挖作业中,在遇到不良地质构造或易发生塌方地段、有害气体逸出及地下涌水等突发事件,应即令停工,作业人员撤至安全地点。

⑧暗挖作业设置的风、水、电等管线路应符合相关安全规定。

⑨每次放炮后,应立即进行全方位的安全检查,并清除危石、浮石,若发现非撬挖所能排除的险情,应果断地采取其他措施进行处理。洞内进行安全处理时,应有专人监护,及时观察险石动态。

⑩处理冒顶或边墙滑脱等现象时应遵守下列规定:

a. 应查清原因,制订具体施工方案及安全防范措施,并迅速处理。

b. 地下水十分活跃的地段,应先治水后治塌。

c. 应准备好畅通的撤离通道,备足施工器材。

d. 处理工作开始前,应先加固好塌方段两端未被破坏的支护或岩体。

e. 处理坍塌,宜先处理两侧边墙,然后逐步处理顶拱。

f. 施工人员应位于有可靠的掩护体下进行工作,作业的整个过程应有专人现场监护。

g. 应随时观察险情变化,及时修改或补充原定措施计划。

h. 开挖与衬砌平行作业时的距离,应按设计要求控制,但不宜小于30 m。

(2)斜、竖井开挖作业应遵守下列规定:

①斜、竖井的井口附近,应在施工前做好修整,并在周围修好排水沟、截水沟,防止地面水侵入井中。竖井井口平台应比地面至少高出0.5 m。在井口边应设置不低于1.4 m规定高度的防护栏,挡脚板高应不小于35 cm。

②在井口及井底部位应设置醒目的安全标志。

③当工作面附近或井筒未衬砌部分发现有落石、支撑发生响动或大量涌水等其他失稳异常表现时,工作面施工人员应立即从安全梯或使用提升设备撤出井外,并报告处理。

④斜、竖井采用自上而下全断面开挖方法时应遵守下列规定:

a. 井深超过15 m时,上下人员宜采用提升设备。

b. 提升设施应有专门设计方案。

c. 应锁好井口,确保井口稳定;应设置防护设施,防止井台上弃物坠入井内。

d. 漏水和淋水地段,应有防水、排水措施。

⑤竖井采用自上而下先打导洞,再进行扩挖施工时,应遵守下列规定:

a. 井口周边至导井口应有适当坡度,便于扒渣。

b. 爆破后必须认真处理浮石和井壁。

c. 采取有效措施,防止石渣砸坏井底棚架。

d. 扒渣人员应系好安全带,自井壁边缘石渣顶部逐步下降扒渣。

e. 导井被堵塞时,严禁到导井口位置或井内进行处理,以防止石渣坠落砸伤。

(3)不良地质地段开挖作业应遵守下列规定:

①根据设计工程地质资料制订施工技术措施和安全技术措施,并应向作业人员进行交底。作业现场应有专职安全人员进行监护作业。

②不良地质地段的支护应严格按施工方案进行，应待支护稳定并验收合格后方可进行下一道工序的施工。

③当出现围岩不稳定、涌水及发生塌方情况时，所有作业人员应立即撤至安全地带。

④施工作业时，岩石既是开挖的对象，又是成洞的介质，为此施工人员应充分了解围岩性质，合理运用洞室体型特征，以确保施工安全。

⑤施工时应采取浅钻孔、弱爆破、多循环，尽量减少对围岩的扰动。应采取分部开挖，及时进行支护。每一循环掘进应控制在0.5～1.0 m。

⑥在完成一开挖作业循环时，应全面清除危石，及时支护，防止落石。

⑦在不良地质地段施工，应做好工程地质、地下水类型和涌水量的预报工作，并设置排水沟、积水坑和充分的抽排水设备。

⑧在软弱、松散破碎带施工，应待支护稳定后方可进行下一段施工作业。

⑨在不良地质地段施工应按所制订的临时安全用电方案实施，设置漏电保护器，并有断、停电应急措施。

七、土石方填筑安全技术

（1）土石方填筑应按施工组织设计进行施工，不得危及周围建筑物的结构或施工安全，不得危及相邻设备、设施的安全运行。

（2）填筑作业时，应注意保护相邻的平面、高程控制点，防止碰撞造成移位及下沉。

（3）夜间作业时，现场应有足够照明，在危险地段设置护栏和明显的警示标志。

（4）取料、填筑现场机械作业应设专人指挥，设备操作人员应经过专门培训，持证上岗。

（5）雨天不应进行填土作业。如需施工，应分段尽快完成，且宜采用碎石类土和砂土、石屑等填料。

（6）土石方填筑的运输、摊平、碾压、夯实等设备的灯光、制动、信号、警告装置应齐全可靠。

（7）坡面碾压、夯实作业时，设备、设施应锁定牢固，工作装置应有防脱、防断措施，禁止双层作业。

（8）水下填筑应符合下列规定：

①所有船舶航行、运输、驻位、停靠等应遵守《中华人民共和国内河避碰规则》（交通部令30号）及水务部门水上、水下作业安全管理的有关规定。

②水下填筑应按设计要求和施工组织设计确定施工程序。

③船上作业人员应穿救生衣、戴安全帽，并经过水上作业安全技术培训。

④为了保证抛填作业安全及抛填位置的准确率，宜选择在风力小于3级、浪高小于0.5 m的风浪条件下进行作业。

⑤水下基床填筑应符合下列规定：

a. 定位船及抛石船的驻位方式，应根据基床宽度、抛石船尺度、风浪和水流确定，定位船参照所设岸标或浮标，通过锚泊系统预先泊位，并由专职安全管理人员及时检查锚泊系统的完好情况。

b. 采用装载机、挖掘机等机械在船上抛填时，宜采用400 t以上的平板驳，抛填时为避免船舶倾斜过大，船上块石应在测量人员的指挥下，对称抛入水中。

c. 人工抛填时，应遵循由上至下，两侧块石对称抛投的原则抛投；严禁站在石堆下方，掏取石块，以免石堆坍塌造成事故。

d. 抛填时宜顺流抛填块石，且抛石和移船方向应与水流方向一致，避免块石抛在已抛部位而超高，增加水下整理工作量。

e. 有夯实要求的基床，其顶面应由潜水员做适当平整，为确保潜水员水下整平作业的安全，船上作业人员应服从潜水员和副手的统一指挥，补抛块石时，需通过透水的串筒抛投至潜水员指定的区域，严禁不通过串筒直接将块石抛入水中。

f. 基床重锤夯实作业过程中，周围100 m范围之内不应进行潜水作业。

g. 夯锤宜设计成低重心的扁式截头圆锥体，中间设置排水孔，选择铸钢链、卡环、连接环和转动环的能力时，安全系数宜取5～6，且4根铸钢链按3根进行受力计算。此外，吊钩应设有封钩装置，以防止脱钩。

h. 打夯操作手工作时，注意力要高度集中，严禁锤在自由落下的过程中紧急刹车。

i. 经常检查钢丝绳、吊臂等有无断丝、裂缝等异常情况，若有异常应及时采取措施进行处理。

⑥重力式码头沉箱内填料作业时应符合下列规定：

a. 沉箱内填料，宜采用砂、卵石、渣石或块石。填料时应均匀抛填，各格舱壁两侧的高差宜控制在1 m以内，以免造成沉箱倾斜、格舱壁开裂。

b. 为防止填料砸坏沉箱壁的顶部，在其顶部要覆盖型钢、木板或橡胶保护。

c. 沉箱码头的减压棱体或后方回填土应在箱内填料完成后进行。扶壁码头的扶壁若设有尾板，在填棱体时应防止石料进入尾板下而失去减小前趾压力的作用。

d. 为保证箱体回填时不受回填时产生的挤压力而导致结构位移及失稳，减压棱体和倒滤层宜采用民船或方驳于水上进行抛填。对于沉箱码头，为提高抛填速度，可考虑从陆上运料于沉箱上抛填一部分。抛填前，发现基床和岸坡上有回淤和塌坡，应按设计要求进行清理。

⑦水下理坡时，船上测量人员和吊机应配合潜水员，按"由高至低"的顺序进行理坡作业。

第二节　模板工程安全技术

模板工程，就其材料用量、人工、费用及工期来说，在混凝土结构工程施工中是十分重要的组成部分，在水利水电工程建设施工中占有相当重要的位置。

一、模板的构造

一般模板通常由3部分组成：模板面、支撑结构（包括水平支撑结构，如龙骨、桁架、小梁等，以及垂直支撑结构，如立柱、结构柱等）和连接配件（包括穿墙螺栓、模板面连接卡扣、模板面与支撑构件以及支撑构件之间的连接零配件等）。

模板的结构设计，必须能承受作用于模板结构上的所有垂直荷载和水平荷载（包括混凝土的侧压力、振捣和倾倒混凝土产生的侧压力、风力等）。在所有可能产生的荷载中要选择最不利的组合，验算模板整体结构和构件及配件的强度、稳定性和刚度。当然，首先在模板结构设计上必须保证模板支撑系统形成空间稳定的结构体系。

二、施工安全基本要求

（1）模板安装前，应审查模板结构设计与施工说明书中的荷载、计算方法、节点构造和安全措施，设计审批手续应齐全。

（2）达到一定规模的危险性较大的模板工程应编制专项施工方案，并附安全验算结果，经施工企业技术负责人签字及总监理工程师核签后实施，并由专职安全生产管理人员对专项施工方案实施情况进行现场监督。对工程中涉及高大模板工程的专项施工方案，施工企业还应组织专家进行论证、审查。

（3）模板安装应进行全面的安全技术交底，操作班组应熟悉设计与施工说明书，并应做好模板安装作业的分工准备。采用爬模、飞模、隧道模等特殊模板施工时，所有参加作业的人员必须经过专门技术培训，考核合格后方可上岗。

（4）施工前应对模板和配件进行挑选、检测，不合格应剔除，并运至工地指定地点存放。

（5）施工前备齐操作所需的一切安全防护设施和器具。

三、木模板施工安全技术

（1）支、拆模板时，不应在同一垂直面内立体作业。无法避免立体作业时，应设置专项安全防护设施。

（2）高处、复杂结构模板的安装与拆除，应按施工组织设计要求进行，并应有安全措施。

（3）上下传送模板，应采用运输工具或用绳子系牢后升降，不应随意抛掷。

（4）模板不应支撑在脚手架上。

（5）支模过程中，如需中途停歇，应将支撑、搭头、柱头板等连接牢固。拆模间歇时，应将已活动的模板、支撑等拆除运走并妥善放置，以防扶空、踏空导致事故。

（6）模板上如有预留孔（洞），安装完毕后应将孔（洞）口盖好。混凝土构筑物上的预留孔（洞），应在拆模后盖好孔（洞）口。

（7）模板拉条不应弯曲，拉条直径不应小于 14 mm，拉条与锚环应焊接牢固；割除外露螺杆、钢筋头时，不应任其自由下落，应采取安全措施。

（8）混凝土浇筑过程中，应设专人检查、维护模板，发现变形走样，应立即调整、加固。

（9）高处拆模时，应有专人指挥，并标出危险区；应实行安全警戒，暂停交通。

（10）拆除模板时，严禁操作人员站在正拆除的模板上。

四、钢模板施工安全技术

（1）对拉螺栓拧入螺帽的丝扣应有足够长度，两侧墙面模板上的对位螺栓孔应平直相对，穿插螺栓时，不应斜拉硬顶。

(2)钢模板应边安装边找正,找正时不应用铁锤或撬棍硬撬。

(3)高处作业时,连接件应放在箱盒或工具袋中,严禁散放;扳手等工具应用绳索系挂在身上,以免掉落伤人。

(4)组合钢模板装拆时,上下应有人接应,钢模板及配件应随装拆随转运,严禁从高处扔下。中途停歇时,应把活动件放置稳妥,防止坠落。

(5)散放的钢模板,应用箱架集装吊运,不应任意堆捆起吊。

(6)用铰链组装的定型钢模板,定位后应安装全部插销、顶撑等连接件。

(7)架设在钢模板、钢排架上的电线和使用的电动工具,应使用安全电压电源。

五、大模板施工安全技术

(1)各种类型的大模板,应按设计制作。每块大模板应设有操作平台、上下梯道、防护栏杆以及存放小型工具和螺栓的工具箱。

(2)大模板应按施工组织设计的规定分区堆放,各区之间保持一定的安全距离。存放场地必须平整夯实,不得存放在松土和坑洼不平的地方。

(3)未加支撑或自稳角不足的大模板,要存放在专用的堆放架内或卧倒平放,不应靠在其他模板或构件上。

(4)安装和拆除大模板时,吊车司机和指挥、挂钩、装拆人员应在每次作业前检查索具、吊环。吊运过程中,严禁操作人员随大模板起落。

(5)大模板安装就位后,应焊牢拉杆、固定支撑。未就位固定前,不应摘钩,摘钩后不应再撬动;如需调整,撬动后应重新固定。

(6)大模板吊运过程中,起重设备操作人员不应离岗。模板吊运过程应平稳流畅,不应将模板长时间悬置空中。

(7)拆除大模板,应先挂好吊钩,然后拆除拉条和连接件。拆模时,不应在大模板或平台上存放其他物件。

六、滑动模板施工安全技术

(1)滑升机具和操作平台,按照施工设计的要求进行安装。平台周围应有防护栏杆和安全网。

(2)操作平台设有消防、联络通信信号装置和供人员上下的设施。雷雨季节应设置避雷装置。

(3)施工通道与操作平台衔接处设有安全跳板,跳板应设扶手或栏杆。

(4)操作平台上所设的洞孔,应有标志明显的活动盖板。

(5)操作平台上的施工荷载应均匀对称,严禁超载。

(6)施工电梯应安装柔性安全卡、限位开关等安全装置,并规定上下联络信号。

(7)滑升过程中,应每班检查并调整水平、垂直偏差,防止平台扭转和水平位移,遵守设计规定的滑升速度与脱模时间。

(8)电源配电箱设在操纵控制台附近,所有电气装置均接地,接地电阻应不大于4 Ω。

(9)冬季施工采用蒸汽养护时,蒸汽管路应有安全隔离设施,暖棚内严禁明火取暖。

(10)滑模模板拆除应均匀对称,按顺序分段进行,严禁大面积撬落和拉倒,拆下的模板、设备应用绳索吊运至指定地点。

(11)液压系统如出现泄漏,应停车检修。

七、钢模台车施工安全技术

(1)钢模台车的各层工作平台,应设防护栏杆,平台四周应设挡脚板,上下爬梯应有扶手,垂直爬梯应加护圈。

(2)在有坡度的轨道上使用时,台车应配置灵敏、可靠的制动(刹车)装置。

(3)台车行走前,应清除轨道上及其周围的障碍物,台车行走时应有人监护。

第三节　混凝土工程安全技术

混凝土工程施工在水利水电工程建设过程中占有重要地位,特别是以混凝土大坝为主体的枢纽工程。纵观整个混凝土工程施工,涉及预埋件和冲洗、混凝土拌合、混凝土运输、混凝土浇筑、混凝土保护和养护、水下混凝土和碾压混凝土等诸多环节。由于混凝土工程工期长,施工条件多为大范围、露天高空作业,为了保证混凝土工程施工的安全进行,必须有可靠的安全技术。

一、施工安全基本要求

(1)混凝土工程施工前,施工单位应根据相关安全生产规定,按照施工组织设计确定的施工方案、方法和总平面布置制订行之有效的安全技术措施,报合同指定单位审批并向施工人员交底后,方可施工。

(2)施工中,应加强生产调度和技术管理,合理组织施工程序,尽量避免多层次、多单位交叉作业。

(3)施工现场电气设备和线路(包括照明和手持电动工具等)应绝缘良好,并配备触电保护装置。

二、混凝土拌合楼(站)安全技术

(1)混凝土拌合楼(站)机械转动部位的防护设施,应在每班前进行检查。

(2)电气设备和线路应绝缘良好,电动机应接地。临时停电或停工时,应拉闸、上锁。

(3)压力容器应定期进行压力试验,不应有漏风、漏水、漏气等现象。

(4)楼梯和挑出的平台,应设安全护栏;马道板应加强维护,不应出现腐烂、缺损;冬季施工期间,应设置防滑措施以防止结冰溜滑。

(5)消防器材应齐全、良好,楼内不应存放易燃易爆物品,不应明火取暖。

(6)楼内各层照明设备应充足,各层之间的操作联系信号应准确、可靠。

(7)粉尘浓度和噪声不应超过国家规定的标准。

(8)机械、电气设备不应带"病"和超负荷运行,维修应在停止运转后进行。

(9)检修时,应切断相应的电源、气路,并挂上"有人工作,不准合闸"的警示标志。

(10)进入料仓(斗)、拌合筒内工作,外面应设专人监护。检修时应挂"正在修理,严禁开动”的警示标志。非检修人员不应乱动气、电控制元件。

（11）在料仓或外部高处检修时，应搭设脚手架，并应遵守高处作业的有关规定。

（12）设备运转时，不应擦洗和清理。严禁将头、手伸入机械行程范围以内。

三、混凝土运输安全技术

（一）混凝土水平运输

1. 汽车运送混凝土

（1）运输道路应满足施工组织设计要求。

（2）不应超载、超速、酒后及疲劳驾车，应谨慎驾驶，应熟悉运行区域内的工作环境。

（3）不应在陡坡上停放。需要临时停车时，应打好车塞，驾驶员不应远离车辆。

（4）驾驶室内不应乘坐无关人员。

（5）搅拌车装完料后严禁料斗反转，斜坡路面满足不了车辆平衡要求时，不应卸料。

（6）装卸混凝土的地点应有统一的联系和指挥信号。

（7）车辆直接入仓卸料时，卸料点应有挡坎，应防止在卸料过程中溜车，应有安全距离。

（8）应保证自卸车辆平稳，观察确定无障碍后，方可卸车；等卸料完成大箱落回原位后，方可起架行驶。

（9）自卸车卸料卸不净时，作业人员不应爬上未落回原位的车厢上进行处理。

（10）夜间行车，应适当减速，并应打开灯光信号。

2. 轨道运输和机车牵引装运混凝土

（1）机车司机应经过专门技术培训，并经过考试合格后方可驾驶。

（2）装卸混凝土时应听从信号员的指挥，运行中应按沿途标志操作运行。信号不清、路况不明时，应停止行驶。

（3）通过桥梁、道岔、弯道、交叉路口、复线段会车和进站时应加强观望，不应超速行驶。

（4）在栈桥上限速行驶，栈桥的轨道端部应设信号标志和车挡等拦车装置。

（5）两辆机车在同一轨道上同向行驶时，均应加强观望，特别是位于后面的机车应随时准备采取制动措施，行驶时两车相距不应小于 60 m；两车同用一个道岔时，应等对方车辆驶出并解除警示后，或驶离道岔 15 m 以外双方不致碰撞时，方可驶进道岔。

（6）交通频繁的道口，应设专人看守道口两侧，应设移动式落地栏杆等装置防护，危险地段应悬挂“危险”或“禁止通行”警示标志，夜间应设红灯示警。

（7）机车和调度之间应有可靠的通信联络，轨道应定期进行检查。

（8）机车通过隧洞前，应鸣笛警示。

（二）混凝土垂直运输

1. 吊罐入仓

（1）使用吊罐前，应对钢丝绳、平衡梁（横担）、吊锤（立罐）、吊耳（卧罐）、吊环等起重部件进行检查，如有破损，严禁使用。

（2）吊罐的起吊、提升、转向、下降和就位，应听从指挥。指挥人员应由受过训练的熟练工人担任，并持证上岗。指挥信号应明确、准确、清晰。

（3）起吊前，指挥人员应得到两侧挂罐人员的明确信号才能指挥起吊；起吊时应慢速，并应在吊离地面 30～50 cm 时进行检查，在确认稳妥可靠后，方可继续提升或转向。

（4）吊罐吊至仓面，下落到一定高度时，应减慢下降、转向，并避免紧急刹车，以免晃荡撞击人体。应防止吊罐撞击模板、支撑、拉条和预埋件等。吊罐停稳后，人员方可上罐卸料，卸料人员卸料前应先挂好安全带。

（5）吊罐卸完混凝土，应立即关好斗门，并将吊罐外部附着的骨料、砂浆等清除后，方可吊离。摘钩吊罐放回平板车时，应缓慢下降，对准并旋转平衡后方可摘钩；对于不摘钩吊罐放回时，挡壁上应设置防撞弹性装置，并应及时清除搁罐平台上的积渣，以确保罐的平稳。

（6）吊罐正下方严禁站人。吊罐在空间摇晃时，不应扶拉。吊罐在仓内就位时，不应斜拉硬推。

（7）应定期检查、维修吊罐、立罐门的托辊轴承、卧罐的齿轮，并定期加油润滑。罐门把手、振动器固定螺栓应定期检查紧固，防止松脱坠落伤人。

（8）当混凝土在吊罐内初凝，不能用于浇筑时，可采用翻罐方式处理废料，但应采取可靠的安全措施，并有带班人在场监护，以防发生意外。

（9）吊罐装运混凝土，严禁混凝土超出罐顶，以防坍落伤人。

（10）气动罐、蓄能罐卸料弧门拉绳不宜过长，并应在每次装完料、起吊前整理整齐，以免吊运途中挂上其他物件而导致弧门打开、引起事故。

（11）严禁罐下串吊其他物件。

2. 溜槽（筒）入仓

（1）溜槽搭设应稳固可靠，架子应满足安全要求，使用前应经技术与安全部门验收。溜槽旁应搭设巡查、清理人员行走的马道与护栏。

（2）溜槽坡度最大不宜超过 60°。超过 60°时，应在溜槽上加设防护罩（盖）。

（3）溜筒使用前，应逐一检查溜筒、挂钩的状况，磨损严重时，应及时更换。溜筒宜采用钢丝绳、铅丝或麻绳连接牢固。

（4）用溜槽浇筑混凝土，每罐料下料开始前，在得到同意下料信号后方可下料。溜槽下部人员应与下料点有一定的安全距离，以避免骨料滚落伤人。溜槽使用过程中，溜槽底部不应站人。

（5）下料溜筒被混凝土堵塞时，应停止下料，及时处理。处理时应在专设爬梯上进行，不应在溜筒上攀爬。

（6）搅拌车下料应均匀，自卸车下料应有受料斗，卸料口应有控制设施。垂直运输设备下料时不应使用蓄能罐，应采用人工控制罐供料，卸料处宜有卸料平台。

（7）北方地区冬季，不宜使用溜槽（筒）方式入仓。

四、预埋件、打毛和冲洗安全技术

（1）吊运各种预埋件及止水、止浆片时，应绑扎牢靠，防止在吊运过程中滑落。

（2）所有预埋件的安装应牢固、稳定，以防脱落。

（3）焊接止水、止浆片时，应遵守焊接的有关安全技术操作规程。

(4)多人在同一工作面打毛时,应避免面对面近距离操作,以防飞石、工具伤人。不应在同一工作面,上下层同时打毛。

(5)使用风钻、风镐打毛时,应遵守风钻、风镐安全技术操作规程。

(6)高处使用风钻、风镐打毛时,应用绳子将风钻、风锦拴住,并挂在牢固的地方。

(7)使用冲毛机前,应对操作人员进行技术培训,合格后方可进行操作;操作时,应穿戴防护面罩、绝缘手套和长筒胶靴。

(8)冲毛时,应防止泥水溅到电气设备或电力线路上。工作面的电线灯头应悬挂在不妨碍冲毛的安全高度。

(9)使用刷毛机刷毛时,操作人员应遵守刷毛机的安全操作规程。

(10)操作人员应在每班作业前检查刷盘与钢丝束连接的牢固性。一旦发现松动,应及时紧固,以防钢丝断丝、飞出伤人。

(11)手推电动刷毛机的电线接头、电源插座、开关钮应有防水措施。

(12)自行式刷毛机仓内行驶速度应控制在8.2 km/h以内。

五、混凝土浇筑安全技术

(1)浇筑混凝土前,应检查仓内排架、支撑、拉条、模板及平台、漏斗、溜筒等是否安全可靠。

(2)仓内脚手架、支撑、钢筋、拉条、埋设件等不应随意拆除、撬动,如果需要拆除、撬动,则应经施工负责人的同意。

(3)平台上所预留的下料孔,不用时应封盖。平台除出入口外,四周均应设置栏杆和挡脚板。

(4)仓内人员上下应设靠梯,不应从模板或钢筋网上攀登。

(5)吊罐卸料时,仓内人员应注意避开,不应在吊罐正下方停留或工作。接近下料位置时,应减慢吊罐下降速度。

(6)在平仓振捣过程中,应观察模板、支撑、拉筋是否变形。当发现变形,有倒塌危险时,应立即停止工作,并及时报告有关指挥人员。

(7)使用大型振捣器和平仓机时,不应碰撞模板、拉条、钢筋和预埋件,以防变形、倒塌。

(8)不应将运转中的振捣器放在模板或脚手架上。

(9)使用电动振捣器,应有触电保护器或接地装置。搬移振捣器或中断工作时,应切断电源。

(10)湿手不应接触振捣器电源开关,振捣器的电缆不应破皮漏电。

(11)平仓振捣时,仓内作业人员应思想集中,互相关照。浇筑高仓位时,应防止工具和混凝土骨料掉落仓外,更不应将大石块抛向仓外,以免伤人。

(12)吊运平仓机、振捣臂、仓面吊等大型机械设备时,应检查吊索、吊具、吊耳是否完好,吊索角度是否适当。

(13)下料溜筒被混凝土堵塞时,应停止下料,立即处理。处理时不应直接在溜筒上攀登。

(14)冬季仓内用火盆保温时,应明确专人管理,谨防失火。

(15)电气设备的安装、拆除或在运转过程中的故障处理,均应由电工进行。

六、混凝土保护与养护安全技术

(一)表面保护

(1)在混凝土表面保护工作的部位,作业人员应精力集中,佩戴安全防护用品。

(2)混凝土立面保护材料应与混凝土表面贴紧,并用压条压接牢靠,以防风吹掉落伤人。采用脚手架安装、拆除时,应符合脚手架安全技术规程的规定;采用吊篮安装、拆除时,应符合吊篮安全技术规程的规定。

(3)混凝土水平面的保护材料应采用重物压牢,防止风吹散落。

(4)竖向井(洞)孔口应先安装盖板,然后方可覆盖柔性保护材料,并应设置醒目的警示标志。

(5)水平洞室等孔洞进出口悬挂柔性保护材料应牢靠,并应方便人员和车辆的出入。

(6)混凝土保护材料不宜采用易燃品,在气候干燥的地区和季节,应做好防火工作。

(二)养护

(1)养护用水不应喷射到电线和各种带电设备上。养护人员不应用湿手移动电线。养护水管应随用随关,不应使交通道转梯、仓面出入口、脚手架平台等处有长流水。

(2)在养护仓面上遇有沟、坑、洞时,应设明显的安全标志,必要时铺设安全网或设置安全栏杆,严禁施工作业人员在不易站稳的位置进行洒水养护作业。

(3)采用化学养护剂、塑料薄膜养护时,对易燃有毒材料应佩戴相关防护用品,并做好防护工作。

七、水下混凝土安全技术

(1)设计工作平台时,除考虑工作荷重外,还应考虑溜管、管内混凝土以及水流和风压影响的附加荷重。工作平台应牢固、可靠。

(2)溜管节与节之间应连接牢固,其顶部漏斗及提升钢丝绳的连接处应用卡子加固。钢丝绳应有足够的安全系数。

(3)上下层同时作业时,层间应设防护挡板或其他隔离设施,以确保下层工作人员的安全。各层的工作平台应设防护栏杆。各层之间的上下交通梯子应搭设牢固,并应设扶手。

(4)混凝土溜管底的活门或铁盘,应防止突然脱落而失控开放,以免溜管内的混凝土骤然下降,引起溜管突然上浮。向漏斗卸混凝土时,应缓慢开启弧门,适当控制下料方量。

八、碾压混凝土安全技术

(1)碾压混凝土铺筑前,应全面检查仓内排架、支撑、拉条、模板等是否安全可靠。

(2)自卸汽车入仓时,入仓口道路宽度、纵坡、横坡以及转弯半径应符合所选车型的性能要求。

洗车平台应做专门的设计,满足有关的安全规定。自卸汽车在仓内行使时,车速控制在5.0 km/h以内。

(3)真空溜管入仓时应符合下列规定：

①真空溜管应做专门的设计，包括受料斗、下料口、溜管管身、出料口以及各部分的支撑结构，并应满足有关的安全规定。

②支撑结构应与边坡锚杆焊接牢靠，不应采用铅丝绑扎。

③出料口应设置垂直向下的弯头，以防碾压混凝土料飞溅伤人。

④真空溜管盖破损，修补或者更换时，应遵守高处作业的安全规定。

(4)卸料与摊铺时应符合下列规定：

①仓号内应派施工经验丰富、熟悉各类机械性能的人指挥、协调各类施工设备。指挥人员应采用红旗、白旗和口哨发出指令。

②采用自卸卡车直接进仓卸料时，宜采用退铺法依次卸料；应防止在卸料过程中溜车，应使车辆保证一定的安全距离。

③采用吊罐入仓时，卸料高度不宜大于1.5 m，并应遵守吊罐入仓的安全规定。

④搅拌车运送入仓时，仓内车速应控制在5.0 km/h以内，距离临空面应有一定的安全距离，卸料时不应用手触摸旋转中的搅拌筒和随动轮。

⑤多台平仓机在同一作业面作业时，前后两机相距不应小于8 m，左右相距应大于1.5 m。两台平仓机并排平仓时，两台平仓机刀片之间应保持20～30 cm的间距。平仓前进应以相同速度直线行驶；后退时，应分先后，防止互相碰撞。

⑥平仓机上下坡时，其爬行坡度不应大于20°；在横坡上作业时，横坡坡度不应大于10°；下坡时，宜采用后退下行，严禁空挡滑行，必要时可放下刀片做辅助制动。

(5)碾压时应符合下列规定：

①振动碾的行走速度应控制在1.0～1.5 km/h。

②振动碾前后、左右无障碍物和人员时才能启动。

③变换振动碾前进或者后退方向应待滚轮停止后进行；不应利用换向离合器做制动用。

④两台以上振动碾同时作业，其前后间距不应小于3 m；在坡道上纵队行驶时，其间距不应小于20 m。上坡时变速应在制动后进行，下坡时不应脱挡滑行。

⑤起振和停振应在振动碾行走时进行；在老混凝土面上行走，不应振动；换向离合器、起振离合器和制动器的调整，应在主离合器脱开后进行，不应在急转弯时用快速挡，不应在尚未起振的情况下调节振动频率。

第四节　起重安装工程安全技术

在水利水电工程建设施工中，起重安装工程包括金属结构安装与机电设备安装两项重要的工作，同时也是施工不安全因素较多、需重点进行安全控制的环节。在这一环节中，操作者不仅会在十分复杂、危险的场所进行作业，也必然会在操作中接触到各种储存、生产和供给能量的设施、设备及易燃易爆危险品。该作业可能会造成的事故和伤害包括高处坠落、触电、物体打击、坍塌、起重伤害、机械伤害、火灾和爆炸、职业病等。

一、施工安全基本要求

(1)施工前,应全面检查施工现场、机具设备及安全防护设施等,施工条件应符合安全要求。两个以上施工单位在同一施工现场作业,应签订安全协议并派专人负责监管。

(2)达到一定规模的危险性较大的起重吊装工程应编制专项施工方案,并附安全验算结果,经施工企业技术负责人签字以及总监理工程师核签后实施,并由专职安全生产管理人员对专项施工方案实施情况进行现场监督。对工程中涉及的超过一定规模的起重吊装及安装拆卸工程的专项施工方案,施工企业还应组织专家进行论证、审查。

(3)施工前必须进行安全技术交底,按施工方案组织施工。

(4)金属结构与机电设备安装施工前,应编制安装事故专项应急预案和现场应急处置方案,配备应急物质,组织相关人员进行应急培训,并定期开展应急预案演练。

二、安装现场场地要求

(1)现场的施工设施,应符合防洪、防火、防强风、防雷击、防砸、防坍塌以及工业卫生等安全要求。

(2)现场的洞(孔)、坑、沟、升降口、漏斗口等危险处应有防护设施和明显警示标志。

(3)现场存放设备、材料的场地应平整坚固,设备、材料存放应整齐有序,周围通道畅通,且宽度不小于1 m。

(4)现场的排水系统布置合理,沟、管、网排水畅通,不得影响道路交通。

(5)高处临边作业面(如坝顶、厂房顶、桥机梁、工作平台等)应设置安全防护栏杆,并悬挂安全网。

(6)脚手架拆除时,在拆除物坠落范围的外侧应设有安全围栏与醒目的安全警示标志,现场设专人监护。

(7)各类洞(孔)口、沟槽应设有固定盖板,或设置安全防护栏杆,同时设有安全警示标志和夜间警示红灯。

(8)闸门井、电梯井、电缆竖井等井道口(内)安装作业,应根据作业面情况,在其下方井道内设置可靠的水平刚性平台或安全网做隔离防护层。

(9)现场应根据工作及工艺要求设置安全保卫室,并根据工作需要发放标志牌或出入证。

(10)危险作业场所应设有事故报警装置、紧急疏散通道,并悬挂警示标志。

三、焊接切割作业安全技术

(一)基本要求

(1)从事焊接与气割的工作人员,应经过专业培训考核取得操作证,持证上岗。

(2)从事焊接与气割的工作人员,应严格遵守各项规章制度,作业时不应擅离职守,进入岗位应按规定穿戴劳动防护用品。

(3)焊接和气割的场所,应设有消防设施,并保证其处于完好状态。焊工应熟练掌握其使用方法,并能够正确使用。

(4)凡有液体压力、气体压力及带电的设备和容器、管道,无可靠安全保障措施禁止焊割。

(5)对储存过易燃易爆及有毒物品的容器、管道进行焊接与切割时，要将易燃物和有毒气体放尽，用水冲洗干净，打开全部管道窗、孔，保持良好通风，方可进行焊接和切割，容器外要有专人监护，定时轮换休息。密封的容器、管道不应焊割。

(6)禁止在油漆未干的结构和其他物体上进行焊接和切割。

(7)禁止在混凝土地面上直接进行切割。

(8)严禁在储存有易燃易爆的液体、气体、车辆、容器等的库区内从事焊割作业。

(9)在距焊接作业点火源 10 m 以内，在高空作业下方和火星所涉及范围内，应彻底清除有机灰尘、木材木屑、棉纱棉布、汽油、油漆等易燃物品。如有不能撤离的易燃物品，应采取可靠的安全措施隔绝火星与易燃物。对填有可燃物的隔层，在未拆除前不应施焊。

(10)焊接大件须有人辅助时，动作应协调一致，工件应放平垫稳。

(11)在金属容器内工作时应有专人监护，要保证容器内通风良好，并应设置防尘设施。

(12)在潮湿地方、金属容器和箱形结构内作业，焊工应穿干燥的工作服和绝缘胶鞋，身体不应与被焊接件接触，脚下应垫绝缘垫。

(13)在金属容器中进行气焊和气割工作时，焊割炬应在容器外点火调试，并严禁使用漏燃气的焊割炬、管、带，以防止逸出的可燃混合气遇明火爆炸。

(14)焊接和气割的工作场所光线应保持充足。工作行灯电压不应超过 36 V，在金属容器或潮湿地点工作行灯电压不应超过 12 V。

(15)风力超过 5 级时，禁止在露天进行焊接或气割。风力 5 级以下、3 级以上时，应搭设挡风屏，以防止火星飞溅引起火灾。

(16)在离地面 1.5 m 以上进行工作时，应设置脚手架或专用作业平台，并应设有 1 m 高防护栏杆，脚下所用垫物要牢固可靠。

(17)工作结束后应拉下焊机闸刀，切断电源。对于气割(气焊)作业则应解除氧气、乙炔瓶(乙炔发生器)的工作状态。要仔细检查工作场地周围，确认无火源后方可离开现场。

(18)使用风动工具时，先检查风管接头是否牢固，选用的工具是否完好无损。

(19)禁止通过使用管道、设备、容器、钢轨、脚手架、钢丝绳等作为临时接地线(接零线)的通路。

(二)气焊与气割安全技术

气焊与气割设备和器具比较简单，便于移动，在水利水电工程建设施工中得到广泛应用。气焊与气割的设备有氧气瓶、乙炔发生器或乙炔瓶，器具有焊炬、减压器、氧气表、回火防止器、氧气胶管、乙炔胶管等，如图 7-1 所示。

1. 氧气瓶

(1)氧气瓶应有防护圈和安全帽，瓶阀不得粘有油脂。场内搬运应采用专门托架、小推车，不得采用肩扛、高处滑下、地面滚动等方法搬运。

(2)严禁氧气瓶和其他可燃气瓶(如乙炔、液化石油气等)同车运输或在一起存放。

(3)氧气瓶距明火应大于 10 m。瓶内气体不得全部用尽，应留有 0.1 ~0.2 MPa 的剩余压力。

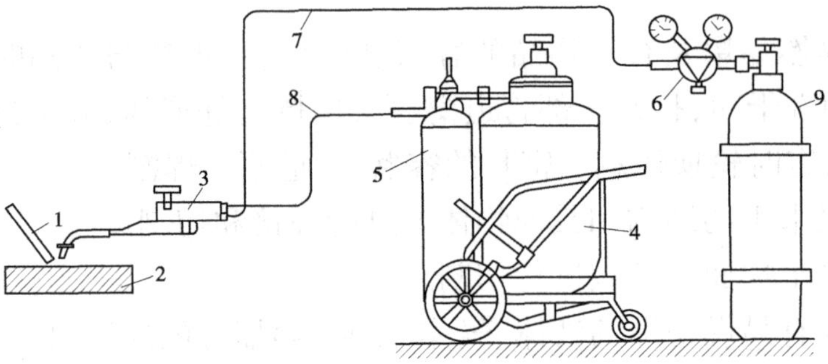

1—焊丝;2—焊件;3—焊炬;4—乙炔发生器;5—回火防止器;
6—减压器与氧气表;7—氧气胶管;8—乙炔胶管;9—氧气瓶

图 7-1　气焊与气割应用的设备和器具示意图

(4)夏季应防止暴晒;冬季,当瓶阀、减压器、回火防止器发生冻结时可用温水解冻,严禁用火焰烘烤。

2. 乙炔瓶

(1)气焊作业应使用乙炔瓶,不得使用浮筒式乙炔罐。

(2)乙炔瓶存放和使用必须立放,严禁卧放。

(3)乙炔瓶夏季应防止暴晒;冬季发生冻结时,应采用温水解冻。

3. 胶管

(1)氧气胶管为红色,严禁将氧气管接在焊、割炬的乙炔气进口上使用。

(2)胶管长度每根不应小于 10 m,以 15 ~ 20 m 为宜。

(3)胶管的连接处应用卡子或铁丝扎紧,铁丝的丝头应绑牢在工具嘴头方向,以防止被气体崩脱而伤人。

(4)工作时,胶管不应沾染油脂或触及高温金属和导电线。

(5)禁止将重物压在胶管上。不应将胶管横跨铁路或公路,如需跨越应有安全保护措施。胶管内有积水时,在未吹尽之前不应使用。

(6)胶管如有鼓包、裂纹、漏气现象,不应采用贴补或包缠的办法处理,应切除或更新。

(7)当发现胶管接头脱落或着火时,应迅速关闭供气阀,不应用手弯折胶管等待处理。

(8)严禁将使用中的橡胶软管缠在身上,以防发生意外起火引起烧伤。

4. 气焊、气割设备安全装置

(1)氧气瓶和乙炔瓶必须装有减压器,严禁使用不完整或损坏的减压器。冬季减压器易冻结,应采用热水或蒸汽解冻,严禁用火烤,每只减压器只准用于一种气体。减压器内,氧气、乙炔瓶嘴中不应有灰尘、水分或油脂,打开瓶阀时,不应站在减压阀方向,以免被气体或减压器脱扣而冲击伤人。工作完毕后应先将减压器的调整顶针拧松直至弹簧分开,再关氧气、乙炔瓶阀,放尽管中余气后方可取下减压器。当氧气、乙炔管、减压器自动燃烧或减压器出现故障时,应迅速将氧气瓶的气阀关闭,然后关乙炔气瓶的气阀。

(2)乙炔瓶必须安装回火防止器。应采用干式回火防止器,禁止使用无水封、漏气的、逆止阀失灵的回火防止器。回火防止器应垂直放置,其工作压力应与使用压力相适应。干式回火防止器的阻火元件应经常清洗以保持气路畅通;多次回火后,应更换阻火元件。

一个回火防止器应只供一把割炬或焊炬使用，不应合用。回火防止器应经常清除污物防止堵塞，以免失去安全作用。回火器上的防爆膜（胶皮或铝合金片）被回火气体冲破后，应按原规格更换，严禁用其他非标准材料代替。

四、安装作业用具安全技术

（一）电动工具

（1）使用前，检查电动工具外观，应完好、无污物。

（2）检查电动工具绝缘是否良好，电源引线及插头应无破损伤痕。

（3）检查电动工具零部件，应无松动，带电体应清洁、干燥。

（4）检查电动工具转动轮、转动片，应完好、结实、紧固，转动体与非转动体之间应有间隙，无卡阻现象。

（5）手持式电动工具安全使用应符合下列规定：

①在一般场所，应选用Ⅱ类电动工具，当使用Ⅰ类电动工具时，应采取装设漏电保护器、安全隔离变压器等安全保护措施。

②在潮湿环境或电阻率偏低的作业场所，应使用Ⅱ类或Ⅲ类电动工具。如使用Ⅰ类电动工具应装设额定漏电电流不大于30 mA、动作时间不大于0.1 s的漏电保护器。

③在狭窄场所（如锅炉、金属容器、管道内等），应使用Ⅲ类电动工具，如使用Ⅱ类电动工具应装设动作电流不大于15 mA、动作时间不大于0.1 s的漏电保护器。

（6）在管道内或通风不良部位使用打磨电动工具时，应布置专用通风设备，并指派专人监护作业。

（7）电动工具使用中有过热现象，应停止作业。

（8）高处作业时，操作人员应选择较安全的位置，并佩戴个人防护用品；工器具应用安全绳拴牢，防止坠落，下层应安排专人监护。

（9）使用角磨机、砂轮机时，应佩戴防护眼镜，旋转方向不应对着人员、设备及通道。

（二）起吊工具

1.钢丝绳

（1）起吊用钢丝绳应定期检查，不得超负荷使用，当钢丝绳径向磨损、断丝、腐蚀造成直径变小，松股、打结、绳蕊外露、整股断裂以及其他损坏达到规定报废标准的应立即报废。

（2）钢丝绳绳套（又称吊头、八股头）索扣插编，在单根吊索中，每一端索扣的插编部分的最小长度不得小于钢丝绳公称直径的15倍，并不小于300 mm。手工插编操作对每一股应至少穿插5次，而且5次中应至少有3次应整股穿插。机械操作应3股穿插4次，另外3股穿插5次而成。

（3）吊装时，应根据重物尺寸及重量大小选择合适的钢丝绳，并进行校核计算。

2.卸扣（卡环）

（1）卸扣使用前应进行检查，存在变形、裂纹的卸扣不得使用。

（2）卸扣使用时，应与所起吊物体的重量对照合理使用；起吊时，应检查卸扣的受力方向是否正确，应为销轴与弯环部位受拉，不得横向受拉，起吊前应检查附近销轴是否旋转到位。

(3)卸扣不得由高处往下摔抛,造成碰撞变形,使内部产生损伤和裂纹。

3. 手拉葫芦

(1)使用前,应对手拉葫芦进行检查,检查吊钩、链条、轴是否变形损坏;拴挂手拉葫芦时应牢靠,所吊物的重量不得超过葫芦标定安全承载能力。

(2)操作时,应先慢慢起升,待受力确认可靠后,才能继续工作。拉链人数应根据葫芦起重能力大小来决定,起重能力小于 50 kN 时,拉链人数宜为 1 人;起重能力不小于 50 kN 时,拉链人数宜为 2 人,不得随意增加拉链人数。如遇拉不动,应检查是否有损坏。

(3)已吊装重物需停留时间稍长时,应将手拉链拴在起重链上。

4. 绳卡

(1)绳卡用于固定钢丝绳头,为保证安全,每个绳卡都应拧至卡子内的钢丝绳被压扁 1/3 时为止。

(2)应根据钢丝绳直径大小来选用绳卡,绳卡之间的排列间距应为钢丝绳直径的 6 倍左右。钢丝绳直径不同,绳卡的间距及数量也不同,但至少不应少于 3 个绳卡,见表 7-4。

表 7-4　钢丝绳卡连接时的安全要求

钢丝绳公称直径(mm)	≤16	17 ~ 27	28 ~ 37	38 ~ 44	45 ~ 60
钢丝绳卡最少数量(组)	3	4	5	6	7

(3)绳卡 U 形环应卡在绳头(活头)一边。为便于检查钢丝绳受力后是否有滑移,应将绳头放出一段安全弯后与主绳卡紧。

5. 吊钩

(1)吊钩每年应至少检查一次,检查时应用煤油清洗,除去污垢,用 10 ~ 20 倍放大镜细心观察其中钩及其紧固件。

(2)吊钩表面应光洁,无剥裂、锐角、毛刺、裂纹等,吊钩出现裂纹、危险断面,磨损达原尺寸的 10% 或开口度比原尺寸增加 15% 时,应予以报废。

(3)严禁在吊钩上焊补、填补或钻孔。

(4)吊钩强度试验时,应用额定荷载 125% 的荷重,历时 10 分钟。负荷卸去后,用放大镜或其他可靠方法(如 X 射线、Y 射线探伤)检验,发现残余变形或裂纹,应予以报废。

6. 滑车与滑车组

(1)应按照滑车出厂安全起重负荷使用,不得超载。

(2)使用前应检查各部分是否良好可靠,不得有变形裂痕和轴的定位装置不完善情况,若滑轮柄转动有卡阻,不得使用。

(3)选用时,钢丝绳直径大小应与配用的滑轮柄绳槽相适应,拴挂滑车应固定可靠。

(4)起吊前,应检查滑轮组钢丝绳的穿绕方式是否正确,发现绳股之间有交叉、缠绕时,应立即纠正,并检查钢丝绳尾端固定是否可靠。

(5)应定期保养润滑,减少轴承磨损。

7. 卷扬机

(1)使用前,应检查卷扬机锚固装置是否牢固,离合器、制动器是否灵敏可靠,电气设备绝缘是否良好,接地接零是否完好正确。

(2)钢丝绳在卷筒上应排列整齐,放出时,卷筒上至少应保留3圈。

(3)工作中应注意监视运转情况,如发现电压下降、触点冒火、温度过高、响声不正常或制动不灵、钢丝绳发生抖动等情况,应立即停车检修。

(4)不得将钢丝绳与带电电线接触,应防止钢丝绳扭结。

五、金结制作与安装安全技术

(一)闸门制作与安装

1. 闸门制作

(1)工作前,应检查所使用的工器具、设备以及安全防护设施完好可靠。

(2)钢闸门制作应符合下列规定:

①下料应符合下列要求:

a. 钢板吊运时宜采用平吊,严禁采用厚板卡子吊薄板或厚板卡子中加垫板吊薄板,严禁超负荷使用吊具。

b. 下料应采用专用切割平台。当采用栅格式切割平台时,固定栅条的卡板应与平台骨架焊牢。地面切割时其割嘴应离地面0.2 m以上。

c. 使用氧气、乙炔等气体下料应遵守《水利水电工程施工通用安全技术规程》(SL 398—2007)的有关安全规定。使用平板机、油压机、剪板机、冲剪机、创边机等机械设备进行下料、加工、矫正等工序作业时,应遵守相关机械设备安全操作规程。

d. 铆工、焊工、切割工在切割后使用扁铲、角向磨光机进行清理打磨时,应佩戴防护眼镜,严禁使用受潮或有裂纹的砂轮片。进行等离子切割时,操作人员还应佩戴防护面罩。

e. 加热后的材料应定点存放,搬动前应做滴水试验,待冷却后,方可用手搬动。

f. 零件下料后应按区域要求分类码放整齐并标识。切割后留下的边角余料应集中放置,不应随意摆放。

g. 用地炉加热工件时,应注意周围有无电线或易燃物品;熄灭地炉时,浇水前应将风门打开,熄灭后应仔细检查。

②组装焊接应符合下列要求:

a. 大小锤、平锤、冲子及其他承受锤击的工具顶部严禁淬火,应无毛刺及伤痕,锤把应无裂纹。

b. 零部件吊装就位时,起重指挥信号应明确,起重吊具应依据工件大小、重量正确选择和使用。

c. 工件就位时,各工种应协调配合,统一指挥。手脚不应探入组合面内。工件没有可靠固定前,在其可能倾倒覆盖范围内严禁进行与之无关的其他作业。

d. 工件就位临时固定应采用定位挡板、倒链等,找正后应及时进行加固点焊;需进行焊接预热的焊缝,点固焊时也应进行预热。

e. 打大锤时,严禁戴手套,锤头运动前后方严禁站人。

f. 在箱梁及空间较小的构件内焊接时,应采取通风措施,使用行灯照明;当构件内部温度超过40 ℃时,应进行轮换作业或采取其他保护措施,并应设专人监护。

g. 电焊工因空间较小,必须采取跪姿或卧姿施焊时,所使用的铺垫应为干燥的木板或其他绝缘材料。

h. 使用砂轮机、角向磨光机、风铲等工具进行打磨、清理的操作人员应佩戴平光防护眼镜。

③总拼装应符合下列要求:

a. 总拼装应编制技术方案、安全技术措施,并应经有关部门审批后方可实施。

b. 脚手架搭设方案应由技术部门设计、审批,经有关部门验收后方可使用,作业平台应铺设完整并可靠固定,护栏应符合安全标准。

c. 排架作业面及行走通道应清理干净,作业人员严禁穿硬底鞋。

d. 起重人员在起吊构件时,应保证构件重心与吊钩在同一垂线上。

2. 闸门安装

(1)闸门与埋件预组装应符合下列规定:

①闸门和埋件应摆放平稳、整齐,且支承牢固,不宜叠层堆放,并有人员和起吊设备的通道。

②雨雪天气条件下进行露天拼装作业的场所,应采取相应的防雨雪和防滑措施。

③闸门预组装时,各部连接螺栓至少应装配 1/2 以上,并紧固。

④装配连接时,严禁将手伸入连接面或探摸螺孔。

⑤闸门在进行连接时,工作人员应站在安全的位置,手不得扶在节间或连接板吻合面上。

⑥预组装焊接时,应合理分布焊工作业位置。

⑦闸门预组装后的拆除作业宜按组装顺序倒序作业。

⑧预组装工作全部结束后,应及时清除地面锚桩、基础预埋件或临时支撑、缆风绳等杂物。

(2)闸门的运输应符合下列规定:

①运输大件应根据设备的重量、外形尺寸、道路条件等因素,选用适当的运输和装卸车手段,选择满足大件运输的道路进行运输。清除有影响的障碍物,并对不良路段进行处理。

②闸门在运输车辆上应摆放平稳可靠,并对参与大件运输的车辆、捆绑工器具以及支垫物进行检查。

③运输时,应根据大件的特点,控制车速,并应有防止冲撞与振荡、受潮、损坏以及防止变形的措施。

(3)闸门的吊装应符合下列规定:

①闸门上的吊耳、悬挂爬梯应经过专门的设计验算,由技术部门审批、质量安全部门检查验收,经检查确认合格后方可使用(吊耳材质和连接焊缝须检验)。

②起吊大件或不规则的重物应拴牵引绳。

③闸门起吊离地面 0.1 m 时,应停机检查绳扣、吊具和吊车刹车的可靠性,观察周围有无障碍物。上、下起落 2 ~ 3 次确认无问题后,才可继续起吊。已吊起的闸门做水平移动时,应使其高出最高障碍物 0.5 m。

④闸门起吊前,应将闸门区格内、边梁筋板等处的杂物清扫干净。

⑤闸门翻身,宜采取抬吊方式,在没有采取可靠措施时,严禁单车翻身。

⑥应采取可靠防倾翻措施。

⑦严禁在已吊起的构件设备上从事施工作业。未采取稳定措施前,严禁在已竖立的闸门上徒手攀登。

⑧所吊构件没有落放平稳和采取加固措施前,不得随意摘除吊钩。

⑨多台千斤顶同时工作时,其轴心载荷作用线方向应一致。

(4)闸门埋件安装应符合下列规定:

①埋件安装前,应对门槽内模板及脚手架跳板上钢筋头、凿毛的水泥块等杂物进行彻底清理。

②下层埋件没加固好之前,不得将上层埋件摞放其上。

③埋件二期混凝土浇筑完毕,拆除的模板应及时吊出,并将脚手架上所有杂物清理干净。

(二)钢管制作与安装

1.钢管制作

(1)采用油压机预弯瓦片时应符合下列规定:

①预弯时,模具应与油压机压力中心线重合,上、下模具应可靠固定。

②油压机启动前,应经回油口向泵体内灌满工作油,排出主缸及液压系统中的空气,同时检查各部位所有连接应紧固。电动机旋转方向应与要求相符。

③油压机每班作业前,应检查管接头及密封件,发现渗漏应及时修复。设备运行中,不应进行修理及更换。

(2)瓦片卷制时,应符合下列规定:

①卷板机开机前应认真检查各机构、系统运转正常,各润滑部位应按规定加注润滑油。

②卷板机上卷制刚度较小或弧长较长的瓦片及管节时,应采用弧形托架或桥机配合进行卷制。

③卷制时,设备操作人员应听从指挥人员指挥,指挥信号应明确清楚。多人卷板时应明确统一指挥,操作人员工作完毕或离开设备应切断电源。

(3)卷制时,严禁卷板人员手扶工件或垫条。

(4)卷板机翻倒机构翻倒时,其覆盖范围内严禁站人和堆放物品。

(5)卷板机在上料、卸料、调整辊筒时,不应开机。设备卷板过程中,进出料方向严禁站人。

(6)瓦片立置检验或校正时,应有可靠固定和采取防止倾倒的措施。

(7)组装与焊接应符合下列规定:

①瓦片较大时,应采用平衡梁吊装至平台,起吊时应先吊离地面100~300 mm,并检查瓦片吊装重心是否平稳。

②管节、管段组装应设有专用组装平台和焊接平台,操作平台的搭设以及人员的着装应符合高处作业要求。

③钢管拼装时，立置的瓦片应临时固定牢固。瓦片组装时，工作人员的手、头、脚不应伸入组合缝内。

④工作中使用的千斤顶及压力架等，应拴牢或采取其他防倾倒和坠落的措施。

⑤焊接过程中的预热、后热等应有隔离设施，并应明确安全标识。

(8)支撑与调整结构应符合下列规定：

①调圆或加固采用的“米”字或“井”字支撑应与钢管及支撑间连接可靠，安装支撑时应将支撑固定后方可松钩。

②内支撑安装完成后应有防松措施。

2. 钢管安装

(1)钢管运输、安装前应编制施工组织设计，并应经审批。

(2)钢管现场存放时，应垫稳，采取防止倾倒、滚动及变形的措施，同时应做好标识和存放记录。

(3)安装使用的载人吊笼、临时平台、台车应按相关规定专门设计、制造、安装、检验试验，合格后方可使用。

(4)钢管吊装应符合下列规定：

①起吊前应先清理起吊地点及运行通道上的障碍物，并在工作区域设置警示标志，通知无关人员避让，工作人员应选择恰当的位置及随物护送的路线。

②吊运时如发现捆绑松动或吊装工具发生异常响声，应立即停车进行检查。

③翻转时应先放好旧轮胎或木板等垫物，工作人员应站在重物倾斜方向的对面。翻转时应采取措施防止冲击。

④大型钢管抬吊时，应有专人指挥，专人监控，且信号明确清晰。

⑤利用卷扬机吊装井内钢管时，除执行起重安全技术规范外，还应符合下列要求：

a. 井口上下应有清楚的联系信号和通信设备。

b. 卷扬机房和井内应装设示警灯、电铃。

c. 听从指挥人员的信号，信号不明或可能引起事故时，应暂停作业，待弄清情况后方可继续操作。操作司机不应在精神疲乏时工作。

d. 卷扬机运行时，严禁跨越或用手触摸钢丝绳。

e. 竖井工作人员应将所有工具放置在工具袋内或安全位置。

⑥调整与组装应符合下列规定：

a. 工作中使用的千斤顶及压力架等，应拴牢或采取其他防坠落、翻倒等措施。

b. 钢管吊装对缝时，严禁将头、手、脚伸入或放在管口上。

c. 钢管上临时焊接的脚踏板、挡板、压码、支撑架、扶手、栏杆、吊耳等，焊后应认真检查，确认牢固后方可使用。

(5)钢管现场焊缝防腐涂装应符合下列规定：

①各类油漆和其他易燃、有毒材料，应存放在专用库房内，库房应根据存放物品的特性配备消防器材。库房内不应住人，施工现场不应存储大量油漆。

②调制、制作有毒性的或挥发性强的材料，应根据材料性质佩戴相应的防护用品。室内应保持通风或经常换气，严禁吸烟、饮食。

③在坡度大的钢管上涂装，应设置活动板梯、防护栏杆和安全网，安全带应挂在牢固的地方。

④在封闭的钢管内防腐时，应佩戴防毒面具。

（三）启闭机安装

1. 基本要求

（1）高处用于调整紧固作业的千斤顶、大锤、扳手等工具应可靠拴挂，调整用具及加固材料应放于稳固的地方。

（2）启闭机上运行部位的安全距离、固定物体与运动物体之间的安全距离均应大于0.5 m。

（3）现场组装平台或支撑件应牢固可靠。

（4）启闭机转动部分的防护罩应安全可靠。

（5）电气设备的金属非载流部分应有良好的保护接地，并应保证电气设备的绝缘良好。

（6）在启闭机柱和梁等结构内作业时，应使用安全电压工作行灯照明。

2. 液压式启闭机安装

（1）油缸采用双机抬吊翻立或采用平衡梁抬吊就位时，应根据两台起重机在抬吊工况下的许用起重能力，计算布置抬吊点，合理分配荷载；油缸采用单机翻立时，其下支点宜采用铰支形式。

（2）成批液压油管应采用装箱方式起吊。

（3）机房、泵站设备及液压管路安装调试应符合下列要求：

①高空配管时，管件应用安全绳拴挂，拴挂位置应安全可靠。

②管件进行酸洗钝化时，应穿戴防护用品，配制酸、碱溶液的原料应明确标志，妥善保管，酸洗废液不得随意排放，应统一回收处理。

③管路进行循环冲洗时，冲洗设备操作人员不得擅离职守。

④对于压力继电器、溢流阀、调速阀、仪表、电气自动化组件等安全保护装置应按设计要求检测。

⑤严禁在启闭机运行过程中调整压力继电器、溢流阀、调速阀、仪表、电气自动化组件等安全保护装置。

⑥所有常开常闭手动阀及电源开关应挂警示标志，严禁非操作人员启闭。

⑦管路或系统试压时，不得近距离查看或用手触摸检查高压油管渗漏情况。当打开排气阀时，人应站在侧面。

⑧当系统发生渗漏或局部喷泻现象时，应立即停机处理，严禁用手或物品去堵塞。

⑨对于有渗漏的管件，应先停机泄压后，将其拆下并将管内存油排放干净，在机、泵房以外的安全地方进行焊补作业。

⑩联门调试运行中应有专人监视安全保护装置、仪器、仪表，启闭闸门的压力变化应在设计范围内。

3. 卷扬式启闭机安装

（1）启闭机基础应牢固可靠，其基础承压接触面、标高、水平应符合设计要求。

(2)机房、配电室、电气盘柜等设备周围应按消防安全规定配置消防器材。

(3)严禁将易燃易爆物品存放机房、电气室、操作室内。

(4)在卷筒与滑轮组之间进行钢丝绳穿绕时应设专人指挥,信号清晰,指挥明确。参加施工的人员应服从指挥,统一行动。钢丝绳穿绕中的临时拴挂、引绳与钢丝绳的连接均应牢固可靠,钢丝绳尾端固结应符合设计要求。

(5)行程开关、过载限制器、仪表、电气自动化组件等设施应正常可靠;电子秤的灵敏度及制动器的调整应符合设计要求。

(6)空负荷调试及联门启闭时,应有专人监视各安全保护装置、仪表、卷筒排绳等工作,启闭力应在设计允许范围内。

六、机电设备安装安全技术

(一)水轮机安装

1. 水轮机的清扫与组合

(1)设备清扫时,应根据设备特点,选择合适的清扫工具及清洗溶剂。

(2)露天场所清扫组装设备,应搭设临时工棚。工棚应满足设备清扫组装时的防雨、防尘及消防等要求。

(3)组合分瓣大件时,先将一瓣调平垫稳,支点不应少于 3 点。组合第二瓣时,应防止碰撞,工作人员手脚严禁伸入组合面,应对称拧紧组合螺栓,位置均匀对称分布且不得少于 4 只,设备垫稳后,才能松开吊钩。

(4)设备翻身时,设备下方应设置方木或软质垫层予以保护。翻身时,钢丝绳与设备棱角接触的位置应垫保护材料,且应设置警戒区,设备下方严禁有人行走或逗留。翻身副钩起吊能力不低于设备本身重量的 1.2 倍。

(5)联轴采用锤击法紧固螺栓时,扳手应靠紧,与螺母配合尺寸应一致。锤击人员与扶扳手的人员应错开角度。高处作业时,应搭设牢固的工作平台,扳手及工器具应用绳索系住。

(6)用加热法紧固组合螺栓时,作业人员应戴防护手套,防止烫伤。直接用加热棒加热螺栓时,工件应做好接地保护,加热所用的电源应配备漏电保护开关,作业人员应穿绝缘鞋、佩戴绝缘手套。

(7)进入转轮体内或轴孔内等封闭空间清扫时,不应单独作业,且连续作业时间不宜过长,应配备符合要求的通风设备和个人防护用品;转轮体内或轴孔内存在可燃气体及粉尘时,应使用防爆器具,并设专人监护。

(8)用液压拉伸工具紧固组合螺栓时,操作前应检查液压泵、高压软管及接头是否完好。升压应缓慢,操作人员应避开喷射方向。升压过程中,严防活塞超过工作行程。操作人员应站在安全位置,严禁头手伸到拉伸器上方。

(9)有力矩要求的螺栓连接时,应使用配套的力矩扳手或专用工具进行连接。不得使用呆扳手或配以加长杆的方法进行拧紧。

(10)应定期对起吊设备的吊钩、钢丝绳、限位器进行检查,确定系统是否可靠;班前、班后做好设备常规检查、设备运行记录和交班记录;使用过程中应经常保养,避免碰撞。

2. 尾水管安装

(1)尾水管安装前,应清理排除施工现场的杂物、积水,并设置机坑排水设施。

(2)潮湿部位应选用不大于24 V的照明设备和灯具,尾水管里衬内应使用不大于12 V的照明设备和灯具,不应将行灯变压器带入尾水管内使用。

(3)在安装部位应设置必要的人行通道、工作平台及爬梯,爬梯应设扶手,通道及工作临边应设置护栏和安全网等设施。设施基础应固定牢靠,并满足承载要求。

(4)机组标高、中心等位置性标记的标示应清晰、牢靠,且进行有效防护。

(5)在尾水管内作业,使用电焊机、角磨机等电气设备时应对设备电缆(线)进行检查,不得有破损现象。电缆(线)应悬挂布置,不得随意拖拽,避免损坏电缆(线)造成漏电。

(6)肘管及锥管安装前,应检查各部件支撑架固定是否牢固。安装过程中,楔子板、千斤顶、拉伸器等应放置或固定安全可靠。

(7)安装在肘管、锥管上的补气管、测压管等管口应采取可靠封堵保护措施。

(8)拆除工作平台、爬梯等设施时,采取可靠的防倾覆、防坠落安全措施。

3. 座环安装

(1)施工部位应搭设牢固的工作平台和脚手架。在平台和脚手架上工作应遵守高处作业的有关规定。

(2)分瓣座环组装时,组装支墩应稳固。首瓣座环就位调平后,应采取防倾覆措施;第二瓣就位后应先调平,固定;其余各瓣按照同样方法就位。

(3)使用电动工具对分瓣座环焊接坡口进行打磨处理时,应遵循有关安全操作规程的要求。

(4)采用双机抬吊或土法等非常规手段吊装座环时,应编制起重专项施工方案。专项施工方案应按程序经审批后实施。

(5)座环吊装就位时,应将座环平稳地落于基础支承上,确认支承平稳后,才能松去吊钩。需要进行焊接作业时,应有防止焊接电流通过钢丝绳的措施。

4. 蜗壳安装

(1)安装蜗壳时,焊在蜗壳环节上的吊环位置应合适,吊环应采用双面焊接且强度满足起吊要求。蜗壳各环节就位后,应用临时拉紧工具固定,下部用千斤顶支牢,才能松去吊钩。蜗壳挂装时,当班人员应按要求完成加固工作。

(2)蜗壳各焊缝的压板等调整工具,应焊接牢固。

(3)蜗壳管节在调整过程中,斜楔与压卡板工作面应经过加工,压卡板的焊缝高度应与蜗壳钢板厚度及两节错位情况相适应。

(4)制作、安装施工平台,应先编制施工方案,并经批准后实施。施工平台组装后,应经相关部门检查验收,合格后方可使用。

(5)在蜗壳内进行防腐、环氧灌浆或打磨作业时,应配备相应的照明、防火、防毒、通风及除尘等设施。

(6)埋件焊缝探伤时,应采取必要的安全防护措施,探伤作业应设置警戒线和警示标志。进行射线探伤时,作业部位周围的施工人员应撤离。

5. 机坑里衬及接力器基础安装

(1)机坑里衬安装时应搭设可靠的施工平台,机坑里衬内外应设置安全爬梯;施工平台和安全爬梯应经过验收，并悬挂验收合格标志方可使用。以内支撑作为内部施工平台时，应对内支撑焊缝进行检查、补焊，并经验收合格后方可使用。

(2)机坑里衬焊后应按要求进行无损探伤，探伤时应采取必要的劳动防护措施。探伤作业应设置警戒线和警示标志。

(3)机坑里衬内支撑应固定牢靠，防止浇混凝土时里衬发生变形或位移。

6. 水轮机导水机构安装

(1)机坑清扫、测定和导水机构预装时，机坑内应搭设牢固的安全平台。

(2)导叶安装时，作业人员应注意力集中，严禁站在固定导叶和活动导叶之间，防止挤伤。

(3)吊装顶盖等大件前，组合面应清扫干净、磨平高点，吊至安装位置0.4～0.5 m处，再次检查清扫安装面，此时吊物应停稳，桥机司机和起重人员应坚守岗位。

(4)导叶轴套、拐臂安装时，头、手严禁伸入轴套、拐臂下方。调整导叶端部间隙时，导叶处与水轮机室应有可靠的信号联系。转轮四周应设置防护网，人员通道应规范畅通。在蜗壳内工作时，应随身携带便携式照明设备。

(5)导叶工作高度超过2 m时，研磨立面间隙和安装导叶密封应在牢固的工作平台上进行。

(6)水轮机室和蜗壳内，应设置通风设施。在尾水管、蜗壳内进行环氧砂浆作业时，水轮机室和蜗壳内的其他工作应停止。水轮机室和蜗壳内的通道应保持畅通，不得将吊物孔作为交通通道或排水通道。

(7)采用电镀或刷镀对工件缺陷进行处理时，作业人员应做好安全防护。采用金属喷涂法处理工件缺陷时，应做好防护，防止高温灼伤。

7. 转轮安装

1)转桨式转轮组装

(1)使用制造厂提供的专用工具安装部件时，先应了解其使用方法，再应检查有无缺陷和损坏情况。

(2)转轮各部件装配时，吊点应选择合适，吊装应平稳，速度应缓慢均匀。作业人员应服从统一指挥。

(3)装配叶片传动机构时，每吊装一件都应临时固定牢靠。

(4)用桥机紧固螺栓时，应事先计算出紧固力矩，选好钢丝绳和卡扣。紧固过程中，应设置有效的监视手段，扳手与钢丝绳夹角宜为75°～105°。

(5)使用电热器紧固螺栓时，应事先检查加热器与加热装置绝缘是否良好。作业人员应戴绝缘手套，并应遵守操作规程。

(6)转轮体翻身时，应做好钢丝绳的防护工作，防止钢丝绳损伤。

(7)进行静平衡试验时，应在转轮下方设置方木垫或钢支墩。焊接转轮配重块，应将平衡球与平衡板脱离或连接专用接地线。

2)混流式转轮组装

(1)分瓣转轮组装时，应预先将支墩调平固定。卡栓烘烤时，应派专人对烘箱温度进行监测；卡栓安装时，应佩戴防护手套。

(2)进行混流式分瓣转轮刚度试验时,力源应安全可靠,支承块焊接应牢固,工作人员应站在安全位置,服从统一指挥。

(3)在专用临时棚内焊接分瓣转轮时,应有专门的通风排烟、消防措施。当连续焊接超过 8 h 时,工作人员应轮流休息。

(4)进行转轮静平衡试验时,应在转轮下方设置方木垫或钢支墩。

3)连轴组装

(1)转轮与主轴连接前,转轮应固定并处于水平位置。连接时,转轮应设置可靠支撑。

(2)研磨主轴法兰时,研磨平台应由两人以上操作,平台应扶稳,并用绳索系住。

(3)主轴竖立起吊时,下方法兰处应垫设木方加以防护,尺寸及重量较大的主轴宜采用专用的翻身靴进行翻身。

(4)用提升机械穿入联轴螺栓时,螺栓下方不得站人,不得用身体托抬螺栓。

(5)使用液氮冷冻零件时,应用杜拉容器盛装和运送,被冷却零件应置于防护容器内,缓缓注入液氮,严防飞溅,冻伤皮肤。操作人员应穿防护服、佩戴防护眼镜。宜选用干冰冷冻。

(6)测量主轴水平度、垂直度时,在主轴法兰上的人员应系安全带。

4)水轮机转轮吊装

(1)轴流式机组安装时,转轮室内应清理干净。混流式机组应在基础环下搭设工作平台,直到充水前拆除,平台应将锥管完全封闭。

(2)水轮机转轮吊装前,应对机坑杂物进行全面清理。

(3)轴流式转轮吊入前,叶片上应清理干净,无油垢杂物,叶片与叶片间应设安全保护网并绑扎牢固,将叶片处于全关状态,并固定牢靠。

(4)轴流式转轮吊入机坑后,如需用悬吊工具悬挂转轮,悬挂应可靠,并经检查验收后,方可继续施工。

(5)大型水轮机转轮在机坑内调整,宜采用桥机辅助和专用工具进行调整的方法,应避免强制顶靠或锤击造成设备的损伤、损坏。

(6)在机坑内进行主轴水平度、垂直度测量时,在主轴法兰上的人员应系安全带。

(7)使用楔子板对转轮进行定位时,楔子板应对称、均匀楔紧,不应采用重力锤击而造成设备损伤。

(8)混流式转轮调整合格并固定后,应对下止漏环缝隙进行遮盖。

(9)进入主轴内部进行清扫、焊接、设备安装等作业,应设置通风、照明、消防等设施,焊接应设专用接地线。

(10)转轮吊装时,转轮机坑及转轮室应有充足安全照明。

(11)在转轮室工作的人员,应不少于 3 人,并应配备便携式照明器具,不得一人单独工作。

8.水导轴承与主轴密封安装

(1)导轴瓦进行研刮时,导轴承、轴颈摩擦面应用无水酒精擦拭干净。轴瓦研刮现场应通风良好,防尘、消防设备应齐全。

(2)导轴承和密封件吊放于支持盖或顶盖内时,应按安装顺序排列整齐、放平、垫稳。

(3)零部件存放及安装地点,应有足够照明,并应配备必要的电压不大于36 V的安全行灯。

(4)导轴瓦安装前应对油槽进行清扫,擦拭油污时不宜使用易留有线头等残留物的材料。

(5)导轴承油槽做煤油渗漏试验时,应做好防漏、防火安全保护,不得将任何火种带入工作场所。机坑内不得进行电焊或电气试验。

(6)轴瓦吊装方法应稳妥可靠,单块瓦重在40 kg以上者,应采用手拉葫芦等机械方法吊运。

(7)导轴承油槽上端盖安装完成后,应对密封间隙进行防护。

(8)在水轮机转动部分进行电焊作业时,应安装专用接地线,以保证转动部分处于良好的接地状态。

(9)密封装置安装应排除作业部位的积水、油污及杂物。与其他工作上下交叉作业时,中间应设防护板。

(10)使用手拉葫芦安装导轴承或密封装置时,手拉葫芦应固定牢靠,部件绑扎应牢靠,吊装应平稳,工作人员应服从统一指挥。

9. 水轮机接力器安装

(1)现场分解接力器时,应有厂家技术人员指导;抽出或安装活塞时,吊装应平衡,不得碰撞,活塞不得强行抽出或安装;拆装有弹簧预压力的零件时,应防止弹簧突然弹出伤人;拆装活塞涨圈时,应用专用工具。

(2)进入回油箱及压油罐内清扫时,应采取充足的供氧、通风措施,施工照明应采用12 V低压照明灯具。

(3)调速器无水调试完成后应投入机械锁定,关闭系统主供油阀,并悬挂"禁止操作,有人工作"标志牌。调速器有水调试应按厂家相关安全规定进行,并服从机组启动试运行委员会统一指挥。

10. 水轮机进水阀及筒形阀安装

1)蝴蝶阀和球阀安装

(1)组装蝴蝶阀活门用的木方支墩应牢靠,并应相互连成整体。

(2)蝴蝶阀和球阀、平压阀、排气阀等操作阀门安装前应进行密封试验。试验时阀门应支撑牢固。

(3)真空破坏阀进行压力检查时,应固定好弹簧,防止弹簧伤人。操作过程中应防止手或杂物进入密封面之间。

(4)伸缩节安装时,钢管与活动法兰之间配合间隙应保持均匀。密封压环应均匀、对称压紧。

(5)进入蝴蝶阀和球阀、钢管内检查或工作时,应关闭油源,投入机械锁锭,并应挂上"有人工作,禁止操作"警示标志,设专人监护。

2)筒形阀安装

(1)筒体组装时,组装支墩应与基础固定牢靠。

(2)筒体组装后,应检查其水平及圆度。当圆度超差时,应按设计要求进行处理,不宜采用火焰校正。

(3)接力器清扫检查时,应做好人员、设备安全防护,零部件组装前应对清扫好的精密部件进行防尘保护。

(4)活塞杆与筒体连接后应进行垂直度测量,需在活塞杆底部加设垫片时,垫片应可靠固定。

(5)导向板等部件打磨时,操作人员应戴防护镜,使用电气设备应做好防触电防护措施。

(二)发电机安装

1. 设备清扫与检查

(1)设备清扫时,应根据设备特点选择合适的清扫工具及清扫液,防止损坏设备。

(2)清扫连续作业时间不宜过长,应配备符合要求的通风设备和个人防护用品,密闭空间内存在可燃气体及粉尘时,应使用防爆器具,设专人监护。清扫现场应配备足量的消防器材。

(3)露天场所的清扫设备应搭设临时工棚。工棚应满足防尘、防雨及消防的要求。

2. 基础埋设

(1)下部风洞盖板、下机架及风闸基础埋设时,应架设脚手架、工作平台及安全防护栏杆,与水轮机室应有隔离防护措施,不得将工具、混凝土渣等杂物掉入水轮机室。

(2)向机坑中传送材料或工具时,应用绳子或吊篮传送,严禁抛扔传送。

(3)在机坑中进行电焊、气割作业时,应有防火措施,作业前检查水轮机室及以下是否有汽油、抹布和其他易燃物,并应设专人监护。作业完成后应检查水轮机室有无高温残留物,确认无隐患后方可撤离。

(4)修凿混凝土时,作业人员应戴防护眼镜,手锤、钢钎应拿牢,严禁戴手套工作。

3. 定子组装及安装

1)分瓣定子组装

(1)定子在安装间组装时,组装场地应整洁干净,临时支墩应平稳牢固,调整用楔子板有2/3的接触面,测圆架的中心基础板应埋设牢靠。

(2)使用测圆架调整定子中心和圆度时,测圆架的基础应有足够的刚度。测圆架应与工作平台分开设置,工作平台应有可靠的梯子和栏杆。

(3)分瓣定子组合,第一瓣定子就位时,应临时固定牢靠,经检查确认垫稳后,才能松开吊钩。

此后每吊一瓣定子与前一瓣定子组合成整体,组合螺栓全部套上,均匀地拧紧1/3以上的螺栓,并应支垫稳妥后,才能松开吊钩,直到组合成整体。

(4)定子组合时,作业人员的手严禁伸进组合面之间。上下定子应设置爬梯,严禁踩踏线圈。紧固组合螺栓时,应有可靠的工作平台和栏杆。

(5)对定子机座组合缝进行打磨时,作业人员应戴防护镜和口罩。

2)铁芯叠装

(1)定位筋安装调整过程中,千斤顶、C形夹等调整工具及工作平台应固定牢靠,工作平台应连接成整体。

(2)定子铁芯叠装及整形时,工作人员应戴防护手套。定子铁芯叠装时,应搭设牢固的工作平台,工作平台内侧应有栏杆,在工作平台上压紧铁芯,当使用扳手时,扳手的手把上应系有安全绳。

(3)定子铁芯组装完成后,在定子连接件上进行焊接作业时,焊接件应设置专用接地线,对铁芯进行接地保护。

(4)有热压要求的定子铁芯,加热设备及电缆应固定牢靠,加热前应检查,铁芯应做接地保护并应制订相应的热压措施,经审查批准后执行。

3)定子冷却系统安装

(1)发电机冷却系统空气冷却器、加压循环设备、膨胀水箱、循环水管等设备进场道路应畅通;作业区正上方无其他工种作业。

(2)施工现场应清理干净,安装部位应有防尘措施,安装时温度不宜低于 5 ℃,空气相对湿度应在 80% 以下。

(3)空气冷却器、热交换器、冷凝器安装前必须进行水压检查,不得有渗漏;水压试验后应立即放尽存水;试验完毕后,各接口应妥善封闭。温度低于 5 ℃时应考虑保温措施防冻。

(4)管道安装组合前应将内部清理干净,管道内不得留有任何杂物;管道不得强行对接;管道开孔、切割宜采用机械方式,不得采用火焰或电焊切割。安装过程中,管道内严禁存放工具或材料,管口应及时加塞或加盖。

4. 上、下机架安装

1)机架组装的规定

(1)机架各部件应摆放平稳有序。

(2)组装场地应平整,支撑基础应稳固可靠。

(3)上、下机架组装时,中心体应支撑平稳牢固后调平。机架支腿应对称挂装。待支臂垫平、放稳,并组合 4 个以上螺栓后,方可松去吊钩。

(4)上、下机架支臂上不应有人行走,在支臂上作业时应采取防滑和防坠落措施。

(5)对机架组合缝进行打磨时,作业人员应戴防护镜和手套。

2)机架安装调整的规定

(1)上、下机架吊装前应清除支腿上的杂物及临时支撑,所有焊缝的药皮等氧化物应敲打干净,并用压缩空气将金属微粒及尘土等彻底吹净,按要求对焊缝部位进行防腐处理。

(2)上、下机架应在焊接与气割工作做完后再吊装,必须在机坑内进行焊接与气割时,应采取相应保护措施,并应派专人监护,防止火花或废料等掉入机组内部。

(3)上机架盖板、上挡风板、灭火水管等,应在上机架吊装前组装焊接完毕。

(4)上机架吊装后,在转子上方施工时应做好防止杂物掉入发电机空气间隙的保护措施。

5. 转子组装

(1)转子支架组焊场地应通风良好,配备灭火器材。

(2)中心体、轮臂或圆盘支架焊缝坡口打磨时,操作人员应佩戴口罩、防护镜。

(3)轮臂或圆盘支架挂装时,中心体应先调平并支撑平稳牢固。轮臂或圆盘支架应对称挂装,垫平、放稳后,应穿入4个以上螺栓,并初步拧紧后方可松去吊钩。

(4)作业人员上下转子支架应设置爬梯。

(5)在专用临时棚内焊接转子支架时,应有专门的通风排烟及消防措施。

(6)轮臂连接或圆盘组装时,轮臂或圆盘支架的扇形体与中心体连接可靠并垫平稳后,才能松开吊钩。

(7)转子焊接时,应设置专用引弧板,引弧部位材质应与母材相同。不应在工件上引弧。焊接完成后,割除引弧板并对焊接接口部位进行打磨。

6. 推力轴承及导轴承安装

(1)油槽做煤油渗漏试验时,附近严禁有明火作业,作业人员应穿防静电工作服,现场应有专人值班负责监护,同时应配有相匹配的消防器材。

(2)在油槽内工作的人员,应正确穿戴专用工作服、工作鞋、工作帽及口罩等。

(3)油槽内各部件表面应用酒精、面团等清扫干净。轴承安装期间,无人工作时油槽应临时封闭。油槽封闭前,应全面清扫,检查确认油槽清洁、无杂物后方可封闭油槽。

(三)电气设备安装

(1)作业人员应熟悉设备结构与安全操作规程。

(2)施工现场的孔洞、电缆沟应装有嵌入式盖板或防护网罩。上、下层交叉作业时,应设置保护平台及安全网。

(3)高处、竖井作业部位应搭设操作平台和脚手架,并设有安全防护栏杆,爬梯、安全绳、安全带、安全网等,走道、爬梯应牢靠。吊物孔周围应设有防护栏杆和踢脚板。

(4)雷雨、暴雨、浓雾、冰雪及6级以上的大风天气不得进行室外构架的吊装和高处作业。

(5)进行电气设备安装的高处作业人员,应将衣袖、裤脚扎紧,正确使用安全带,穿防滑鞋。

(6)地下厂房、电缆夹层、竖井、洞室作业,安装时应配备充足的照明,通风良好;竖井作业应保持通信畅通。

(7)施工现场用电部位应设带有漏电保护器的低压配电箱,带电调试时设备外壳应可靠接地。

(8)高压试验时应采取隔离和监护措施,悬挂明显警示标志。

第五节　拆除工程安全技术

水利水电工程建设项目拆除作业工期短、流动性大,拆除工程施工速度比新建工程快得多,其使用的机械、设备、材料、人员都比新建工程施工少得多,特别是采用爆破拆除,拆除工作可瞬间完成。因而,拆除施工企业可以在短期内从一个工地转移到第二个、第三个工地,其流动性很大。同时,拆除作业隐患多,危险性大。项目法人往往很难提供原建(构)筑物的结构图和设备安装图,给拆除施工企业制订拆除施工方案带来很多困难。此外,由于改建或扩建改变了原结构的力学体系,因而在拆除中往往因拆除了某一构件造成原建(构)筑物的力学平衡体系受到破坏,易导致其他构件倾覆压伤作业人员。

一、拆除施工方法分类

(一)人工拆除方法

人工拆除方法是指依靠手工加上一些简单工具,如钢钎、锤子、风镐、手动导链、钢丝绳等,对建(构)筑物实施解体和破碎的方法。人工拆除方法的特点是:

(1)施工人员必须亲临拆除点操作,进行高空作业,危险性大。

(2)劳动强度大,拆除速度慢,工期长。

(3)气候影响大。

(4)易于保留部分建筑物。

适用范围:用来拆除砖木结构、混合结构以及上述结构的分离和部分保留拆除项目。

(二)机械拆除方法

机械拆除方法是指使用大型机械如挖掘机、镐头机、重锤机等对建(构)筑物实施解体和破碎的方法。机械拆除方法的特点是:

(1)施工人员无须直接接触拆除点,无须高空作业,危险性小。

(2)劳动强度低,拆除速度快,工期短。

(3)作业时扬尘较大,必须采用湿作业法。

(4)对需要部分保留的建筑物必须先用人工分离后方可拆除。

适用范围:用于拆除混合结构、框架结构、板式结构等高度不超过 30 m 的建筑物、构筑物及各类基础和地下构筑物。

(三)爆破拆除方法

爆破拆除方法是利用炸药在爆炸瞬间产生高温高压气体对外做功,来解体和破碎建(构)筑物的方法。爆破拆除方法的特点是:

(1)施工人员无须进行有损建筑物整体结构和稳定性的操作,人身安全最有保障。

(2)一次性解体,其扬尘、扰民较少。

(3)拆除效率最高,特别是高耸坚固建筑物和构筑物的拆除。

(4)对周边环境要求较高,对临近交通要道、保护性建筑、公共场所、过路管线的建(构)筑物必须做特殊防护后方可实施爆破。

适用范围:用于拆除砖木结构以外的任何建筑物、构筑物,各类地下、水下构筑物。

二、施工安全基本要求

(1)拆除工程在施工前,施工单位应对拆除对象的现状进行详细调查,编制施工组织设计,经合同指定单位批准后,方可施工。

(2)达到一定规模的危险性较大的拆除工程应编制专项施工方案,并附安全验算结果,经施工企业技术负责人签字以及总监理工程师核签后实施,并由专职安全生产管理人员对专项施工方案实施情况进行现场监督。对工程中涉及超过一定规模的拆除工程的专项施工方案,施工企业还应组织专家进行论证、审查。

(3)拆除工程在施工前,应对施工作业人员进行安全技术交底。

(4)拆除工程的施工应根据现场情况,设置围栏和安全警示标志,并设专人监护,防止非施工人员进入拆除现场。

(5)拆除工程在施工前，应将电线、瓦斯管道、水道、供热设备等干线通向该建筑物的支线切断或者迁移。

(6)工人从事拆除工作时，应站在脚手架或者其他稳固的结构部分上操作。

(7)拆除时应严格遵守自上至下的作业程序，高空作业应严格遵守登高作业的安全技术规程。

(8)拆下较大的或者过重的材料，要用吊绳或者起重机械稳妥吊下或及时运走，严禁向下抛掷。拆卸下来的各种材料要及时清理。

三、建(构)筑物拆除安全技术

(1)采用机械或人工方法拆除建筑物时，应严格遵守自上而下的作业程序进行，严禁数层同时拆除。当拆除某一部分时，应防止其他部分发生坍塌。

(2)采用机械或人工方法拆除建筑物不宜采用推倒方法，遇有特殊情况必须采用推倒方法时，应符合下列规定：

①砍切墙根的深度不能超过墙厚的1/3，墙的厚度小于两块半砖时，不应进行掏掘。

②为防止墙壁向掏掘方向倾倒，在掏掘前应有可靠支撑。

③建筑物推倒前，应发出警示信号，待全体工作人员避至安全地带后才可进行。

(3)采用人工方法拆除建筑物的栏杆、楼梯和楼板时，应和整体拆除进程相配合，不能先行拆除。建筑物的承重支柱和横梁，要待它所承担的全部结构拆掉后才可拆除。

(4)用爆破方法拆除建筑物时，应符合《爆破安全规程》(GB 6722—2014)的相关规定。

(5)拆除建筑物时，楼板上不应有多人聚集和堆放材料。

(6)拆除钢(木)屋架时，应采用绳索将其拴牢，待起重机吊稳后，方可进行气焊切割作业。吊运过程中，应采用辅助绳索控制被吊物使其处于正常状态。

(7)建筑基础或局部块体宜采用静力破碎方法拆除。静力破碎方法拆除应符合下列规定：

①操作人员应戴防护手套和防护眼镜。孔内注入破碎剂后，严禁人员在注孔区行走，并应保持一定的安全距离。

②严禁静力破碎剂与其他材料混放。

③在相邻的两孔之间，严禁钻孔与注入破碎剂施工同步进行。

④拆除地下构筑物时，应了解地下构筑物情况，切断进入构筑物的管线。

⑤建筑基础破碎拆除时，挖出的土方应及时运出现场或清理出工作面，在基坑边沿1 m内严禁堆放物料。

⑥建筑基础暴露和破碎时，发生异常情况，应即时停止作业。查清原因并采取相应措施后，方可继续施工。

(8)拆除旧桥(涵)时，应先拆除桥面的附属设施及挂件、护栏，宜采用爆破法、机械和人工的方法进行桥梁主体部分的拆除。

(9)施工支护拆除应符合下列规定：

①喷护混凝土拆除时,应自上至下、分区分段进行。

②用镐凿除喷护混凝土时,应并排作业,左右间距应不少于 2 m,不应面对面使镐。

③用大锤砸碎喷护混凝土时,周围不应有人站立或通行。锤击钢钎,使锤人应站在扶钎人的侧面,使锤者不应戴手套,锤柄端头应有防滑措施。

④风动工具凿除喷护混凝土应符合下列规定:

a. 各部管道接头应紧固,不漏气;胶皮管不应缠绕打结,并不应用折弯风管的办法做断气之用,也不应将风管置于胯下。

b. 风管通过过道时,应挖沟将风管下埋。

c. 风管连接风包后要试送气,检查风管内有无杂物堵塞;送气时,要缓慢旋开阀门,不应猛开。

d. 风镐操作人员应与空压机司机紧密配合,及时送气或闭气。

e. 钎子插入风动工具后不应空打。

(10)利用机械破碎喷护混凝土时,应有专人统一指挥,操作范围内不应有人。

四、临建设施拆除安全技术

(1)对有倒塌危险的大型设施拆除,应先采取支柱、支撑、绳索等临时加固措施;用气焊切割钢结构时,作业人员应选好安全位置,被切割物必须用绳索和吊钩等予以紧固。

(2)施工栈桥、施工脚手架拆除时,应遵守《水利水电施工通用安全技术规程》(SL 398—2007)中有关高处作业、施工脚手架拆除的相关规定。

(3)大型施工机械设备拆除应遵守下列规定:

①拆除现场周围应设有安全围栏或用色带隔离,并设置警告标志。

②大型施工机械设备拆除现场应有足够的拆除空间,拆除空间与输电线路的最小距离应符合表 7-5 的规定;否则,应采取屏障、遮拦、围栏或保护网等隔离措施。

表 7-5 输电线路电压等级与建筑物的安全距离

输电线路电压(kV)	<1	1~10	35~110	154~220	330~550
最小安全操作距离(m)	4	6	8	10	15

③拆除工作范围内的设备及通道上方应设置防护棚。

④对被拆除的机械设备的行走机构,应有防止滑移的锁定装置。

⑤不稳定的构件应设有缆风钢丝绳,缆风钢丝绳的安全系数不应小于 3.5,与地面夹角应为 30°~40°。

⑥在高处拆除结构件时,应架设工作平台,并配有足够安全绳、安全网等防护用品。

⑦施工机械设备的拆除按照其安装的逆程序进行,并遵守该设备维修、保养的有关规定,边拆除、边保养,连接件及组合面应及时编号。

(4)特种设备和设施的拆除,如门塔机、缆机等,应遵守特种设备管理和特殊作业的有关规定。

(5)特种设备和设施的拆除应由有相应资质的单位和持特种作业操作证的专业人员

来执行。

五、围堰拆除安全技术

(1)围堰拆除一般应选择在枯水季节或枯水时段进行。特殊情况下,需在洪水季节或洪水时段进行时,应在进行充分论证可行后,并经监理单位批准后方可进行拆除。

(2)围堰拆除应制订应急预案,成立组织机构,并应配备抢险救援器材。

(3)当围堰拆除对周围相邻建筑及附近的架空线路或电缆线路的安全可能产生危险时,应与有关部门取得联系,采取相应保护措施或撤离安置,确认安全后方可施工。

(4)在拆除围堰的作业中,应密切注意雨情、水情,如发现情况异常,应停止施工,并应采取相应的应急措施。

(5)机械拆除围堰应符合下列要求:

①土石围堰拆除时,宜采用分部开挖,先拆除经济挡水断面以外部分,使得预留的经济挡水断面部分能够发挥阻挡拆除时段的枯水位的效力,保持维护基坑内干地施工状况;待基坑内的土建施工或机械设备的撤离完成后,再进行围堰经济挡水断面部分的拆除,基坑内方能进水淹没。拆除时应从上至下、逐层、逐段进行。

②施工中应由专人负责监测被拆除围堰的状态,并应做好记录。当发现有不稳定状态的趋势时,应立即停止作业,并采取有效措施,消除隐患。

③机械拆除时,严禁超载作业或任意扩大使用范围作业。

④混凝土围堰、岩坎围堰、混凝土心墙围堰拆除时,应先按爆破法破碎混凝土或岩坎、混凝土心墙后,再采用机械拆除的顺序进行施工。

⑤拆除混凝土过水围堰时,宜先按爆破法破碎混凝土护面后,再采用机械进行拆除。

⑥拆除钢板(管)桩围堰时,宜先采用振动拔桩机拔出钢板(管)桩后,再采用机械进行拆除。振动拔桩机作业时,应垂直向上,边振边拔;拔出的钢板(管)桩应码放整齐、稳固;应严格遵守起重机和振动拔桩机的安全技术规程。

(6)围堰爆破法拆除应符合下列要求:

①从事围堰爆破拆除工程的施工企业应持有《爆破作业单位许可证》。爆破拆除设计人员应具有承担爆破拆除作业范围和相应级别的爆破工程技术人员作业证,从事爆破拆除施工的作业人员应持证上岗。

②围堰爆破拆除工程应根据周围环境条件、拆除对象类别、爆破规模,并应按照《爆破安全规程》(GB 6722—2014)的规定分级。围堰爆破拆除工程施工组织设计应由施工企业编制并上报监理单位审核,做出安全评估,经项目法人批准后方可实施。

③一级、二级水利水电枢纽工程的围堰、堤坝和挡水岩坎的爆破拆除工程,应进行爆破振动与水中冲击波效应观测和重点被保护建(构)筑物的监测。

④采用水下钻孔爆破方案时,侧面应采用预裂爆破,并严格控制单响药量以保护附近建(构)筑物的安全。

⑤用水平钻孔爆破时,装药前应认真清孔并进行模拟装药试验,填塞物应用木楔楔紧。

⑥围堰爆破拆除工程起爆,宜采用导爆管起爆法或导爆管与导爆索混合起爆法,严禁

采用火花起爆方法，应采用复式网路起爆。

⑦装药前，应对爆破器材进行性能检测。爆破参数试验和起爆网路模拟试验应选择在安全部位和场所进行。

⑧在水深流急的环境应有防止起爆网路被水流破坏的安全措施。

⑨围堰爆破拆除的预拆除施工应确保围堰的安全稳定和防洪要求。

⑩爆破器材应严格执行项目法人的配送制度，其使用和临时保管应建立严格的管理制度。

⑪围堰爆破拆除工程的实施应成立爆破指挥机构，并应按设计确定的安全距离设置警戒。

⑫围堰爆破拆除工程的实施除应符合本节的要求外，还应按照《爆破安全规程》（GB 6722—2014）的规定执行。

⑬围堰拆除施工中应由专人负责监测被拆除围堰的状态，并应做好记录。当发现有不稳定状态的趋势时，应立即停止作业，并采取有效措施，消除隐患。

⑭围堰拆除施工采用的安全防护设施，应由专业人员搭设，经技术、质检、安全部门按类别逐项查验，并应有验收记录。验收合格后，方可使用。

第六节　脚手架施工安全技术

脚手架是水利水电工程建设施工中必不可少的临时设施，如高边坡开挖、支护、混凝土浇筑、结构构件的安装等都需要在其近旁搭设脚手架，以便在其上进行施工操作、堆放施工材料和必要时的短距离水平运输。脚手架虽然是随着工程进度而搭设的，工程完毕就拆除，但它对水利水电工程建设施工速度、工作效率、工程质量以及作业人员的人身安全有着直接的影响。如果脚手架搭设不合理，作业人员操作就不方便，则容易造成安全事故。

一、脚手架的种类

脚手架可根据施工对象的位置关系、支承特点、结构形式以及使用的材料等划分为多种类型。

（一）按与建筑物的位置关系分

（1）外脚手架。搭设在建筑物或构筑物外围的脚手架称为外脚手架。外脚手架应从地面搭起，一般来讲建筑物多高，其架子就要搭多高。其主要形式有多立杆式、框式、板式等。

（2）内脚手架。搭设在建筑物或构筑物内的脚手架称为内脚手架，其结构形式主要有折叠式、支柱式和门架式等多种。

（二）按支承部位和支承方式分

（1）落地式脚手架。搭设（支座）在地面、楼面、屋面或其他平台结构之上的脚手架。

（2）悬挑式脚手架。采用悬挑方式支固的脚手架，其支挑方式有架设于专用悬挑梁上的、架设于专用悬挑三角桁架上的、架设于有撑位杆件组合的支挑结构上的。其支挑结构有斜撑式、斜拉式、拉撑式和顶固式等多种。

(3)附墙悬挂脚手架。在上部或中部挂设于墙体挑挂件上的定型脚手架。

(4)悬吊脚手架。悬吊于悬挑梁或工程结构之下的脚手架。

(5)附着升降脚手架。附着升降脚手架简称爬架,是附着于工程结构,依靠自身提升设备实现升降的悬空脚手架。

(6)水平移动脚手架。带行走装置的脚手架或操作平台架。

(三)按所用的材料分

脚手架按所用的材料可以分为木脚手架、竹脚手架和金属脚手架。

(四)按结构形式分

脚手架按结构形式可以分为多立杆式、扣件式、门式、方塔式等。

二、脚手架搭设与使用安全技术

(一)搭设前的准备工作

(1)脚手架应根据施工荷载经设计确定,施工常规负荷量不应超过3.0 kPa。脚手架搭成后,须经施工及使用单位技术、质检、安全部门按设计和规范检查验收合格,方准投入使用。

(2)高度超过25 m和特殊部位使用的脚手架,应专门设计并报建设单位(监理)审核、批准,并进行技术交底后,方可搭设和使用。

(3)脚手架搭设前,应对作业人员劳动防护用品的佩戴情况和使用的工具进行检查,确保满足要求。

(4)脚手架材料、构配件在入库前应进行验收,使用前应进行检查,确保满足规范要求。

(5)脚手架搭设前,应对脚手架基础进行验收,确认合格后按设计的要求放线定位。脚手架的搭设场地应平整、坚实,场地排水应顺畅,不应有积水。脚手架附着于建筑结构处的混凝土强度应满足安全承载要求。

(二)搭设过程中的注意事项

1. 作业脚手架搭设要求

(1)作业脚手架的宽度不应小于0.8 m,且不宜大于1.2 m。作业层高度不应小于1.7 m,且不宜大于2.0 m。

(2)作业脚手架应按设计计算和构造要求设置连墙件,并应符合下列要求:

①连墙件应采用能承受压力和拉力的构造,并应与建筑结构和架体连接牢固。

②连墙点的水平间距不得超过3跨,竖向间距不得超过3步,连墙点之上架体的悬臂高度不应超过2步。

③在架体的转角处、开口型作业脚手架端部应增设连墙件,连墙件的垂直间距不应大于建筑物层高,且不应大于4.0 m。

(3)在作业脚手架的纵向外侧立面上应设置竖向剪刀撑,并应符合下列要求:

①每道剪刀撑的宽度应为4~6跨,且不应小于6 m,也不应大于9 m;剪刀撑斜杆与水平面的倾角应为45°~60°。

②搭设高度在24 m以下时,应在架体两端、转角及中间每隔不超过15 m各设置一道剪刀撑,并由底至顶连续设置;搭设高度在24 m及以上时,应在其外侧立面上由底至顶连

续设置。

③悬挑脚手架、附着式升降脚手架应在全外侧立面上由底至顶连续设置。

(4)当采用竖向斜撑杆、竖向交叉拉杆替代作业脚手架竖向剪刀撑时,应符合下列规定:

①在作业脚手架的端部、转角处应各设置一道。

②搭设高度在24 m以下时,应每隔5~7跨设置一道;搭设高度在24 m及以上时,应每隔1~3跨设置一道;相邻竖向斜撑杆应朝向对称呈“八”字形设置。

③每道竖向斜撑杆、竖向交叉拉杆应在作业脚手架外侧相邻纵向立杆间由底至顶按步连续设置。

(5)作业脚手架底部立杆上应设置纵向和横向扫地杆。

(6)悬挑脚手架立杆底部应与悬挑支承结构可靠连接;应在立杆底部设置纵向扫地杆,并应间断设置水平剪刀撑或水平斜撑杆。

(7)附着式升降脚手架应符合下列要求:

①竖向主框架、水平支承桁架应采用桁架或刚架结构,杆件应采用焊接或螺栓连接。

②应设有防倾、防坠、超载、失载、同步升降控制装置,各类装置应灵敏可靠。

③在竖向主框架所覆盖的每个楼层均应设置一道附墙支座;每道附墙支座应能承担该机位的全部荷载;在使用工况时,竖向主框架应与附墙支座固定。

④当采用电动升降设备时,电动升降设备连续升降距离应大于一个楼层高度,并应有制动和定位功能。

⑤防坠落装置与升降设备的附着固定应分别设置,不得固定在同一附着支座上。

(8)作业脚手架的作业层上应满铺脚手板,并应采用可靠的连接方式与水平杆固定。当作业层边缘与建筑物间隙大于150 mm时,应采取防护措施。作业层外侧应设置栏杆和挡脚板。

2. 支撑脚手架搭设要求

(1)支撑脚手架的立杆间距和步距应按设计计算确定,且间距不宜大于1.5 m,步距不应大于2.0 m。

(2)支撑脚手架独立架体高宽比不应大于3.0。

(3)当有既有建筑结构时,支撑脚手架应与既有建筑结构可靠连接,连接点至架体主节点的距离不宜大于300 mm,应与水平杆同层设置,并应符合下列规定:

①连接点竖向间距不宜超过2步。

②连接点水平向间距不宜大于8 m。

(4)支撑脚手架应设置竖向剪刀撑,并应符合下列规定:

①安全等级为Ⅱ级的支撑脚手架应在架体周边、内部纵向和横向每隔不大于9 m设置一道。

②安全等级为Ⅰ级的支撑脚手架应在架体周边、内部纵向和横向每隔不大于6 m设置一道。

③每道竖向剪刀撑的宽度宜为6~9 m,剪刀撑斜杆与水平面的倾角应为45°~60°。

(5)当采用竖向斜撑杆、竖向交叉拉杆代替支撑脚手架竖向剪刀撑时,应符合下列规

定:

①安全等级为Ⅱ级的支撑脚手架应在架体周边、内部纵向和横向每隔 6 ~9 m 设置一道;安全等级为Ⅰ级的支撑脚手架应在架体周边、内部纵向和横向每隔 4 ~6 m 设置一道。

每道竖向斜撑杆、竖向交叉拉杆可沿支撑脚手架纵向、横向每隔 2 跨在相邻立杆间从底至顶连续设置;也可沿支撑脚手架竖向每隔 2 步距连续设置。斜撑杆可采用“八”字形对称布置。

②被支撑荷载标准值大于 30 kN/m^2 的支撑脚手架可采用塔型桁架矩阵式布置,塔型桁架的水平截面形状及布局,可根据荷载等因素选择。

(6)支撑脚手架应设置水平剪刀撑,并应符合下列规定:

①安全等级为Ⅱ级的支撑脚手架宜在架顶处设置一道水平剪刀撑。

②安全等级为Ⅰ级的支撑脚手架应在架顶、竖向每隔不大于 8 m 各设置一道水平剪刀撑。

③每道水平剪刀撑应连续设置,剪刀撑的宽度宜为 6 ~9 m。

(7)当采用水平斜撑杆、水平交叉拉杆代替支撑脚手架每层的水平剪刀撑时,应符合下列规定:

①安全等级为Ⅱ级的支撑脚手架应在架体水平面的周边、内部纵向和横向每隔不大于 12 m 设置一道。

②安全等级为Ⅰ级的支撑脚手架宜在架体水平面的周边、内部纵向和横向每隔不大于 8 m 设置一道。

③水平斜撑杆、水平交叉拉杆应在相邻立杆间连续设置。

(8)支撑脚手架剪刀撑或斜撑杆、交叉拉杆的布置应均匀、对称。

(9)支撑脚手架的水平杆应按步距沿纵向和横向通长连续设置,不得缺失。在支撑脚手架立杆底部应设置纵向和横向扫地杆,水平杆和扫地杆应与相邻立杆连接牢固。

(10)安全等级为Ⅰ级的支撑脚手架顶层两步距范围内架体的纵向和横向水平杆宜按减小步距加密设置。

(11)当支撑脚手架顶层水平杆承受荷载时,应经计算确定其杆端悬臂长度,并应小于 150 mm。

(12)当支撑脚手架局部所承受的荷载较大,立杆需加密设置时,加密区的水平杆应向非加密区延伸不少于一跨;非加密区立杆的水平间距应与加密区立杆的水平间距互为倍数。

(13)支撑脚手架的可调底座和可调托座插入立杆的长度不应小于 150 mm,其可调螺杆的外伸长度不宜大于 300 mm。当可调托座调节螺杆的外伸长度较大时,宜在水平方向设有限位措施,其可调螺杆的外伸长度应按计算确定。

(14)当支撑脚手架同时满足下列条件时,可不设置竖向、水平剪刀撑:

①搭设高度小于 5 m,架体高宽比小于 1.5。

②被支承结构自重面荷载不大于 5 kN/m^2;线荷载不大于 8 kN/m。

③杆件连接节点的转动刚度应符合本标准要求。

④立杆基础均匀,满足承载力要求。

(15)满堂支撑脚手架应在外侧立面、内部纵向和横向每隔6～9 m由底至顶连续设置一道竖向剪刀撑,在顶层和竖向间隔不超过8 m处设置一道水平剪刀撑,并应在底层立杆上设置纵向和横向扫地杆。

(16)可移动的满堂支撑脚手架搭设高度不应超过12 m,高宽比不应大于1.5。应在外侧立面、内部纵向和横向间隔不大于4 m由底至顶连续设置一道竖向剪刀撑。应在顶层、扫地杆设置层和竖向间隔不超过2步处分别设置一道水平剪刀撑。应在底层立杆上设置纵向和横向扫地杆。

(17)可移动的满堂支撑脚手架应有同步移动控制措施。

(三)使用过程管理

(1)脚手架在使用过程中,应定期进行检查,检查项目应符合下列规定:

①主要受力杆件、剪刀撑等加固杆件、连墙件应无缺失、无松动,架体应无明显变形。

②场地应无积水,立杆底端应无松动、无悬空。

③安全防护设施应齐全、有效,应无损坏缺失。

④附着式升降脚手架支座应牢固,防倾、防坠装置应处于良好工作状态,架体升降应正常平稳。

⑤悬挑脚手架的悬挑支承结构应固定牢固。

(2)当脚手架遇有下列情况之一时,应进行检查,确认安全后方可继续使用:

①遇有6级及以上强风或大雨过后。

②冻结的地基土解冻后。

③停用超过1个月。

④架体部分拆除。

⑤其他特殊情况。

三、脚手架拆除安全技术

(1)脚手架拆除前,施工企业应编写拆除作业指导书,按该脚手架的设计报批程序进行报批。无作业指导书或安全措施不落实的,严禁拆除作业。

(2)拆除作业前,应将经批准的作业指导书、施工方案向现场施工作业人员进行交底,并检查落实现场安全防护措施。

(3)拆除脚手架前,应将脚手架上留存的材料、杂物等清除干净,并应将受拆除影响的电气设备、机械设备及其他管线路等拆除或加以保护。

(4)拆除脚手架时应统一指挥,应按批准的施工方案、作业指导书的要求,按顺序自上而下地进行,严禁上下层同时拆除或自下而上进行。严禁用将整个脚手架推倒的方法进行拆除。

(5)拆下的材料、构配件等,严禁往下抛掷,应用绳索捆牢,用滑车卷扬等方法慢慢放下,集中堆放在指定地点。

(6)三级、特级及悬空高处作业使用的脚手架拆除时,应事先制订出安全可靠的措施才能进行拆除。

(7)拆除脚手架的区域内,无关人员严禁逗留和通过,在交通要道应设专人警戒。

（8）脚手架拆除后，应做到工完场清，所有材料、构配件应堆放整齐、安全稳定，并应及时转运。

第七节　机械安全技术

机械是机器与机构的总称，是由若干相互联系的零部件按一定规律装配起来，能够完成一定功能的装置。一般机械装置由电气元件实现自动控制，另外也有很多机械装置采用电力拖动。

机械是现代生产和生活中必不可少的装备，水利水电工程建设中会使用加工机械、施工机械等机械设备。机械在给人们带来高效、快捷和方便的同时，在其运行、使用过程中，也会带来撞击、挤压、切割等机械伤害和触电、噪声、高温等非机械危害。

一、机械设备事故的原因及预防安全技术

（一）机械设备的危险和危害因素

由机械造成的伤害统称机械伤害。机械的危险和危害因素是指机械设备（静止的或运动的）直接造成人体碰撞、夹击、剪切、卷入等机械伤害形式的灾害性因素。其范围包括静止与运动两大部分。

1. 静止的危害

（1）切削刀具与刀刃。

（2）突出较长的机械部分。

（3）毛坯、工具和设备边缘锋利飞边及表面粗糙部分。

（4）引起滑跌坠落的工作台等。

2. 运动的危害

（1）单旋转部分。包括轴、凸块和孔、碾磨工具和切削工具等。

（2）内旋转咬合。包括对向旋转部件的咬合、旋转部件和成切线运动部件面的咬合、旋转部件和固定部件的咬合等。

（3）往复运动或滑动的危害。包括单向运动、往复运动或滑动和固定部分。

（4）旋转部件和滑动之间。

（5）振动。

（6）其他危害因素。包括飞出的刀具或机械部件、飞出的切屑或工件、运转着的加工件打击或绞轧的伤害等。

（二）机械设备的危险部位

机械设备可造成碰撞、夹击、剪切、卷入等多种伤害。其主要有下列危险部位：

（1）旋转部件和成切线运动部件间的咬合处。如动力传输皮带和皮带轮、链条和链轮、齿条和齿轮等。

（2）旋转的轴。包括连接器、心轴、卡盘、丝杠、圆形心轴和杆等。

（3）旋转的凸块和孔处。含有凸块或空洞的旋转部件是很危险的，如风扇叶、凸轮、飞轮等。

（4）对向旋转部件的咬合处。如齿轮、轧钢机、混合辊等。

（5）旋转部件和固定部件的咬合处，如辐条手轮或飞轮和机床床身、旋转搅拌机和无防护开口外壳搅拌装置等。

（6）接近类型。如锻锤的锤体、动力压力机的滑块等。

（7）通过类型。如金属刨床的工作台及其床身、剪切机的刀刃等。

（8）单向滑动。如带锯边缘的齿、砂带磨光机的研磨颗粒、凸式运动带等。

（9）旋转部件与滑动之间的危险，如某些平板印刷机面上的机构等。

二、常用加工机械安全技术

（一）车削加工机械安全技术

车削加工时，要防止转动卡盘、花盘等转动部件把人卷进去的伤害，工件、夹具等飞出去撞击人体的伤害，切屑刺割的伤害。因此，车床加工应做好下列安全防护措施：

（1）断屑。

（2）工作点加防护挡板（罩）。

（3）正确装好车刀。

（4）装夹工具的防护。

（5）加工圆棒材料的防护。

（二）铣床安全技术

为防止旋转的铣刀及刀轴可能将操作人员的手或衣服卷入铣刀和工件之间，造成伤害事故，应安装铣刀防护罩。

（三）钻床安全技术

（1）夹装钻头的套筒外不可有突起的边缘。

（2）当零件经钻孔、铰孔、刮光孔底等一系列连续操作，而钻头需要时常装卸或钻不同直径的孔时，宜采用快速装卸式套筒。

（四）镗床安全技术

在生产作业中，常常用不合要求的销钉固定刀具，致销钉露出镗杆。操作者经常探头看被加工的孔眼情况，身体靠近镗杆，若衣服被卷进去，将造成不应有的伤害事故。

镗床刀具使用的销钉应与刀具配套，紧固后销钉端部必须埋在镗杆内，不能有突出部分。操作人员必须使用符合安全要求的销钉，不允许用其他物件代替使用。

（五）刨床安全技术

在刨床工作中，切屑飞溅的危险程度要比车床切屑的危险程度小。在牛头刨床上，如果操作者脸部凑近切屑部位，切屑可能引起伤害事故；切屑飞溅到地上，也会引起刺伤脚的事故。

牛头刨床工作台的端头应设置铁屑收集筒，以便收集铁屑。

龙门刨床上应设置固定或可调式防护栏杆，栏杆和床身之间禁止行人通过；龙门刨床安装时，应保证工作台伸出床身最远点与墙壁之间的安全距离不小于700 mm；龙门刨床除在床身上安装换向和减速行程开关外，还应安装行程限位开关。

（六）砂轮机安全技术

1. 砂轮机防护罩

防护罩是砂轮机最主要的防护装置，其作用是当砂轮在工作中因故破坏时，能够有效地罩住砂轮碎片，保证人员的安全。

（1）砂轮防护罩的开口角度在砂轮安装轴水平面上方不允许超过65°。

（2）防护罩的安装应牢固可靠，不得随意拆卸或丢弃不用。

（3）砂轮防护罩开口的上端部应设有可以调整的护板，可随砂轮的磨损来调节护板与砂轮圆周表面的间隙，护板固定在防护罩上，宽度应大于砂轮防护罩外圆部分的宽度。砂轮防护罩在砂轮主轴中心线水平面以上的开口角度小于30°时，可不设护板。

（4）砂轮圆周表面与可调护板边缘之间的间距应小于6 mm。

2. 砂轮机使用

（1）禁止侧面磨削。按规定，用圆周表面做工作面的砂轮不宜使用侧面进行磨削。砂轮的径向强度较大，而轴向强度较小，且受到不平衡的侧向力作用，操作者用力过大会造成砂轮破碎，甚至伤人。

（2）不准正面操作。使用砂轮机磨削工件时，操作者应站在砂轮的侧面，不得在砂轮的正面进行操作，以免砂轮破碎飞出伤人。

（3）不准共同操作。两人共用一台砂轮机同时作业是一种严重的违章操作，应严格禁止。

（4）使用电动砂轮机应符合下列规定：

①电动砂轮机应安装在坚实平整的基础上，整机稳固；电源开关符合要求，就近安装。

②工件托架应安装牢固，托架平台应平整，防护罩应安装完好；砂轮与工件托架的距离应小于被磨工件最小外形尺寸的1/2，最大不准超过3 mm。

③砂轮的旋转方向应与砂轮轴端螺母的旋紧方向相反，并不得安装倒顺开关，工作时旋转方向不应对着主要通道。

④使用砂轮机时应先启动，转速正常后，再接触工件；工作人员应戴防护眼镜，用力不应过猛。

⑤砂轮片不圆，有裂纹或磨损接近固定夹板时，应及时更换。

（5）使用砂轮切割机应符合下列规定：

①砂轮切割机应放置平稳，坚固件应无松动；砂轮片应完好无裂纹，传动裸露部位应装设符合要求的安全保护罩。

②电机及其操作回路绝缘应良好；手柄开关应完好，电机应空转检查转向正确后，方可装砂轮机片。

③砂轮片应符合该机的规格以及质量要求。

④切割金属材料时，周围应无易燃品，应配备灭火器；前方不应有人，防止火星灼人。

⑤磨切工件应夹牢放稳。

（七）冲压机械安全技术

利用金属模具将钢材或坯料进行分离或变形加工的机械称为冲压机械。冲压机械设备包括剪板机、曲柄压力机和液压机等。冲压作业的安全技术措施范围很广，包括改进冲压作业方式、改革冲模结构、实现机械化自动化、设置模具和设备的防护装置等。

1. 使用安全工具

使用安全工具操作时，用专用工具将单件毛坯放入模内并将冲制后的零件、废料取出，实现模外作业，避免用手直接伸入上下模口之间，保证人体安全。采用劳动强度小、使用灵活方便的手工工具。

2. 模具作业区防护措施

模具防护的内容包括：在模具周围设置防护板（罩）；通过改进模具减少危险面积，扩大安全空间；设置机械进出料装置，以此代替手工进出料方式，将作业人员的双手隔离在冲模危险区之外，实行作业保护。模具安全防护装置不应增大劳动强度。

3. 冲压设备的安全装置

冲压设备的安全装置形式较多，按结构分为机械式、按钮式、光电式、感应式等。

（1）机械式防护装置主要有 3 种类型：推手式保护装置、摆杆护手装置、拉手安全装置。

（2）双手按钮式保护装置是一种用电气开关控制的保护装置。

（3）光电式保护装置是由一套光电开关与机械装置组合而成的。

（八）木工机械安全技术

（1）按照“有轮必有罩、有轴必有套和锯片有罩、锯条有套、刨（剪）切有挡、安全器送料”的要求，对各种木工机械配置相应的安全防护装置，尤其徒手操作会接触危险部位的，一定要有安全防护措施。

（2）对产生噪声、木粉尘或挥发性有害气体的机械设备，要配置与其机械运转相连接的消声、吸尘或通风装置，以消除或减轻职业危害，保证职工的安全和健康。

（3）木工机械的刀轴与电气应有安全联控装置，在装卸或更换刀具及维修时，应切断电源并保持断开位置，以防误触电源开关或突然供电启动机械而造成人身伤害事故。

（4）针对木材加工作业中的木料反弹危险，应采用安全送料装置或设置分离刀、防反弹安全屏护装置，以保障人身安全。

（5）在装设正常启动和停机操纵装置的同时，还应专门设置遇事故需紧急停机的安全控制装置。

按此要求，对各种木工机械应制定与其配套的安全装置技术标准。

三、常用施工机械安全技术

（一）混凝土机械安全技术

混凝土机械按其在工程中的作用分为混凝土搅拌机、混凝土搅拌运输车、混凝土输送泵等。

1. 混凝土搅拌机

（1）作业区应设置排水沟渠、沉淀池及除尘设施。

（2）使搅拌机操作台处视线良好。操作台应铺垫绝缘垫板。

（3）作业前应重点检查下列项目，并符合相关要求：

①料斗上、下限位装置灵敏有效，保险销、保险链齐全完好。

②制动器、离合器灵敏可靠。

③各传动机构、工作装置无异常。开式齿轮、皮带轮等传动装置的安全防护罩齐全可靠。齿轮箱、液压油箱内的油质和油量符合要求。

④搅拌筒与托轮接触良好，不窜动、不跑偏。

⑤搅拌筒内叶片紧固不松动，与衬板间隙应符合说明书规定。

⑥搅拌机开关箱应设置在距搅拌机5 m范围内。

(4)作业前应先进行空载运转，确认搅拌筒或叶片运转方向正确。反转出料的搅拌机应进行正、反转运转。空载运转无冲击和异常噪声。

(5)供水系统的仪表计量准确，水泵、管道等部件连接无误，正常供水无泄漏。

(6)搅拌机不宜带载启动，在达到正常转速后进行上料，上料量及上料程序应符合说明书要求。

(7)料斗提升时，严禁作业人员在料斗下停留或通过；当需要在料斗下方进行清理或检修时，应将料斗提升至上止点并用保险销锁牢或用保险链挂牢。

(8)搅拌机运转时，严禁进行维修、清理工作。当作业人员需进入搅拌筒内作业时，必须先切断电源，锁好开关箱，悬挂“禁止合闸”的警示牌，并派专人监护。

(9)作业完毕，将料斗降到最低位置，并切断电源。

2. 混凝土搅拌运输车

(1)液压系统、气动装置的安全阀、溢流阀的调整压力必须符合说明书要求。卸料槽锁扣及搅拌筒的安全锁定装置应齐全完好。

(2)燃油、润滑油、液压油、制动液及冷却液应添加充足，无渗漏，质量应符合要求。

(3)搅拌筒及机架缓冲件无裂纹或损伤，筒体与托轮接触良好。搅拌叶片、进料斗、主辅卸料槽应无严重磨损和变形。

(4)装料前应先启动内燃机空载运转，并低速旋转搅拌筒3～5 min，当各仪表指示正常、制动气压达到规定值时，检查确认后装料。装载量不得超过规定值。

(5)行驶前，应确认操作手柄处于“搅动”位置并锁定，卸料槽锁扣应扣牢。搅拌行驶时最高速度不得大于50 km/h。

(6)出料作业应将搅拌运输车停靠在地势平坦处，应与基坑及输电线路保持安全距离，并将制动系统锁定。

(7)进入搅拌筒进行维修、铲除清理混凝土作业前，必须将发动机熄火，操作杆置于空挡，将发动机钥匙取出并设专人监护，悬挂安全警示牌。

3. 混凝土输送泵

(1)混凝土泵应安放在平整、坚实的地面上，周围不得有障碍物，支腿应支设牢固，机身保持水平和稳定，轮胎应楔紧。

(2)混凝土输送管道的敷设应符合下列规定：

①管道敷设前检查并确认管壁的磨损量应符合说明书的要求，并不得有裂纹、砂眼等缺陷。新管或磨损量较小的管应敷设在泵出口处。

②管道应使用支架与建筑结构固定牢固。泵出口处的管道底部应依据泵送高度、混凝土排量等设置独立的基础，并能承受相应荷载。

③敷设垂直向上的管道时，垂直管不得直接与泵的输出口连接，应在泵与垂直管之间敷设长度不小于15 m的水平管，并加装逆止阀。

④敷设向下倾斜的管道时，应在泵与斜管之间敷设长度不小于5倍落差的水平管。当倾斜度大于7时应加装排气阀。

(3)作业前应检查确认管道各连接处管卡扣牢不泄漏。防护装置齐全可靠，各部位操纵开关、手柄等位置正确,搅拌斗防护网完好牢固。

(4)砂石粒径、水泥强度等级及配合比应按出厂规定,满足混凝土泵的泵送要求。

(5)启动后,应空载运转,观察各仪表的指示值,检查泵和搅拌装置的运转情况,确认一切正常后方可作业。泵送前应向料斗加入清水和水泥砂浆润滑泵及管道。

(6)混凝土泵在开始或停止泵送混凝土前,作业人员应与出料软管保持安全距离,作业人员不得在出料口下方停留。出料软管不得埋在混凝土中。

(7)泵送混凝土的排量、浇筑顺序应符合混凝土浇筑施工方案的要求,施工载荷应控制在允许范围内。

(8)混凝土泵工作时,料斗中混凝土应保持在搅拌轴线以上,不应吸空或无料泵送。

(9)混凝土泵工作时,不得进行维修作业。

(10)混凝土泵作业时,应对泵送设备和管路进行观察,发现隐患及时处理。对磨损超过规定的管子、卡箍、密封圈等及时更换。

(11)混凝土泵作业后将料斗和管道内的混凝土全部排出,对泵、料斗、管道进行清洗,清洗作业按说明书要求进行,不宜采用压缩空气进行清洗。

(二)钢筋机械安全技术

钢筋机械是用于加工钢筋和钢筋骨架等作业的机械,按作业方式可分为钢筋强化机械、钢筋加工机械、钢筋焊接机械、钢筋预应力机械。钢筋强化机械包括钢筋冷拉机、钢筋冷拔机、钢筋轧扭机等;钢筋加工机械包括钢筋切断机、钢筋调直机、钢筋弯曲机、钢筋镦头机等;钢筋焊接机械包括对焊机、电焊机、弧焊机等;钢筋预应力机械主要是钢筋拉伸机械,分为机械式、液压式和电热式三种,常用的是液压式拉伸机。

1. 冷拉机

冷拉机主要由卷扬机、地锚、夹具、定滑轮、动滑轮及测力装置组成。通过对钢筋的冷拉,既提高了强度,又节约了材料。操作时应注意下列事项:

(1)应根据冷拉钢筋的直径,合理选用卷扬机。卷扬钢丝绳应经封闭式导向滑轮,并和被拉钢筋成直角。卷扬机的位置应使操作人员能见到全部冷拉场地,卷扬机与冷拉中线距离不得小于5 m。

(2)冷拉场地应设置警戒区,并应安装防护栏及警告标志。无关人员不得在此停留。操作人员在作业时必须离开钢筋2 m以外。

(3)用配重控制的设备应与滑轮匹配,并应有指示起落的记号,没有指示记号时应有专人指挥。配重框提起时高度应限制在离地面300 mm以内,配重架四周应有栏杆及警告标志。

(4)作业前,应检查冷拉夹具,夹齿应完好,滑轮、拖拉小车应润滑灵活,拉钩、地锚及防护装置均应齐全牢固。确认良好后,方可作业。

(5)用延伸率控制的装置,应装设明显的限位标志,并应有专人负责指挥。

(6)夜间作业的照明设施,应装设在张拉危险区外。当需要装设在场地上空时,其高度应超过5 m。灯泡应加防护罩。

2. 冷拔机(拔丝机)

冷拔机的工作原理是在强拉力作用下,钢筋通过一个小于其直径的模孔,经过冷拔,以提高其使用强度,也称拔丝机。拔丝机有立式和卧式两种,操作时应注意下列事项:

(1)应检查并确认机械各连接件牢固,模具无裂纹,轧头和模具的规格配套,然后启动主机空运转，确认正常后，方可作业。

(2)在冷拔钢筋时，每道工序的冷拔直径应按机械出厂说明书规定进行，不得超量缩减模具孔径，无资料时，可按每次缩减孔径0.5～1.0 mm进行。

(3)轧头时，应先使钢筋的一端穿过模具长度达100～150 mm，再用夹具夹牢。

(4)作业时，操作人员的手和轧辊应保持300～500 mm的距离。不得用手直接接触钢筋和滚筒。

(5)冷拔模架中应随时加足润滑剂，润滑剂应采用石灰和肥皂水调和晒干后的粉末。钢筋通过冷拔模前，应抹少量润滑脂。

(6)当钢筋的末端通过冷拔模后，应立即脱开离合器，同时用手闸挡住钢筋末端。

(7)拔丝过程中，当出现断丝或钢筋打结乱盘时，应立即停机；在处理完毕后，方可开机。

3. 调直切断机

调直切断机可以自动地将钢筋调直和切断，按切断机构不同，分下切式剪刀和旋切式剪刀两种，其操作应注意下列事项：

(1)料架、料槽应安装平直，并应对准导向筒、调直筒和下切刀孔的中心线。

(2)应用手转动飞轮，检查传动机构和工作装置，调整间隙，紧固螺栓，检查电气系统确认正常后，启动空运转，并应检查轴承无异响，齿轮啮合良好，运转正常后，方可作业。

(3)应按调直钢筋的直径，选用适当的调直块、曳引轮槽及传动速度。调直块的孔径应比钢筋直径大2～5 mm，曳引轮槽宽应和所需调直钢筋的直径相符合，传动速度应根据钢筋直径选用，直径大的宜选用慢速的，经调试合格，方可送料。

(4)在调直块未固定、防护罩未盖好前不得送料。作业中严禁打开各部防护罩并调整间隙。

(5)送料前，应将不直的钢筋端头切除。导向筒前应安装一根1 m长的钢管，钢筋应先穿过钢管再送入调直前端的导孔内。

(6)当钢筋送入后，手与曳轮应保持一定的距离，不得接近。

(7)经过调直后的钢筋如仍有慢弯，可逐渐加大调直块的偏移量，直到调直为止。

(8)切断3～4根钢筋后，应停机检查其长度，当超过允许偏差时，应调整限位开关或定尺板。

4. 切断机

切断机有手动切断机、电动切断机和液压切断机，操作时应注意下列事项：

(1)接送料的工作台面应和切刀下部保持水平，工作台的长度应根据加工材料长度确定。

(2)启动前，应检查并确认切刀无裂纹，刀架螺栓紧固，防护罩牢靠。然后用手转动皮带轮，检查齿轮啮合间隙，调整切刀间隙。

(3)启动后，应先空运转，检查各传动部分及轴承运转正常后，方可作业。

(4)机械未达到正常转速时，不得切料。切料时，应使用切刀的中、下部位，紧握钢筋对准刃口迅速投入，操作者应站在固定刀片一侧用力压住钢筋，应防止钢筋末端弹出伤人。严禁用两手分在刀片两边握住钢筋俯身送料。

(5)不得剪切直径及强度超过机械铭牌规定的钢筋和烧红的钢筋。一次切断多根钢筋时，其总截面面积应在规定范围内。

(6)剪切低合金钢时,应更换高硬度切刀,剪切直径应符合机械铭牌规定。

(7)切断短料时,手和切刀之间的距离应保持在150 mm以上,如手握端小于400 mm,应采用套管或夹具将钢筋短头压住或夹牢。

(8)运转中,严禁用手直接清除切刀附近的断头和杂物。钢筋摆动周围和切刀周围,不得停留非操作人员。

(9)当发现机械运转不正常、有异常响声或切刀歪斜时,应立即停机检修。

(10)液压传动式切断机作业前,应检查并确认液压油位及电动机旋转方向符合要求。启动后,应空载运转,松开放油阀,排净液压缸体内的空气,方可进行切筋。

(11)手动液压式切断机使用前,应将放油阀按顺时针方向旋紧,切割完毕后,应立即按逆时针方向旋松。作业中,手应持稳切断机,并戴好绝缘手套。

5.弯曲机

弯曲机可将切断调直配好的钢筋弯曲成所需要的形状。分手动、电动和液压3种,操作时应注意下列事项:

(1)工作台和弯曲机台面应保持水平,作业前应准备好各种芯轴及工具。

(2)应按加工钢筋的直径和弯曲半径的要求,装好相应规格的芯轴和成型轴、挡铁轴。芯轴直径应为钢筋直径的2.5倍。挡铁轴应有轴套。

(3)挡铁轴的直径和强度不得小于被弯钢筋的直径和强度。

(4)启动前,应检查并确认芯轴、挡铁轴、转盘等无裂纹和损伤,防护罩坚固可靠,空载运转正常后,方可作业。

(5)作业时,应将钢筋需弯一端插入在转盘固定销的间隙内,另一端紧靠机身固定销,并用手压紧;应检查机身固定销并确认安放在挡住钢筋的一侧,方可开动。

(6)作业中,严禁更换轴芯、销子和变换角度以及调速,不得进行清扫和加油。

(7)对超过机械铭牌规定直径的钢筋严禁进行弯曲。在弯曲未经冷拉或带有锈皮的钢筋时,应戴防护镜。

(8)弯曲高强度钢筋时,应进行钢筋直径换算,钢筋直径不得超过机械允许的最大弯曲能力,并及时调换相应的芯轴。

(9)操作人员站在机身设有固定销的一侧,成品钢筋应堆放整齐,弯钩不得朝上。

(10)转盘换向时,应待停稳后进行。

第八节　特种设备安全技术

特种设备是指对人身和财产安全有较大危险性的锅炉、压力容器(含气瓶)、压力管道、电梯、起重机械、客运索道、大型游乐设施、场(厂)内专用机动车辆,以及法律、行政法规规定适用《中华人民共和国特种设备安全法》(主席令第四号)的其他特种设备。

一、起重机械安全技术

起重机械是指用于垂直升降或者垂直升降并水平移动重物的机电设备。

(一)钢丝绳

(1)钢丝绳的分类。按钢丝的接触状态分类,可分为点接触、线接触和面接触钢丝绳。

(2)钢丝绳安全要求应符合《水利水电起重机械安全规程》(SL 425—2017)的规定:

①起重机械用的钢丝绳应符合《起重机设计规范》(GB/T 3811—2008)的规定，并必须有产品检验合格证。

②钢丝绳的安全系数，不应小于表7-6规定的要求。

表7-6　钢丝绳安全系数

起重机类型	特性和使用范围		钢丝绳最小安全系数
桅杆式起重机、自行式起重机及其他类型的起重和卷扬机	手传动		4.5
	机械传动	轻型	5
		中型	5.5
		重型	6
1 t以下手动卷扬机			4
缆索式起重机	承担重量的钢丝绳		3.5
各种用途的钢丝绳	运输热金属、易燃物、易爆物		6
	拖拉绳(缆风绳)		3.5
	载人的升降机、吊篮绳		14

③钢丝绳端部固定和连接应符合下列安全要求：

a. 用绳卡连接时，应满足表7-4的要求，同时应保证连接强度不得小于钢丝绳破断拉力的85%。

b. 用编结连接时，编结长度不应小于钢丝直径的15倍，并且不得小于30 mm。连接强度不得小于钢丝绳破断拉力的75%。

c. 用楔块、楔套连接时，楔套应用钢材制造。连接强度不得小于钢丝绳破断拉力的75%。

d. 用锥形套浇铸法连接时，连接强度应达到钢丝绳的最小破断拉力。

e. 用铝合金套压缩法连接时，应用可靠的工艺方法使铝合金套与钢丝绳紧密牢固地贴合，连接强度应达到钢丝绳最小破断拉力90%。

f. 用压板固接时，固接强度应达到钢丝绳的破断拉力。

④钢丝绳不允许接长使用。钢丝绳被压产生永久变形或打结变形后，不允许使用。

⑤当同一载荷由多根钢丝绳支承时，应设有各根钢丝绳受力的均衡装置。

⑥当起升高度大于40 m，宜采用不旋转、无松散倾向的钢丝绳；当采用其他钢丝绳时，应有防止吊具旋转的措施。

⑦新更换的钢丝绳应满足原设计要求；新装或更换钢丝绳，从卷轴或钢丝绳卷上抽出钢丝绳时应注意防止钢丝绳打环、扭结、弯折或沾上杂物；截取钢丝绳时应在截取两端处用细钢丝扎结牢固，防止切断后绳股松散。

(3)钢丝绳的报废标准。各种起重机钢丝绳报废按《水利水电起重机械安全规程》(SL 425—2017)、《起重机钢丝绳保养、维护、检验和报废》(GB/T 5972—2016)附录C的规定执行。

（二）吊钩

吊钩是起重机械上的主要组成部分，它除承受物体的重量外，还要承受起升与制动时产生的冲击荷载，所以吊钩材料应具有较高的机械强度与冲击韧性。常用的吊钩有单钩和双钩两种，均应符合下列要求：

(1)吊钩应有制造单位的合格证等技术证明文件，方可投入使用。使用中，应按规定进行检查、维修和报废。

(2)起重机械不得使用铸造的吊钩。

(3)吊钩应设有防止脱钩的机械装置；有水下作业要求的吊钩装置的下滑轮应有防水保护装置。

(4)吊钩表面应光洁，无剥裂、锐角、毛刺、裂纹等。

(5)吊钩上的缺陷禁止补焊。

(6)吊钩的零部件有下列情况之一时，应报废：

①板钩心轴磨损量达到其直径的5%，应报废芯轴。

②板钩衬套磨损达到原尺寸的50%时，应更换衬套。

(7)吊钩出现下列情况之一时，应报废：

①裂纹。

②危险断面磨损达到原尺寸的10%。

③开口度比原尺寸增加15%。

④扭转变形超过10°。

⑤危险断面或吊钩颈部产生塑性变形。

⑥吊钩螺纹被腐蚀。

（三）起重机械安全装置

1. 起重量限制器

(1)起重机应安装起重量限制器。起重量显示装置的数值显示综合误差应为实际值的±5%。

(2)当实际起重量超过95%额定起重量时，起重量限制器宜发出警示性报警信号。

(3)当实际起重量在100%～110%的额定起重量时，起重量限制器应自动切断上升方向的动力源并报警，但应允许机构做安全方向的运动。

2. 起重力矩限制器

(1)额定起重量随工作幅度变化的起重机，应装设起重力矩限制器。起重力矩显示装置的数值显示综合误差应为实际值的±5%。

(2)当实际起重量超过实际幅度对应的95%起重量额定值时，起重力矩限制器宜发出报警信号。

(3)当实际起重量超过实际幅度对应的额定值但小于110%额定值时，起重力矩限制器应自动切断不安全方向（上升、幅度增大、臂架外伸或这些动作的组合）的动力源，但应允许机构做安全方向的运动。

3. 极限位置限制器

(1)应设置两套不同工作原理的上升极限位置限制器，当吊具起升到上极限位置时，自动切断起升的动力源；对液压起升机构，应同时给出禁止性报警信号。

（2）应设置下降极限位置限制器，当吊具下降到下极限位置时，自动切断下降的动力源。

（3）应设置大、小车运行极限位置限制器，当运行机构运行到极限位置时，自动切断前进的动力源并停止运行。

4. 安全钩、防后倾装置和回转锁定装置

（1）安全钩。单主梁起重机，由于起吊重物是在主梁的一侧进行，重物等对小车产生一个倾翻力矩，由垂直反轨轮或水平反轨轮产生的抗倾翻力矩使小车保持平衡。但只靠这种方式不能保证在风灾、意外冲击、车轮破碎、检修等情况时的安全，因此这种类型的起重机应安装安全钩。安全钩根据小车和轨轮形式的不同，设计成不同的结构。

（2）防后倾装置。用柔性钢丝绳牵引吊臂进行变幅的起重机，当遇到突然卸载等情况时，会产生使吊臂后倾的力，从而造成吊臂超过最小幅度，发生吊臂后倾的事故。流动式起重机和动臂式塔式起重机应安装防后倾装置。

（3）回转锁定装置。臂架起重机处于运输、行驶或非工作状态时，锁住回转部分，使之不能转动的装置。常见的有机械锁定器和液压锁定器两种。

5. 夹轨器及锚碇装置

（1）对露天工作的轨道式起重机，应安装可靠的防风夹轨器或锚碇装置，应能各自独立承受非工作状态下的最大风力而不被吹动。

（2）夹轨器的防爬作用应由本身构件的重力的自锁条件或弹簧作用来实现；夹轨器动作时间应滞后于运行机构的制动时间，以消除起重机可能产生的剧烈颤动。

（3）运行在弧形轨道上的起重机，夹轨器应采取防卡轨措施，使起重机能顺利通过轨道。

（4）采用手工操作的夹轨器最大操作力不得大于200 N。

6. 防撞装置

相邻两台起重机或起重小车运行在同一轨道上时，应装设防撞装置。在发生碰撞的任何情况下，起重机司机室内的加速度绝对值不应大于5 m/s^2。

7. 危险电压报警器

臂架型起重机在输电线路附近作业时，由于操作不当，臂架、钢丝绳等过于接近甚至碰触电线，都会造成感应电或触电事故，安装危险电压报警器可有效防止这类事故发生。

（四）履带式起重机使用安全技术

（1）起重机械应在平坦坚实的地面上作业、行走和停放。作业时，坡度不得大于3°，起重机械应与沟渠、基坑保持安全距离。

（2）起重机械启动前应重点检查下列项目，并应符合相应要求：

①各安全防护装置及各指示仪表应齐全完好。

②钢丝绳及连接部位应符合规定。

③燃油、润滑油、液压油、冷却水等应添加充足。

④各连接件不得松动。

⑤在回转空间范围内不得有障碍物。

(3)起重机械启动前应将主离合器分离,各操纵杆放在空挡位置。

(4)内燃机启动后,应检查各仪表指示值,应在运转正常后接合主离合器;空载运转时,应按顺序检查各工作机构及制动器,应在确认正常后作业。

(5)作业时,起重臂的最大仰角不得超过使用说明书的规定。当无资料可查时,不得超过78°。

(6)起重机械变幅应缓慢平稳,在起重臂未停稳前不得变换挡位。

(7)起重机械工作时,在行走、起升、回转及变幅四种动作中,应只允许不超过两种动作的复合操作。当负荷超过该工况额定负荷的90%及以上时,应慢速升降重物,严禁超过两种动作的复合操作和下降起重臂。

(8)在重物起升过程中,操作人员应把脚放在制动踏板上,控制起升高度,防止吊钩冒顶。当重物悬停空中时,即使制动踏板被固定,脚仍应踩在制动踏板上。

(9)采用双机抬吊作业时,应选用起重性能相似的起重机进行。抬吊时应统一指挥,动作应配合协调,载荷应分配合理,起吊重量不得超过两台起重机在该工况下允许起重量总和的75%,单机的起吊载荷不得超过允许载荷的80%。在吊装过程中,两台起重机的吊钩滑轮组应保持垂直状态。

(10)起重机械行走时,转弯不应过急;当转弯半径过小时,应分次转弯。

(11)起重机械不宜长距离负载行驶。起重机械负载时应缓慢行驶,起重量不得超过相应工况额定起重量的70%,起重臂应位于行驶方向正前方,载荷离地面高度不得大于500 mm,并应拴好拉绳。

(12)起重机械上、下坡道时应无载行走,上坡时应将起重臂仰角适当放小,下坡时应将起重臂仰角适当放大。下坡严禁空挡滑行。在坡道上严禁带载回转。

(13)作业结束后,起重臂应转至顺风方向,并应降至40°~60°;吊钩应提升到接近顶端的位置,关停内燃机,并应将各操纵杆放在空挡位置;各制动器应加保险固定;操作室和机棚应关门加锁。

(14)起重机械转移工地,应采用火车或平板拖车运输,所用跳板的坡度不得大于15°;起重机械装车后,应将回转、行走、变幅等机构制动,应采用木楔楔紧履带两端,并应绑扎牢固;吊钩不得悬空摆动。

(15)起重机械自行转移时,应卸去配重,拆短起重臂,主动轮应在后面,机身、起重臂、吊钩等必须处于制动位置,并应加保险固定。

(16)起重机械通过桥梁、水坝、排水沟等构筑物时,应先查明允许载荷后再通过,必要时应采取加固措施。通过铁路、地下水管、电缆等设施时,应铺设垫板保护,机械在上面行走时不得转弯。

(五)汽车、轮胎式起重机使用安全技术

(1)起重机械启动前应重点检查下列项目,并应符合相应要求:

①各安全保护装置和指示仪表应齐全完好。

②钢丝绳及连接部位应符合规定。

③燃油、润滑油、液压油及冷却水应添加充足。

④各连接件不得松动。

⑤轮胎气压应符合规定。

⑥起重臂应可靠搁置在支架上。

(2)起重机械启动前,应将各操纵杆放在空挡位置,手制动器应锁死。在怠速运转3~5分钟后进行中高速运转,并应在检查各仪表指示值,确认运转正常后接合液压泵,液压达到规定值,油温超过30 ℃时,方可作业。

(3)作业前,应全部伸出支腿,调整机体使回转支撑面的倾斜度在无载荷时不大于1/1 000(水准居中)。支腿的定位销必须插上底盘为弹性悬挂的起重机,插支腿前应先收紧稳定器。

(4)作业中不得扳动支腿操纵阀。调整支腿时应在无载荷时进行,应先将起重臂转至正前方或正后方之后,再调整支腿。

(5)起重作业前,应根据所吊重物的重量和起升高度,并应按起重性能曲线,调整起重臂长度和仰角;应估计吊索长度和重物本身的高度,留出适当起吊空间。

(6)起重臂顺序伸缩时,应按使用说明书进行,在伸臂的同时应下降吊钩。当制动器发出警报时,应立即停止伸臂。

(7)汽车式起重机变幅角度不得小于各长度所规定的仰角。

(8)汽车式起重机起吊作业时,汽车驾驶室内不得有人,重物不得超越汽车驾驶室上方,且不得在车的前方起吊。

(9)起吊重物达到额定起重量的50%及以上时,应使用低速挡。

(10)作业中发现起重机倾斜、支腿不稳等异常现象时,应在保证作业人员安全的情况下,将重物降至安全的位置。

(11)当重物在空中需停留较长时间时,应将起升卷筒制动锁住,操作人员不得离开操作室。

(12)起吊重物达到额定起重量的90%以上时,严禁向下变幅,同时严禁进行两种及以上的操作动作。

(13)起重机械带载回转时,操作应平稳,应避免急剧回转或急停,换向应在停稳后进行。

(14)起重机械带载行走时,道路应平坦坚实,载荷应符合使用说明书的规定,重物离地面不得超过500 mm,并应拴好拉绳,缓慢行驶。

(15)作业后,应先将起重臂全部缩回放在支架上,再收回支腿;吊钩应使用钢丝绳挂牢;车架尾部两撑杆应分别撑在尾部下方的支座内,并应采用螺母固定;阻止机身旋转的销式制动器应插入销孔,并应将取力器操纵手柄放在脱开位置,最后应锁住起重操作室门。

(16)起重机械行驶前,应检查确认各支腿收存牢固,轮胎气压应符合规定。行驶时,发动机水温应在80~90 ℃范围内,当水温未达到80 ℃时,不得高速行驶。

(17)起重机械应保持中速行驶,不得紧急制动,过铁道口或起伏路面时应减速,下坡时严禁空挡滑行,倒车时应有人监护指挥。

(18)行驶时,底盘走台上不得有人员站立或蹲坐,不得堆放物件。

（六）塔式起重机使用安全技术

（1）行走式塔式起重机的轨道基础应符合下列要求：

①路基承载能力应满足塔式起重机使用说明书的要求。

②每间隔 6 m 应设轨距拉杆一个，轨距允许偏差应为公称值的 1/1 000，且不得超过 ±3 mm。

③在纵横方向上，钢轨顶面的倾斜度不得大于 1/1 000；塔机安装后，轨道顶面纵、横方向上的倾斜度，对上回转塔机不应大于 3/1 000，对下回转塔机不应大于 5/1 000。在轨道全程中，轨道顶面任意两点的高差应小于 100 mm。

④钢轨接头间隙不得大于 4 mm，与另一侧轨道接头的错开距离不得小于 1.5 m，接头处应架在轨枕上，接头两端高度差不得大于 2 mm。

⑤距轨道终端 1 m 处应设置缓冲止挡器，其高度不应小于行走轮的半径。在距轨道终端 2 m 处应设置限位开关碰块，安装位置应保证塔机在与缓冲止挡器或与同一轨道上其他塔机相距大于 1 m 处能完全停住，此时电缆线应有足够的富余长度。

⑥鱼尾板连接螺栓应紧固，垫板应固定牢靠。

（2）塔式起重机的金属结构、轨道应有可靠的接地装置，接地电阻不得大于 4 Ω。高位塔式起重机应设置防雷装置。

（3）塔式起重机升降作业时，应符合下列规定：

①升降作业应有专人指挥，专人操作液压系统，专人拆装螺栓。非作业人员不得登上顶升套架的操作平台。操作室内应只准一人操作。

②升降作业应在白天进行。

③顶升前应预先放松电缆，电缆长度应大于顶升总高度，并应紧固好电缆。下降时应适时收紧电缆。

④升降作业前，应对液压系统进行检查和试机，应在空载状态下将液压缸活塞杆伸缩 3～4 次，检查无误后，再将液压缸活塞杆通过顶升梁借助顶升套架的支撑，顶起载荷 100～150 mm，停 10 分钟，观察液压缸载荷是否有下滑现象。

⑤升降作业时，应调整好顶升套架滚轮与塔身标准节的间隙，并应按规定要求使起重臂和平衡臂处于平衡状态，将回转机构制动。当回转台与塔身标准节之间的最后一处连接螺栓（销轴）拆卸困难时，应将最后一处连接螺栓（销轴）对角方向的螺栓重新插入，再采用其他方法进行拆卸。不得用旋转起重臂的方法松动螺栓（销轴）。

⑥顶升撑脚（爬爪）就位后，应及时插上安全销，才能继续升降作业。

⑦升降作业完毕后，应按规定扭力紧固各连接螺栓，将液压操纵杆扳到中间位置，并应切断液压升降机构电源。

（4）塔式起重机内爬升时应符合下列规定：

①内爬升作业时，信号联络应通畅。

②内爬升过程中，严禁进行塔式起重机的起升、回转、变幅等各项动作。

③塔式起重机爬升到指定楼层后，应立即拔出塔身底座的支承梁或支腿，通过内爬升框架及时固定在结构上，并应顶紧导向装置或用楔块塞紧。

④内爬升塔式起重机的塔身固定间距应符合使用说明书的要求。

⑤应对设置内爬升框架的建筑结构进行承载力复核，并应根据计算结果采取相应的加固措施。

(5)雨天后，对行走式塔式起重机，应检查轨距偏差、钢轨顶面的倾斜度、钢轨的平直度、轨道基础的沉降及轨道的通过性能等；对固定式塔式起重机，应检查混凝土基础不均匀沉降。

(6)根据使用说明书的要求，应定期对塔式起重机各工作机构、所有安全装置、制动器的性能及磨损情况、钢丝绳的磨损及绳端固定、液压系统、润滑系统、螺栓销轴连接处等进行检查。

(7)配电箱应设置在距塔式起重机 3 m 范围内或轨道中部，且明显可见；电箱中应设置带熔断式断路器及塔式起重机电源总开关；电缆卷筒应灵活有效，不得拖缆。

(8)当同一施工地点有两台以上塔式起重机并可能互相干扰时，应制订群塔作业方案；两台塔式起重机之间的最小架设距离应保证处于低位塔式起重机的起重臂端部与另一台塔式起重机的塔身之间至少有 2 m 的距离；处于高位塔式起重机的最低位置的部件(吊钩升至最高点或平衡重的最低部位)与低位塔式起重机中处于最高位置部件之间的垂直距离不应小于 2 m。

(9)轨道式塔式起重机作业前，应检查轨道基础平直无沉陷，鱼尾板、连接螺栓及道钉不得松动，并应清除轨道上的障碍物，将夹轨器固定。

(10)起吊重物时，重物和吊具的总重量不得超过塔式起重机相应幅度下规定的起重量。

(11)应根据起吊重物和现场情况，选择适当的工作速度，操纵各控制器时应从停止点(零点)开始，依次逐级增加速度，不得越挡操作。在变换运转方向时，应将控制器手柄扳到零位，待电动机停止运转后再转向另一方向，不得直接变换运转方向突然变速或制动。

(12)在提升吊钩、起重小车或行走大车运行到限位装置前，应减速缓行到停止位置，并应与限位装置保持一定距离。不得采用限位装置作为停止运行的控制开关。

(13)动臂式塔式起重机的变幅动作应单独进行。允许带载变幅的动臂式塔式起重机，当载荷达到额定起重量的 90% 及以上时，不得增加幅度。

(14)重物就位时，应采用慢就位工作机构。

(15)重物水平移动时，重物底部应高出障碍物 0.5 m 以上。

(16)回转部分不设集电器的塔式起重机，应安装回转限位器，在作业时，不得顺一个方向连续回转 1.5 圈。

(17)当停电或电压下降时，应立即将控制器扳到零位，并切断电源。如吊钩上挂有重物，应重复放松制动器，使重物缓慢地下降到安全位置。

(18)采用涡流制动调速系统的塔式起重机，不得长时间使用低速挡或慢就位速度作业。

(19)遇大风停止作业时，应锁紧夹轨器，将回转机构的制动器完全松开，起重臂应能随风转动。

(20)对轻型俯仰变幅塔式起重机,应将起重臂落下并与塔身结构锁紧在一起。

(21)作业中,操作人员临时离开操作室时,应切断电源。

(七)门式、桥式起重机和电动葫芦使用安全技术

(1)起重机路基和轨道的铺设应符合使用说明书的规定,轨道接地电阻不得大于4 Ω。

(2)门式起重机的电缆应设有电缆卷筒,配电箱应设置在轨道中部。

(3)用滑线供电的起重机应在滑线的两端标有鲜明的颜色,滑线应设置防护装置,防止人员及吊具钢丝绳与滑线意外接触。

(4)轨道应平直,鱼尾板连接螺栓不得松动,轨道和起重机运行范围内不得有障碍物。

(5)操作室内应垫木板或绝缘板,接通电源后应采用试电笔测试金属结构部分,并应确认无漏电现象;上、下操作室应使用专用扶梯。

(6)作业前,应进行空载试运转,检查并确认各机构运转正常,制动可靠,各限位开关灵敏有效。

(7)开动前,应先发出音响信号示意,并应拴拉绳防止摆动。

(8)吊运路线不得从人员、设备上面通过;空车行走时,吊钩应离地面2 m以上。

(9)吊运重物应平稳、慢速,行驶中不得突然变速或倒退。

(10)两台起重机同时作业时,应保持5 m以上距离。不得用一台起重机顶推另一台起重机。

(11)起重机行走时,两侧驱动轮应保持同步,发现偏移应及时停止作业,调整修理后继续使用。

(12)作业中,人员不得从一台桥式起重机跨越到另一台桥式起重机。

(13)操作人员进入桥架前应切断电源。

(14)门式、桥式起重机的主梁挠度超过规定值时,应修复后使用。

(15)作业后,门式起重机应停放在停机线上,用夹轨器锁紧;桥式起重机应将小车停放在两条轨道中间,吊钩提升到上部位置。吊钩上不得悬挂重物。

(16)作业后,应将控制器拨到零位,切断电源,应关闭并锁好操作室门窗。

(17)电动葫芦使用前应检查机械部分和电气部分,钢丝绳、链条、吊钩、限位器等应完好,电气部分应无漏电,接地装置应良好。

(18)电动葫芦应设缓冲器,轨道两端应设挡板。

(19)第一次吊重物时,应在吊离地面100 mm时停止上升,检查电动葫芦制动情况,确认完好后再正式作业。露天作业时,电动葫芦应设有防雨棚。

(20)电动葫芦起吊时,手不得握在绳索与物体之间,吊物上升时应防止冲顶。

(21)电动葫芦吊重物行走时,重物离地不宜超过1.5 m高。工作间歇不得将重物悬挂在空中。

(22)电动葫芦作业中发生异味、高温等异常情况时,应立即停机检查,排除故障后继续使用。

(23)使用悬挂电缆电气控制开关时,绝缘应良好,滑动应自如,人站立位置的后方应有2 m的空地,并应能正确操作电钮。

(24)在起吊中,由于故障造成重物失控下滑时,应采取紧急措施,向无人处下放重物。

(25)在起吊中不得急速升降。

(26)电动葫芦在额定载荷制动时,下滑位移量不应大于80 mm。

(27)作业完毕后,电动葫芦应停放在指定位置,吊钩升起,并切断电源,锁好开关箱。

(八)井架、龙门架物料提升机使用安全技术

(1)进入施工现场的井架、龙门架必须具有下列安全装置:

①上料口防护棚。

②层楼安全门、吊篮安全门、首层防护门。

③断绳保护装置或防坠装置。

④安全停靠装置。

⑤起重量限制器。

⑥上、下限位器。

⑦紧急断电开关、短路保护、过电流保护、漏电保护。

⑧信号装置。

⑨缓冲器。

(2)基础应符合使用说明书要求。缆风绳不得使用钢筋、提升机的制动器应灵敏可靠。

(3)运行中吊篮的四角与井架不得互相擦碰,吊篮各构件连接应牢固、可靠。

(4)井架、龙门架物料提升机不得和脚手架连接。

(5)不得使用吊篮载人,吊篮下方不得有人员停留或通过。

(6)作业后,应检查钢丝绳、滑轮、滑轮轴和导轨等,发现异常磨损,应及时修理或更换。

(7)下班前,应将吊篮降到最低位置,各控制开关置于零位,切断电源,锁好开关箱。

(九)施工升降机使用安全技术

(1)施工升降机基础应符合使用说明书要求,当使用说明书无要求时,应经专项设计计算,地基上表面平整度允许偏差为10 mm,场地应排水通畅。

(2)施工升降机导轨架的纵向中心线至建筑物外墙面的距离宜选用使用说明书中提供的较小的安装尺寸。

(3)导轨架自由高度、导轨架的附墙距离、导轨架的两附墙连接点间距离和最低附墙点高度不得超过使用说明书的规定。

(4)施工升降机应设置专用开关箱,馈电容量应满足升降机直接启动的要求,生产厂家配置的电气箱内应装设短路、过载飞错相、断相及零位保护装置。

(5)施工升降机周围应设置稳固的防护围栏。楼层平台通道应平整牢固,出入口应设防护门。全行程不得有危害安全运行的障碍物。

(6)施工升降机安装在建筑物内部井道中时,各楼层门应封闭并应有电气连锁装置。装设在阴暗处或夜班作业的施工升降机,在全行程上应有足够的照明,并应装设明亮的楼层编号标志灯。

(7)施工升降机的防坠安全器应在标定期限内使用,标定期限不应超过一年。使用中不得任意拆检调整防坠安全器。

(8)启动前,应检查并确认供电系统、接地装置安全有效,控制开关应在零位。电源接通后,应检查并确认电压正常。应试验并确认各限位装置、吊笼、围护门等处的电气连锁装置良好可靠,电气仪表应灵敏有效。作业前应进行试运行,测定各机构制动器的效能。

(9)操作人员应按指挥信号操作。作业前应鸣笛示警。在施工升降机未切断总电源开关前,操作人员不得离开操作岗位。

(10)施工升降机运行中发现有异常情况时,应立即停机并采取有效措施将吊笼就近停靠楼层,排除故障后再继续运行。在运行中发现电气失控时,应立即按下急停按钮,在未排除故障前,不得打开急停按钮。

(11)在风速达到 20 m/s 及以上大风、大雨、大雾天气以及导轨架、电缆等结冰时,施工升降机应停止运行,并将吊笼降到底层,切断电源。暴风雨等恶劣天气后,应对施工升降机各有关安全装置等进行一次检查,确认正常后运行。

(12)施工升降机运行到最上层或最下层时,不得用行程限位开关作为停止运行的控制开关。

(13)当施工升降机在运行中由于断电或其他原因而中途停止时,可进行手动下降,将电动机尾端制动电磁铁手动释放拉手缓缓向外拉出,使吊笼缓慢地向下滑行。吊笼下滑时,不得超过额定运行速度,手动下降应由专业维修人员进行操纵。

(14)作业后,应将吊笼降到底层,各控制开关拨到零位,且锁好开关箱,闭锁吊笼门和围护门。

二、压力容器(含气瓶)安全技术

压力容器,一般泛指在工业生产中盛装用于完成反应、传质、传热、分离和储存等生产工艺过程的气体或液体,并能承载一定压力的密闭设备。

(一)压力容器基础知识

1. 压力容器的操作条件

(1)压力。压力容器的压力可以来自两个方面:一是在容器外产生(增大)的;二是在容器内产生(增大)的。

工作压力:多指在正常情况下,容器顶部可能出现的最高压力。

设计压力:指在相应设计温度下用以确定容器壳体厚度及其元件尺寸的压力,即标注在容器铭牌上的设计压力。压力容器的设计压力值不得低于最高工作压力。装有安全阀的压力容器,其设计压力不得低于安全阀的开启压力或爆破压力。

(2)温度。包括工作温度、金属温度和设计温度。

工作温度:指容器内部工作介质在正常操作过程中的温度,即介质温度。

金属温度:指容器受压元件沿截面厚度的平均温度。任何情况下,元件金属的表面温度不得超过钢材的允许使用温度。

设计温度：指容器正常操作时，在相应设计压力下，壳壁或元件金属允许达到的最高或最低温度。

(3)介质。生产过程所涉及的介质品种繁多，分类方法也有多种。按物质状态可分为气体、液体、液化气体、单质和化合物等。按化学特性可分为可燃、易燃、惰性和助燃等。按对人类的毒害程度分为极度危害（Ⅰ）、高度危害（Ⅱ）、中度危害（Ⅲ）、轻度危害（Ⅳ）4级。

易燃介质：指与空气混合的爆炸下限小于10%，或爆炸上限和下限值之差不小于20%的气体，如乙烷、乙烯等。

毒性介质：按最高允许浓度分别为极度危害（Ⅰ级），$<0.1\ mg/m^3$；高度危害（Ⅱ级），$0.1\sim1.0\ mg/m^3$；中度危害（Ⅲ级），$1.0\sim10\ mg/m^3$；轻度危害（Ⅳ级），$\geqslant10\ mg/m^3$。

腐蚀性介质：主要指石油化工介质。

2. 压力容器分类

压力容器有众多分类方法，可以按压力等级分，按在生产中的作用原理分，按安装方式分，按制造许可分，按安全技术管理（基于危险性）分等。

(1)按压力等级划分。压力容器按设计压力（P）可以划分为低压、中压、高压和超高压4个压力等级：

①低压容器，$0.1\ MPa\leqslant P<1.6\ MPa$。

②中压容器，$1.6\ MPa\leqslant P<10.0\ MPa$。

③高压容器，$10.0\ MPa\leqslant P<100.0\ MPa$。

④超高压容器，$P\geqslant100.0\ MPa$。

压力容器中，当容器的内压力小于一个绝对大气压（约0.1MPa）时，又称为真空容器。

(2)压力容器按照在生产工艺过程中的作用原理，划分为下列4类：

①反应压力容器：主要是用于完成介质的物理、化学反应的压力容器，如各种反应器、反应釜、聚合釜、合成塔、变换炉、煤气发生炉等。

②换热压力容器：主要是用于完成介质的热量交换的压力容器，如各种热交换器、冷却器、冷凝器、蒸发器等。

③分离压力容器：主要是用于完成介质的流体压力平衡缓冲和气体净化分离的压力容器，如各种分离器、过滤器、集油器、洗涤器、吸收塔、分汽缸、除氧器等。

④储存压力容器：主要是用于储存、盛装气体、液体、液化气体等介质的压力容器，如各种形式的储罐、缓冲罐、消毒锅、蒸锅等。

(3)按安装方式，划分为下列2类：

①固定式压力容器：指安装在固定位置使用的压力容器，如生产车间内的储罐、球罐、塔器、反应釜等。

②移动式压力容器：是由单个或多个压力容器罐体与行走装置、定型汽车底盘或者无动力半挂行走机构或框架组成，采用永久性连接，包括汽车罐车、罐式集装箱、长管拖车等。这类压力容器使用时不仅承受内压或外压载荷，搬运过程中还会受到由内部介质晃动引起的冲击力，以及运输过程中带来的外部撞击和振动载荷，因而在结构使用和安全方

面均有特殊的要求。

(4)按制造许可划分。根据《锅炉压力容器制造监督管理办法》(国家质检总局令第22号),将压力容器划分为A、B、C、D共4个许可级别。

①制造许可A级:超高压容器、高压容器(A1),第三类低、中压容器(A2),球形储罐现场组焊或球壳板制造(A3),非金属压力容器(A4),医用氧舱(A5)。

②制造许可B级:无缝气瓶(B1),焊接气瓶(B2),特种气瓶(B3)。

③制造许可C级:铁路罐车(C1),汽车罐车或长管拖车(C2),罐式集装箱(C3)。

④制造许可D级:第一类压力容器(D1),第二类低、中压容器(D2)。

(5)《固定式压力容器安全技术监察规程》(TSG21—2016)将压力容器划分为3类(Ⅰ类、Ⅱ类、Ⅲ类)。

(二)压力容器的安全附件

(1)安全阀。安全阀是一种由进口静压开启的自动泄压阀门,它依靠介质自身的压力排除一定数量的流体介质,以防止容器或系统内的压力超过预定的安全值。当容器内的压力恢复正常后,阀门自动关闭,并阻止介质继续排出。

安全阀分全开式和微开式,根据整体结构和加载方式分为静重式、杠杆式、弹簧式和先导式等。

(2)爆破片。爆破片是一种非重闭式泄压装置,由进口静压使爆破片受压爆破而泄放出介质,以防止容器或系统内的压力超过预定的安全值。

爆破片又称为爆破膜或防爆膜,是一种断裂型安全泄放装置。与安全阀相比,它具有结构简单、泄压反应快、密闭性能好、适应性强等特点。

(3)安全阀与爆破片装置组合。安全阀与爆破片装置并联组合时,爆破片的标定爆破压力不得超过容器的设计压力,安全阀的开启压力应略低于爆破片的标定爆破压力。

(4)爆破帽。爆破帽为一端封闭,中间有一薄弱层面的厚壁短管,爆破压力误差较小,泄放面积较小,多用于超高压容器。

(5)易熔塞。易熔塞属于"熔化型"("温度型")安全泄放装置,它的动作取决于容器壁的温度,主要用于中、低压的小型压力容器,在盛装液化气体的钢瓶中应用较广泛。

(6)紧急切断阀。紧急切断阀是一种特殊结构和特殊用途的阀门,通常与截止阀串联安装在紧靠容器的介质出口管道上。按操作方式可分为机械或手动牵引式、油压操纵式、气压操纵式和电动操纵式等。

(7)减压阀。减压阀工作原理是利用膜片、弹簧、活塞等敏感元件改变阀瓣与阀座之间的间隙,在介质通过时产生气流,因而压力下降而使其减压的阀门。

(8)压力表。压力表是指示容器内介质压力的仪表,是压力容器的重要安全装置。按其结构和作用原理,可分为液柱式、弹性元件式、活塞式和电量式等。

(9)液位计。液位计又称液面计,是用来观察和测量容器内液体位置变化情况的仪表。

(10)温度计。温度计是用来测量物质冷热程度(介质温度)的仪表。

(三)压力容器运行安全技术

(1)凡使用的压力容器,均应有安全技术操作规程,操作规程至少应包括下列内容:

①操作工艺指标、最高工作压力、最高或最低工作温度。

②操作方法、程序及注意事项。

③运行中重点检查项目和部位,可能出现的异常现象和防止措施。

④停用时检修、封存和保养的方法。

(2)压力容器使用单位不应任意修改压力容器的工艺条件。严禁超压、超温运行。

(3)压力容器运行使用时,发生下列异常现象之一时,操作人员应当立即采取应急专项措施,并且按照规定的程序,及时向本单位有关部门和人员报告:

①工作压力、工作温度超过规定值,采取措施仍得不到有效控制的。

②受压元件发生裂缝、异常变形、泄漏、衬里层失效等危及安全的。

③安全附件失灵、损坏等不能起到安全保护作用的。

④垫片、紧固件损坏,难以保证安全运行的。

⑤发生火灾等直接威胁到压力容器安全运行的。

⑥液位异常,采取措施仍不能得到有效控制的。

⑦压力容器与管道发生严重振动,危及安全运行的。

⑧与压力容器相连的管道发生泄漏,危及安全运行的。

⑨真空绝热压力容器外壁局部存在严重结冰、工作压力明显上升的。

⑩其他异常情况的。

(4)压力容器内部有压力时,不得进行任何修理。进入压力容器内工作时,要通风良好,照明电压不超过24 V,并与其他使用的设备隔开,采取防火、防毒、防爆等措施。

(5)使用压力容器的单位,对容器应定期进行检验,检验时除执行国家有关规定外,使用单位压力容器安全管理人员、作业和维护保养等相关人员应当到场协助检验工作,及时提供有关资料,负责安全监护,并设置可靠的联络方式。

(6)操作人员应熟悉所操作压力容器的技术性能,并能掌握操作方法,做到精心操作,及时维修,正确保养。

(四)气瓶使用安全技术

(1)运输、储存和使用气瓶的单位,应当制定相应的气瓶安全管理制度和事故应急处理措施,并有专人负责气瓶安全工作,定期对气瓶运输、储存和使用人员进行气瓶安全技术教育。

(2)气瓶在使用中应遵守下列规定:

①不得对气瓶瓶体进行焊接和更改气瓶的钢印或颜色标记。

②不得使用已报废的气瓶。

③不得自行处理气瓶内的残液。

④禁止冲击、碰撞。

⑤瓶阀冻结时,不得用火烘烤。

⑥气瓶不得靠近热源,可燃性气体气瓶与明火的距离一般不得小于10 m。

⑦不得用电磁起重机搬运。

⑧夏季要防止日光曝晒。

⑨瓶内气体不能用尽，必须留有剩余压力，并旋紧安全帽，标上已用完的记号。

⑩盛装易起聚合反应的气瓶，不得置于有放射性射线的场所。

⑪使用乙炔瓶时应装设专用的减压器、回火防止器。开启时，操作人员应站在阀口的侧后方，动作要轻缓。

⑫使用乙炔瓶时，严禁铜、银、汞等及其制品与乙炔接触；应使用铜合金器具时，含铜量应低于70%。

⑬乙炔瓶内气体严禁用尽，应留有不低于表7-7规定的剩余压力。

表7-7 环境温度与剩余压力对照

环境温度(℃)	<0	0~15	15~25	25~40
剩余压力(MPa)	0.05	0.1	0.2	0.3

⑭乙炔瓶减压器出口与乙炔皮管，应用专用扎头扎紧，不应漏气。其他部分漏气应进行处理。

(3)运输气瓶时应遵守下列规定：

①旋紧瓶帽，轻装、轻卸，严禁抛、滑或碰击。

②气瓶装在车上应妥善加以固定，汽车装运气瓶一般应横向放置，头部朝向一方，装车高度不得超过车厢高度。直立排放，车厢高度不应低于瓶高的2/3。

③夏季要有遮阳设施，防止曝晒，炎热地区应避免白天运输。

④车上禁止烟火。运输可燃、有毒气体气瓶时，车上应备有灭火器材或防毒用具。在运输途中，车上不得载其他人。

⑤易燃品、油脂和带有油污的物品，不得与氧气瓶或强氧化剂气瓶同车运输。

⑥所装介质相互接触后，能引起燃烧、爆炸的气瓶不得同车运输。

(4)储存气瓶应遵守下列规定：

①旋紧瓶帽，放置整齐，留有通道，妥善固定。气瓶卧放应防止滚动，头部转向一方。高压气瓶堆放不应超过5层。

②盛装有毒气体的气瓶，或所装介质接触后能引起燃烧、爆炸的气瓶，必须分室储存，并在附近设有防毒用具或灭火器材。

③盛装易起聚合反应的气体气瓶，必须规定储存期限。

④储存气瓶的仓库建筑，应符合《建筑设计防火规范》(GB 50016—2014)的规定。

⑤在使用乙炔瓶的现场，储存量不应超过5瓶。

⑥储存间与明火或散发火花地点的距离，不应小于15 m，且不应设在地下室或半地下室内。

⑦储存地点应有良好的通风、降温等设施，要避免阳光直射，要保证运输道路畅通，应设有足够的消防栓和干粉或二氧化碳灭火器(严禁使用四氯化碳灭火器)。

⑧乙炔瓶应保持直立位置，并应有防止倾倒的措施。

⑨严禁与氯气瓶、氧气瓶及易燃物品同间储存。

⑩储存间应有专人管理，在醒目的地方应设置“乙炔危险”、“严禁烟火”等警示标志。

第九节　施工排水安全技术

一、施工区域排水系统的规划设计

施工区域排水系统应进行规划设计，并应按照工程所在地的气象、地形、地质、降水量等情况，以及工程规模、排水时段等，确定相应的设计标准，作为施工排水规划设计的基本依据。

二、施工场地排水设施和备用设备的配置、安装、使用、维护

(1)应考虑施工场地的排水量、外界的渗水量和降水量，配备相应的排水设施和备用设备。

(2)排水系统设备供电应有独立的动力电源(尤其是洞内排水)，必要时应有备用电源。

(3)施工排水系统的设备、设施等安装完成后，应分别按相关规定逐一进行检查验收，合格后方可投入使用。

(4)排水系统的机械、电气设备应定期进行检查维护、保养，排水沟、集水井等设施应经常进行清淤与维护，排水系统应保持畅通。

三、土方开挖施工排水安全技术

土方开挖应注重边坡和坑槽开挖的施工排水，要特别注意对地下水的排水处理，并应符合以下要求：

(1)坡面开挖时，应根据土质情况，间隔一定高度设置戗台，台面横向应为反向排水坡，并在坡脚设置护脚和排水沟。

(2)坑槽开挖施工前，应做好地面外围截、排水设施，防止地表水流入基坑(槽)，冲刷边坡发生坍塌事故。

(3)进行地下水较为丰富的坑槽开挖时，应在坑槽外设置临时排水沟和集水井，将基坑水位降低至坑槽以下再进行开挖。

(4)场地狭窄、土层自稳性能和防冲刷性能较差，明沟难以形成时可采取埋管排水。

四、边坡工程排水安全技术

边坡工程排水设施，应遵守下列规定：

(1)周边截水沟，一般应在开挖前完成，截水沟深度及底宽不宜小于0.5 m，沟底纵坡不宜小于0.5%；长度超过500 m时，宜设置纵排水沟、跌水或急流槽。

(2)急流槽的纵坡不宜超过1:1.5；急流槽过长时宜分段，每段不宜超过10 m；土质急流槽纵度较大时，应设多级跌水。

(3)边坡排水孔宜在边坡喷护之后施工，坡面上的排水孔宜上倾10%左右，孔深3～10 m，排水管宜采用塑料花管。

(4)挡土墙宜设有排水设施，防止墙后积水形成静水压力，导致墙体坍塌。

(5)采取渗沟排除地下水措施时,渗沟顶部宜设封闭层,寒冷地区沟顶回填土层小于冻层厚度时,宜设保温层;渗沟施工应边开挖、边支撑、边回填,开挖深度超过6 m时,应采用框架支撑;渗沟每隔30～50 m或平面转折和坡度由陡变缓处宜设检查井。

五、基坑排水安全技术

基坑排水,应满足以下要求:

(1)采用明沟排水方法时,应符合以下要求:

①坡面过长或有集中渗水时,应增加一级排水沟和集水井。

②基坑集水井的位置,应低于开挖工作面,并根据水量大小、基坑长度、基建面地形布置一个或多个集水井。

③基坑排水,宜由基坑水泵排至两岸坡开挖或不砌筑的排水渠排出基坑外,或在坝上设置排水槽引出。

④应根据基坑边界条件计算排水量,必要时可通过抽水试验验证,排水设备、供电容量和排水渠的大小应留有裕量。

(2)采用深井(管井)排水方法时,应符合下列要求:

①管井水泵的选用应根据降水设计对管井的降深要求和排水量来选择,所选择水泵的出水量与扬程应大于设计值的20%～30%。

②管井宜沿基坑或沟槽一侧或两侧布置,井位距基坑边缘的距离应不小于1.5 m,管埋置的间距应为15～20 m。

(3)采用井点排水方法时,应满足以下要求:

①井点布置应选择合适方式及地点。

②井点管距坑壁不应小于1.0～1.5 m,间距应为1.0～2.5 m。

③滤管应埋在含水层内并较所挖基坑底低0.9～1.2 m。

④集水总管标高宜接近地下水位线,且沿抽水水流方向应有2‰～5‰的坡度。

六、砂石料场排水安全技术

砂石料场排水,应遵守下列规定:

(1)应根据料场地形、降雨特点等情况,确定合理的排水标准,并进行排水规划布置。

(2)料场周围布置排水沟,排水沟应有足够的过流断面。

(3)顺场地布置排水沟时,应辅以支沟。

(4)排水系统与进场道路布置应相协调,主要道路两侧均应设排水沟,道路与水沟交叉处设管涵。

(5)当料场低于地平面时,应设水泵进行排水。

第十节　施工用电安全技术

水利水电工程建设施工现场用电与一般工业或居民生活用电相比具有临时性、露天性、流动性和不可选择性的特点,有与一般工业用电或居民生活用电不同的规范。根据国家现行用电安全标准,结合水利水电工程建设实际特点,应提出较高的安全技术要求。

一、电气事故种类

电气事故是与电相关联的事故。电气事故包括人身事故和设备事故。人身事故和设备事故都可能导致二次事故,而且二者很可能是同时发生的。按照电能的形态,电气事故可分为触电事故、雷击事故、静电事故、电磁辐射危害和电气装置故障及事故。

(一)触电事故

触电事故是由电流及其转换成的其他形式的能量造成的事故。触电事故分为电击和电伤。电击是电流直接作用于人体所造成的伤害。电伤是电流转换成热能、机械能等其他形式的能量作用于人体造成的伤害。

(二)雷击事故

雷击事故是由自然界中相对静止的正、负电荷形式的能量瞬间释放造成的事故。

(三)静电事故

静电事故是工艺过程中或人们活动中产生的,由相对静止的正电荷和负电荷形式的能量造成的事故。

(四)电磁辐射危害

电磁辐射危害是指电磁波形式的能量辐射造成的危害。辐射电磁波指频率 100 kHz 以上的电磁波。高频电磁波除对人体有伤害外,还能造成感应放电和高频干扰。

(五)电气装置故障及事故

电气装置故障引发的事故包括异常停电、异常带电、电气设备损坏、电气线路损坏、短路、断线、接地、电气火灾等。

在水利水电工程建设中主要可能发生的事故为触电事故和电气装置故障及事故。

二、触电事故预防技术

(一)绝缘

绝缘是指利用绝缘材料对带电体进行封闭和隔离。电气设备的绝缘应符合其相应的电压等级、环境条件和使用条件。

电气设备的绝缘不得受潮,表面不得有粉尘、纤维或其他污物,不得有裂纹或放电痕迹,表面光泽不得减退,不得有脆裂、破损,弹性不得消失,运行时不得有异味。

绝缘的电气指标主要是绝缘电阻。绝缘电阻用兆欧表测量。任何情况下绝缘电阻不得低于每伏工作电压 1 000 Ω,并应符合专业标准的规定。

(二)屏护

屏护是采用遮拦、护罩、护盖、箱闸等将带电体同外界隔绝开来。屏护装置为了保证其有效性,须满足下列条件:

(1)屏护装置所用材料应有足够的机械强度和良好的耐火性能。为防止因意外带电而造成触电事故,对金属材料制成的屏护装置必须可靠连接保护线。

(2)屏护装置应有足够的尺寸,与带电体保持足够的安全距离。

遮拦高度不应低于 1.7 m,栅栏、遮拦的高度户内不应小于 1.2 m、户外不应小于 1.5 m,栏条间距离不应大于 0.2 m。屏护装置应安装牢固,金属材料制成的屏护装置应可靠接地或接零。

(3)遮拦、栅栏应根据需要挂标示牌,遮拦出入口的门上应根据需要安装信号装置和联锁装置。

(三)间距

间距是将可能触及的带电体置于可能触及的范围之外。带电体与地面之间、带电体与树木之间、带电体与其他设施和设备之间、带电体与带电体之间均应保持一定的安全距离。

安全距离的大小取决于电压等级、设备类型、环境条件和安装方式等因素。

架空线路的间距须考虑气温、风力、覆冰和环境条件的影响。

(四)保护接地

保护接地的做法是将电气设备在故障情况下可能呈现危险电压的金属部位经接地线、接地体同大地紧密地连接起来,其安全原理是把故障电压限制在安全范围以内。

(五)保护接零

保护接零的安全原理是当某相带电部分碰连设备外壳时,形成该相对零线的单相短路;短路电流促使线路上的短路保护元件迅速动作,从而把故障设备电源断开,消除电击危险。虽然保护接零也能降低漏电设备上的故障电压,但一般不能降低到安全范围以内,其第一位的安全作用是迅速切断电源。

(六)双重绝缘和加强绝缘

双重绝缘指同时具备工作绝缘(基本绝缘)和保护绝缘(附加绝缘)的绝缘。前者是带电体与不可触及的导体之间的绝缘,是保证设备正常工作和防止电击的基本绝缘;后者是不可触及的导体与可触及的导体之间的绝缘,是当工作绝缘损坏后用于防止电击的绝缘。加强绝缘是指相当于双重绝缘保护程度的单独绝缘结构。

具有双重绝缘和加强绝缘的电气设备属于Ⅱ类设备,Ⅱ类设备的铭牌上应有"回"形标志,Ⅱ类设备的电源连接线应符合加强绝缘要求。

(七)安全电压

安全电压是在一定条件下、一定时间内不危及生命安全的电压。具有安全电压的设备属于Ⅲ类设备。

安全电压限值是指在任何情况下,任意两导体之间都不得超过的电压值。工频安全电压有效值的限值为50 V,安全电压额定值(工频有效值)的等级规定为42 V、36 V、24 V、12 V和6 V。特别危险环境中使用的携带式电动工具应采用42 V安全电压;在有电击危险环境中使用的手持照明灯和局部照明灯应采用36 V或24 V安全电压;金属容器内、隧道内、水井内以及周围有大面积接地导体等工作地点狭窄、行动不便的环境中应采用12 V安全电压;水上作业等特殊场所应采用6 V安全电压。

(八)电气隔离

电气隔离指工作回路与其他回路实现电气上的隔离。电气隔离是通过采用一次边、二次边电压相等的隔离变压器来实现的。电气隔离的安全实质是阻断二次边工作的人员单相触电时电流的通路。电气隔离的电源变压器必须是隔离变压器,二次边必须保持独立,应保证电源电压 $U \leqslant 500$ V、线路长度 $L \leqslant 200$ m。

(九)漏电保护

漏电保护装置主要用于防止接触电击,也用于防止漏电火灾和监测一相接地故障。

电流型漏电保护装置以漏电电流或触电电流为动作信号。动作信号经处理后带动执行元件动作，促使线路迅速分断。

运行中的漏电保护装置应当定期检查和试验，并应符合下列要求：

(1)保护器外壳各部及其上部件、连接端子应保持清洁、完好无损。

(2)胶木外壳不应变形、变色，不应有裂纹和烧伤痕迹。

(3)制造厂名称或商标、型号、额定电压、额定电流、额定动作电流等应标志清楚，并应与运行线路的条件和要求相符合。

(4)保护器外壳防护等级应与使用场所的环境条件相适应。

(5)接线端子不应松动，连接部位不得变色；接线端子不应有明显腐蚀。

(6)保护器工作时不应有杂音。

(7)漏电保护开关的操作手柄应灵活、可靠，使用过程中也应定期用试验按钮检验其可靠性。

三、施工用电安全技术

(一)基本要求

(1)施工现场临时用电设备在5台及以上或设备总容量在50 kW及以上的，应编制施工组织设计；临时用电设备在5台及以下或设备总容量在50 kW及以下的，应制订安全用电和电气防火措施。

(2)施工组织设计及其变更时，必须履行“编制、审核、批准”程序，由电气工程技术人员组织编制，经部门审核和单位技术负责人批准后实施。

(3)临时用电线路、设施应按用电组织设计组织施工，并经编制、审核、批准部门和使用单位共同验收合格后方可投入使用。

(4)电工必须经过按国家现行标准考核合格后，持证上岗。其他用电人员必须通过相关安全教育培训和技术交底，考核合格后方可上岗。

(5)现场供用电应实行“三级配电、两级保护”和“一机一闸一漏”系统，即设置总配电箱、分配电箱、开关箱，并在分配电箱和开关箱安装漏电保护装置。每台用电设备应设置专用开关箱，箱内刀闸(开关)及漏电保护器只能控制一台设备，不能同时控制两台或两台以上的设备。

(6)变电所、配电房内设备和配电线路停电检修时，应执行工作票制度，设专人监护，挂接地线，并悬挂“禁止合闸，有人工作”标志牌。

(7)电气在设备接地点应悬挂“已接地”标志牌；接地网所经工作场所、通道等部位，要分别设立或悬挂“接地线，注意保护”标志牌。

(二)施工用电线路架设与电缆敷设安全技术

(1)施工现场作业面用电线路应使用五芯电缆线，不得使用胶质线、麻皮线和花线。

(2)施工供电线路架空敷设，并满足电压等级的安全要求。需要进行大件运输的部位，其高度还应满足大件安全运输要求。

(3)动力线与照明线应分开设置，不得随意爬地或绑扎成捆。

(4)线路穿越道路或易受机械损伤的场所时应设有套管防护。管内不得有接头，其管口应密封。

(5)在构筑物、脚手架上安装用电线路,必须设有专用的横担与绝缘子等。

(6)大型移动设备或设施的供电电缆必须设有电缆绞盘,拖拉电缆人员必须佩戴绝缘手套、绝缘靴等个体防护用具。

(7)施工用电线路采用电杆架设时,电杆宜采用钢筋混凝土杆、铁横担、铁包箍,钢筋混凝土电杆不得掉灰露筋,不得坏裂和弯曲,铁横担、铁包箍不得锈蚀或有裂缝。严禁架设在树木、脚手架及其他设施上。低压架空线路必须采用绝缘线。

(8)架空线路应符合下列要求:

①电杆的拉线宜用镀锌铁线,其截面不应小于3 mm×44.0 mm,拉线与电杆的夹角应为30°~45°。

拉线埋设深度不得小于1 m,电杆拉线如从导线之间穿过,应在高于地面2.5 m处装设拉线绝缘子。

②因受地形环境限制不能装设拉线时,可采用撑杆代替拉线,撑杆埋设深度不得小于0.8 m,其底部应垫底盘或石块,撑杆与电杆的夹角宜为30°。

③架空线路必须有短路保护。采用熔断器做短路保护时,其熔体额定电流不应大于明敷绝缘导线长期连续负荷允许载流量的1.5倍。采用断路器做短路保护时,其瞬动过流脱扣器脱扣电流整定值应小于线路末端单相短路电流。

④架空线路必须有过载保护。采用熔断器或断路器做过载保护时,绝缘导线长期连续负荷允许载流量不应小于熔断器熔体额定电流或断路长延时过流脱扣器脱扣电流整定值的1.25倍。

(9)电缆线路敷设应符合以下要求:

①电缆干线采用埋地或架空敷设,严禁沿地面明设,并避免机械损伤和介质腐蚀。

②电缆直接埋地敷设的深度不小于0.6 m,并在电缆紧邻上、下、左、右侧均匀敷设不小于50 mm厚的细砂,然后覆盖砖或混凝土板等硬质保护层。

③埋地电缆在穿越建筑物、构筑物、道路、易受机械损伤、介质腐蚀场所及引出地面从2 m高到地下0.2 m处,必须加设防护套管,防护套管内径不小于电缆外径的1.5倍。

④埋地电缆与其附近外电缆和管沟的平行间距不得小于2 m,交叉间距不得小于1 m。

⑤埋地电缆的接头设在地面上的接线盒内,接线盒能防水、防尘、防机械损伤,并远离易燃易爆、易腐蚀场所。

⑥橡皮电缆架空敷设时,应沿墙壁或电杆设置,并用绝缘子固定,严禁使用金属裸线做绑线。

固定点间距应保证橡皮电缆能承受自重所带来的荷重。橡皮电缆的最大弧垂距地面不应小于2.5 m。

⑦架空电缆严禁沿脚手架、树木或其他设施敷设。

⑧为防止电缆受人为或意外破坏,电缆埋设部位设置指示方向与地埋电缆走向平行的标志牌,标明电缆埋设深度和走向。

(10)室内配线,应遵守下列规定:

①室内配线应采用绝缘导线。采用瓷瓶、瓷(塑料)夹等敷设,距地面高度不应小于2.5 m。

②进户线过墙应穿管保护,距地面不应小于2.5 m,并应采取防雨措施。

③进户线的室外端应采用绝缘子固定。

④室内配线所用导线截面,应根据用电设备的计算负荷确定,但铝线截面面积应不小于2.5 mm^2,铜线截面面积应不小于1.5 mm^2。

⑤潮湿场所或埋地非电缆配线应穿管敷设,管口应密封。采用金属管敷设时应做保护接零。

⑥钢索配线的吊架间距不宜大于12 m。采用瓷夹固定导线时,导线间距应不小于35 mm,瓷夹间距应不大于800 mm;采用瓷瓶固定导线时,导线间距应不小于100 mm,瓷瓶间距应不大于1.5 m;采用护套绝缘导线时,允许直接敷设于钢索上。

(11)地下工程施工电源线路用托架布置,并牢固地固定在建(构)筑物上,且排列整齐。井、洞内敷设的用电线路采用横担与绝缘子沿井(洞)壁固定;禁止与其他外物直接接触和碰撞。

(12)线路在跨越洞口、道路时,尽可能采用地下穿管埋设的方式,当确实需要架空时,其架空高度应满足洞内运输的要求。

(三)配电设施安全技术

1.配电屏(盘)

(1)配电屏(盘)装设有功、无功电能表,并分路装设电流、电压表。电流表与计费电能表不得共用一组电流互感器。

(2)配电屏(盘)装设短路、过负荷保护装置和漏电保护器。

(3)配电屏(盘)上的各配电线路应编号,并标明用途标记。

(4)配电屏(盘)或配电线路维修时,应悬挂“电器检修、禁止合闸”警示标志。停、送电应由专人负责。

2.配电箱、开关箱

(1)动力配电箱与照明配电箱宜分别设置。

(2)配电箱、开关箱应装设在干燥、通风及常温场所;周围应有足够两人同时工作的空间和通道。

(3)总配电箱应装设总隔离开关和分路隔离开关、总熔断器和分路熔断器(或总自动开关和分路自动开关),以及漏电保护器。总开关电器的额定值、动作整定值应与分路开关电器的额定值、动作整定值相适应。总配电箱装设电压表、总电流表、总电能表及其他仪表。

(4)开关箱中必须装设漏电保护器,漏电保护器的选择应符合标准的要求,开关箱内的漏电保护器的额定漏电动作电流应不大于30 mA,额定漏电动作时间应小于0.1 s。

(5)配电箱、开关箱应采用冷轧钢板或阻燃绝缘材料制作,钢板厚度应为1.2~2.0 mm,其中开关箱箱体钢板厚度不得小于1.2 mm,配电箱箱体网板厚度不得小于1.5 mm,箱体表面应做防腐处理。

(6)固定式配电箱、开关箱的下底与地面的垂直距离应大于1.3 m,小于1.5 m;移动式分配电箱、开关箱的下底与地面的垂直距离宜大于0.6 m,小于1.5 m。

(7)各种开关电器的额定值应与其控制用电设备的额定值相适应,手动开关电器只许用于直接控制照明电路的容量不大于5.5 kW 的动力电路,容量大于5.5 kW 的动力电路应采用自动开关电器或降压启动装置控制。

(8)配电箱、开关箱中导线的进线口和出线口应设在箱体的下底面,严禁设在箱体的上顶面、侧面、后面或箱门处。移动式配电箱和开关箱的进、出线采用橡皮绝缘电缆。进、出线加护套分路成束并做防水弯,导线束不得与箱体进、出口直接接触。

(9)所有配电箱、开关箱均应标明其名称、用途,做出分路标记,并应由专人负责。每月进行检查和维修一次;检查、维修时应按规定穿、戴绝缘鞋、手套,使用电工绝缘工具,将其前一级相应的电源开关分闸断电,并悬挂停电标志牌,严禁带电作业。

(四)照明及照明设施使用安全技术

(1)一般场所宜选用额定电压220 V 的照明器,对下列特殊场所使用安全电压照明器:

①地下工程,有高温、导电灰尘灯具离地面高度低于2.5 m 等场所的照明,电源电压应不大于36 V。

②在潮湿和易触及带电体场所的照明电源电压不得大于24 V。

③在特别潮湿的场所、导电良好的地面、锅炉或金属容器内工作的照明电源电压不应大于12 V。

(2)现场照明宜采用高光效、长寿命的照明光源。对需要大面积照明的场所,宜采用高压汞灯、高压钠灯或混光用的卤钨灯。照明器具选择应遵守下列规定:

①正常湿度时,选用开启式照明器。

②潮湿或特别潮湿的场所,应选用密闭型防水防尘照明器或配有防水灯头的开启式照明器。

③含有大量尘埃但无爆炸和火灾危险的场所,应采用防尘型照明器。

④对有爆炸和火灾危险的场所,应按危险场所等级选择相应的防爆型照明器。

⑤在振动较大的场所,应选用防振型照明器。

⑥对有酸碱等强腐蚀的场所,应采用耐酸碱型照明器。

⑦照明器具和器材的质量均应符合有关标准、规范的规定,不应使用绝缘老化或破损的器具和器材。

(3)使用行灯应遵守下列规定:

①电源电压不应超过36 V。

②灯体与手柄应坚固、绝缘良好并耐热耐潮湿。

③灯头与灯体应结合牢固,灯头无开关。

④灯泡外部应有金属保护网。

⑤金属网、反光罩、悬吊挂钩应固定在灯具的绝缘部位上。

(4)照明变压器应使用双绕组型,严禁使用自耦变压器。

(5)携带式变压器的一次侧电源引线应采用橡皮护套电缆或塑料护套软线。其中绿/黄双色线作保护零线用,中间不得有接头,长度不宜超过3 m,电源插销应选用有接地触头的插销。

(6)地下工程作业、夜间施工或自然采光差等场所,应设一般照明、局部照明或混合照明,在一个工作场所内,不得只装设局部照明。停电后,操作人员需要及时撤离现场的特殊工程,必须装设自备电源的应急照明。

(7)开关站、进水口、厂房、大坝、尾水出口等施工作业相对集中的部位选用固定广式照明器,灯具采用防雨、防爆式照明灯。底部采用焊接或螺栓连接在岩石、墙壁或其他构架上,高度和亮度根据需要确定。

(五)施工建筑物、设备、设施与架空线路安全距离

(1)在建工程(含脚手架)的外侧边缘与外电架空线路的边线之间应保持安全操作距离。最小安全操作距离应符合表7-8的规定。

表7-8 在建工程(含脚手架)的外侧边缘与外电架空线路的边线之间的安全操作距离

外电线路电压(kV)	<1	1~10	35~110	154~220	330~500
最小安全操作距离(m)	4	6	8	10	15

注:上、下脚手架的斜道严禁搭设在有外电线路的一侧。

(2)施工现场的机动车道与外电架空线路交叉时,架空线路的最低点与路面的垂直距离应不小于表7-9的规定。

表7-9 施工现场的机动车道与外电架空线路交叉时的最小垂直距离

外电线路电压(kV)	<1	1~10	35
最小垂直距离(m)	6	7	7

(3)机械在高压线下进行工作或通过时,其最高点与高压线之间的最小垂直距离不得小于表7-10的规定。

表7-10 机械最高点与高压线间的最小垂直距离

线路电压(kV)	<1	1~20	35~110	154	220	330
机械最高点与高压线间的垂直距离(m)	1.5	2	4	5	6	7

第十一节 防火防爆安全技术

防火防爆安全技术是为了防止火灾和爆炸事故的综合性技术,涉及多种工程技术学科,范围广泛,技术复杂。火灾和爆炸是水利水电工程建设安全生产的大敌,一旦发生,极易造成人员的重大伤亡和财产损失。因此,必须贯彻"以防为主、防消结合"的消防工作方针,严格控制和管理各种危险物及发火源,消除危险因素,将火灾和爆炸危险控制在最小范围内;发生火灾事故后,作业人员能迅速撤离险区,安全疏散,同时要及时有效地将火扑灭,防止火灾蔓延和发生灾害。

一、防火防爆基本知识

(一)燃点、自燃点和闪点

火灾和爆炸的形成,与可燃物的燃点、自燃点和闪点密切有关。了解这方面的知识,有助于防止发生火灾和爆炸。

1. 燃点

燃点是在规定的条件下,可燃物质发生自燃的最低温度。达到这一温度,可燃物质与空气接触,不需要明火的作用,就能自行燃烧。

2. 自燃点

自燃点是在规定的条件下,不用任何辅助引燃热源而达到引燃的最低温度。物质的自燃点越低,发生起火的危险性越大。但是,物质的自燃点不是固定的,而是随着压力、温度和散热等条件的不同有相应的改变。例如,汽油的自燃点在 0.1 MPa 下为 480 ℃,在 1 MPa下为 250 ℃。一般压力越高,自燃点越低。可燃气体在压缩机中之所以较容易爆炸,原因之一就是因压力升高后自燃点降低了。

3. 闪点

闪点是在规定的条件下,易燃与可燃液体挥发出的蒸气与空气形成混合物后,遇火源发生闪燃的最低温度。

闪燃通常产生蓝色的火花,而且一闪即灭。这是因为,易燃和可燃液体在闪点时蒸发速度缓慢,蒸发出来的蒸气仅能维持一刹那的燃烧,来不及补充新的蒸气,不能继续燃烧。从消防观点来说,闪燃就是火灾的先兆,在防火规范中有关物质的危险等级划分,就是以闪点为准的。

(二)燃烧和爆炸

要有效防止火灾和爆炸的发生,正确掌握防火防爆技术,需要了解形成燃烧和爆炸的基本原理。

1. 燃烧

燃烧是可燃物质与空气或氧化剂发生化学反应而产生放热、发光的现象。在生产和生活中,凡是产生超出有效范围的违背人们意志的燃烧,即为火灾。燃烧必须同时具备下列三个基本条件:

(1)可燃物。凡是与空气中氧或其他氧化剂发生剧烈反应的物质,都称为可燃物。如木材、纸张、金属镁、金属钠、汽油、酒精、氢气、乙炔和液化石油气等。

(2)助燃物。凡是能帮助和支持燃烧的物质,都称为助燃物。如氧化氯酸钾、高锰酸钾、过氧化钠等氧化剂。由于空气中含有21%左右的氧,所以可燃物质燃烧能够在空气中持续进行。

(3)火源。凡能引起可燃物质燃烧的热能源,都称为火源。如明火、电火花、聚焦的日光、高温灼热体,以及化学能和机械冲击能等。

防止以上三个条件同时存在,避免其相互作用,是防火技术的基本要求。

2. 爆炸

广义地讲,爆炸是物质系统的一种极为迅速的物理的或化学的能量释放或转化的过程，是系统蕴藏的或瞬间形成的大量能量在有限的体积和极短的时间内，骤然释放或转化的现象。爆炸可分为化学性爆炸、物理性爆炸和核爆炸。

1）化学性爆炸

物质由于发生化学反应，产生大量气体和热量而形成的爆炸称为化学性爆炸。这种爆炸能够直接造成火灾。根据其化学反应又可以分为下列三种类型：

（1）简单爆炸。例如爆炸物乙炔铜和乙炔银等受到轻微振动发生的爆炸。

（2）复杂分解爆炸。这类爆炸物有炸药、苦味酸、硝化棉和硝化甘油等。

（3）爆炸性混合物爆炸。这里指可燃气体、蒸气或粉尘与空气或氧气按一定比例均匀混合，达到一定的浓度，形成爆炸性混合物时遇到火源而发生的爆炸。

2）物理性爆炸

物理性爆炸通常指锅炉、压力容器或气瓶内的物质由于受热、碰撞等因素，使气体膨胀，压力急剧升高，超过了设备所能承受的机械强度而发生的爆炸。

3）核爆炸

利用高纯度、高密度的核燃料（铀－235 或钚－239）在中子的轰击下产生快速链式反应，在极短时间内放出大量能量而产生的爆炸称为核爆炸。

3.爆炸极限

可燃气体、蒸气和粉尘与空气或氧气的混合物，在一定的浓度范围内能发生爆炸。爆炸性混合物能够发生爆炸的最低浓度称为爆炸下限；能够发生爆炸的最高浓度，称为爆炸上限。爆炸下限和爆炸上限之间的范围，称为爆炸极限。可燃气体或蒸气的爆炸极限，通常以其在混合物中的百分比来表示；可燃粉尘的爆炸极限，以其在混合物中的体积重量比（g/m^3）表示。例如，乙炔和空气混合的爆炸极限为 2.2%～81%，铝粉的爆炸极限为 35 g/m^3。显然，可燃物质的爆炸下限越低，爆炸极限范围越宽，则爆炸的危险性越大。

影响爆炸极限的因素很多。爆炸性混合物的温度越高，压力越大，含氧量越高，以及火源能量越大等，都会使爆炸极限范围扩大。

几种可燃气体分别与空气、氧气混合的爆炸极限，可燃气体与氧气混合的爆炸范围都比与空气混合的爆炸范围宽，因而更具有爆炸的危险性。

（三）火灾、爆炸原因

在一般情况下，发生火灾、爆炸事故的原因有下列 9 个方面：

（1）用火管理不当。对生产用火（如焊接、热处理等工艺）、对生活用火（如吸烟、使用炉灶等），火源管理不善。

（2）易燃物品管理不善，库房不符合防火标准，没有根据物质的性质分类储存。如将性质互相抵触的化学物品放在一起，灭火要求不同的物质放在一起，遇水燃烧的物质放在潮湿地点等。

（3）电气设备绝缘不良，安装不符合规程要求，发生短路，超负荷，接触电阻过大等。

（4）工艺布置不合理，易燃易爆场所未采取相应的防火防爆措施，设备缺乏维护、检修，或检修质量低劣。

（5）违反安全操作规程，使设备超温超压，或在易燃易爆场所违章动火、吸烟或违章使用汽油等易燃液体。

(6)通风不良,生产场所的可燃蒸气、气体或粉尘在空气中达到爆炸浓度并遇火源。

(7)避雷设备装置不当,缺乏检修或没有避雷装置,发生雷击引起失火。

(8)易燃易爆场所的设备管线没有采取消除静电措施,发生放电火花。

(9)棉纱、油布、沾油铁屑等放置不当,在一定条件下自燃起火。

(四)火灾预防安全技术

预防火灾的基本方法有控制可燃物、控制助燃物、消除着火源、阻止火势蔓延等。

1. 控制可燃物

本方法的基本原理是限制燃烧的基础或缩小可能燃烧的范围。具体方法是:

(1)以难燃烧或不燃烧的材料代替易燃或可燃材料(如用不燃材料或难燃材料做建筑结构、装修材料)。

(2)加强通风,降低可燃气体浓度。

(3)用防火涂料浸涂可燃材料,改变其燃烧性能。

(4)对性质上相互作用能发生燃烧或爆炸的物品采取分开存放、隔离等措施。

2. 控制助燃物

本方法的原理是限制燃烧的助燃条件。具体方法是:

(1)密闭有易燃易爆物质的房间、容器和设备,使用易燃易爆物质的生产应在密闭设备管道中进行。

(2)对有异常危险的生产采用充装惰性气体(如对乙炔、甲醇氧化、梯恩梯球磨等的生产,充装氮气进行保护)的方法。

(3)隔绝空气储存,如将二硫化碳、磷储存于水中,将金属钾、钠储存于煤油中。

3. 消除着火源

本方法的原理是消除或控制燃烧的着火源。具体方法是:

(1)在危险场所禁止吸烟、动用明火、穿带钉子鞋。

(2)采用防爆电气设备,安避雷针,装接地线。

(3)进行烘烤、熬炼、热处理作业时,严格控制温度,不超过可燃物质的自燃点。

(4)经常润滑机器轴承,防止摩擦产生高温。

(5)用电设备应安装保险器,防止因电线短路或超负荷而起火。

(6)存放化学易燃物品的仓库,应遮挡阳光。

(7)装运化学易燃物品时,铁质装卸、搬运工具应套上胶皮或衬上铜片、铝片。

(8)对汽车等排烟气系统,安装防火帽或火星熄灭器等。

4. 阻止火势蔓延

本方法的原理是不使新的燃烧条件形成,防止或限制火灾扩大。具体方法是:

(1)建筑物及贮罐、堆场等之间留足防火间距,设置防火墙,划分防火分区。

(2)在可燃气体管道上安装阻火器及水封等。

(3)在能形成爆炸介质(可燃气体、可燃蒸气和粉尘)的厂房设置泄压门窗、轻质屋盖、轻质墙体等。

(4)在有压力的容器上安装防爆膜和安全阀。

（五）灭火安全技术

一般情况下，起火必须具备三个条件，即可燃物、助燃物（主要指含氧气的空气、氧化剂等）和点燃源，并且三者要相互作用。灭火就是根据起火物质燃烧的状态和方式，采取一定的措施以破坏燃烧必须具备的基本条件，从而使燃烧停止。灭火的基本方法有下列4种。

1. 窒息灭火法

窒息灭火法是通过阻止空气进入燃烧区，或者用不燃烧的物质（气体、干粉、泡沫等）隔绝或冲淡空气，使燃烧物得不到足够的氧气而熄灭的方法。该法适用于扑救比较密闭的房间与生产装置设备内发生的火灾。运用窒息法扑灭火灾，可采用下列方式：

（1）采用石棉布、浸湿的棉被、帆布等不燃或难燃材料覆盖燃烧物或封闭孔洞。

（2）用水蒸气、惰性气体充入燃烧区域内。

（3）利用建筑物上原有的门、窗以及生产贮运设备上的部件封闭燃烧区，阻止新鲜空气流入，以降低燃烧区的氧气含量。需要注意的是，只有在确认火已经熄灭时，才可打开封盖物。

2. 隔离灭火法

隔离灭火法是将燃烧物体与附近的可燃物隔离或将可燃物疏散开，使燃烧停止的灭火方法。该法适用于各种固体、液体和气体发生的火灾。具体方式是：

（1）将火源附近的可燃、易燃和助燃物质，从燃烧区内转移到安全地点。

（2）关闭阀门，阻止气体、液体流入燃烧区。

（3）排除生产装置、设备容器内的可燃气体或液体。

（4）阻止流散的易燃、可燃液体和扩散的气体。

（5）拆除与火源相连的易燃建筑结构，形成阻止火势蔓延的空间地带。

（6）用水流封闭或用爆炸等方法扑救油气井喷或森林火灾。

3. 冷却灭火法

冷却灭火法是将水、泡沫、二氧化碳等灭火剂喷射到燃烧区内，吸收或带走热量，降低燃烧物的温度和对周围其他可燃物的热辐射强度，达到停止燃烧的目的。通常采用干式灭火剂或湿式灭火剂。

必要时，可用冷却剂冷却建筑构件，以防建筑构件倒塌伤人。

4. 化学抑制灭火法

化学抑制灭火法是用含氟、氯、溴的化学灭火剂（如1211等）喷向火焰，让灭火剂参与燃烧反应，产生稳定分子或低活性的游离基，从而抑制燃烧过程，使火迅速熄灭。需要注意的是，一定要将灭火剂准确地喷射在燃烧区内。

在火场上采用哪种灭火方法，应根据燃烧物质的性质、燃烧的特点和火场的具体情况，以及灭火器材装备的性能进行选择。

上述四种方法有时是可以同时采用的。例如，用水或灭火器扑救火灾，就同时具有两个方面以上的灭火的作用，但是，在选择灭火方法时，还要视火灾的原因采用适当的方法，不然，就可能适得其反，扩大灾害，如对电器火灾，就不能用水，而宜用窒息法；对油火，宜用化学灭火剂等。

二、常见火灾、爆炸事故

水利水电工程建设施工中常见的火灾、爆炸事故从直接原因来看，主要有下列几种：

(1)吸烟引起的事故。

(2)使用、运输、存储易燃易爆物质(气体、液体、固体)时引起的事故。

(3)使用明火引起的事故。有些工作需要在施工现场使用明火，因管理不当引起事故。

(4)静电引起的事故。在现场存在易燃易爆品的储存处，如油库、氨库等，在这些地方进行作业时产生静电，或者所穿的化纤服装在与人体摩擦时产生的静电，引起爆炸事故。

(5)电气设施使用、安装、管理不当引起的事故。例如，超负荷使用电气设施，引起电流过大；电气设施的绝缘破损、老化；电气设施安装不符合防火防爆的要求等。

(6)物质自燃引起的事故。如废油布等堆积引起的自燃等。

(7)雷击引起的事故。雷击具有很大的破坏力，它能产生高温和高热，引起火灾爆炸。

(8)压力容器、气瓶等设备及其附件，带故障运行或管理不善，引起事故。

三、现场防火防爆安全技术

施工现场的可燃物质较多，如冬季施工取暖的炉火、电(气)焊的火焰及高温铁渣、雷击放电等，因而施工现场失火的危险性是很大的。

(一)施工现场仓库防火技术

1. 易燃仓库的设置

(1)仓库应设在水源充足、消防车能驶到的地方，并应设在下风向。

(2)仓库按储存物品的火灾危险性依据《建筑设计防火规范》(GB 50016—2014)的规定分为甲、乙、丙、丁、戊。

(3)仓库内不应搭建临时性的建筑物或构筑物。

(4)仓库不应设置员工宿舍。甲、乙类物品仓库内不应设办公室。

2. 易燃货物的储存

(1)对储存的易燃货物应经常进行防火安全检查，发现火险隐患，必须及时采取措施，予以消除。

(2)在易燃物堆垛附近不准生火烧饭，不准吸烟。

(3)建立出入库检查、登记制度，对收存和发放物品必须进行登记，做到账目清楚，账物相符。

(4)仓库储存物品应分类、分堆、限额存放。每个堆垛的面积不应大于150 m^2，仓库内的主通道宽度不应小于2 m。

(5)仓库内需要设置货架堆放物品时，货架应采用非燃烧材料制作。货架不应遮挡消火栓、自动喷淋系统以及排烟口。

3. 易燃货物的装卸

(1)在仓库或堆料场内进行吊装作业时，其机械设备必须符合防火要求，严防产生火花，引起火灾。

(2)装过化学危险物品的车,必须在清洗干净后方准装运易燃和可燃物。

4.易燃仓库的用电安全

(1)仓库的电气装置应符合《民用建筑电气设计规范》(JGJ 16—2008)的规定。

(2)电器设备应与可燃物保持不小于0.5 m的防火间距,架空线路的下方不应堆放物品。

(3)仓库所敷设的配电线路,应穿金属管或难燃硬塑料管保护。不应随意乱接电线,擅自增加用电设备。

(二)施工现场防火技术

1.施工现场防火要求

(1)施工现场应明确划分用火作业区域,易燃、可燃材料堆放区域,仓库、废品集中站和生活区等区域。

(2)施工现场的道路应畅通无阻,设有夜间照明设施,并加强值班巡逻。

(3)不准在高压架空线下面搭设临时性建筑物或堆放可燃物品。

(4)开工前应将消防器材和设施配备好,并应在生活区、仓库、油库等重点防火部位设置消防水管、消防栓、砂箱、铁锹等。

(5)乙炔瓶与氧气瓶的存放距离不得小于5 m,与明火的距离不得小于10 m。

(6)未经办理动火审批手续,采取有效安全措施,不得在重点防火部位或区域进行焊割和生火作业。

(7)用可燃材料作保温层、冷却层、隔音、隔热设备的部位,或火星能飞溅到的地方,应采取切实可靠的防火措施。

(8)冬季施工采用煤炭等取暖,应符合防火要求,并指定专人负责管理。

(9)制订有施工现场火灾事故应急预案和应急处置措施。

(10)建立各级负责人消防责任制和防火制度,组织义务消防队,经常检查,发现火灾隐患,必须立即消除。

2.划分禁火区域

(1)凡属下列情况之一的属一级动火区域:油罐、油箱、油槽车和储存过可燃气体、易燃气体的容器以及连接在一起的辅助设备;各种受压设备;危险性较大的登高焊、割作业;堆有大量可燃和易燃物质的场所。

(2)凡属下列情况之一的属二级动火区域:在具有一定危险因素的非禁火区域内进行临时焊、割等作业;小型油箱等容器;登高焊、割作业。

(3)在非固定的、无明显危险因素的场所进行动火作业,均属三级动火区域。

(4)施工现场的动火区域作业,必须执行审批制度。

(三)施工现场防爆技术

1.爆炸物品的储存

(1)储存爆炸物品的仓库的厂址应建立在远离施工区域的独立地带,禁止设立在人员聚集的地方。

(2)仓库建筑与周围的水利水电设施、交通枢纽、桥梁、隧道、高压输电线路、通信线路、输油管道等重要设施的安全距离,必须符合国家有关安全规定。

(3)建立出入库检查、登记制度,对收存和发放民用爆炸物品必须进行登记,做到账目清楚,账物相符。

(4)储存的爆炸物品数量不得超过储存设计容量,对性质相抵触的民用爆炸物品必须分库储存,严禁在库房内存放其他物品。

(5)专用仓库应当指定专人管理、看护,严禁无关人员进入仓库区内,严禁在仓库区内吸烟和用火,严禁把其他容易引起燃烧、爆炸的物品带入仓库区内,严禁在库房内住宿和进行其他活动。

(6)爆炸物品丢失、被盗、被抢,应当立即报告当地公安机关。

2. 电气设备防爆技术

(1)对于Ⅰ类场所,即炸药、起爆药、击发药、火工品储存和黑火药制造加工、储存的场所,不应安装电气设备,特殊情况下仅允许安装电机的控制按钮及监视用工仪表,其选型应符合Ⅱ类危险场所电气设备的防爆要求;当生产设备采用电力传动时,电动机应安装在无危险场所,采取隔墙传动;电气照明采用安装在建筑外墙壁龛灯或装在室外的投光灯。

(2)对于Ⅱ类场所,即起爆药、击发药、火工品制造的场所,电气设备表面温度不得超过120 ℃,且符合防爆电气设备的有关规定,应采用密闭防爆型、隔爆型、正压型或防爆充油型、本质安全型、增安型(仅限于灯类及控制按钮)。

(3)对于Ⅲ类场所,即理化分析成品试验站,应选用密封型、防水防尘型设备。

第十二节 危险化学品安全技术

危险化学品是指具有爆炸、易燃、毒害、腐蚀、放射性等性质,在生产、经营、储存、运输、使用和废弃物处置过程中,容易造成人身伤亡和财产损毁而需要特别防护的化学品。

《化学品分类和危险性公示通则》(GB 13690—2009)将危险化学品分为3大类。第1大类:理化危险,含爆炸物等16类;第2大类:健康危险,含急性毒性等10类;第3大类:环境危险,含危害水生环境等7类。

水利水电工程建设中常见危险化学品种类见表7-11。

表7-11 水利水电工程建设中常见危险化学品种类

序号	储存场所	危险化学品名称	物质类别
1	油库	汽油	易燃液体
2		柴油	易燃液体
3	爆破器材库	炸药	爆炸品
4		导爆索	爆炸品
5		雷管	爆炸品
6		塑料导爆管	爆炸品

续表 7-11

序号	储存场所	危险化学品名称	物质类别
7	化学品仓库	丙酮	易燃液体
8		糠醛	易燃液体
9		苯	易燃液体
10		氯	毒性气体
11		乙炔	易燃气体
12		液氨	毒性气体
13		氯化氢(盐酸)	毒性物质
14	其他	易燃固体	易燃固体

一、危险化学品的主要危险特性

(1)燃烧性。爆炸品、压缩气体和液化气体中的可燃性气体、易燃液体、易燃固体、自燃物品、遇湿易燃物品、有机过氧化物等,在条件具备时均可能发生燃烧。

(2)爆炸性。爆炸品、压缩气体和液化气体、易燃液体、易燃固体、自燃物品、遇湿易燃物品、氧化剂和有机过氧化物等危险化学品,均可能由其化学活性或易燃性引发爆炸事故。

(3)毒害性。许多危险化学品可通过一种或多种途径进入人体和动物体内,当其在人体累积到一定量时,便会扰乱或破坏机体的正常生理功能,引起暂时性或持久性的病理改变,甚至危及生命。

(4)腐蚀性。强酸、强碱等物质能对人体组织、金属等物品造成损坏,接触人的皮肤、眼睛或肺部、食道等时,会引起表皮组织坏死而造成灼伤。内部器官被灼伤后可引起炎症,甚至会造成死亡。

(5)放射性。放射性危险化学品通过放出的射线可阻碍和伤害人体细胞活动机能并导致细胞死亡。

二、危险化学品的管理

(1)危险化学品仓库应有严格的保卫制度,人员出入应有登记制度。

(2)储存危险化学品的仓库内严禁吸烟和使用明火,对进入库区内的机动车辆应采取防火措施。

(3)严格执行有毒有害物品入库验收、出库登记和检查制度。

(4)各种物品包装要完整无损,如发现破损、渗漏等,需立即进行处理。

(5)装过危险化学品的容器,应集中保管或销毁。

(6)销毁、处理危险化学品,应采取安全措施并征得所在地环境保护、公安等有关部门同意。

(7)使用危险化学品的单位,应根据化学危险品的种类、性质,设置相应的通风、防火、防爆、防毒、监测、报警、降温、防潮、避雷、防静电、隔离操作等安全设施。

(8)大中型危险化学品仓库内设库区和生活区,两区之间应有高 2 m 以上的实体围墙,并满足安全距离要求,库区内严禁有其他可燃物品。

(9)消防安全重点应履行下列消防安全职责:

①建立防火档案,确定消防安全重点部位,设置防火标志,实行严格管理。

②实行每日防火巡查,并建立巡查记录。

③对员工进行消防安全培训。

④制订灭火和应急疏散预案,并定期组织演练。

三、危险化学品事故的预防技术

从理论上讲,防止火灾、爆炸事故发生的基本原则主要有下列3点:

(1)防止燃烧、爆炸系统的形成,主要有下列措施:

①替代。

②密闭。

③惰性气体保护。

④通风置换。

⑤安全监测及联锁。

(2)消除点火源。能引发事故的点火源有明火、高温表面、冲击、摩擦、自燃、发热、电气火花、静电火花、化学反应热、光线照射等。具体的做法有:

①控制明火和高温表面。

②防止摩擦和撞击产生火花。

③火灾爆炸危险场所采用防爆电气设备避免电气火花。

(3)限制火灾、爆炸蔓延扩散的措施。包括阻火装置、防爆泄压装置及防火防爆分隔等。

四、危险化学品的储存与运输安全技术

(一)危险化学品储存安全技术

(1)储存危险化学品必须遵照国家法律、法规和其他有关规定。

(2)储存危险化学品的仓库必须配备有专业知识的技术人员,其库房及场所应设专人管理,管理人员必须配备可靠的个人安全防护用品。

(3)储存的危险化学品应有明显的标志,标志应符合相关标准的规定。同一区域储存两种或两种以上不同级别的危险化学品时,应按最高等级危险化学品的性能标志。

(4)储存危险化学品的建筑物、区域内严禁吸烟和使用明火。

(5)危险化学品应分类分项存放,堆垛之间的主要通道应有安全距离,不应超量储存。

(6)危险化学品露天堆放,应符合防火、防爆的安全要求,爆炸物品、一级易燃物品、遇湿燃烧物品、剧毒物品不得露天堆放。

(7)遇水、遇潮容易燃烧、爆炸或产生有毒气体的危险化学品,不应在露天、潮湿、漏雨和低洼容易积水的地点存放;库房应有防潮、保温等措施。

(8)受阳光照射容易燃烧、爆炸或产生有毒气体的危险化学品和桶装、灌装等易燃液体、气体应存放在温度较低、通风良好的场所,设专人定时测温,必要时应采取降温及隔热

措施,不应在露天或高温的地方存放。

(9)化学性质或防护、灭火方法相互抵触的危险化学品,不应在同一仓库内存放。

(10)爆炸物品储存管理必须建立库存台账,发放、退库台账,回收废旧的爆炸物品台账,对当日领出、退库的爆炸物品如实登记,未用完的爆炸物品必须退库,严禁在施工现场存放爆炸物品。

(二)危险化学品运输安全技术

化学品在运输中发生事故的情况比较常见,全面了解并掌握有关化学品的安全运输规定,对降低运输事故具有重要意义。

(1)国家对危险化学品的运输实行资质认定制度,未经资质认定,不得运输危险化学品。

(2)托运危险物品必须出示有关证明,在指定的铁路、公路交通、航运等部门办理手续。托运物品必须与托运单上所列的品名相符。

(3)危险物品的装卸人员,应按装运危险物品的性质,佩戴相应的防护用品,装卸时必须轻装轻卸,严禁摔拖、重压和摩擦,不得损毁包装容器,并注意标志,堆放稳妥。

(4)危险物品装卸前,应对车(船)搬运工具进行必要的通风和清扫,不得留有残渣,对装有剧毒物品的车(船),卸车(船)后必须洗刷干净。

(5)装运爆炸、剧毒、放射性、易燃液体、可燃气体等物品,必须使用符合安全要求的运输工具;禁忌物料不得混运;禁止用电瓶车、翻斗车、铲车、自行车等运输爆炸物品。运输强氧化剂、爆炸品及用铁桶包装的一级易燃液体时,没有采取可靠的安全措施时,不得用铁底板车及汽车挂车;禁止用叉车、铲车、翻斗车搬运易燃易爆液化气体等危险物品;在温度较高地区装运液化气体和易燃液体等危险物品,要有防晒设施;放射性物品应用专用运输搬运车和抬架搬运,装卸机械应按规定负荷降低25%的装卸量;遇水燃烧物品及有毒物品,禁止用小型机帆船、小木船和水泥船承运。

(6)运输爆炸、剧毒和放射性物品,应指派专人押运,押运人员不得少于2人。

(7)运输危险物品的车辆,必须保持安全车速,保持车距,严禁超车、超速和强行会车。运输危险物品的行车路线,必须事先经当地公安交通部门批准,按指定的路线和时间运输,不可在繁华街道行驶和停留。

(8)运输易燃易爆物品的机动车,其排气管应装阻火器,并悬挂"危险品"标志。

(9)运输散装固体危险物品,应根据性质,采取防火、防爆、防水、防粉尘飞扬和遮阳等措施。

(10)禁止利用内河以及其他封闭水域运输剧毒化学品。通过公路运输剧毒化学品的,托运人应当向目的地的县级人民政府公安部门申请办理剧毒化学品公路运输通行证。办理剧毒化学品公路运输通行证时,托运人应当向公安部门提交有关危险化学品的品名、数量、运输始发地和目的地、运输路线、运输单位、驾驶人员、押运人员、经营单位和购买单位资质情况的材料。

(11)运输危险化学品需要添加抑制剂或者稳定剂的,托运人交付托运时应当添加抑制剂或者稳定剂,并告知承运人。

(12)危险化学品运输企业,应当对其驾驶员、船员、装卸管理人员、押运人员进行有关安全知识培训。驾驶员、装卸管理人员、押运人员必须掌握危险化学品运输的安全知识，并经所在地设区的市级人民政府交通部门考核合格；船员经海事管理机构考核合格，取得上岗资格证，方可上岗。

五、危险化学品泄漏控制与销毁处置技术

（一）泄漏处理及火灾控制

1. 泄漏处理

（1）泄漏源控制。利用截止阀切断泄漏源，在线堵漏减少泄漏量或利用备用泄料装置使其安全释放。

（2）泄漏物处理。现场泄漏物要及时地进行覆盖、收容、稀释、处理。在处理时，还应按照危险化学品特性，采用合适的方法处理。

2. 火灾控制

1）灭火一般注意事项

（1）正确选择灭火剂并充分发挥其效能。由于灭火剂的种类较多，效能各不相同，所以在扑救火灾时，一定要根据燃烧物料的性质、设备设施的特点、火源点部位（高、低）及其火势等情况，选择冷却、灭火效能特别高的灭火剂扑救火灾，充分发挥灭火剂各自的冷却与灭火的最大效能。

（2）注意保护重点部位。例如，当某个区域内有大量易燃易爆或毒性化学物质时，就应该把这个部位作为重点保护对象，在实施冷却保护的同时，要尽快地组织力量消灭其周围的火源点，以防灾情扩大。

（3）防止复燃复爆。将火灾消灭以后，要留有必要数量的灭火力量继续冷却燃烧区内的设备、设施、建（构）筑物等，消除着火源，同时将泄漏出的危险化学品及时处理。对可以用水灭火的场所要尽量使用蒸汽或喷雾水流稀释，排除空间内残存的可燃气体或蒸气，以防止复燃复爆。

（4）防止高温危害。火场上高温的存在不仅造成火势蔓延扩大，也会威胁灭火人员安全。可以使用喷水降温、利用掩体保护、穿隔热服装保护、定时组织换班等方法避免高温危害。

（5）防止毒害危害。发生火灾时，可能出现一氧化碳、二氧化碳、二氧化硫、光气等有毒物质。

在扑救时，应当设置警戒区，进入警戒区的抢险人员应当佩戴个体防护装备，并采取适当的手段消除毒物。

2）特殊化学品火灾扑救安全技术

（1）扑救气体类火灾时，切忌盲目扑灭火焰，在没有采取堵漏措施的情况下，必须保持稳定燃烧。否则，大量可燃气体泄漏出来与空气混合，遇到点火源就会发生爆炸，造成严重后果。

（2）扑救爆炸物品火灾时，切忌用沙土盖压，以免增强爆炸物品的爆炸威力；另外扑救爆炸物品堆垛火灾时，水流应采用吊射，避免强力水流直接冲击堆垛，以免堆垛倒塌引起再次爆炸。

(3)扑救遇湿易燃物品火灾时，绝对禁止用水、泡沫、酸碱等湿性灭火剂扑救。一般可使用干粉、二氧化碳、卤代烷扑救，但钾、钠、铝、镁等物品用二氧化碳、卤代烷无效。固体遇湿易燃物品应使用水泥、干砂、干粉、硅藻土等覆盖。对镁粉、铝粉等粉尘，切忌喷射有压力的灭火剂，以防止将粉尘吹扬起来，引起粉尘爆炸。

(4)扑救易燃液体火灾时，比水轻又不溶于水的液体用直流水、雾状水灭火往往无效，可用普通蛋白泡沫或轻泡沫扑救；水溶性液体最好用抗溶性泡沫扑救。

(5)扑救毒害和腐蚀品的火灾时，应尽量使用低压水流或雾状水，避免腐蚀品、毒害品溅出；遇酸类或碱类腐蚀品最好调制相应的中和剂稀释中和。

(6)易燃固体、自燃物品火灾一般可用水和泡沫扑救，只要控制住燃烧范围，逐步扑灭即可。但有少数易燃固体、自燃物品的扑救方法比较特殊。如2,4－二硝基苯甲醚、二硝基萘、萘等是易升华的易燃固体，受热放出易燃蒸气，能与空气形成爆炸性混合物，尤其是在室内，易发生爆炸。在扑救过程中应不时向燃烧区域上空及周围喷射雾状水，并消除周围一切点火源。

(二)废弃物销毁

1. 固体废弃物的处置

(1)危险废弃物。危险废弃物无害化的方法是使它们变成高度不溶性的物质，也就是固化/稳定化的方法。

目前常用的固化/稳定化方法有：水泥固化、石灰固化、塑性材料固化、有机聚合物固化、自凝胶固化、熔融固化和陶瓷固化。

(2)固体废弃物。一般固体废弃物可以直接进入填埋场进行填埋。对于粒度很小的固体废弃物，为了防止填埋过程中引起粉尘污染，可装入编织袋后填埋。

2. 爆炸性物品的销毁

凡确认不能使用的爆炸性物品，必须予以销毁，在销毁以前应报告当地公安部门，选择适当的地点、时间及销毁方法。一般可采用的4种方法是：爆炸法、烧毁法、溶解法、化学分解法。

3. 有机过氧化物废弃物处理

有机过氧化物是一种易燃易爆品。其废弃物应从作业场所清除并销毁，其方法主要取决于该过氧化物的物化性质，根据其特性选择合适的方法处理，以免发生意外事故。处理方法主要有分解、烧毁、填埋。

第十三节　爆破作业安全技术要求

在进行水利水电工程建设施工时，通常都要进行大量的土石方开挖，爆破则是最常用的施工方法之一。爆破是利用工业炸药爆炸时释放的能量，使炸药周围的一定范围内的土石破碎、抛掷或者松动。爆破施工是危险性较高的作业，从火工材料的领用到爆破方案的设计再到爆破方案的实施、安全警戒及盲炮的处理，每一工序都要细心、要严谨。因此，在爆破作业中，需采取有效的施工安全技术措施，以确保人员、设备及邻近的建筑物或构筑物等的安全。

一、爆破安全基本要求

(1)爆破工程均应编制爆破技术设计文件。在进行爆破设计时,应制订安全技术措施。

(2)每次爆破的技术设计均应经监理单位签认后,再组织实施。爆破工作的组织实施应与监理签认的爆破技术设计相一致。

(3)爆破实施前,施工企业应编写施工组织设计,编写负责人所持爆破工程技术人员安全作业证的等级和作业范围应与施工工程相符合。

(4)需经公安机关审批的爆破作业项目,提交申请前,均应进行安全评估。

(5)A、B级爆破工程,都应成立爆破指挥部,全面指挥和统筹安排爆破工程的各项工作。

(6)爆破指挥部应与爆破施工现场、起爆站、主要警戒哨建立并保持通信联络;不成立指挥部的爆破工程,在爆破组(人)、起爆站和警戒哨间应建立通信联络,保持畅通。

(7)凡须经公安机关审批的爆破作业项目,爆破作业中应于施工前3天发布公告,并在作业地点张贴。施工公告内容应包括:爆破作业项目名称、委托单位、设计施工单位、安全评估单位、安全监理单位、爆破作业时限等。

(8)装药前1天应发布爆破公告并在现场张贴,内容包括:爆破地点、每次爆破时间、安全警戒范围、警戒标志、起爆信号等。

(9)邻近交通要道的爆破需进行临时交通管制时,应预先申请并至少提前3天由公安交管部门发布爆破施工交通管制通知。

(10)在邻近通航水域进行爆破施工,应在3天前通知港航监督部门。

(11)爆破可能危及供水、排水、供电、供气、通信等线路以及运输交通隧道、输油管线等重要设施时,应事先准备好相应的应急措施,向有关主管部门报告,做好协调工作并在爆破时通知有关单位到场。

(12)在同一地区同时进行露天、地下、水下爆破作业或几个爆破作业单位平行作业时,应由建设单位组织协商后共同发布施工公告和爆破公告。

(13)爆破工程施工前,应根据爆破设计文件要求和场地条件,对施工场地进行规划,并开展施工现场清理与准备工作。

二、爆破作业环境要求

(1)爆破前应对爆区周围的自然条件和环境状况进行调查,了解危及安全的不利环境因素,采取必要的安全防范措施。

(2)爆破作业场所有下列情形之一时,不应进行爆破作业:

①岩体有冒顶或边坡滑落危险的。

②爆破会造成巷道涌水、堤坝漏水、河床严重阻塞、泉水变迁的。

③爆破可能危及建(构)筑物、公共设计或人员的安全而无有效防护措施的。

④洞室、炮孔温度异常的。

⑤作业通道不安全或堵塞的。

⑥支护规格与支护说明书的规定不符或工作面支护损坏的。

⑦危险区边界未设警戒的。

⑧光线不足、无照明或照明不符合相关规定的。

(3)露天、水下爆破装药前,应与当地气象、水文部门联系,及时掌握气象、水文资料,遇以下特殊恶劣气候、水文情况时,应停止爆破作业,所有人员应立即撤到安全地点:

①热带风暴或台风即将来临时。

②大雾天气,能见度不超过 100 m 时。

③现场风力超过 8 级,浪高大于 0.8 m 或水位暴涨暴落时。

(4)采用电爆网路时,应对高压电、射频电等进行调查,对杂散电流进行测试;发现存在危险,应立即采取预防或排除措施。

(5)浅孔爆破应采用湿式凿岩,深孔爆破凿岩机应配收尘设备;在残孔附近钻孔时应避免凿穿残留炮孔,在任何情况下不应打钻残孔。

三、爆破装药安全技术

(1)装药前应对作业场地、爆破器材堆放场地进行清理,装药人员应对准备装药的全部炮孔、药室进行检查。

(2)炸药运入现场开始,应划定装药警戒区,警戒区内禁止烟火,并不得携带火柴、打火机等火源进入警戒区域;采用普通电雷管起爆时,不得携带手机或其他移动式通信设备进入警戒区。

(3)炸药运入警戒区后,应迅速分发到各装药孔口或装药洞口,不应在警戒区临时集中堆放大量炸药,不得将起爆器材、起爆药包和炸药混合堆放。

(4)搬运爆破器材要轻拿轻放,装药时不应冲撞起爆药包。

(5)在铵油、重铵油炸药与导爆索直接接触的情况下,应采取隔油措施或采用耐油型的导爆索。

(6)各种爆破作业都应按设计药量装药并做好装药原始记录。记录应包括装药基本情况、出现的问题及处理措施。

(7)爆破装药照明条件应符合以下规定:

①在黄昏和夜间等能见度差的条件下,不宜进行露天及水下爆破的装药工作。

②在上述条件下,如确需进行装药作业时,应有足够的照明设施保证作业安全。

③爆破装药现场不应用明火照明。

④爆破装药用电灯照明时,在离爆破器材 20 m 以外可装 220 V 的照明器材,在作业现场或洞室内使用电压不高于 36 V 的照明器材。

⑤从带有电雷管的起爆药包或起爆体进入装药警戒区开始,装药警戒区内应停电,可采用安全蓄电池灯、安全灯或绝缘手电筒照明。

(8)人工装药应符合以下规定:

①炮孔装药,应使用木质或竹制炮棍。

②不应投掷起爆药包和敏感度高的炸药,起爆药包装入后应采取有效措施,防止后续药卷直接冲击起爆药包。

③装药发生卡塞时，若在雷管和起爆药包放入之前，可用非金属长杆处理。装入起爆药包后，不应用任何工具冲击、挤压。

④在装药过程中，不应拔出或硬拉起爆药包中的导火索、导爆管、导爆索和电雷管引出线。

(9)现场混装炸药车装药应符合以下规定：

①混装车驾驶员、操作工，应经过严格培训和考核，熟练掌握混装车各部分的操作程序和使用、维护方法，持证上岗。

②混装车上料前应对计量控制系统进行检测标定。配料仓不应有其他杂物；上料时不应超过规定的物料量；上料后应检查输药软管是否畅通。

③混装车应配备消防器具，接地良好，进入现场应悬挂“危险”警示标志。

④混装车行驶速度不应超过 40 km/h，扬尘、起雾、暴风雨等能见度差时速度减半；在平坦道路上行驶时，两车距离不应小于 50 m；上山或下山时，两车距离不应小于 200 m。

⑤混装药车行车时不应压、刮、碰坏爆破器材。

⑥装药前应对炸药密度进行检测，检测合格后方可进行装药。

⑦采用输药软管方式输送混装炸药时，对于孔应将输药软管末端送至孔口填塞段以下 0.5 ~1 m 处；对水孔应将输药软管末端下至孔底，并根据装药速度缓缓提升输药软管。

⑧装药时应进行护孔，防止孔口岩屑、岩碴混入炸药中。

⑨混装乳化炸药装药完毕至少 10 分钟后，经检验合格才可进行填塞。应测量填塞段长度是否符合爆破设计要求。

⑩混装乳化炸药装药至最后一个炮孔时，应将软管中剩余炸药装入炮孔中，装药完毕将软管内残留炸药清理干净。

四、爆破警戒和信号

(一)爆破警戒

(1)装药警戒范围由爆破技术负责人确定；装药时应在警戒区边界设置明显标识并派出岗哨。

(2)爆破警戒范围由设计确定；在危险区边界，应设有明显标识，并派出岗哨。

(3)执行警戒任务的人员，应按指令到达指定地点并坚守工作岗位。

(4)靠近水域的爆破安全警戒工作，除按上述要求封锁陆岸爆区警戒范围外，还应对水域进行警戒。水域警戒应配有指挥船和巡逻船，其警戒范围由设计确定。

(二)信号

(1)预警信号。该信号发出后爆破警戒范围内开始清场工作。

(2)起爆信号。起爆信号应在确认人员全部撤离爆破警戒区，所有警戒人员到位，具备安全起爆条件时发出。起爆信号发出后现场指挥应再次确认达到安全起爆条件，然后下令起爆。

(3)解除信号。安全等待时间过后，检查人员进入爆破警戒范围内检查、确认安全后，报请现场指挥同意，方可发出解除警戒信号。在此之前，岗哨不得撤离，不允许非检查人员进入爆破警戒范围。

(4)各类信号均应使爆破警戒区域及附近人员能清楚地听到或看到。

五、盲炮处理安全技术

(1)处理盲炮前应由爆破技术负责人定出警戒范围,并在该区域边界设置警戒,处理盲炮时无关人员不准许进入警戒区。

(2)应派有经验的爆破员处理盲炮,洞室爆破的盲炮处理应由爆破工程技术人员提出方案并经单位技术负责人批准。

(3)电力起爆发生盲炮时,应立即切断电源,及时将盲炮电路短路。

(4)导爆索和导爆管起爆网路发生盲炮时,应首先检查导爆管是否有破损或断裂,发现有破损或断裂的应修复后重新起爆。

(5)不应强行拉出炮孔中的起爆药和雷管。

(6)盲炮处理后,应仔细检查爆堆,将残余的爆破器材收集起来销毁;在不能确认爆堆无残留的爆破器材之前,应采取预防措施并派专人监督爆堆挖运作业。

(7)盲炮处理后应由处理者填写登记卡片或提交报告,说明产生盲炮的原因、处理的方法和结果、预防措施。

六、爆破作业安全技术

(一)露天爆破作业

(1)露天爆破作业时,应建立避炮掩体,避炮掩体应设在冲击波危险范围之外;掩体结构应坚固紧密,位置和方向应能防止飞石和有害气体的危害;通达避炮掩体的道路不应有任何障碍。

(2)起爆站应设在避炮掩体内或设在警戒区外的安全地点。

(3)露天爆破时,起爆前应将机械设备撤至安全地点或采取就地保护措施。

(4)雷雨天气、多雷地区和附近有通信机站等射频源时,进行露天爆破不应采用普通电雷管起爆网路。

(5)松软岩土或砂矿床爆破后,应在爆区设置明显标志,发现空穴、陷坑时应进行安全检查,确认无危险后,方准许恢复作业。

(6)在寒冷地区的冬季实施爆破,应采用抗冻爆破器材。

(7)洞室爆破爆堆开挖作业遇到未松动地段时,应对药室中心线及标高进行标示,确认是否有洞室盲炮。

(8)当怀疑有盲炮时,应设置明显标识并对爆后挖运作业进行监督和指挥,防止挖掘机盲目作业引发爆炸事故。

(9)露天岩土爆破不得采用裸露药包。

(二)浅孔爆破作业

(1)露天浅孔爆破宜采用台阶法爆破。

(2)在台阶形成之前进行爆破应加大填塞长度和警戒范围。

(3)装填的炮孔数量,应以一次爆破为限。

(4)采用浅孔爆破平整场地时,应尽量使爆破方向指向一个临空面,并避免指向重要建(构)筑物。

(5)破碎大块时,单位炸药消耗量应控制在 150 g/m^3 以内,应采用齐发爆破或短延时毫秒爆破。

(三)深孔爆破作业

(1)验孔时,应将孔口周围 0.5 m 范围内的碎石、杂物清除干净,孔口岩壁不稳者,应进行维护。

(2)深孔验收标准:孔深允许误差 ±0.2 m,间排距允许误差 ±0.2 m,偏斜度允许误差 2%;发现不合格钻孔应及时处理,未达验收标准不得装药。

(3)爆破工程技术人员在装药前应对第一排各钻孔的最小抵抗线进行测定,对形成反坡或有大裂隙的部位应考虑调整药量或间隔填塞。底盘抵抗线过大的部位,应进行处理,使其符合爆破要求。孔口抵抗线过小者,应适当加大填塞长度。

(4)爆破员应按爆破技术设计的规定进行操作,不得自行增减药量或改变填塞长度;如确需调整,应征得现场爆破工程技术人员同意并做好变更记录。

(5)台阶爆破初期应采取自上而下分层爆破形成台阶,如需进行双层或多层同时爆破,应有可靠的安全措施。

(6)装药过程中发现炮孔可容纳药量与设计装药量不符时,应及时报告,由爆破工程技术人员检查校核处理。

(7)装药过程中出现阻塞、卡孔等现象时,应停止装药并及时疏通。如已装入雷管或起爆药包,不得强行疏通,应保护好雷管或起爆药包,报告爆破工程技术人员采取补救措施。

(8)装药结束后,应进行检查验收,验收合格后再进行填塞和联网作业。

(9)高台阶抛掷爆应与预裂爆破结合使用。

(10)深孔爆破使用空气间隔器时,应确保空气间隔器与使用环境要求相匹配;使用前应进行空气间隔器充气速度测试和负荷试验;使用时不应损伤空气间隔器外防护层。

(四)预裂爆破、光面爆破作业

(1)采用预裂爆破或光面爆破技术时,验孔、装药等应在现场爆破工程技术人员指导监督下由熟练爆破员操作。

(2)预裂孔、光面孔应按设计要求钻凿在一个布孔面上,钻孔偏斜误差不得超过 1.5%。

(3)布置在同一控制面上的预裂孔,应采用导爆索网路同时起爆,如同时起爆药量超过安全允许药量,也可分段起爆。

(4)预裂爆破、光面爆破应严格按设计的装药结构装药。若采用药串结构药包,在加工和装药过程中应防止药卷滑落;若设计要求药包装于钻孔轴线,应使用专门的定型产品或采取定位措施。

(5)预裂爆破、光面爆破应按设计进行填塞。

(6)预裂爆破孔应超前相邻主爆破孔或缓冲爆破孔起爆,时差应不小于 75 ms。光面爆破孔应滞后相邻主爆破孔起爆。

（五）水下爆破作业

（1）水下爆破实施前，爆破区域附近有建（构）筑物、养殖区、野生水生物需保护时，应针对爆破飞石、水中冲击波（动水压力）、爆破振动和涌浪等水下爆破有害效应制订有效的安全保护措施。

（2）爆破作业船上的工作人员，作业时应穿好救生衣，不能穿救生衣作业时，应备有相应数量的救生设备。无关人员不应登上爆破作业船。

（3）爆破工作船及其辅助船舶，应按规定悬挂信号（灯号）；在危险水域边界上应设置警告标志、禁航信号、警戒船舶和岗哨等。

（4）水下爆破应使用防水的或经防水处理的爆破器材；用于深水区的爆破器材，应具有足够的抗压性能，或采取有效的抗压措施；水下爆破使用的爆破器材应进行抗水和抗压试验。

（5）水下爆破的药包和起爆药包，应在专用的加工房内或加工船上制作。

（6）起爆药包，只准由爆破员搬运。搬运起爆药包上下船或跨船舷时，应有必要的防滑措施。用船只运送起爆药包时，航行中应避免剧烈的颠簸和碰撞。

（7）现场运输爆破器材和起爆药包，应专船装运。用机动船装运，应采取防电、防振及隔热措施。

（8）用电力和导爆管起爆网路时，每个起爆药包内安放的雷管数不宜少于2发，并宜连成两套网路或复式网路同时起爆。

（9）水下电爆网路的导线（含主线连接线）应采用有足够强度，且防水性和柔韧性良好的绝缘胶质线，爆破主线路呈松弛状态扎系在伸缩性小的主绳上；水中不应有接头。

（10）不宜用铝（铁）芯线作为水下电爆网路的导线。

（11）在流速较大水域爆破时宜采用导爆索起爆网路。

（12）起爆药包使用非电导爆管雷管及导爆索起爆时，应做好131端头防水工作，导爆索搭接长度应大于0.3 m。

（13）导爆索起爆网路应在主爆线上加系浮标，使其悬吊；应避免导爆索网路沉入水底造成网路交叉，破坏起爆网路。

（14）盲炮应及时处理；遇有难以处理而又危及航行船舶安全的盲炮，应延长警戒时间，直至处理完毕。

第十四节　高处作业安全技术要求

凡在坠落高度基准面2 m以上（含2 m）有可能坠落的高处进行的作业均称为高处作业。其含义有两方面：一是相对概念，可能坠落的底面高度不小于2 m，也就是说不论在单层、多层、高层建筑物作业，即使是在平地，只要作业处的侧面有可能导致人员坠落的坑、井、洞或空间，其高度达到2 m及以上，就属于高处作业。二是高低差距定为2 m，因一般情况下，当人从2 m以上高度坠落时，就很可能会造成重伤、残疾或者死亡。

一、高处作业分级和分类

(一)高处作业分级

《高处作业分级》(GB/T 3608—2008)将高处作业分为下列4级:

Ⅰ级:2 m≤高处作业高度≤5 m;

Ⅱ级:5 m<高处作业高度≤15 m;

Ⅲ级:15 m<高处作业高度≤30 m;

Ⅴ级:高处作业高度>30 m。

(二)高处作业分类

高处作业又分为一般高处作业和特殊高处作业。一般高处作业是指除特殊高处作业以外的高处作业。特殊高处作业又分为下列8类:

(1)在阵风风力6级(风速10.8 m/s)以上的情况下进行的高处作业,称为强风高处作业。

(2)在高温或低温环境下进行的高处作业,称为异温高处作业。

(3)降雪时进行的高处作业,称为雪天高处作业。

(4)降雨时进行的高处作业,称为雨天高处作业。

(5)室外完全采用人工照明时进行的高处作业,称为夜间高处作业。

(6)在接近或接触带电体条件下进行的高处作业,统称为带电高处作业。

(7)在无立足点或无牢靠立足点的条件下进行的高处作业,统称为悬空高处作业。

(8)对突然发生的各种灾害事故进行抢救的高处作业,称为抢救高处作业。

二、一般安全要求

(1)高处作业的人员应按规定定期进行体检。凡经医生诊断,患高血压、心脏病、精神病等不适于高处作业的人员,不应从事高处作业。

(2)进行三级、特级、悬空高处作业时,应事先制订专项安全技术措施。施工前,应向所有施工人员进行技术交底。

(3)进入施工现场必须戴安全帽,高处作业人员应挂牢安全带。

(4)水利水电工程建设施工过程中,应采用密目式安全立网对建筑物进行封闭或采取临边防护措施。

(5)水利水电工程建设施工期间,应采取有效措施对施工现场和建筑物的各种孔洞盖严,并固定牢固。

(6)对人员活动集中和出入口处的上方应搭设防护棚。

(7)特殊高处作业,应有专人监护,并应有与地面联系信号或可靠的通信装置。

(8)遇有6级及以上的大风时,严禁从事高处作业。

三、临边作业安全技术

水利水电工程建设施工现场任何处所,当工作面的边沿无围护设施,使人与物有各种坠落可能的高处作业,属于临边作业。若围护设施(如窗台、墙等)高度低于800 mm,近旁的作业亦属临边作业,包括屋面边、楼板边、阳台边、基坑边等。

(1)在坠落高度基准面 2 m 及以上进行临边作业时,应在临空一侧设置防护栏杆,并应采用密目式安全立网或工具式栏板封闭。

(2)临边作业的防护栏杆应由横杆、立杆及挡脚板组成。两道横杆,上杆距地面高度为 1.2 m,下杆在上杆和挡脚板中间设置,当防护栏杆高度大于 1.2 m 时,应增设横杆,横杆间距不应大于 600 mm,立杆间距不大于 2 m,挡脚板高度不小于 180 mm。

四、洞口作业安全技术

水利水电工程建设施工过程中,常会出现各种预留洞口、通道口、上料口、楼梯口、电梯井口,在其附近工作,称为洞口作业。

通常将较小口的称为孔,较大口的称为洞,并规定:楼板、屋面、平台面等横向平面上,短边尺寸小于 250 mm 的,以及墙上等竖向平面上,高度小于 750 mm 的称孔;横向平面上,短边尺寸大于或等于 250 mm 的,竖向平面上高度大于或等于 750 mm,宽度大于或等于 450 mm 的称洞。凡深度大于或等于 2 m 的桩孔、沟槽与管道孔洞等边沿上施工作业,亦归入洞口作业的范围。

(1)当竖向洞口短边边长小于 500 mm 时,采取封堵措施;当垂直洞口短边边长大于或等于 500 mm 时,在临空一侧设置高度不小于 1.2 m 的防护栏杆,并采用密目式安全立网或工具式栏板封闭,设置挡脚板。

(2)当非竖向洞口短边边长为 25 ~ 500 mm 时,采用承载力满足使用要求的盖板覆盖,盖板四周搁置应均衡,且应防止盖板移位。

(3)当非竖向洞口短边边长为 500 ~ 1 500 mm 时,采用盖板覆盖或防护栏杆等措施,并固定牢固。

(4)当非竖向洞口短边边长大于或等于 1 500 mm 时,在洞口作业侧设置高度不小于 1.2 m 的防护栏杆,洞口采用安全平网封闭。

五、攀登作业安全技术

(1)攀登作业设施和用具必须牢固可靠,当采用梯子攀爬作业时,踏面载荷不应大于 1.1 kN;当梯面上有特殊作业时,按实际情况进行专项设计。

(2)同一梯子上不得两人同时作业。在通道处使用梯子作业时,应有专人监护或设置围栏。脚手架操作层不得架设梯子作业。

(3)使用固定式直梯攀登作业时,当攀登高度超过 3 m 时,宜加设护笼;当攀登高度超过 8 m 时,设置梯间平台。

(4)深基坑施工应设置扶梯、入坑踏步及专用载人设备或斜道等设施。采用斜道时,应加设间距不大于 400 mm 的防滑条等防护措施。作业人员不得沿坑壁、支撑或乘运工具上下。

六、悬空作业安全技术

施工现场,在周边无任何防护设施或防护设施不能满足防护要求的临空状态下进行的高处作业,即悬空作业。

(一)吊装构件和安装管道时的悬空作业

(1)钢结构吊装时,构件应尽可能地安排在地面组装,安全设施应一并设置。

(2)吊装钢筋混凝土屋架、梁、柱等大型构件前,应在构件上预先设置登高通道、操作立足点等安全设施。

(3)在高空安装大模板、吊装第一块预制构件或单独的大中型预制构件时,必须站在平台上操作。

(4)钢结构安装施工宜在施工层搭设水平通道,水平通道两侧应设置防护栏杆,当利用钢梁作为水平通道时,应在钢梁一侧设置连续的安全绳,安全绳宜采用钢丝绳。

(5)钢结构、管道等安装施工的安全防护宜采用工具化、定型化设施。

(二)支撑和拆卸模板时的悬空作业

(1)支撑和拆卸模板,应按规定的作业程序进行。前一道工序所支的模板未固定前,不得进行下一道工序。严禁在连接件和支撑件上攀登上下,并严禁在上下同一垂直面上装卸模板。结构复杂的模板,其装、拆应严格按照施工组织设计的措施进行。

(2)在坠落基准面 2 m 及以上高处搭设与拆除柱模板及悬挑结构的模板时,应设置操作平台。

(3)拆模高处作业,应配置登高用具或搭设支架。

(三)绑扎钢筋和预应力张拉时的悬空作业

(1)绑扎立柱和墙体钢筋,不得沿钢筋骨架攀登或站在骨架上作业。

(2)在坠落基准面 2 m 及以上高处绑扎柱钢筋和进行预应力张拉时,应搭设操作平台。

(四)浇筑混凝土与结构施工时的悬空作业

(1)浇筑高度 2 m 以上的混凝土结构构件时,应设置脚手架或操作平台。

(2)悬挑的混凝土梁和檐、外墙和边柱等结构施工时,应设施脚手架或操作平台。

七、交叉作业安全技术

水利水电工程建设施工现场常会有上下立体交叉的作业。因此,凡在不同层次中,处于空间贯通状态下同时进行的高处作业,属于交叉作业。交叉作业必须遵守下列安全规定:

(1)交叉作业时,下层作业位置应处于上层作业的坠落半径之外。安全防护棚和警戒隔离区的设置应视上层作业高度确定,并应大于坠落半径。

(2)交叉作业时,坠落半径内应设置防护棚或安全防护网等安全隔离措施。当尚未设置安全隔离措施时,应设置警戒隔离区,人员严禁进入隔离区。

(3)处于起重机臂架回转范围内的通道,应搭设安全防护棚。

(4)施工现场人员进出的通道口,应搭设安全防护棚。

(5)不得在安全防护棚棚顶堆放物料。

(6)当采用脚手架搭设安全防护棚架构时,应符合国家现行有关脚手架标准的规定。

(7)对不搭设脚手架和设置安全防护棚的交叉作业,应设置安全防护网。当多层、高层建筑外立面施工时,应在二层及每隔四层设一道固定的安全防护网,同时设一道随施工高度提升的安全防护网。

第十五节　有限空间作业安全技术

有限空间是指封闭或部分封闭，进出口较为狭窄有限，未被设计为固定工作场所，自然通风不良，易造成有毒有害、易燃易爆物质积聚或氧含量不足的空间。

有限空间作业是指作业人员进入有限空间实施的作业活动。作业人员进入有限空间作业时，存在缺氧窒息、气体中毒、爆炸等危险，容易发生生产安全事故。

一、有限空间分类

水利水电建设工程有限空间可分为三类：

（1）密闭、半封闭设备。如贮罐、车载槽罐、压力容器、管道等。

（2）地下有限空间。如地下管道、地下工程、暗沟、涵洞、地坑等。

（3）地上有限空间。

二、有限空间作业的危险有害因素

（1）设备设施与设备设施之间、设备设施内外之间相互隔断，导致作业空间通风不畅、照明不良、通信不畅。

（2）活动空间较小，工作场地狭窄，易导致作业人员出入困难，相互联系不便，不利于工作监护和实施施救。

（3）湿度和热度较高，作业人员能量消耗大，易于疲劳。

（4）存在酸、碱、毒、尘、烟等具有一定危险性的介质，易引发窒息、中毒、火灾和爆炸事故。

（5）存在缺氧或富氧、易燃气体和蒸气、有毒气体和蒸气、冒顶、高处坠落、物体打击、各种机械伤害等危险有害因素。

三、有限空间作业安全技术

（一）检测安全技术

（1）有限空间作业前，必须严格执行“先通风，再检测，后作业”的原则，根据施工现场有限空间作业实际情况，对有限空间内部可能存在的危害因素进行检测。在作业环境条件可能发生变化时，施工企业应对作业场所中危害因素进行持续或定时检测。

（2）检测人员应佩戴隔离式呼吸器，严禁使用氧气呼吸器；有可燃气体或可燃性粉尘存在的作业现场，所有的检测仪器、电动工具、照明灯具等必须使用符合《爆炸危险环境电力装置设计规范》（GB 50058—2014）要求的防爆型产品。

（3）实施检测时，检测人员应处于安全环境，未经通风和检测或检测不合格的，严禁作业人员进入有限空间进行施工作业。

（4）检测指标应当包括氧浓度、易燃易爆物质浓度值、有毒有害气体浓度值等。检测工作应符合《工作场所空气中有害物质监测的采样规范》（GBZ 159—2004）的规定。

（5）根据检测结果，施工企业现场技术负责人组织对作业环境危害情况进行评估，制订预防、消除和控制危害的措施，确保作业期间处于安全受控状态。危害评估依据为《缺氧危险作业安全规程》（GB 8958—2006）、《工作场所有害因素职业接触限值　第 1 部分：化学有害因素》（GBZ 2.1—2019）和《有毒作业分级》（GB/T 12331—1990）。

（二）作业安全技术

（1）在有限空间作业前和作业过程中，可采取强制性持续通风措施降低危险，保持空气流通。严禁用纯氧进行通风换气。

（2）对由于防爆、防氧化不能采取通风换气措施或受作业环境限制不易充分通风换气的场所，作业人员必须配备并使用空气呼吸器或软管面具等隔离式呼吸保护器具。

（3）照明灯具电压应当符合《特低电压（ELV）限值》（GB/T 3805—2008）等相关标准的规定；作业场所存在可燃性气体、粉尘的，其电气实施设备及照明灯具的防爆安全要求应当符合《爆炸性环境　第 1 部分：设备通用要求》（GB 3836.1—2010）等标准的要求。

（4）作业人员进入有限空间危险作业场所作业前和离开时应准确清点人数。

（5）进入有限空间危险作业场所作业，作业人员与监护人员应事先规定明确的联络信号。

（6）当发现缺氧或检测仪器出现报警时，必须立即停止危险作业，作业点人员应迅速离开作业现场。

（7）当作业场所的缺氧危险可能影响附近作业场所人员的安全时，应及时通知这些作业场所的有关人员。

（8）有限空间作业的施工企业应在有限空间入口处设置醒目的警示标志，告知存在的危害因素和防控措施。

（9）在有限空间危险作业场所，必须配备抢救器具，如呼吸器具、梯子、绳缆以及其他必要的器具和设备，以便在非常情况下抢救作业人员。

（10）当作业人员在特殊场所（密闭设备等）内部作业时，如果供作业人员出入的门或盖不能很容易打开且无通信、报警装置，严禁关闭门或盖。

（11）当作业人员在与输送管道连接的密闭设备（如油罐、储罐、锅炉等）内部作业时，必须严密关闭阀门，装好盲板，并在醒目处设立禁止启动的标志。

（12）当作业人员在密闭设备内作业时，一般打开出入口的门或盖，如果设备与正在抽气或已经处于负压的管路相通，严禁关闭出入口的门或盖。

（13）在地下进行压气作业时，应防止缺氧空气泄至作业场所，如与作业场所相通的设施中存在缺氧空气，应直接排除，防止缺氧空气进入作业场所。

（14）存在下述任一情况者，应禁止进入有限空间作业：

①无办理安全审批表的作业。

②与安全审批内容不符的作业。

③无监护人员的作业。

④超时作业。

⑤不明情况的盲目救护。

⑥禁止以下人员进入有限空间危险作业：

a. 在经期、孕期、哺乳期的女性。

b. 有聋、哑、呆、傻等严重生理缺陷者。
c. 患有深度近视、癫痫、高血压、过敏性气管炎、哮喘、心脏病、精神分裂症等疾病者。
d. 有外伤疤口尚未愈合者。

第八章　水利水电工程建设事故管理

水利水电工程建设事故管理是为加强事故的管理,依据有关安全生产法律法规及标准,及时有效地处理事故,减轻事故造成的后果,对事故的调查、处理、统计分析、报告、研究和档案管理等一系列工作的总称。事故管理是安全管理的一项重要工作,搞好事故管理,对掌握事故信息、认识潜在的危险隐患、提高安全管理水平、采取有效的安全风险管控与隐患排查治理双重预防体系建设、防止事故的发生,具有重要的作用。

第一节　事故分类与常见事故类型

一、事故的分类

(一)事故定级的要素

事故定级要素的界定必须从各类事故侵犯的相关主体、社会关系和危害后果等方面来考虑。《生产安全事故报告和调查处理条例》(国务院令第 493 号)规定的事故分级要素有 3 个,即人员伤亡的数量(人身要素)、直接经济损失的数额(经济要素)、社会影响(社会要素),可以单独适用。

(二)事故分级的规定

《生产安全事故报告和调查处理条例》(国务院令第 493 号)将一般的生产安全事故分为 4 级。

(1)特别重大事故,是指造成 30 人以上死亡,或者 100 人以上重伤(包括急性工业中毒,下同),或者 1 亿元以上直接经济损失的事故。("以上"包括本数,所称的"以下"不包括本数,下同)。

(2)重大事故,是指造成 10 人以上 30 人以下死亡,或者 50 人以上 100 人以下重伤,或者 5 000 万元以上 1 亿元以下直接经济损失的事故。

(3)较大事故,是指造成 3 人以上 10 人以下死亡,或者 10 人以上 50 人以下重伤,或者 1 000 万元以上 5 000 万元以下直接经济损失的事故。

(4)一般事故,是指造成 3 人以下死亡,或者 10 人以下重伤,或者 1 000 万元以下直接经济损失的事故。

(三)特殊事故分级的规定

(1)补充分级。除对事故分级的一般性规定外,考虑到某些行业事故分级的特点,《生产安全事故报告和调查处理条例》(国务院令第 493 号)第三条第二款规定:"国务院安全生产监督管理部门可以会同国务院有关部门,制定事故等级划分的补充性规定。"根据国家有关规定和水利工程建设实际情况,事故分级可适时做出调整。

(2)社会影响恶劣事故。《生产安全事故报告和调查处理条例》(国务院令第 493 号)第四十四条规定:"没有造成人员伤亡,但是社会影响恶劣的事故,国务院或者有关地方人民政府认为需要调查处理的，依照本条例的有关规定执行。”

二、水利水电工程建设常见事故类型

依据《企业职工伤亡事故分类》（GB/T 6441—1986），事故可分为物体打击、车辆伤害、机械伤害、起重伤害、触电、淹溺、灼烫、火灾、高处坠落、坍塌、冒顶片帮、透水、放炮、瓦斯爆炸、火药爆炸、锅炉爆炸、容器爆炸、其他爆炸、中毒和窒息和其他伤害20个类别。

根据相关统计资料，水利水电工程建设多发事故类型包括坍塌事故、触电事故、高处坠落事故、物体打击事故、车辆伤害事故、机械伤害事故、起重伤害事故。

结合水利水电工程建设的实际，按照生产安全事故发生的过程、性质和机理，水利水电工程建设常见重大安全事故包括：

（1）施工中土石塌方和结构坍塌安全事故。

（2）特种设备或施工机械安全事故。

（3）施工围堰坍塌安全事故。

（4）施工爆破安全事故。

（5）施工场地内道路交通安全事故。

（6）其他原因造成的水利水电工程建设安全事故。

第二节　事故报告、调查与处理

一、事故报告

（一）事故报告时限和程序

1. 事故发生单位事故报告

水利工程建设项目事故发生单位应立即向项目法人（项目部）负责人报告，项目法人（项目部）负责人应于1小时内向主管单位和事故发生地县级以上水行政主管部门报告。

部直属单位或者其下属单位（以下统称部直属单位）发生的生产安全事故信息，在报告主管单位的同时，应于1小时内向事故发生地县级以上水行政主管部门报告。

2. 水行政主管部门事故报告

水行政主管部门接到事故发生单位的事故信息报告后，对特别重大、重大、较大和造成人员死亡的一般事故以及较大涉险事故信息，应当逐级上报至水利部。逐级上报事故情况，每级上报的时间不得超过2小时。

部直属单位发生的生产安全事故信息，应当逐级报告水利部。每级上报的时间不得超过2小时。情况紧急时，事故现场有关人员可以直接向事故发生地县级以上水行政主管部门报告，水行政主管部门也可以越级上报。

3. 水行政主管部门事故电话快报

发生人员死亡的一般事故的，县级以上水行政主管部门接到报告后，在逐级上报的同时，应当在1小时内电话快报省级水行政主管部门，随后补报事故文字报告。省级水行政主管部门接到报告后，应当在1小时内电话快报水利部，随后补报事故文字报告。

发生特别重大、重大、较大事故的，县级以上水行政主管部门接到报告后，在逐级上报的同时，应当在 1 小时内电话快报省级水行政主管部门和水利部，随后补报事故文字报告。

部直属单位发生特别重大、重大、较大事故，人员死亡的一般事故的，在逐级上报的同时，应当在 1 小时内电话快报水利部，随后补报事故文字报告。

（二）事故报告的内容及要求

1. 事故报告方式

事故报告要做到"快"和"准"，可采用电话、电报、电传、因特网或其他快速办法。

水利行业生产安全事故月报采用《水利生产安全事故月报表》方式上报。水利工程建设项目法人、部直属单位应当通过"水利安全生产信息上报系统"将上月本单位发生的造成人员死亡、重伤（包括急性工业中毒）或者直接经济损失在 100 万元以上的水利生产安全事故和较大涉险事故情况逐级上报至水利部。省级水行政主管部门、部直属单位须于每月 6 日前，将事故月报通过"水利安全生产信息上报系统"报水利部安全监督司。

事故月报实行"零报告"制度，当月无生产安全事故也要按时报告。

2. 事故报告范围

水利生产安全事故信息包括生产安全事故信息和较大涉险事故信息。

水利生产安全事故等级划分按《生产安全事故报告和调查处理条例》（国务院令第 493 号）第三条执行。

较大涉险事故包括：涉险 10 人及以上的事故；造成 3 人及以上被困或者下落不明的事故；紧急疏散人员 500 人及以上的事故；危及重要场所和设施安全（电站、重要水利设施、危化品库、油气田和车站、码头、港口、机场及其他人员密集场所等）的事故；其他较大涉险事故。

3. 事故报告内容

事故的报告应及时、准确、完整，报告内容应当体现完整性原则。

水利生产安全事故信息报告包括：事故文字报告、电话快报、事故月报和事故调查处理情况报告。

（1）事故文字报告：包括事故发生单位概况；事故发生时间、地点以及事故现场情况；事故的简要经过；事故已经造成或者可能造成的伤亡人数（包括下落不明、涉险的人数）和初步估计的直接经济损失；已经采取的措施；其他应当报告的情况。

（2）电话快报：包括事故发生单位的名称、地址、性质；事故发生的时间、地点；事故已经造成或者可能造成的伤亡人数（包括下落不明、涉险的人数）。

（3）事故月报：包括事故发生时间、事故单位名称、单位类型、事故工程、事故类别、事故等级、死亡人数、重伤人数、直接经济损失、事故原因、事故简要情况等。

（4）事故调查处理情况报告：包括负责事故调查的人民政府批复的事故调查报告、事故责任人处理情况等。

4. 事故发生后对各参建单位的要求

水利水电工程建设发生安全事故后，在工程所在地人民政府的统一领导下，迅速成立事故现场应急处置机构，负责统一领导、统一指挥、统一协调事故应急救援工作。事故现场应急处置指挥机构由到达现场的各级应急指挥部和项目法人、施工等工程参建单位组成。

在事故现场参与救援的各单位和人员应当服从事故现场应急指挥机构的指挥，并及时向事故现场应急处置指挥机构汇报重要信息。

水利水电工程建设发生重大安全事故后，项目法人和施工等工程参建单位必须迅速、有效地实施先期处置，防止事故进一步扩大，并全力协助开展事故应急处置工作。

二、事故调查

水利水电工程建设事故调查，是事故调查组为了查明水利水电工程建设事故原因、核定事故损失、认定事故责任和依法对水利水电工程建设事故肇事人的违法事实进行侦查、勘验的行为。各级水行政主管部门要按照有关规定，及时组织有关部门和单位进行事故调查，认真吸取教训、总结经验，及时进行整改。

事故调查的一般程序如下：

(1)保护好事故现场，抓紧时间向上级和有关部门报告，同时要积极抢救在事故中的受伤者。

(2)发生事故的单位和有关上级主管单位要及时派出事故调查组赴事故现场调查。

(3)在事故现场收集事故各方面的情况与人证、物证，召开有关人员座谈会、分析会。

(4)明确事故原因、分清事故责任、提出事故处理意见。

(5)填写事故调查报告并提交。

(一)事故调查准备

1. 成立事故调查组

事故调查是一项专业性极强的工作，不同类型、不同级别的事故，主持和参与调查的人员、人数、编制都会有很大差异。事故调查组参照《生产安全事故报告和调查处理条例》(国务院令第493号)关于事故调查组的成员单位和参加单位的要求来设立。

事故调查组的职责主要包括：

(1)查明事故发生的经过、原因、人员伤亡情况及直接经济损失。

(2)认定事故的性质和事故责任。

(3)提出对事故责任者的处理建议。

(4)总结事故教训，提出防范和整改措施。

(5)提交事故调查报告。

2. 事故调查所需设备准备

事故调查准备工作中一项重要的工作就是物资、器材上的准备，如指导事故调查用的有关规则、标准，现场急救用的急救包，取证用的摄像设备、笔、纸、标签、样品容器，防护用的服装、器具，检测用的仪器设备等。

(二)事故调查取证

在进行事故调查取证的时候，要注意保护事故现场，不得破坏与事故有关的物体、痕迹和状态等。当进入现场或做模拟试验需要移动现场某些物体时，必须做好现场标志。事故调查取证工作包括物证与人证的收集、事故事实材料的收集。

物证包括现场的致害物、残留物、破损件、碎片及其具体位置。对这些物证均应贴上标签,注明时间、地点、管理者;所有物件均应保持原样,不得擦洗;对健康有害的物品,应采取不损坏原始证据的安全保护措施。

人证是指有关现场当事人的叙述事故的材料,应认真考证其真实性。

事故事实材料的收集包括与事故鉴别、记录有关的材料和事故发生的有关事实材料。

另外,在进行事故取证的时候可根据事故调查需要,做好事故现场的方位拍照、全面拍照、中心拍照、细目拍照和人体拍照等,绘出事故调查分析所必须了解的信息示意图。

(三)事故调查分析

事故调查分析包括事故原因分析、事故性质认定和事故责任分析三个方面。

1. 事故原因分析

(1)事故直接原因。直接导致事故发生的原因,又称一次原因。事故直接原因只有两个,即人的不安全行为和物的不安全状态。

《企业职工伤亡事故分类标准》中规定了 13 大类人的不安全行为包括:①未经许可,开动、关停、移动机器;开动、关停机器时未给信号,开关未锁紧;忘记关闭设备;忽视警告标志、警告信号;操作错误按钮、阀门、扳手、把柄等;奔跑作业,供料或送料速度过快;机械超速运转;违章驾驶机动车;酒后作业;人货混载;冲压机作业时,手伸进冲压模;工件紧固不牢;用压缩空气吹铁屑。②安全装置被拆除、堵塞,造成安全装置失效。③临时使用不牢固的设施或无安全装置的设备等。④用手代替手动工具,用手清除切屑,不用夹具固定,用手拿工件进行加工。⑤成品、半成品、材料、工具、切屑和生产用品等存放不当。⑥冒险进入危险场所。⑦攀、坐不安全位置。⑧在起吊物下作业、停留。⑨机器运转时从事加油、修理、检查、调整、焊接、清扫等工作。⑩分散注意力行为。⑪在必须使用个人防护用品用具的作业或场合中,未按规定使用。⑫在有旋转零部件的设备旁作业穿肥大服装;操纵带有旋转零部件的设备时戴手套。⑬对易燃易爆等危险物品处理错误。物的不安全状态包括:①防护、保险、信号等装置缺乏或有缺陷。②设备、设施、工具、附件有缺陷。③个人防护用具(防护服、手套、护目镜及面罩、呼吸器官护具、听力护具、安全带、安全帽、安全鞋等)缺少或有缺陷。④生产(施工)场地环境不良。

(2)事故间接原因。是指事故直接原因得以产生和存在的原因,也称管理原因。事故间接原因有下列六种:①技术和设计上有缺陷,设施、设备、工艺过程、操作方法、施工措施和材料使用等存在问题;②教育培训不够、未经培训,员工缺乏或不懂安全操作技术知识和技能;③劳动组织、生产布置不合理;④对现场工作缺乏检查或指导错误;⑤没有安全操作规程或规章制度不健全,无章可循;⑥没有或不认真实施事故防范措施,对事故隐患整改不力。

2. 事故性质认定

通过对事故的调查分析,明确事故性质,将事故分为责任事故与非责任事故。

(1)责任事故指由于管理不善、设备不良、工作场所不良或有关人员的过失引起的伤亡事故。生产中发生的各类事故大多数属责任事故,其特点是可以预见和避免。如水利水电工程建设中临边作业不挂安全带,导致高处坠落死亡事故;违反操作规程导致设备损坏或人员伤亡事故等。

(2)非责任事故指由于事先所不能预见或不能控制的自然灾害而引起的伤亡事故,如地震、滑坡、泥石流、台风、暴雨、冰雪、低温、洪水等地质、气象、自然灾害引起的事故;由于一些没有探明科学方法和尖端技术的未知领域所引起的事故,如新产品、新工艺、新技术使用时无法预见的事故;由于科学技术、管理条件不能预见的事故,如规程、规范、标准执行实施以外未规定的意外因素造成的事故。其特点为不可预见或不可避免。

3. 事故责任分析

事故责任分析是在查明事故原因后,分清事故责任,吸取教训,改进工作。事故责任分析中,应通过对事故的直接原因和间接原因分析,确定事故的直接责任者和领导责任者及其主要责任者,从而根据事故后果和事故责任提出处理意见。

(1)直接责任者指其行为与事故的发生有直接关系的人员;主要责任者指对事故的发生起主要作用的人员。有下列情况之一的应由肇事者或有关人员负直接责任或主要责任:

①违章指挥、违章作业或冒险作业造成事故的。

②违反安全生产责任制和操作规程,造成事故的。

③违反劳动纪律,擅自开动机械设备或擅自更改、拆除、毁坏、挪用安全装置和设备,造成事故的。

(2)领导责任者指对事故的发生负有领导责任的人员,有下列情况之一时,应负有领导责任:

①由于安全生产规章、责任制度和操作规程不健全,职工无章可循,造成事故的。

②未按照规定对职工进行安全教育和技术培训,或职工未经考试合格上岗操作,造成事故的。

③机械设备超过检修期限或超负荷运行,设备有缺陷又不采取措施,造成事故的。

④作业环境不安全,又未采取措施,造成事故的。

⑤新建、改建、扩建工程项目,安全设施不与主体工程同时设计、同时施工、同时投入生产和使用,造成事故的。

(四)事故调查报告

事故调查报告是事故调查工作的结果,是事故调查水平的综合反应。事故调查报告的核心内容应反映对事故的调查分析结果,应包括下列内容:

(1)事故单位基本情况。

(2)调查中查明的事实。

(3)事故原因分析及主要依据。

(4)事故发展过程及造成的后果(包括人员伤亡、经济损失)分析、评估。

(5)采取的主要应急响应措施及其有效性。

(6)事故结论。

(7)事故性质,若为责任事故,需报告责任单位、事故责任人及其处理建议。

(8)调查中尚未解决的问题。

(9)经验教训和有关水利水电工程建设安全的建议。

(10)事故调查组成员名单和签名。

（11）各种必要的附件等。

（五）材料归档及事故登记

事故处理结案后，应将事故调查处理的有关材料按伤亡事故登记表的要求进行归档和登记，包括：事故调查报告书及批复，现场调查的记录、图纸、照片，技术鉴定、试验报告，直接和间接经济损失的统计材料，物证、人证材料，医疗部门对伤亡人员的诊断书，处分决定，事故通报，调查组人员姓名、职务、单位等。

三、事故处理

《安全生产法》明确规定了生产安全事故调查处理的原则：科学严谨、依法依规、实事求是、注重实效。事故处理包括事故善后处理、事故责任处理以及整改措施制订。

（一）事故善后处理

善后处理主要包括：伤亡者的妥善处理、群众的教育、恢复生产、整改措施的落实。

（二）事故责任处理

根据事故处理“四不放过”原则（事故原因未查明不放过、责任人未处理不放过、整改措施未落实不放过、有关人员未受到教育不放过），对事故责任者要严肃处理，追究其相应的法律责任。

《国务院关于进一步加强企业安全生产工作的通知》（国发〔2010〕23 号）中提出“实行更加严格的考核和责任追究”，一方面加大了对事故单位负责人的责任追究力度，另一方面也加大了对事故单位的处罚力度。

《中共中央国务院关于推进安全生产领域改革发展的意见》（中发〔2016〕32 号）中提出“完善事故调查处理机制”，坚持问责与整改并重，充分发挥事故查处对加强和改进安全生产工作的促进作用。

（三）整改措施制订

为预防类似事故再次发生，应该从技术、管理、教育三方面提出整改措施，并使其得到落实。制订和落实整改措施要求论证下列几个方面内容：

（1）整改措施是否可行、是否有效、是否还会带来危险因素，有必要的话可进行风险评估。

（2）落实责任：谁来落实，什么时候落实，谁保证人、财、物的资源的安全。

（3）跟踪监督完成情况等工作。

第三节　事故统计分析

一、事故统计分析的目的

事故的发生具有随机性，即事故发生的时间、地点、事故后果的严重程序是偶然的。这说明事故的预防具有一定的难度。但事故的随机性在一定的范围内也遵循统计规律，从事故的统计资料中找出事故发生的规律性，这对制订正确的预防措施具有重大意义。

对水利水电工程建设安全事故进行统计分析，是掌握水利水电工程建设安全事故发生的规律性趋势和各种内在联系的有效方法，既对加强水利水电工程建设安全管理工作具有很好的决策和指导作用，又对加强水利安全生产体制机制建设，对事故预防应对工作有重大作用。

二、事故统计分析的作用

做好事故统计分析有助于提高安全管理水平，主要表现在下列几个方面：

(1)从事故统计报告和数据分析中，掌握事故发生的原因和规律，针对安全生产工作中的薄弱环节，有的放矢地采取避免事故发生的对策。

(2)通过事故的调查研究和统计分析，反映出安全生产业绩，统计的数字是检验安全工作好坏的一个重要标志。

(3)通过事故的调查研究和统计分析，为制定有关安全生产法律法规、标准规范提供科学依据。

(4)通过事故的调查研究和统计分析，让广大员工受到深刻的安全教育，吸取教训、提高安全自觉性，让企业安全管理人员提高对安全生产重要性的认识，从而提高安全管理水平。

(5)通过事故的调查研究和统计分析，使领导机构及时、准确、全面地掌握本系统安全生产状况，发现问题并做出正确的决策。

三、事故统计指标

统计指标有绝对指标和相对指标。绝对指标反映事故情况的绝对数，如事故起数、死亡人数、重伤人数、直接经济损失等。相对指标用来评价事故的比较值，如伤害频率、伤害严重率等。

(1)从死伤人数方面对事故规模、严重程度和安全生产状况进行评价的统计指标主要有千人死亡率、千人重伤率、百万工时伤害率、伤害严重率、伤害平均严重率等，其计算方法见表8-1。

表8-1　事故统计指标及计算方法

名称	含义	计算方法
千人死亡率	一定时期内，平均每千名从业人员，因伤亡事故造成的死亡人数	千人死亡率 $=\frac{\text{死亡人数}}{\text{平均职工人数}}\times 10^3$
千人重伤率	一定时期内，平均每千名从业人员，因伤亡事故造成的重伤人数	千人重伤率 $=\frac{\text{重伤人数}}{\text{平均职工人数}}\times 10^3$
百万工时伤害率	一定时期内，平均每百万工时，因事故造成的伤害人数，伤害人数包括轻伤、重伤和死亡人数	百万工时伤害率 $=\frac{\text{伤害人数}}{\text{实际总工时数}}\times 10^6$
伤害严重率	一定时期内，平均每百万工时，事故造成的损失工作日数	伤害严重率 $=\frac{\text{总损失工作日数}}{\text{实际总工时数}}\times 10^6$
伤害平均严重率	每人次受伤害的平均损失工作日	伤害平均严重率 $=\frac{\text{总损失工作日数}}{\text{伤害人数}}\times 10^6$

(2)从经济角度出发,衡量安全生产状况,评价员工伤亡事故对经济效益影响的相对程度的统计指标。

(3)经济损失包括直接经济损失和间接经济损失,前者是指因事故造成人身伤亡及善后处理支出的费用和毁坏财产的价值;后者是指由直接经济损失引起和牵连的其他损失,包括失去的在正常情况下可以获得的利益和为恢复正常的管理活动或者挽回所造成的损失支付的各种开支、费用。经济损失用公式表示如下:

$$经济损失 = 直接经济损失(万元) + 间接经济损失(万元)$$

常用经济损失指标包括:

①千人经济损失率。在全部职工中,平均每一千职工事故所造成的经济损失大小,反映事故给全部职工经济利益带来的影响,即

$$千人经济损失率 = \frac{经济损失(万元)}{企业平均职工人数} \times 10^3$$

②百万元产值经济损失率。平均每创造一百万元产值因事故所造成的经济损失大小,反映事故对经济效益造成的经济影响程度,即

$$百万元产值经济损失率 = \frac{经济损失(万元)}{企业总产值(万元)} \times 100$$

四、事故统计的方法

事故统计分析就是运用数理统计的方法,对大量的事故资料进行加工、整理和分析,从中揭示事故发生的某些必然规律,为预防事故发生指明方向。常见的事故统计分析的方法有综合分析法、主次图分析法、事故趋势图分析法、相对指标比较法等,下面介绍几种。

(一)综合分析法

将大量的事故资料进行总结分类,将汇总整理的资料及有关数值,形成书面分析材料或填入统计表或绘制统计图,使大量的零星资料系统化、条理化、科学化。从各种变化的影响中找出事故发生的规律性。

(二)主次图分析法

主次图即主次因素排列图,是直方图与折线点的组合,直方图用来表示属于某项目的各分类的频次,而折线点则表示各分类的累积相对频次。排列图可以直观地显示出属于各分类的频数的大小及其占累积总数的百分比。

(三)事故趋势图分析法

事故趋势图又称事故动态图,它是将某单位或某地区的事故发生情况按照时间顺序绘制成的图形。它可以帮助人们掌握事故的发展规律或趋势,其横坐标多表示时间、年龄或工龄等时间参数,纵坐标可根据分析的需要选用不同的统计指标,如反映工伤事故规模的指标(包括事故次数、事故伤害总人数、事故损失工作日数、事故经济损失等)、反映工伤事故严重程度的指标(包括伤害严重率、伤害平均严重率、百万元产值事故经济损失值等)以及反映工伤事故相对程度的指标(包括千人死亡率、重伤率等)等。

五、事故统计分析资料整理

通过对事故的分析研究,促进科学技术的进步和社会的发展。事故资料的统计调查

分析，是采用各种手段收集事故资料，将大量零星的事故原始时间、地点、受害人的姓名、性别、年龄、工种、伤害部位、伤害性质、直接原因、间接原因、起因物、致害物、事故类型、事故经济损失等项目填写到一起。

事故资料的整理是根据事故统计分析的目的进行恰当分组和进行事故资料的审核、汇总，并根据要求计算数值，统计分组。审核、汇总过程中要检查资料的准确性，看资料的内容是否符合逻辑，指标之间是否矛盾，最后将整理的事故资料及有关数据填入统计表，利用统计表中的事故统计指标研究分析各种事故现象的规律、发展速度和比例关系等。

统计分析的结果，可以作为基础数据资料保存，作为定量安全评价和科学计算的基础。

第四节　工伤保险

工伤，又称产业伤害、职业伤害、工业伤害、工作伤害，当前国际上比较规范的“工伤”的定义包括两个方面的内容，即劳动者在从事职业活动或者与职业活动有关的活动时所遭受的不良因素引起的伤害和职业病伤害。

工伤保险亦称职业伤害保险，是通过社会统筹的办法，集中用人单位缴纳的工伤保险费，建立工作保险基金，对劳动者在工作中或在规定的特殊情况下，遭受意外伤害或患职业病导致暂时或永久丧失劳动能力以及死亡时，劳动者或其遗属从国家和社会获得物质帮助的一种社会保险制度。

实行工伤保险的基本目的在于防止工伤事故、补偿职业伤害带来的经济损失、保障工伤职工及其家属的基本生活水准、减轻企业负担，同时保障社会经济秩序的稳定。

一、工伤保险的职能

（一）工伤补偿

根据因工负伤、致残、死亡的不同情况提供法定标准的经济补偿，主要是以现金支付的有关工伤保险待遇。

（二）事故预防与职业病防治

工伤保险制度的建立，可以促使企业和社会关注企业安全管理，积极采取事故预防措施，防止事故和职业病的发生。

（三）职业康复

因工伤残不仅需要一定的经济补偿和及时的救治，更需要对他们进行康复治疗与帮助。这种康复是现代意义的康复：既要有及时的医疗康复，尽快恢复其能力或降低伤残程度，通过矫形手术或矫形器具使其恢复自信心及生活能力；又要有必要的教育康复和职业康复，使伤残人员能够尽快重返工作岗位或是掌握适合自己现有能力的技能，为其再就业创造良好的条件；同时还要有社会康复，使伤残人员无论在心理方面，还是在能力等诸方面能够自己生活，能够适应社会生活。

职业康复的积极意义不仅在于减少了基金的开支，更重要的是促进了工伤职工的社会融合，减少人力资源的浪费。

在我国的工伤保险中引入康复任务，是我国工伤保险事业的重要发展，也是我国向现代化迈进的重要措施。

二、我国现行工伤保险制度

依据《工伤保险条例》(2003 年 4 月 27 日国务院令第 375 号公布,2010 年 12 月 20 日《国务院关于修改〈工伤保险条例〉的决定》修订,国务院令第 586 号公布),工伤保险的申报和认定流程如图 8-1 所示。

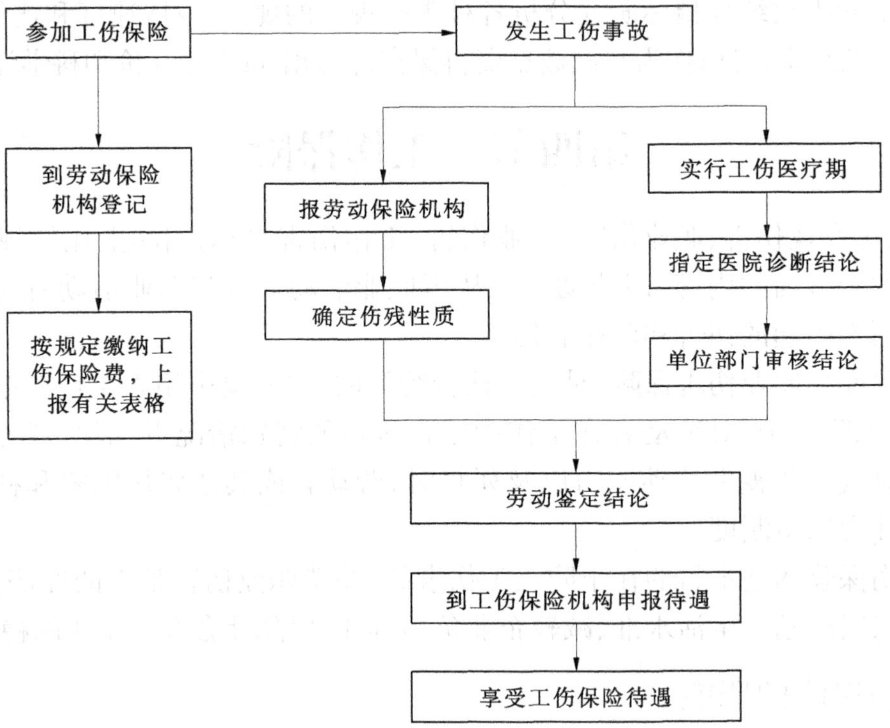

图 8-1　工伤保险的申报和认定流程

(一)享受工伤保险待遇的资格条件及认定程序

在判定遭遇人身伤害的职工能否享受工伤保险待遇时,首先要对其进行资格认定。

1. 关于工伤认定的资格条件

《工伤保险条例》第十四条规定的认定工伤的类型包括:

(1)在工作时间和工作场所内,因工作原因受到事故伤害的。

(2)工作时间前后在工作场所内,从事与工作有关的预备性或者收尾性工作受到事故伤害的。

(3)在工作时间和工作场所内,因履行工作职责受到暴力等意外伤害的。

(4)患职业病的。

(5)因工外出期间,由于工作原因受到伤害或者发生事故下落不明的。

(6)在上下班途中,受到非本人主要责任的交通事故或者城市轨道交通、客运轮渡、火车事故伤害的。

(7)法律、行政法规规定应当认定为工伤的其他情形。

《工伤保险条例》第十五条规定的视同工伤的类型包括:

(1)在工作时间和工作岗位,突发疾病死亡或者在 48 小时之内经抢救无效死亡的。

(2)在抢险救灾等维护国家利益、公共利益活动中受到伤害的。

(3)职工原在军队服役,因战、因公负伤致残,已取得革命伤残军人证,到用人单位后旧伤复发的。

2. 关于职业病认定的资格条件

职业病是指企业、事业单位和个体经济组织等用人单位的劳动者在职业活动中,因接触粉尘、放射性物质和其他有毒、有害因素引起的疾病。职业病认定与工伤认定的不同之处在于,它不是从事故条件而是从病因、病种和职业接触史等方面规定资格条件。职业病是由缓慢起作用的职业性病因引起的,而工伤的最大特征是病因是迅速作用的事故,两者均可享受工伤保险待遇。

界定法定职业病必须具备下列4个要件:

(1)患者必须是用人单位的劳动者,与用人单位发生了劳动关系。

(2)职业病必须是在从事职业活动中产生的。

(3)必须是接触了粉尘、放射性物质和其他有毒、有害物质等职业危害因素。

(4)必须是国家公布的职业病分类和目录所列的职业病。

3. 关于因工致残认定的资格条件

《工伤保险条例》专门设立有“劳动能力鉴定”一章,规定职工发生工伤,经治疗,伤情相对稳定后存在残疾、影响劳动能力的,应当进行劳动能力鉴定。在此之后的伤残待遇的确定和对工伤职工的安置都要以该鉴定的结果为依据。

4. 工伤认定程序

发生事故伤害或者按照职业病防治法规定被诊断、鉴定为职业病,所在单位应当自事故伤害发生之日或者被诊断、鉴定为职业病之日起30日内,向统筹地区社会保险行政部门提出工伤认定申请。

遇有特殊情况,经报社会保险行政部门同意,申请时限可以适当延长。

用人单位未按上述规定提出工伤认定申请的,工伤职工或者其近亲属、工会组织在事故伤害发生之日或者被诊断、鉴定为职业病之日起1年内,可以直接向用人单位所在地统筹地区社会保险行政部门提出工伤认定申请。

(二)工伤赔付

1. 劳动关系范围内的赔付——工伤保险的赔付

由于工伤保险调整的是具有劳动关系的当事人,即劳动过程和劳动准备过程中的劳动者与用人单位之间存在的、具有人身和财产关系属性的社会劳动关系,所以工伤保险属于《劳动法》调整的范畴,与适用于《中华人民共和国民法通则》(一九八六年四月十二日第六届全国人大会第四次会议通过,主席令第三十七号公布;2009年8月27日第十一届全国人大常委会第十次会议《关于修改部分法律的决定》修正,主席令第十八号公布;2017年3月15日,《中华人民共和国民法总则(草案)》经第十二届全国人大常委会第五次会议通过,主席令第六十六号公布,自2017年10月1日起正式实施。简称《民法通则》)调整的民事赔偿不一样。工伤保险的内容主要是国家和社会对受到职业伤害的劳动者的医疗救治、收入补偿、遗属抚恤和职业康复。因此,工伤保险的待遇给付就是对这些内容的具体落实。

2. 民法关系范围内的赔付——承担民事责任

《安全生产法》规定:"因生产安全事故受到损害的从业人员,除依法享有工伤保险外,依照有关民事法律尚有获得赔偿的权利的,有权向本单位提出赔偿要求","生产经营单位发生生产安全事故造成人员伤亡、他人财产损失的,应当依法承担赔偿责任;拒不承担或者其负责人逃匿的,由人民法院依法强制执行",单位在生产过程中如果发生了《民法通则》中规定的情况,造成对非企业生产人员的伤害时,应该承担相应的民事责任。

3. 工伤保险的补充——人身意外伤害保险

除依法参加工伤保险外,企业或职工个人还可以根据自身经济条件为全体或部分职工、为自己投保人身意外伤害险,将企业面临的人事风险和个人面临的意外伤害事故风险,通过人身保险的方式转嫁给保险公司。

4. 工伤死亡事故死亡职工一次性赔偿新标准

《国务院关于进一步加强企业安全生产工作的通知》(国发〔2010〕23 号)规定:提高工伤事故死亡职工一次性赔偿标准。从 2011 年 1 月 1 日起,依照《工伤保险条例》的规定,对因生产安全事故造成的职工死亡,其一次性工亡补助金标准调整为按全国上一年度城镇居民人均可支配收入的 20 倍计算,发放给工伤事故死亡职工近亲属。同时,依法确保工伤事故死亡职工一次性丧葬补助金、供养亲属抚恤金的发放。

(三)工伤保险待遇给付及程序

1. 工伤保险的待遇给付项目

工伤保险待遇及其部分待遇项目包含的主要内容如图 8-2 所示。

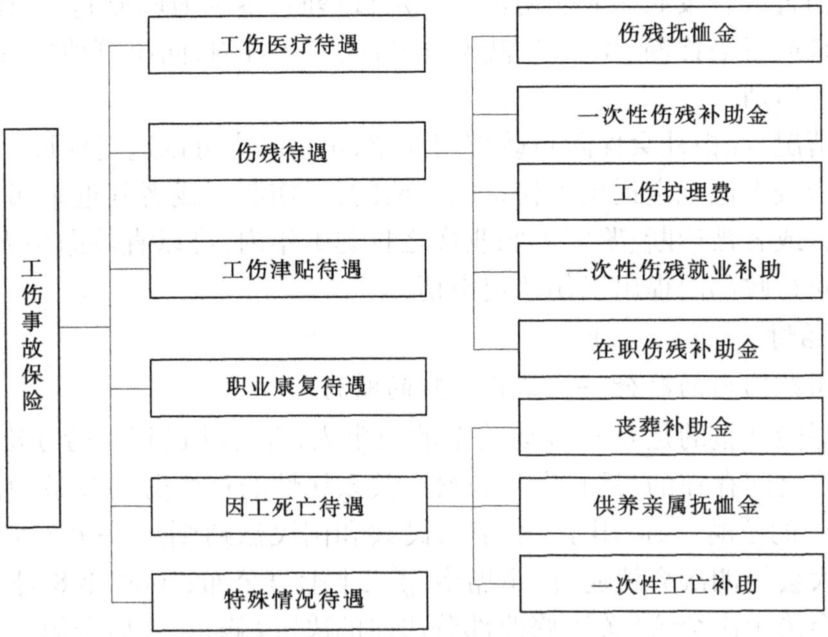

图 8-2　工伤保险待遇及其部分待遇项目

2. 工伤保险的待遇给付程序

依照《工伤保险条例》,工伤保险待遇的申请及给付程序如图 8-3 所示。

工伤认定时,应依据的书面资料包括:职工的工伤保险申请、指定医院或医疗机构初

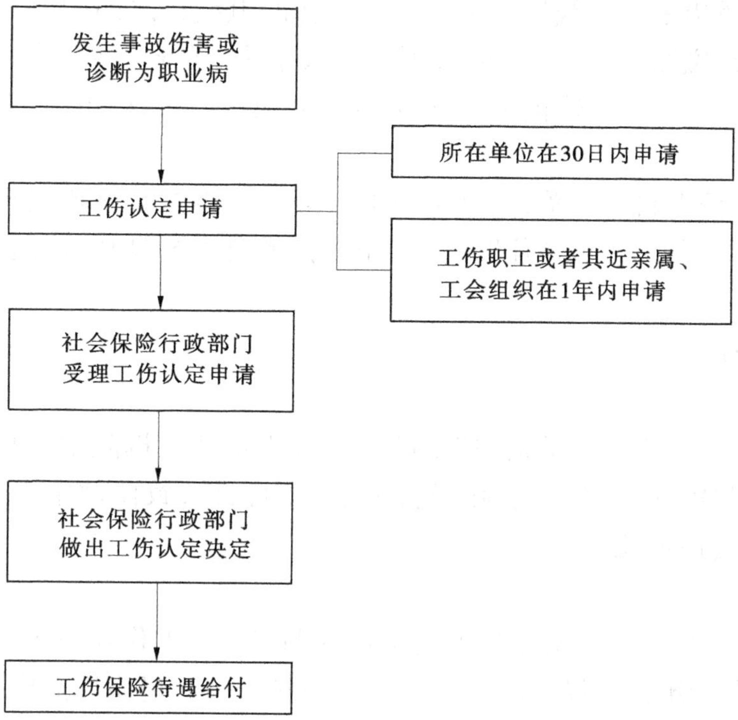

图 8-3　工伤保险待遇的申请及给付程序

诊时的诊断证明书以及企业或劳动部门的工伤报告。

第五节　水利水电工程建设事故案例

一、高处坠落事故案例:挖掘机作业高处坠落事故

(一)事故概况

2013 年 7 月 22 日 14 时 30 分许,××公司带班人员高××打电话给该公司技术员叶××,向其汇报某防洪排涝好溪堰水系整治一阶段工程Ⅰ标第三工区临时用电电线影响挖掘机压木桩施工,需要安排电工拆除临时用电电线。因当天电工请假,叶××叫高××组织作业人员去拆除电线。14 时 40 分许,高××在没有通知项目部有关人员的情况下,组织作业人员黄××、林××、挖掘机驾驶员王××进行电线拆除作业。在高××提出让作业人员站在挖掘机铲斗上拆除电线的要求时,王××提出用挖掘机将电线杆挖倒再拆除电线,高××坚持要求让作业人员站在挖掘机铲斗上作业,王××最后同意按照高××的要求操作。

当天拆电线是从社后大桥往长坑水立交方向拆,从社后大桥往长坑水立交方向依次共树立有 4 根电线杆(每根 3.5 m),社后大桥那根没有拆,第 2 根电线杆由林××拆除完毕(电线未剪断,只是将绑住电线的铁丝剪断后,将电线移出磁瓶),因为用尖嘴钳不好剪,林××将尖嘴钳递给黄××后返回工棚拿钢丝钳。15 时许,黄××在未做好防坠落措施的情况下就继续去拆第 3 根电线杆上的电线,他站在挖掘机铲斗的左边缘,背朝挖掘机驾驶室,然后王××操作挖掘机将铲斗升高大概有 2 m 多,使铲斗跟电线平行。黄××就去拆除绑在电线杆磁瓶上固定电线的铁丝,他左手握着电线,右手用尖嘴钳去剪铁丝,剪断

铁丝后，因社后大桥边上的电线杆与黄××正在剪的电线杆之间的电线还是悬空的，电线较为沉重，电线挂在磁瓶上，要移出磁瓶才可以放下来，黄××左手握着电线移出磁瓶的瞬间，由于重力惯性，一下子就被电线牵引着从铲斗上掉到地上，头先着地砸到一块硬石上。

看到黄××从挖掘机上摔落，高××与王××迅速将黄××抬出现场，抬到王××的私家车上送往医院。黄××被送往医院后，经抢救无效于8月9日死亡，医生诊断死亡原因为脑疝。

(二)事故原因

1. 直接原因

作业人员黄××安全意识淡薄，违章站在挖掘机铲斗上拆除临时用电电线，在剪断固定电线的铁丝后，将电线移出磁瓶的瞬间，由于重力惯性，致使被牵引着摔落并头朝下砸到地面硬石上，最终造成死亡。

2. 间接原因

(1)挖掘机驾驶员王××明知让工人站在挖掘机铲斗上作业属于违反《挖掘机安全操作规程》的行为，在带班人员提出此要求时，没有坚持原则，仍违规操作。

(2)××公司第三工区带班人员高××在没有通知项目部管理人员的情况下，指挥工人违章使用挖掘机拆除电线。

(3)××公司技术员叶××对作业现场危险性估计不足，在高××提出派专业电工拆除电线时，叫高××自己组织人员拆除，工作责任心不强。

(4)××公司主要负责人王×潮应对本单位的安全生产工作全面负责，其未有效履行安全生产管理职责，对该工程安全生产工作督促、检查不到位。

(5)××公司未切实履行安全生产管理职责，未督促工人有效落实安全管理规定，安全培训教育不到位，作业人员缺乏必要的自我防护意识。

(6)Ⅰ标项目部现场管理人员责任心不强，对安全管理不力，未能及时发现和制止劳务分包公司作业人员违章冒险作业的问题。

(三)事故责任分析

(1)作业人员黄××安全意识淡薄，违章站在挖掘机铲斗上拆除临时用电，违反安全管理规定，在未做好安全防护措施的情况下冒险作业。对事故的发生负直接责任，鉴于本人已在本起事故中死亡，建议不予追究相关责任。

(2)挖掘机驾驶员王××明知让工人站在挖掘机铲斗上作业属于违反《挖掘机安全操作规程》的行为，在带班人员提出此要求时，没有坚持原则，仍违规操作，对本起事故的发生负有责任。

(3)××公司带班人员高××在没有通知项目部管理人员的情况下，指挥工人违章使用挖掘机拆除电线，对本起事故的发生负有一定责任。

(4)××公司技术员叶××对作业现场危险性估计不足，在高××提出派专业电工拆除电线时，叫高××自己组织人员拆除，工作责任心不强，对本起事故的发生负有责任。

(5)××公司主要负责人王×潮应对本单位的安全生产工作全面负责，其未有效履行安全生产管理职责，对该工程安全生产工作督促、检查不到位，对此起事故的发生负有领导责任。

(6)××公司未切实履行安全生产管理职责,未督促工人有效落实安全管理规定,安全培训教育不到位,作业人员缺乏必要的自我防护意识,对本起事故的发生负有重要责任。

(7)项目部现场管理人员责任心不强,对安全管理不力,未能及时发现和制止劳务分包公司施工人员违章冒险作业的问题,对本起事故的发生负有责任。

(四)预防措施

(1)××公司及其主要负责人要认真吸取事故教训,针对该起事故中暴露出来的各种问题,深刻反思,要切实履行安全生产管理职责,加强对从业人员的安全生产教育和培训,提高职工的安全生产意识及自我防护能力,同时加大对施工现场督促、检查力度,对存在的违章作业和事故隐患要坚决予以纠正和排除,要及时落实事故调查报告提出的处理建议,并将整改情况书面报告区安监局及行业主管部门。

(2)项目部要切实履行安全生产管理职责,有效落实安全生产规章制度和操作规程,确保项目部管理人员在职在岗,要加强对分包企业及其施工班组的统一协调和管理,加大对施工现场监督检查力度,对无视安全生产、不按施工计划施工的行为要坚决予以纠正和处理,确保生产安全。

(3)监理单位要按照法律、法规和工程建设强制性标准实施监理,加强对项目安全的监督检查力度,及时督促施工单位落实好各项安全生产管理制度,以达到工程安全生产、文明施工的要求。

(4)行业主管部门要分析监管薄弱环节和存在的问题,强化工作措施,狠抓隐患排查和治理,确保行业整体安全。

二、坍塌事故案例:农村饮水工程预制板坍塌事故

(一)事故概况

2016年6月6日,××公司与××镇水利站签订五星农村饮水安全巩固提升工程施工合同,承包××镇五星农村饮水安全巩固提升工程。工程主要项目内容为取(蓄)水池、配水管网、泵房供水设备、消毒设备等。承包形式为包工、包料、包工期、包质量。项目经理童××,授权委托代理人陈×文。

监理单位法人代表罗××,总监理工程师何×华。监理单位设有办事处,负责人何×宾。五星农村饮水安全巩固提升工程现场监理罗×权(挂靠)。监理单位具有水利工程建设监理乙级资质。

设计单位法人代表杜××,具有水利水电勘测乙级资质。

2016年8月1日7时左右,五星农村饮水安全巩固提升工程施工人员何×云打电话给陈×喜,叫陈×喜拉盖房子用的模条到该工地上,8时30分左右,陈×喜到达施工现场。此时,何×云、李×兵等9名工人正在盖消毒房的最后一块预应力混凝土空心板(其中1人在旁边打杂),几分钟后,陈×喜离开现场准备回家,走出10 m左右,就听到身后施工现场"轰"一声,转过身去看,水池上的预制板和预制板上修建的消毒房全部垮塌到水池内,9名工人全部被垮塌的预制板和其他杂物埋压,于是马上用电话报告镇民政办工作人员李

×发，李×发及时向镇政府报告，镇政府工作人员边向110、120电话报警和急救，边向上级报告。

事故发生后，市委、市政府高度重视，省委常委、市委书记，市委副书记、市长，市委常委、常务副市长，市委常委、副市长等省、市领导分别做出批示，要求全力以赴组织施救，全力以赴抢救伤员，全力以赴做好善后工作，全市各级、各部门要举一反三，深刻吸取教训，全力以赴防范各类事故的发生。当日10时12分，市委副书记、市长、副市长等市委、政府领导率市安监、公安、水务、消防、住建、工会、卫计等部门相关人员赶赴现场指导救援和善后处理等工作，并现场启动事故调查程序，开展事故前期调查取证工作。

8时45分，区应急办接到事故报告后，立即启动重大事故应急救援预案，区党工委、管委会主要领导和分管领导第一时间组织区公安、消防、安监、水利、社事、卫计、住建、质监等部门人员赶赴现场组织施救，并同时成立应急救援工作领导小组，下设现场救援、医疗救治、现场维稳、善后处理、舆论引导等工作组，各工作组高效有序地开展应急救援和善后处置工作。9名受伤人员被及时送往医院抢救，其中8名伤者因伤势过重经医院抢救无效先后死亡。

8月2日，国家水利部，省水利厅、省安全监管局有关领导和专家先后赶赴现场指导事故善后和事故调查处理工作。

8月3日，8名遇难者全部火化；截至8月6日，按照当地风俗遇难者全部先后安葬，善后工作基本结束，社会秩序稳定。

（二）事故原因

1. 直接原因

施工单位未按照设计实施方案组织施工，擅自改变原设计几何尺寸，擅自将原设计水池顶板C20钢筋混凝土现浇板（厚120 mm）改为预应力混凝土空心板，现场预应力混凝土空心板上部荷载对其产生的弯矩大于其自身所能承受的弯矩，出现受弯破坏，导致预应力混凝土空心板断裂，引起水池盖板及上部消毒房整体垮塌，导致9名现场作业的工人全部被埋在新建的蓄水池内。

2. 间接原因

（1）施工单位施工安全生产主体责任不落实，违法违规施工。

①现场安全管理缺失。施工单位负责人未依法履行公司安全生产主要责任人责任，违规出借资质；项目经理童××、办事处负责人廖××、委托代理人陈×文等人未履行工程质量和安全管理职责，未在该工程中从事施工安全管理；施工现场无安全生产规章制度，未配备专职安全管理人员和施工技术人员，无安全施工防范措施。

②违法转包、分包工程。2016年5月，陈×文（不具备投标资格）参与镇农村饮水安全工程投标，竞标获得3个饮水工程标的施工权后，通过挂靠该施工单位取得施工资质。2016年6月16日开工建设后，陈×文就将水池施工及现场管理委托给何×云负责，又以12 500元的价格将消毒房以单包工方式发包给李×兵实施。

③施工人员未受到安全教育培训。施工单位未依法组织对参与施工的9名工人进行安全教育和操作技能培训，所有参与施工作业及施工管理的人员均不具备与本岗位相适应的资质和操作技能；未依法为施工人员办理工伤保险、提供符合国家标准或者行业标准

的劳动防护用品。

④未全面履行2016年6月6日与镇水利站签订的安全协议中明确的责任。

(2)监理单位未履行项目监理职责。委托不具备监理资格的罗×权为现场监理人,未依法履行五星农村饮水安全巩固提升工程项目监管职责;对关键部位既不履行监理责任也没有做监理记录,特别是施工单位将原设计水池顶板C20钢筋混凝土现浇板改为预应力混凝土空心板的行为,未及时发现并制止,致使隐患酿成事故,未履行监理方的责任,现场监理严重缺位失职。

(3)预制板厂非法生产经营。未依法办理生产、销售手续,非法生产、销售“三无”预应力空心板,且预应力空心板不符合相关质量要求。

(4)该镇水利站安全监管失职。一是违规招标。违反《农村饮水安全工程建设管理办法》的规定招标。二是安全管理不到位。项目发包后,对施工单位未按设计方案施工、施工现场安全管理缺失、监理单位不依法履职、施工单位(陈×文)违法转包、分包的行为失察。

(5)镇政府对2016年农村饮水安全工程建设立项审批、招标投标、质量和安全生产等方面的工作监管不力。

(6)该区农牧水利局行业监管责任未落实。组织领导行业安全生产工作不力,日常安全生产监督检查不到位,对五星农村饮水安全巩固提升工程建设、施工、监理等各方不依法履职的行为失察,对该镇水利站的业务指导和监督检查不力。

(7)该区质量监督管理部门监管不力。组织实施辖区内产品质量安全监督管理、产品质量风险监控、监督抽查等工作不力,致使预制厂生产、销售不符合国家技术标准的预应力混凝土空心板的行为长期未得到督促整改。

(8)该区工商管理分局对辖区内预应力混凝土空心板生产企业的清理排查有疏漏,致使预制厂违法生产、无照经营的行为长期存在。对工商执法大队的履职情况督促指导不力。

(9)该区住建局对预制厂非法、违法生产预应力混凝土空心板的行为未采取有效措施予以制止,对检查中发现生产现场无实验室、无质量保证体系、相关制度不落实等问题的跟踪、指导、督促整改不到位。

(10)该镇政府安全生产“打非治违”工作不扎实,对辖区内非法预应力混凝土空心板生产经营企业清理排查不到位,底数不清,治理不力,安全生产属地监管责任落实不到位。

(11)该区党工委、管委会安全生产“党政同责、一岗双责、失职追责”责任制落实不到位,安全生产“打非治违”等工作开展不扎实,对有关职能部门安全生产监管工作指导监督检查不力。

(三)事故责任分析

(1)陈×锋,男,该镇水利站站长(法人),五星农村饮水安全巩固提升工程建设单位负责人。未依法履行法定监管职责,组织领导、督促指导本单位安全生产工作不力,对本次事故的发生负有主要领导和监管责任。

(2)李×川,男,该县水务局职工,施工单位实际负责人。对施工单位的经营行为管理不到位,对该施工单位办事处违规出借资质、陈×文挂靠借用资质投标的行为失察,对本次事故的发生负有管理责任。

(3)童××,男,该区水务局职工(事业编制),施工单位五星农村饮水安全巩固提升工程项目经理。未依法履行项目经理责任,对该项目人员管理、安全施工和技术质量监管工作缺位,对本次事故的发生负有重要管理责任。

(4)彭××,男,该镇水利站副站长(事业编制)。分管全镇水利安全,该镇2016年农村饮水安全工程项目质量、技术指导具体负责人。对五星农村饮水安全巩固提升工程承包单位、监理单位违法违规、主体责任履行不到位等行为失察,对本次事故的发生负有直接管理责任。

(5)杨×益,男,该镇副镇长,分管水利、林业等工作。该镇2016年农村饮水安全工程项目具体负责人,对水利站等部门履职情况指导、监督、检查不力,对辖区内饮水工程项目点的现场施工安全疏于检查,属地监管责任履行不到位,对本次事故的发生负有重要领导责任。

(6)蒲××,男,该镇武装部长,分管安全生产工作。指导协调、监督检查安全生产工作不力;对行业主管部门履行安全生产监管责任督查不到位,调度不及时,对本次事故的发生负有领导责任。

(7)杨×贵,男,该镇党委副书记、镇长,该镇2016年农村饮水安全工程项目总负责人。对镇水利站等部门安全生产工作开展情况的调度、监督、检查不力,安全生产第一责任人的责任履行不到位,对本次事故的发生负有领导责任。

(8)贺××,男,该镇党委书记。组织领导、监督检查安全生产和落实"党政同责、一岗双责"安全生产责任制不到位,对本次事故的发生负有领导责任。

(9)王×云,男,该区农牧水利局水利科科长。对辖区内农村水利水电建设安全生产监督检查不到位,对该镇水利站指导、督促、检查不力,对本次事故的发生负有重要监管责任。

(10)韩××,男,该区农牧水利局党组成员,农牧水利服务中心主任(事业编制),分管农村水利水电建设管理等工作。组织领导、统筹安排、监督指导辖区内农村水利水电建设安全生产工作不力,对该镇水利站指导、督办不到位,对本次事故的发生负有直接领导责任。

(11)青××,男,该区农牧水利局党组书记、局长,该区农牧水利安全生产第一责任人。对辖区内农牧水利安全生产工作监督检查不到位,对业务科室及有关人员未认真履行职责的问题督促不力,未认真落实"一岗双责"和"管行业必须管安全"的要求,对本次事故的发生负有领导责任。

(12)王×波,男,该镇经济发展办公室主任(事业编制)。未认真履行安全生产行业监管责任。对辖区内无照经营的预制板厂的清理检查不到位,对预制厂存在的隐患跟踪督促整改不力,对本次事故的发生负有监管责任。

(13)贺××,男,该镇党委委员、武装部长。2014年12月,该镇参加了区质监、工商、住建等部门联合组织的预制板厂专项检查,但作为该镇当时分管安全生产、又组织参与专项检查工作的分管领导,没有跟踪督促整改联合检查组对预制厂检查时发现的问题,开展"打非治违"等工作不力,对本次事故的发生负有领导责任。

(14)陈×华,男,该镇党委委员、副镇长,分管安全生产、经济发展等工作。对全镇安全生产"打非治违"和属地监管责任工作落实不到位,对本次事故的发生负有领导责任。

(15)黎××,男,该区质监分局稽查大队大队长。对预制厂未按国家技术标准生产预应力混凝土空心板的行为稽查执法不力,致使该厂非法生产、销售"三无"产品的行为长期存在,对本次事故的发生负有监管责任。

(16)甘××,男,该镇执法大队大队长。对辖区内无照经营市场主体的清理检查不细致,对预制厂无照生产经营的行为失察漏管,对本次事故的发生负有监管责任。

(17)胡××,男,该区工商分局党组成员、经检大队大队长。2014年12月该镇片区预制厂专项检查组组长,对预制厂无照生产经营的行为检查不细致,跟踪执法查处不力,致使该厂非法生产、销售"三无"产品的行为长期存在,对本次事故的发生负有监管责任。

(18)张×文,男,该区住建局建筑管理科科长(事业编制),负责辖区内建筑市场的管理。对预制厂生产现场无实验室、质量保证体系及相关制度等问题查处不力,致使该厂非法生产、销售"三无"产品的行为长期存在,对本次事故的发生负有监管责任。

(19)黄×强,男,该区质监分局党组书记、局长。督促检查业务科室及有关人员履行职责不到位,对本次事故的发生负有领导责任。

(20)龚××,女,该区工商分局局长。督促检查业务科室及有关人员履行职责不到位,对本次事故的发生负有领导责任。

(21)娄××,男,该区住建局局长。督促检查业务科室及有关人员履行职责不到位,对本次事故的发生负有领导责任。

(22)陈×宽,男,该区管委会副主任,分管农牧水利工作。贯彻落实党工委和管委会安全生产工作部署和要求不到位,统筹协调、指导督促全区农牧水利安全生产大检查、隐患排查等工作不力,对本次事故的发生负有领导责任。

(23)谢××,女,该区管委会副主任,分管质监、工商等工作。指导、督促、检查全区质量安全、工商管理工作不到位,对本次事故的发生负有领导责任。

(24)付××,男,该区管委会副主任,分管安全生产工作。统筹协调、指导督促全区安全生产工作不到位,对本次事故的发生负有领导责任。

(四)预防措施

(1)各级各部门要深刻吸取"8·1"较大农村饮水工程安全事故和近年来发生的群死群伤事故教训,牢固树立科学发展、安全发展理念,始终把人民群众生命安全放在第一位。正确处理好安全生产与经济发展的关系,严守发展决不能以牺牲人的生命为代价这条"红线",切实落实"党政同责、一岗双责、失职追责"和"三必须"、"三监管"的安全生产责任。坚持安全生产高标准、严要求,在新建项目上要严把安全生产关,防范出现安全生产条件"先天缺陷",埋下安全生产事故隐患。要切实加强在建农村饮水安全工程的监管,确保按设计实施方案组织施工,确保施工安全。

(2)全市建设工程施工企业要进一步强化法律意识,认真落实安全生产主体责任,建立健全安全生产管理制度,加强对危险性较大的工程安全管理,将安全生产责任落实到岗位,落实到人头,做到安全投入到位、安全培训到位、基础管理到位、应急救援到位;积极开展以岗位达标、项目达标和企业达标为重点的安全生产标准化建设,自觉规范安全生产行为，严守法律底线，确保安全生产。

（3）建设单位和建设工程项目管理单位要切实增强安全生产责任意识，依法申请建设项目相关行政审批及施工许可证，督促勘察、设计、施工、监理等单位落实安全责任，加强施工现场安全管理。

（4）施工单位不得违法出借资质证书或超越本单位资质等级承揽工程，不违法转包、分包工程，不擅自变更工程设计或不按设计图纸施工；按规定配备足够的安全管理人员，严格现场施工的安全管理。

三、车辆伤害事故案例：叉车伤害事故

（一）事故概况

2009 年 10 月 9 日临近 14 时，某水利水电公司安全管理员陈××指派徐××到钢筋加工现场叉检钢筋等物品。14 时 02 分，徐××叉运第二批钢筋用 5 km/h 以上的速度开到码头中部门吊机附近，由于门吊机挡住了部分视线，以及叉车司机徐××未仔细察看四周的环境，叉车经过门吊机后，徐××发现叉车前有作业人员（许××）正拿着一截管子快速通过码头，于是立即踩刹车，但是此时叉车货叉上的钢筋箱已经碰倒了许××，由于惯性，钢筋箱从货叉上往前滑出一部分压住了许××腰臀部。

事故发生后，正在码头值班的保安杨××及在 ZH3021 船登船梯上的安保部经理助理刘××看到许××被叉车撞倒压在废料箱下，立即赶过来进行救援，并打电话向公司报告。刘××、杨××和现场的几个工人一起准备把压在许××身上的钢筋箱翻回货叉上，但是因为钢筋箱过于沉重没有推动，刘××让叉车司机徐××把叉车倒一点，使钢筋箱翻转脱离许××身上。经过在场的几名工人协助，许××被抬上急救车，并于 14 时 40 分被送到骨伤联合医院进行抢救，经医院一个多小时抢救无效于 15 时 50 分死亡。

（二）事故原因

1. 直接原因

叉车司机徐××在叉运废料箱作业过程中未仔细查看周围环境，超速行驶（速度大于 5 km/h）撞倒了正在穿越码头且未留意过往车辆的许××，导致了事故发生。

2. 间接原因

（1）叉车司机徐××、作业人员许××未经过充分有效的安全教育培训，造成安全意识不强。

（2）现场门吊机在作业时未设置必要的安全防护，未在危险性作业场所设置警示标识，使人在思想上不易引起警觉。

（三）事故责任分析

（1）叉车司机徐××在叉运钢筋箱作业过程中未仔细查看周围环境，超速行驶（速度大于 5 km/h）撞倒了正在穿越码头且未留意过往车辆的许××，导致许××死亡。其行为违反了有关规定，对事故的发生负有直接责任。

（2）许××未经过充分有效的安全教育培训，在通过码头等重要的场所时，未留意过往车辆，导致被行驶中的叉车撞倒致死，对事故的发生负有直接责任，鉴于许××在事故中已死亡，不再追究其相关责任。

（3）未有效地对码头等重点部位进行安全管理，未设置提醒从业人员的安全警示和限速标志；未有效督促从业人员严格执行本单位的安全生产规章制度和安全操作规程；对从业人员的安全教育培训不到位，对新进厂的叉车司机徐××未能够按照《生产经营单位安全培训规定》等相关的法律法规进行培训，对事故的发生负有主要责任。

（4）单位未能有效督促、检查本单位的安全生产工作，对从业人员安全教育培训未按照有关规定进行等安全事故隐患未及时采取有效整改措施，对事故的发生负有主要责任。

（5）单位安保部经理张××，未能有效管理好公司的安全生产工作，对码头等重要场所缺少安全警示标志和限速标志等安全隐患未及时采取有效整改措施，对事故的发生负有主要责任。

（四）预防措施

（1）施工单位切实抓好生产安全工作，加强作业现场安全生产管理，明确划分厂内机动车行驶路线区域，对码头等重要场所增设安全提醒和限速标志；严格按照《生产经营单位安全培训规定》等有关法律法规的规定，认真落实职工安全三级教育和安全技术培训工作，坚决防止类似事故再次发生。

（2）督促企业落实安全生产主体责任，积极开展隐患排查整治工作，加强现场安全管理，确保各项安全措施的落实。

四、触电事故案例：违章作业触电伤亡事故

（一）事故概况

××工程是太湖流域水环境综合治理总体方案确定的水环境治理重点工程之一，工程建设单位为××省水利厅。2012年12月14日批复成立了××市××工程建设处（简称“建设处”），该处设在××市重点水利工程建设管理处（××市水利局下属事业单位），法人代表徐××。

2015年5月31日，经公开招投标××公司中标该工程的桥梁施工Ⅱ标项目工程。2015年6月1日，建设处和××公司签订了发包合同。工程项目主要是向西接长改造桥梁，载荷等级为公路－Ⅱ级，桥下不通航，桥宽6.0 m，桥梁跨径为13 m＋20×5 m＋13 m，桥梁全长126 m，上部结构采用先张法预应力空心板，下部结构采用桩柱式墩台，钻孔灌注桩基础。

2016年8月20日上午8时许（因8月19日夜，3号桥墩接桩部位新浇筑混泥土而未作施工安排），友谊桥工地钢筋工班组小组长吴××携带电焊机至友谊桥3号、4号桥墩之间的三级配电箱处，在使用电焊机连接电源时不慎触电。事发时，钢筋工班组倪××在工棚外循声至事发现场，发现吴××已触电倒地。随后与闻声赶来的项目部其他人员报120急救电话，并将其送医院进行救治，吴××经抢救无效于当日死亡。

（二）事故原因

1. 直接原因

钢筋工吴××安全意识淡薄，在未经专门的安全技术培训并考核合格，且未经派工的情况下，擅自使用电焊机连接施工场所的电源，操作不当，导致触电事故。

2. 间接原因

(1) 桥梁施工Ⅱ标项目部对施工作业人员临时用电安全教育培训不到位，尤其对“未经专门的安全技术培训并考核合格”的规定教育不到位，造成吴××安全意识淡薄，这是本起事故发生的主要原因。

(2) ××公司对该工程桥梁施工Ⅱ标项目部安全管理不严，未严格督促检查项目部的安全生产工作，尤其在变更项目经理过程中，既没及时派出新任项目经理，也未指定该项目部临时负责人，导致项目部在8月19~24日无主要负责人对项目部实施管理工作，同时未能及时发现和纠正吴××。

未经专门的安全技术培训并考核合格而上岗作业和安全教育培训不到位的问题，是本起事故发生的重要原因。

(三) 事故责任分析

(1) 桥梁施工Ⅱ标项目部钢筋工吴××安全意识淡薄，在未经专门的安全技术培训并考核合格，且未经派工的情况下违章作业，擅自使用电焊机连接施工场所电源，导致事故发生，应对本起事故的发生负有直接责任。鉴于其已在事故中死亡，不再追究其责任。

(2) 桥梁施工Ⅱ标项目部安全管理员李××、施工队长王××，未严格履行岗位职责，对钢筋工班组管理不严，安全教育、特种作业管理不到位，应对本起事故的发生负有主要责任。

(3) ××公司总经理徐××，全面负责公司生产经营活动，是公司安全生产第一责任人，未认真履行安全生产职责，对项目部安全生产工作督促检查不力，未及时发现和纠正公司安全教育、特种作业管理制度不落实，同时在事故发生后迟报，应对本起事故的发生负有重要责任。

(4) ××公司安全生产责任制不落实，公司总经理、项目经理等管理人员未认真履行安全生产管理职责，公司安全教育培训、特种作业管理等制度落实不到位，应对本起事故的发生负有责任。公司生产安全事故报告制度不落实，发生生产安全事故后迟报事故。

(四) 预防措施

(1) 桥梁施工Ⅱ标项目部应深刻吸取事故教训，全面落实安全生产责任制度，确保各级各类人员充分履行安全岗位职责；要加强施工技术管理，针对工程实际和施工特点，完善施工组织设计和安全专项方案，并严格落实安全技术交底制度，向施工作业人员详细说明施工安全的要求；要严格落实公司安全生产教育培训等安全生产规章制度，强化对施工现场的安全管理，确保安全生产。

(2) ××公司应深刻吸取事故教训，进一步健全安全生产责任制，加强企业内部安全生产考核，增强各级各类人员履责意识；要严格专项施工方案编制、审批制度，根据工程实际和施工特点，及时调整和完善施工安全技术措施；要加强对承建工程的安全检查，督促项目部及时消除存在的事故隐患；要督促各工程项目部严格执行生产安全事故报告制度，按照规定及时上报发生的生产安全事故，杜绝事故迟报行为的再次发生。

(3) 建设处作为建设单位，应认真吸取事故教训，切实加强对施工单位的管理，督促施工单位严格落实安全生产主体责任，认真开展事故隐患排查治理工作，及时帮助指导施工单位整改存在的事故隐患，确保安全生产。

(4)××市水利局作为水利行业安全生产监督管理部门,应认真吸取事故教训,坚持“谁主管、谁负责”的原则,加强对本市水利工程建设的安全监管,督促建设处和相关企业切实履行安全生产主体责任,确保水利行业安全生产形势稳定发展。

五、物体打击事故案例:岩石掉落击人伤害事故

(一)事故概况

2016 年 8 月 29 日 17 时 20 分,在某隧道右线里程 K3 +739 ~ K3 +742 处,由××公司(爆破施工单位)实施爆破,爆破结束后,17 时 35 分,××公司(爆破施工单位)技术负责人宋××、爆破员龚××、安全员王××以及爆破安全监理单位的爆破监理刘××等人员前往掌子面进行了爆后检查,认为掌子面爆破效果良好,无盲炮、无哑炮、无危石迹象后,于 17 时 55 分左右撤掉警戒带解除爆破警戒,并由王××用对讲机向在爆破警戒区域外(距离爆破点约 600 m)的总包单位安全员陈××报告了爆破解除情况。随后,陈××得到解除警戒信号后步行去洞口找施工员,准备组织进行下一道工序。

18 时左右,在警戒区域外整理钻机风管、水管的劳务分包公司隧道开挖班 5 名工人(分别是班组长李×军、开挖工人李×新、杨×喜、姚××、程××),看见爆破施工单位撤掉警戒带后,班组长李×军便带领工人进洞复查掌子面爆破情况。李×军、李×新和姚××3 人走在最前面,到达爆破作业区距离掌子面 2 m 左右,掌子面附近拱顶右侧离地约 5 m 高的岩石(长约 1.5 m,宽约 0.4 m,厚约 0.3 m,重约 0.5 t)突然掉落击中李×军和李×新。李×军被岩石击中颈部后倒地,面部朝上,腿部被石头压住;李×新被石头边缘撞击胸部后倒地,但没有被石头压住;李×军、李×新均佩戴了安全帽和防尘口罩。李×新爬起后,自己走向 100 m 外停放的皮卡车上车,工人程××驾车将李×新送出洞。姚××、杨×喜留在现场对李×军进行救援,但因石头太重,两人未能将李×军救出。

程××驾驶车辆出洞,在洞口看到施工员杨×斌,立即向他汇报了事故情况。杨×斌立即安排司机送伤者(李×新)去医院,安排机械和人员入洞救援,并向项目部安全主任余××报告。救援人员通过挖机把大石撬开,把李×军拉出来并抬上车送出洞。18 时 30 分左右,李×军经现场 120 救援人员抢救无效死亡,另一位伤者李×新被送至医院治疗,情况稳定。

事故发生后,建设单位项目部立即启动应急预案,按程序向上级主管部门进行报告,随后消防、公安、安监、办事处等单位陆续到达事故现场处置。

(二)事故原因

1. 直接原因

经过对爆破作业人员、爆破安全监理人员、现场作业工人、施工监理、劳务分包单位及施工单位管理人员等相关人员的询问及对事故现场勘查分析后确认,造成该事故的直接原因为:

(1)工人未经同意违规进入爆破作业区域。按照《公路工程施工安全技术规范》(JTG F90—2015)9.3.3 条规定,爆破后应按先机械后人工的顺序找顶,并应安全确认。在现场爆破警戒撤除后,总包单位还未进行此项工作,隧道开挖班组长李×军在现场爆破警戒撤除后,未经现场施工员、安全员同意,也未通知现场施工员、安全员,直接带领开挖工人

李×新、杨×喜、姚××、程××共5人进洞复查掌子面爆破情况。

(2)隧道爆破后拱顶岩石存在掉落的不安全因素。在爆破振动的干扰下,围岩完整性降低,围岩节理裂隙进一步发育,不断扩张,当节理裂隙贯通时,岩块在自重作用下,顺着岩层面掉落。岩块掉落击中李×军和李×新,直接造成此次事故的发生。

2. 间接原因

(1)员工安全教育培训不到位。劳务分包单位对现场作业人员安全教育培训不到位,培训流于形式,致使现场作业人员安全意识淡薄,违反劳动纪律,未经同意违规进入未经安全检查的爆破作业区域,最终导致发生事故。

(2)未及时发现和制止工人违规行为。根据施工单位与劳务分包单位签订的安全生产协议,劳务分包单位负责其现场操作人员的安全管理工作。劳务分包单位现场管理不到位,未能及时发现、制止隧道开挖班组工人未经施工单位同意违规进洞复查掌子面爆破情况的行为。

(3)现场隐患排查工作不到位。劳务分包单位开挖班组工人在爆破警戒解除后,违规进入爆破作业区域,由于其自身缺乏相关安全专业技能,没有按规定进行现场隐患排查和爆后安全检查,未及时发现、消除拱顶岩石存在掉落的不安全因素,冒险作业。

(4)对现场作业监督管理不到位。劳务分包单位开挖作业分包负责人、现场管理员对开挖班组工人现场作业行为未实施有效监督管理,对总包单位各工序交接、交底事项未监督落实到位。总包单位对在同一区域作业的两家分包单位缺乏有效的统筹、协调和监督,总包单位现场施工员杨×斌、安全员陈××未能及时发现和制止开挖班组工人进洞复查掌子面爆破情况的行为。

(5)未建立健全爆后作业安全操作规程。总包单位、劳务分包单位均未建立健全爆后作业安全操作规程,未对爆破后现场作业各工序的交接、交底以及安全注意事项等进行明确规定。

(三)事故责任分析

(1)李×军,作为隧道开挖班组长,未经现场施工员、安全员同意,也未通知现场施工员、安全员,组织开挖工人进洞复查掌子面爆破情况,导致事故发生,其本人应负直接责任,鉴于其在事故中死亡,不予追究。

(2)林×建,作为劳务分包单位施工现场主要负责人,直接负责现场开挖作业安全管理,对本单位安全生产工作检查、督促不到位,未能及时发现、制止工人违规进入爆破作业区域复查掌子面爆破情况的行为,对事故负有主要领导责任。

(3)林×华,作为劳务分包单位现场管理员,对本单位现场作业安全生产工作检查、督促不到位,未能及时发现、制止工人违规进洞复查掌子面爆破情况的行为,对事故负有直接管理责任。

(4)魏×强,作为总包单位项目部项目经理,对本单位直接分包单位安全生产工作检查、督促不到位,对本次事故负有管理责任。

(5)余××,作为总包单位项目部安全主任,组织本单位安全生产教育和培训不到位,未健全本单位安全生产操作规程,对事故的发生负有管理责任。

(6)陈××,作为总包单位项目现场安全管理人员,对施工现场安全管理不到位,未能及时发现、制止工人违规进洞复查掌子面爆破情况的行为，负有一定的管理责任。

（7）陶××，作为监理单位项目总监理，未能及时发现、制止工人违规进入爆破作业区域复查掌子面爆破情况的行为，对事故发生负有一定的监理责任。

（四）预防措施

（1）施工单位（包括总包、分包单位，下同）要进一步健全工程的安全生产保证体系，落实岗位职责和安全责任、加强施工现场各项安全保证措施的落实、认真开展日常安全检查，杜绝违章作业，防范事故发生。

（2）施工单位要切实加强对工程施工人员的安全教育培训和安全技术交底，提高全体人员特别是一线作业人员的安全意识和安全风险识别能力，提高自我防范水平，加强对劳务分包单位的安全生产管理，规范一线施工人员的安全生产行为。

（3）爆破施工单位加强对爆破作业人员安全教育培训，严格按照爆破安全规程的要求进行爆破施工和爆后检查，爆破单位要指定专人同施工单位进行爆破解除警戒的交接，双方书面签字。施工单位要指定专人同爆破单位进行爆破解除警戒的交接，双方书面签字。

（4）工程监理单位要进一步加强施工现场安全巡查，及时发现并制止违章行为，对发现事故隐患、安全隐患责令整改或暂停施工。拒不整改的，及时报告建设单位和相关单位，并严格督促施工单位落实爆破解除警戒的交接。

（5）建设单位应依法履行工程建设安全生产管理职责。一是依法完善工程施工手续和备齐各类资料，组织检查施工安全生产措施方案落实情况；二是监督参建单位主要管理人员配备和持证情况，并对有关人员的岗位履职情况进行核查，确保安全管理责任落实到位。

六、机械伤害事故案例：泵车机械伤害事故

（一）事故概况

某河道整治工程，于2015年7月21日开工建设，后因工程征地问题而停工，2016年11月14日复工，复工后的施工单位某水利水电工程有限公司，所用的商品混凝土委托某混凝土有限公司加工供应。该混凝土有限公司数次派车进入该工地供应混凝土，右岸桩号SLR0+165段作业的混凝土运输车及泵车，停在横穿新建河道端头的原机耕路旁的施工便道上。

2017年3月22日上午，胡×浩按某混凝土有限公司车队长林×香的安排，驾驶闽A×××××牌号泵车，到该河道整治工程工地浇筑混凝土作业，10时左右与随车辅助工赵××一起转点至桩号SLR0+165处，把泵车停在与以前其他泵车相同停放的施工便道的路段，停好后就摆放泵车4个支腿，且把右边前后2个支腿，与以前其他泵车一样设在机耕路（地下有混凝土排水管）上，并只加垫了一块枕木，车辆固定升高后张开臂架伸到右边约40 m外的挡土墙（高度3.2 m、面宽30 cm）混凝土作业点进行浇筑卸料，施工方作业人员胡×炳（死者）未用操作平台，而是站在挡土墙面层的模板上，握着泵车臂架末端的软管进行混凝土浇筑，连续冒雨浇筑作业到中午13时左右，突然，在泵车驾驶室上使用遥控指挥卸料的胡×浩发现泵车臂架倒下来，车身向右倾斜，右边后支腿地面发生了塌陷，且倒下的臂架砸到正在作业的胡×炳；同时在挡土墙地面作业的王××听到响声后马上爬到

墙面，看见胡×炳身体倒挂着被卡在两块木板之间，大腿往腰部的部位被臂架末端压住。事故发生后，现场人员立即向施工方报告并展开施救，在急救车未到达前，马上用面包车把受伤而意识还清醒的胡×炳送往市二院抢救，后经医院救治无效，于次日9时左右死亡。

（二）事故原因

1. 直接原因

（1）泵车右后支腿支撑在机耕路软土地面加垫的一小块枕木上，软土地面无法承受泵车及输送管中混凝土的重量，造成地下排水管破裂、路面塌陷，导致了泵车侧倾，这是事故发生的直接原因也是主要原因。

（2）泵车驾驶员胡×浩，安全意识淡薄，未严格执行安全操作规程，现场没有勘查施工条件，将泵车停放在无法满足支撑要求的便道上。这也是事故发生的直接原因之一。

2. 间接原因

（1）施工单位现场无施工管理人员进行指挥管理；未对作业现场进行认真安全检查，未及时发现事故现场混凝土泵车右后支腿支撑的软土地面以下为排水管道、地面无法承受泵车及混凝土重量的安全隐患；未制止泵车作业人员与混凝土浇筑施工人员违章作业的行为。

（2）监理单位未安排人员在现场进行旁站。

（3）泵车作业人员安全教育培训和安全技术交底不到位。

（三）事故责任分析

（1）胡×浩，泵车驾驶员。安全意识淡薄，未严格执行泵车安全操作规程，现场没有踏勘查验施工条件，便将泵车停放在无法满足支撑要求的便道上，且泵车右后支腿所支撑的机耕路软土地面加垫的只是一小块枕木，支撑面不符合规范要求。其行为违反了《混凝土泵送施工技术规程》（JGJ/T 10—2011）的相关规定，对事故发生负有责任。

（2）葛××，该水利水电工程有限公司安全员。在浇筑混凝土施工过程中，未对作业现场进行认真安全检查，未及时发现事故现场混凝土泵车右后支腿支撑的软土地面以下为排水管道、地面无法承受泵车及混凝土重量的安全隐患；未制止泵车作业人员违章作业，未采取有效防范措施；未对泵车作业人员进行岗前安全教育培训；未及时发现并制止混凝土浇筑施工人员违章作业行为。其行为违反了《建设工程安全生产管理条例》的相关规定，对事故的发生负有责任。

（3）黄××，该水利水电工程有限公司技术负责人。在浇筑混凝土施工过程中，未对泵车作业人员进行岗前技术交底。其行为违反了《建设工程安全生产管理条例》的相关规定，对事故的发生负有责任。

（4）林×生，该水利水电工程有限公司项目负责人。未尽到项目施工安全管理的职责。未安排管理人员进行现场指挥管理；督促、检查不到位，未能及时消除泵车作业与混凝土浇筑现场存在的安全事故隐患；落实安全生产规章制度不到位，造成泵车作业人员岗前未接受安全教育培训和安全技术交底。其行为违反了《建设工程安全生产管理条例》的相关规定，对事故的发生负有责任。

（5）林×清，该监理工程咨询中心监理员。在实施监理过程中，未在施工现场进行旁站监理，未能及时发现泵车作业与混凝土浇筑现场存在的安全隐患和违章作业的行为。其行为违反了《建设工程监理规范》(GB/T 50319—2013)和《建设工程安全生产管理条例》的相关规定，对事故的发生负有责任。

(6)胡×炳(死者)，施工方水泥工。安全意识淡薄，在工地未搭设操作平台时违章站在墙面进行浇筑混凝土作业，导致泵车臂架倒下时无法及时躲避，造成倒挂在模板中被砸伤经救治无效死亡。其对事故的发生负有责任。

(7)某混凝土有限公司，混凝土供应方，是事故发生单位。指派闽A×××××牌号泵车进入工地施工，未严格执行泵车安全操作规程，没有现场勘查施工条件，把泵车右后支腿支撑在机耕路软土地面上，支撑面加垫的一小块枕木不符合规范要求；对泵车作业人员安全教育培训不到位。其行为违反了《混凝土泵送施工技术规程》(JGJ/T 10—2011)和《安全生产法》的相关规定，对事故发生负有责任。

(8)某水利水电工程有限公司，施工单位，是事故发生单位。未尽到工程总包的安全生产管理职责。未安排管理人员进行现场指挥管理；安全检查不到位，未能及时消除泵车作业与混凝土浇筑现场存在的安全事故隐患；未搭设混凝土浇筑现场的安全操作平台；未对泵车作业人员进行岗前安全教育培训和技术交底。其行为违反了《建设工程安全生产管理条例》的相关规定，对事故发生负有责任。

(9)某监理工程咨询中心，监理单位。在实施监理过程中，未组织人员在施工现场进行旁站监理，导致未能及时发现泵车作业与混凝土浇筑现场存在的安全事故隐患和违章作业的行为。其行为违反了《建设工程安全生产管理条例》的相关规定，对事故的发生负有责任。

(四)预防措施

(1)某混凝土有限公司应严格落实企业主体责任，要遵守建筑行业和安全生产的相关法律、法规的规定，加强泵车的安全使用管理，以及泵车使用人员的安全教育培训，保证作业人员具备必要的安全生产知识，掌握安全操作技能，确保作业安全。

(2)某水利水电工程有限公司应严格落实企业主体责任，要遵守建筑行业等相关法律、法规的规定，应加强对承包工程项目的日常安全监管；加大对施工现场的安全检查力度，及时发现并消除事故隐患；要加强对外来施工作业人员的安全生产教育培训和安全技术交底，确保作业人员岗前教育培训考核合格，具备必要的安全生产知识，掌握安全操作技能，保证施工的安全。

(3)某监理工程咨询中心要吸取本起事故的教训，进一步加大施工现场的巡查力度，严格按照法律、法规和工程建设强制性标准实施监理，对施工现场重要部位，及时组织人员旁站，及时消除事故隐患和制止违章作业行为，确保工程施工的安全。

(4)该县水利局应强化政府部门的行业监管。本起事故暴露出该工程施工管理人员及监理人员，在工程施工中管理和监理履职不到位的行为，作为该工程建设的行业主管部门，应通过本事故的案例，根据安全生产"党政同责、一岗双责"的规定，加大对水利在建工程安全的监管，加大隐患排查，严厉打击工程施工违章作业行为，确保县水利建设工程施工安全。

七、起重伤害事故案例:违章操作起重机伤亡事故

(一)事故概况

8 月 25 日晚,某施工单位安排两台门机(1 台 MQ900 型门机和 1 台 MQ600 型门机)同时浇筑左岸 19 号坝段仓号(高程 601.5 ~ 604.5 m),1 号缆机浇筑 15 号坝段拦污栅墩仓号(高程 565 ~ 581 m)。8 月 26 日 1 时 50 分,1 号缆机吊罐在 15 号坝段卸完料后,缆机大钩提升至距限位 0.6 m 左右,由于 1 号缆机主、副塔有些偏移,司机操作副塔向上游方向行走到栏污删运行轴线 DO - 7 位置,然后操作小车向副塔方向行走(由右岸向左岸行驶),此时正在浇筑 19 号坝段的 MQ900B 型门机也在仓内卸完料,起升大钩至限位 8 m 处将臂杆向逆时针方向回转,在臂杆回转到 18 坝段桩号(0 + 121.400)与 MQ900B 中心线桩号(0 + 130.7)和快速行驶的缆机大罐发生碰撞,MQ900B 型门机臂杆折断后将驾驶室撞落(驾驶室操作人员 1 人受重伤,到医院紧急抢救无效于 4 时 50 分死亡),并直接砸向 MQ600B 型门机人字架顶部横梁下游处(此时 MQ600B 门机在浇第一罐混凝土时因料罐弧门打不开,就将料罐吊到左侧起料点正在处理料罐),致使 MQ600B 门机人字架后支撑架断裂后向上游方向严重倾斜,随后 MQ900B 门机臂杆顺 MQ600B 门机倾斜的人字架前支撑靠下游面向下滑落时将 MQ600B 门机臂杆砸落。坍塌坠落的 MQ600B 型门机臂杆将地面一名拉料车驾驶员砸伤(现场受重伤,后送医院进行抢救,在抢救过程中于 8 月 27 日早上 7 时死亡)。

(二)事故原因

1. 直接原因

1 号缆机在 15 号坝段拦污栅墩卸完料提升大钩至限位装置约 0.6 m 后,司机任 × × 在未接到信号员指令的情况下,凭经验操作小车向副塔方向行走,属于违章操作。同时,MQ900B 门机司机王 × × 在浇完第二罐料时,也未跟缆机进行信号沟通,违章回转臂杆向右岸逆时针方向回转,造成碰撞事故发生。

2. 间接原因

(1)8 月 25 日晚上,该市降阵雨,事故发生时施工区局部有薄雾,造成缆机司机视线不清楚,发生误判断。

(2)MQ900B 门机和 MQ600B 门机在 17 号坝段至 18 号坝段已形成设备交叉作业区。依据施工单位 4 月 26 日下发的缆机与门机交叉作业管理补充规定的通知第 2 条、第 5 条规定,缆机、门塔机司机在操作设备作业相互干扰时,要互传信息,安全避让的操作程序,设备间的最小距离为 9 m,严禁两台设备吊罐同时入仓。1 号缆机在 15 号坝段拦污栅墩卸完料提升大钩至限位装置约 0.6 m 后,司机任 × × 在未接到信号员指令的情况下,凭经验操作小车向副塔方向行走,属于违章操作。

(三)事故责任分析

(1)1 号缆机司机任 × × 及 MQ900B 门机司机王 × × 应对本次事故负直接责任。

(2)严禁缆机司机及门机司机在未接到信号指挥指令时擅自动车,施工单位安全环保部多次在生产调度会上强调,但作为机械运行管理的机械工区及拌合工区未引起重视,任其违章现象蔓延滋长,从而导致事故的发生,因此机械工区及拌合工区应对本次事故负直

接管理责任。

(3)施工单位虽然在安全管理上做了大量的具体有效的工作,对特种设备管理也制定了相关的强制性规定及措施,但对本起事故仍应负一定领导责任。

(四)预防措施

(1)对在用的各种起重设备机械进行一次全面系统的专业检查。评价行走、起升、回转、变幅各机构部件的磨损、变形情况及吊钩、滑轮、钢丝绳的磨损、固定情况,发现问题,该修则修,该换则换。

(2)检查起重设备各种安全防护设施装置是否齐全、灵敏、可靠,制动装置及其零部件是否能够满足安全工作要求,不能满足的不得运行。

(3)检查起重设备供电线路和电气配线是否符合规程规定,主要电气元件接触器、继电器、控制器、电磁铁动作是否灵敏,联锁系统是否可靠;检查各类电气保护装置是否齐全、性能是否符合要求。

(4)对起重司机、司索、信号人员进行一次案例教育,系统学习操作规程和设备交叉作业管理规定并严格遵守,使其不断提高处理突发事件的能力,做好运行设备的日常检查保养维修工作。同时邀请当地政府相关部门对信号员进行信号指挥培训和取证。

(5)对设备交叉作业信号指挥盲区,增添人员进行监护,同时对照施工单位下发的缆机安全操作规定严格执行,杜绝无令开车的违章行为。

八、其他事故案例

(一)淹溺伤害事故

1. 事故概况

2015 年 5 月 10 日 13 时 40 分许,某大溪治理补充工程 2 标段项目部在塔下防洪墙进行施工作业,其中有 10 余名作业人员在塔下防洪墙进行拆装模板作业。根据班组的分工,班组长刘×丰,工人陈×文、杨××、刘×高 4 人在塔下防洪墙的外侧架子上拆模板,其他人员在 330 国道防洪墙的内侧进行装模。到了 13 时 40 分许,站在防洪墙外侧架子上作业的班组长刘×丰突然看到前方避风港水域飘着一块红色的模板,边上有一人落水下沉并挥手求救,马上大叫“有人落水赶快救人”。听到刘×丰的叫声,有人报警并向 119、120 求救,工人陈×芳、江××等 3 人先后下水救人,3 人在水里找了十几分钟没有找到人,最后由于体力不支上岸。陈×芳和江××上岸时,发现下水的岸边有工友陈×文的衣服和安全帽。过了一会,110、119、120 的救援人员也陆续赶到现场进行救援,下午 16 时许,溺水者被打捞上岸,经现场法医确认落水者因溺水已经死亡,经现场人员和家属确认死者为项目部的作业人员陈×文。

该大溪治理补充工程建设单位为该市某公司,该工程在 2015 年 1 月 27 日通过公开招标投标,由该省某设计院中标,该市某公司和该省某设计院于 2015 年 2 月 13 日签订大溪治理补充工程 EPC 总承包合同。该省某设计院中标后通过邀请招标,将 2 标段项目承包给某建设公司施工,双方于 2015 年 2 月签订施工承包合同。该工程监理单位是某工程咨询有限公司,该市某公司和某工程咨询有限公司于 2015 年 2 月签订大溪治理补充工程施工监理合同。

2. 事故原因

(1)陈×文安全意识淡薄,对现场隐患危险性估计不足,在施工作业期间未穿救生衣,擅自冒险下水打捞模板,导致溺水死亡。

(2)施工单位班组长刘×丰责任心不强,未能及时发现和制止施工人员擅自下水行为。

(3)施工单位项目部管理人员对从业人员的安全教育培训不到位,未有效督促施工人员采取必要的安全防护措施,对施工现场监督检查不力。

(4)施工单位主要负责人梅××应对本单位的安全生产工作全面负责,其未有效履行安全生产管理职责,对该工程安全生产工作督促、检查不到位。

(5)大溪治理补充工程总承包项目部管理人员对承包单位消除生产安全事故隐患督促、落实不到位。

3. 事故责任分析

(1)工人陈×文安全意识淡薄,对现场隐患危险性估计不足,在未采取任何安全防护措施的情况下擅自下水打捞模板施工作业,直接导致事故的发生,对事故的发生负直接责任。

(2)施工单位班组长刘×丰责任心不强,未能及时发现和制止施工人员擅自下水行为,对本起事故负有责任。

(3)施工单位项目部管理人员对从业人员的安全教育培训不到位,未有效督促施工人员采取必要的安全防护措施,对施工现场监督检查不力,对本起事故发生负有责任。

(4)施工单位法定代表人梅××应对本单位的安全生产工作全面负责,其未有效履行安全生产管理职责,对该工程安全生产工作督促、检查不到位,对本起事故的发生负有领导责任。

(5)施工单位未切实履行安全生产管理职责,未督促工人有效落实安全管理规定,对从业人员的安全生产教育培训不到位,作业人员缺乏必要的自我防护意识,对本起事故的发生负有责任。

(6)大溪治理补充工程总承包项目部管理人员对承包单位消除生产安全事故隐患督促、落实不到位,对本起事故发生负有一定责任。

4. 预防措施

(1)施工单位及其主要负责人梅××要认真吸取事故教训,举一反三,切实履行安全生产管理职责,加强对从业人员的安全生产教育和培训,提高工人安全生产意识及自我保护能力,加大对施工现场的督促、检查力度。

(2)大溪治理补充工程总承包项目部要切实履行安全生产管理职责,有效督促、落实对施工单位消除事故隐患,要加强对承包单位的统一协调和管理,加大对施工现场监督检查力度,对无视安全生产、不按要求擅自施工的行为要坚决予以纠正和处理,确保施工单位生产安全。

(3)监理单位要按照法律、法规和工程建设强制性标准实施监理,加强对工程安全的监督检查力度,及时督促施工单位落实好安全生产责任制,确保监理工程的文明施工、安全生产。

(4)该市水利局要牢固树立安全发展的理念，坚守"发展决不能以牺牲人的生命为代价"这条不可逾越的红线，按照"党政同责、一岗双责、齐抓共管"的要求，切实履行管理职责，落实安全生产责任，加强对在建工程项目的安全检查，健全隐患排查治理体系，建立安全预防控制体系，提升安全生产治理能力，确保生产安全。

(二)水电站有限空间作业中毒窒息事故

1. 事故概况

2013 年 11 月 29 日 8 时 30 左右，某水库工程管理处副主任兼某水电站站长李×海电话请示管理处副主任李×伟(负责管理处全面工作)同意，带领电站职工邱××、陈×国、李×兴、刘×强 4 人对水电站 2 号机组水轮机进行年度例行检修(因 2 号机组高程低，须从 1 号机组水轮机蜗室进人孔进入引水涵管中，将 2 号机组的引水涵管岔口堵住，方可对 2 号机组进行检修)。邱××、陈×国用扳手将 1 号机组水轮机蜗室进人孔封闭盖打开，将长约 7 m 的竹梯放入水轮机蜗室底部(水深约 1 m)，李×兴从电站值班室拿来电风扇，向蜗室吹风通气(据李×海反映吹了 15～20 分钟)，李×海电话通知管理处职工陈×浩对大坝闸门进行调整，控制水流。

8 时 50 分左右，邱××想下去蜗室涵管内作业，李×海让邱××、陈×国、李×兴、刘×强稍等，并安排李×兴去对 2 号机组电线进行标号。李×海交代完后，就到电站值班室拿手电筒和卫生纸。9 时许，李×海从值班室出来，发现邱××已下到蜗室涵管内，陈×国、刘×强站在进人孔上面观察。过了约 2 分钟，陈×国看见邱××脸朝上浮在水面，从引水涵管内慢慢漂浮出来。陈×国马上下到蜗室拉邱××，因拉不动，叫人下来帮忙；李×海叫刘×强、李×兴不要再下去，然后到 2 号机组下面去拿绳子(电线)。约 2 分钟，李×兴发现陈×国也晕倒，怀疑是触电，李×海急忙将电站内的电闸及电站门外的变压器总闸关闭(整个过程用时约 10 分钟)，回到电站内后，发现李×兴、刘×强也不在上面，李×海从进人孔往下看，看到有人浮在水面上。

9 时 16 分左右，李×海分别打电话报告管理处李×伟(去××镇开会)、赖××副主任(分管管理处安全生产工作)。过了 2～3 分钟，赖××、陈×浩赶到现场，李×海叫赖××、陈×浩赶快打电话报警、叫救护车，赖××立即打电话给卫生院和派出所。9 时 26 分左右，李×伟赶到现场，并立即向该市水务局何××局长、分管副局长刘×寿、办公室主任李×欣分别报告事故发生情况。接着李×伟脱下外衣和鞋袜，沿竹梯下到涡室施救，闻到异味，感到头晕，就赶快撤回。随后李×伟、李×海等人用电线绑住陈×浩腰部，让陈×浩沿竹梯下去救人，也感到头晕，赶快将陈×浩拉上来，发现陈×浩脸色苍白，只好放弃人工下去施救方法。李×海随后找来长约 6 m 带钩的水管，钩住受害人员的裤腰带或衣服，依次将邱××、刘×强、李×兴、陈×国从蜗室内拉到地面。

随后将受伤人员紧急送往医院抢救，于 11 时 50 分至 12 时 40 分分别宣告 4 人抢救无效死亡。

2. 事故原因

(1)未按照有限空间危险作业场所先检测、后作业的要求规范操作，未采取有效防护措施，吸入沼气中含有的窒息性气体及环境缺氧。

(2)现场作业人员施救方法不当，加大了事故后果。

(3)管理处安全管理制度不健全,制度落实不到位,未制定有限空间作业安全生产管理规章制度和操作规程,特别是“两票三制”制度不落实,导致长期以来电站有限空间作业检修工作流程不规范、随意性大。

(4)管理处安全教育培训工作不落实。未制订本单位安全教育培训计划、方案,未开展经常性安全教育,没有任何的安全教育培训记录。

(5)管理处检修工作组织混乱,准备工作不充分。未按照“先通风、先检测、后作业”的原则进行前期准备工作,打开后只进行了短暂吹风,通风后未能对有限空间进行检测就开始作业,准备工作不充分。

(6)管理处防护用品配备不足。未配备检测、防护面具等有针对性的防护用品。

(7)管理处干部职工安全意识淡薄。从去年开始,电站蜗室、涵管内的气体较之前就发生了变化,异味较浓;2013 年 5 月、6 月工人进入蜗室、涵管内作业时,蜗室、涵管内的异味比之前更浓,但未引起足够重视。

(8)该市水务局对监管行业企业隐患排查治理不到位。对水库水质污染没有引起足够重视,电站管理混乱、操作不规范、制度不落实、防护用品不足等问题没有及时督促整改。

3. 事故责任分析

(1)李×海,该水库工程管理处副主任兼水电站站长,现场冬修冬检负责人及监护人,在作业过程中组织混乱、违反操作规程、施救不当,造成 4 人死亡的较大生产安全责任事故,对事故负有领导责任。

(2)李×伟,2013 年 1 月任该水库工程管理处副主任(负责全面工作)。未建立健全本单位安全生产规章制度和操作规程,未配备并建立进入有限空间危险作业的安全设施(检测检验设备)和监管制度,未认真履行进入有限空间危险作业审批手续,未按规定认真组织本单位作业的负责人和从业人员安全生产培训和教育,未认真组织开展本单位事故隐患排查工作,对事故发生负有主要领导责任。

(3)赖××,该水库工程管理处副主任(负责管理处安全生产工作)。未认真组织开展本单位事故隐患排查工作,未认真组织本单位从业人员安全生产教育培训,未认真履行本单位安全生产工作的检查、指导、监督职责,对事故发生负有主要领导责任。

(4)何××,该市水务局局长。未认真组织开展水利水电工程管理和安全隐患排查工作,对水库污染影响水质变化问题没有引起足够重视,对分管领导和内设部门未认真履行职责的问题督促检查不到位,对事故发生负有领导责任。

(5)刘×寿,该市水务局副局长,分管安全生产工作。未认真组织、指导、督促本部门业务股(室)、本行业领域开展安全生产检查工作,对水库及水电站安全生产工作指导不到位,对该电站管理混乱、制度不落实、事故隐患排查不彻底、不到位等问题整改不到位,对事故发生负有主要领导责任。

(6)余××,该市水务局副局长,分管农电管理股。未认真组织、指导、督促业务股开展本行业领域安全生产检查工作,对水库及水电站事故隐患排查指导不到位,对事故发生负有主要领导责任。

(7)陈×凌,该市水务局农电管理股股长。对水电站生产安全工作检查指导不到位、不深入,未发现该电站管理混乱、制度不落实、检修中长期操作不规范等安全隐患,对事故发生负有监督管理不到位责任。

4. 预防措施

(1)要切实牢固树立和落实科学发展观。按照党中央、国务院的重大决策部署和中央、省领导同志的一系列重要指示,切实落实"党政同责,管行业必须管安全,管生产必须管安全,管生产经营必须管安全"的要求,牢固树立安全第一、生命至上的理念,正确处理安全与发展、安全与生产、安全与效益的关系,牢牢守住发展绝不能以牺牲生命为代价这条不能逾越的"红线";要充分认识做好安全生产工作的极端重要性和当前安全生产的严峻形势,高度警醒起来,以对党和人民高度负责的精神,全面加强各行业领域尤其是有限空间行业的安全生产工作,采取更加坚决、更加有力、更加有效的措施,促进各有关部门和各类生产经营单位搞好安全生产,遏制事故发生;要从基层基础抓起,全面提升企业的安全生产条件、安全保障能力和安全管理水平,全面提升政府及其有关部门的安全监管能力和水平,全面提升安全生产工作的科学化水平。

(2)进一步加大安全生产大检查力度,深入开展隐患排查治理和督促检查。认真吸取"11·29"事故教训,强化行业监管和属地监管责任。立即组织辖区内生产经营单位开展安全生产隐患排查治理和督促检查。排查治理和督促检查工作要突出重点,尤其是存在有限空间作业的企业,要重点排查作业现场通风、操作规程、应急等措施是否落实,作业人员的安全设备设施是否配足,现场安全管理是否有序,是否落实专人旁站监督等。涉及排污井、储浆池(罐)、储水池、反应罐等封闭和半封闭的容器或管道作业的单位,在清理或维修长期封闭的井(池、管、罐)时,必须制定安全措施和操作规程,必须对有毒有害气体进行监测,并做到先检测后施工,施工中随时检测监控气体变化情况,做好应对工作,抽查作业人员应急救援知识,督促企业做好防范措施以及事故应急措施。

(3)进一步加强培训,提高从业人员安全意识和自救互救能力。市水务局及其他行业主管部门要督促生产经营单位结合本单位生产特点,有针对性地组织开展包括岗位职责、安全操作规程、安全技能、应急措施、作业现场危险因素、员工安全意识等在内的全员安全培训。尤其要对应急预案、施救方法进行重点培训,使作业人员强化安全意识,掌握安全常识,提高自救互救技能。

(4)进一步加强预案工作,配备必要的应急装备,提高企业应急保障能力。市水务局要指导、督促企业完善有针对性的事故应急预案,要根据企业作业条件、设备状况、人员、技术、外部环境等不断变化的实际情况,及时评估和补充修订完善预案,强化预案演练。要按照有关规定并根据行业特点和应急救援的需要,督促相关企业配备自救器、防毒面具等个人防护装备和气体检测监控仪器,以保证作业人员安全作业或一旦发生事故时能顺利避险逃生。

(5)加快对水库污染源及污染物的彻底整治。市人民政府要尽快组织相关部门对辖区水库水质污染问题进行排查,摸清底数,找准问题,制订整治工作方案,落实责任单位和责任人,下大力整治长期存在的水污染问题。

(三)水库坝体塌陷事故

1. 事故概况

××水库位于××市××县城东南15 km处的××镇××村南,是一座以灌溉、防洪为主，兼顾养殖等综合利用的中型水库。××水库枢纽工程由大坝、溢洪道、左岸灌溉洞、右岸灌溉洞等 4 部分组成。大坝为均质土坝，最大坝高 49 m，坝顶宽 8 m，坝顶长 952 m，坝顶高程 561.73 m，溢洪道和左岸灌溉洞位于大坝南端，右岸灌溉洞位于大坝北端。导致“2·15”坝体塌陷事故发生是左岸灌溉洞坝体内部。

××水库大坝的安全鉴定工作始于 2002 年下半年，水利部门将该库鉴定为三类坝，并指出该库左岸灌溉洞洞壁存在渗水的问题。2002 年 9 月，省发展计划委员会批复××水库除险加固工程可行性研究报告，同年 10 月批复工程初步设计。批复的工程建设内容是：大坝高喷灌浆防渗处理，坝面护坡修复和防浪墙改造；溢洪道改造，增设 2 孔闸门；新建左岸灌溉洞进水塔；左右岸灌溉洞漏水加固处理，并对右岸灌溉洞更换闸阀；大坝安全监测及水情测报系统；管理房建设等。批复概算总投资 3 800 万元，建设工期 2 年。

对左岸灌溉洞第一段，除险加固工程批复初设要求对该洞段全部拆除，在新建进水塔占用部分洞段后，剩余的 8.79 m 长洞段改建为高 1.5 m、宽 1.5 m 的钢筋混凝土方形涵洞。改建的方形涵洞底板厚 0.5 m，侧墙和顶板厚均为 0.25 m。对灌溉洞第二段，设计要求在原浆砌石洞外围采用灌浆处理，浆砌石洞体内采用 30 cm 厚强度等级为 C20 的钢筋混凝土衬砌。

实际施工时，对第一洞段仅拆除了第一段上游侧 17.21 m，剩余 4.29 m 洞段未拆除。在拆除位置新建进水塔，塔后改建长 4.5 m 钢筋混凝土渐变段，断面尺寸由 1.5 m×1.5 m 渐变为 0.8 m×1.1 m，与未拆除的 4.29 m 原洞段衔接。对第二洞段，用水泥砂浆对浆砌石洞壁进行抹面整修处理，并在该洞段 44.5 m 处增设一道混凝土消力坎，消力坎长 3 m、高 0.8 m。

2009 年以来，省、市、县三级水利管理部门对××水库安全运行共进行过 6 次检查。其中：

2010 年 3 月省水利厅组织检查组对水利部稽察及挂牌督办的问题整改情况进行了核查；2009~2012 年，××市水利局每年都对该库进行防汛安全检查；2013 年 1 月 22 日，××县组织有关部门对该库进行了安全检查，但该库存在的安全隐患一直未得到有效整改。

2013 年 2 月 15 日上午 7 时许，××水管处发现险情后，电话向××县政府办、××县水利局分别报告情况，并安排关闭了入库引水渠闸门、开启溢洪道闸门及右岸灌溉洞闸门下泄库水。

7 时 26 分，××县水利局向县政府报告××水库险情。8 时 51 分，××县政府向××市政府报告险情。9 时许，××县委、县政府领导，××市防汛办、××市水利局专家先后到达现场，100 余人的抢险服务队、26 辆运输车陆续到达现场投入抢险。12 时许，××县政府成立了“××县××水库抢险指挥部”，现场抢险人员达到 300 余人、装载机械 7 台、自卸汽车 30 余辆、农用车和三轮车 70 余辆。

12 时 23 分，××市防汛办将险情上报省防办。13 时省水利厅将险情报告省政府值班室。14 时 30 分，××市委、市政府及省水利厅领导先后到达现场，随即成立了“××市××水库抢险指挥部”，公安消防、武警官兵投入抢险。

18 时许，副省长到达现场，与××市委、市政府领导会商抢险工作及下游群众安全撤离方案。

20 时 55 分，指挥部启动一级应急响应，紧急撤离下游群众，要求一人不漏，全部转移，沿途警戒。

2 月 16 日凌晨，省政府常务副省长、水利部有关领导及专家到达现场，组织指导抢险工作。10 时许，左岸灌溉洞上方坝体坍塌过水，塌陷缺口迅速扩大，下泄流量迅猛增加，进水塔随即倒塌，抢险人员、设备撤离。实测水库水位降幅与时间关系，推算在 11 时 20～40 分时段内，水库平均下泄流量达最大值，为每秒 1 460 m^3 左右。12 时开始，随着水库水位降低，下泄流量逐渐减小，14 时水库基本泄空，大流量泄水结束，形成坝体塌陷缺口约 130 m。

抢险救援工作结束后，××市委、市政府，××县委、县政府立即成立灾后恢复指挥部，积极做好群众回迁安置、过水清淤、恢复交通，治安稳定和群众生活、生产等工作。

2. 事故原因

（1）该水库左岸灌溉洞进口下游约 35 m 处浆砌石洞身破坏，在库水渗透压力作用下，库水击穿洞身上部覆土，涌入洞内形成压力出流，超出灌溉洞许可的无压运行条件，使下游洞段从出口处开始塌陷，进而向上游逐渐发展，坝体随洞段塌陷而塌陷，最终导致坝体在灌溉洞位置全部塌陷。

（2）左岸灌溉洞第一、第二洞段未按批复设计进行除险加固，实施的工程对浆砌石洞身产生不利影响；坝基高喷防渗墙施工钻孔穿过左岸灌溉洞，对浆砌石洞身结构有扰动；水库蓄水位偏高。

（3）水库运行管理单位自 2009 年以来未对左岸灌溉洞进行系统有效检查，在水库水位出现异常下降后，未及时发现，及早采取针对性措施，失去了抢险保坝的有利时机。

（4）该库始建于 20 世纪五六十年代，限于当时的经济、技术等原因，采用水中倒土法筑坝，坝体密度不够，抗冲能力较差；左岸灌溉洞坐落在 Q_3 湿陷性黄土台地上，为坝下浆砌石埋涵结构，先天不足；水库运行超过设计期限，老化严重。

（5）除险加固工程管理混乱。项目法人、参建单位（监理、设计、施工）工程质量管理责任制不落实。存在施工计划批复滞后；设计单位未经公开招标投标；项目法人及参建单位擅自变更设计；工程验收不严格、不规范；资金管理使用混乱，市县配套资金未按期足额到位等问题。

（6）对水库安全运行管理、监管不力，管理人员素质低，对该库长期存在的安全隐患特别是对上级部门稽察、挂牌督办提出的问题未引起高度重视，未进行认真整改。

3. 事故责任分析

（1）项目法人及参建单位（××市水利勘测设计院、××水利水电工程建设监理公司、××市水利机械工程局）擅自变更除险加固计划的设计，导致水库坝体塌陷，造成事故发生，应对事故负直接责任。

（2）××县水利管理处主任薛××、××县水利管理处副主任王××和张×建，对该库长期存在的安全隐患，未做好水库的巡查和管理工作，对事故负主要责任。

（3）××县××水库除险加固项目部法人代表秦××、××县水利局原总工宋××、××市水利局原水利管理科科长张×国对水库安全运行管理、监管不力，对事故负主要领导责任。

（4）××县水利局局长黄××、××县政府副县长周××、县政府原副县长乔××、

××市水利局防汛办主任郭××、××市水利局副局长张×星、省水利厅原基本建设处处长张×中、省水利厅水利管理处处长丁××，工程验收不严格、不规范，未做好监管工作，对事故的发生负领导责任。

4. 预防措施

（1）进一步加强水利工程质量管理。水利工程建设要认真贯彻执行工程质量管理、招标投标和竣工验收等各项法规。工程建设必须严格按照批复设计实施，设计变更必须严格履行相关程序，工程验收要符合相关制度和程序要求，各级水利主管部门要切实加强质量安全监督检查，严格工程验收管理，确保工程质量。

（2）深入开展对病险水库安全隐患和竣工验收遗留问题的排查整改。各级政府及水利主管部门要在全省深入开展病险水库安全隐患和竣工验收遗留问题的排查整改。重点是要检查初步设计内容是否覆盖了该水库安全鉴定内容；工程建设内容是否与批复设计相一致，有无变更设计；批准的建设内容特别是大坝稳定、基础防渗、泄洪安全、穿坝建筑物等主体工程是否全面保质完成；竣工验收遗留问题是否全面整改到位。

（3）进一步落实水库运行管理人员责任，提高水库运行管理人员素质。强化水库管理主体责任，制定和落实各项管理制度；落实全天候值班值守制度，强化日常安全监测与巡查，提高应急处置能力；强化水库运行管理人员业务培训，提高管理人员素质。要按照水管单位定岗标准的要求配备技术管理人员和运行岗位人员，提高运行管理人员素质，提升运行管理水平，确保水库安全运行。

（四）放水涵洞中毒窒息事故

1. 事故概况

××水库，始建于1966年，1973年一期工程完成后，未能运行，二期工程于1983年完成并投入运行。距区政府所在地16 km，水库枢纽主要由大坝、放水管道及入库陡坡组成，主要承担水库下游5个行政村8 000亩（1亩 $=1/15\ hm^2$，下同）水浇地的灌溉任务，水库总库容156万 m^3，水库的建成为保障下游农作物的适时灌溉起到了重要的作用。该水库放水涵洞全长214 m、高2.0 m、宽1.5 m，涵洞内有直径为600 mm的放水钢管。检修作业人员入洞作业时，需从2 m高的梯子下到管壁与地面接触的地方后，才能进入洞内作业。

该水库由××区××灌渠管理所管辖，为全额拨款的事业单位，具有社会服务公益性质。××区××灌渠管理所是××区水利局下属机构，行政主管部门××区水利局，为全额拨款的事业单位，有依法保护、维修和养护水利工程，确保水利工程安全和正常运行职责。

2015年4月1日××区××灌渠管理所副所长拉××给贾×宁（××区××灌渠管理所长期雇用民工，月工资500元）安排放水管抢修事宜。4月2日，贾×宁安排李×平、贾×彦、贾×红、祝××、米××到水库放水钢管1号伸缩节进行抢修，抢修费用年底统一在管理所维修费用中支出。早上8时30分，李×平驾驶一辆农用三轮车带着一起干活的贾×彦、贾×红、祝××、米××，10时左右到达××水库放水涵洞口，经简单分工后，5人分别将车上拉的汽油发电和电焊一体机、焊枪、鼓风机等工具搬到放水涵洞内约80 m处，对放水钢管1号伸缩节进行焊接补漏作业，李×平和米××将工具搬进后，随即出了涵洞，出洞后准备烧水做饭，其余三人留在洞中进行维修作业。11时30分左右，贾×彦从涵洞中出来，给李×平和米××说，洞内有点不对劲，自己也有点不舒服，米××随后进涵洞准备叫贾×红、祝××吃中午饭，当走到作业点时，发现祝××头朝洞口方向仰面平躺在地上，贾×红低头蹲坐在地上，手里拿着手电筒，米××连忙喊了两声贾×红的名字，见两人没有反应，便立即往洞外跑，边跑边喊："快救人"。快跑到洞口时，迎面碰见李×平和贾×彦进去救人，米××跑出洞后，立即给贾×宁（灌渠长期雇佣民工）打电话，说洞内出事了，赶快过来，打完电话又往洞内跑去救人，在洞内第一个看见李×平低头坐在地上，喊了两声没反应，米××立即往外跑，返回途中感觉腿软、头晕，未到洞口就晕过去了，醒来时已在医院。

贾×宁接到米××电话后，立即给××灌渠管理所副所长拉××打了电话，当时贾×宁在家中，打完电话立即赶往现场，拉××在跟村民商量春灌事情，接完电话后十几分钟也赶到了事故现场，当时现场只有他和司机海××2 人，没有现场作业人，拉××立即进入涵洞 10 m 左右位置，喊了几声，洞内无应答，误以为伤者救走了，又出了洞，出洞看见贾×宁到了现场，两人又一起进入洞内，到 40 m 左右时发现米××倒在地上，拉××喊了几声躺在地上的米××，当时有声音但已经说不出话，见情况危急拉××让贾×宁赶快出洞报警，贾×宁立即向洞外跑，拉××继续向洞内走，走到 70 m 时，发现地上躺着一人，趴着一人，躺着的人是李×平，拉××对李×平喊了几声没有反应，然后把趴着的那个人翻过来，用手对着胸口按了几下，也没反应，这时洞内还有手电筒亮光，洞内存有少量烟雾，本想继续往洞内走，但自己感觉到头晕、腿软，于是赶紧往洞外跑，大约快到洞口时晕过去了，醒来时已在医院。

贾×宁跑出洞外后，立即对××灌渠管理所司机海××说：马上给消防队打电话（12 时 3 分），随即贾×宁给 120 急救中心打了电话。随后消防、120 医护人员赶到现场，立即展开了救援工作。接到报告后，市委常委、市政府常务副市长初××、市直相关部门、××区政府及相关部门及时赶赴现场全力开展救援工作。下午 17 时，抢险救援工作结束，经全力抢救，3 人获救，4 人救治无效死亡。

2. 事故原因

（1）劳务工人贾×彦、贾×红、祝××、李×平、米××将汽油发电机拉入放水涵洞对放水钢管进行焊接作业，致使发电机排出的尾气产生混合有害气体，中毒窒息。

（2）在密闭性有限空间作业，未采取有效的通风设施，安全防护措施不到位。

（3）电焊工祝××具有金属焊接（切割）特种作业操作证和五金焊接个体工商户营业执照，在作业过程中，严重违反特种行业操作规程，违规操作。

（4）该灌渠管理所虽然制定了各项规章制度和操作规程，但安全管理人员监督检查不到位；对临时用工人员安全教育培训不到位，未全面准确告知作业场所存在的危险因素，无防范措施以及应急措施；安全责任落实不到位，对可能存在的安全隐患未引起足够重视。

（5）该灌渠管理所副所长虽交代了洞内作业不要时间过长，随时轮班等相关要求，但未安排专门人员进行现场安全管理；接到报案后，未及时向有关部门报告，在未全面掌握、了解涵洞内的情况下，便贸然进入洞内盲目施救；对事态严重性考虑不周全，现场处置不当；缺乏安全常识。

（6）该区人民政府对全区水利工程建设领域安全生产工作未引起高度重视；该区水利

局作为全区水利工程建设、设施维修、管护的主管部门，未做到“管行业必须管安全、管业务必须管安全”的职责，未尽到行业主管部门的职责。

(7)劳务民工贾×宁接到报案后，只是给改灌渠管理所副所长拉××打电话报了案，但未向有关部门报告，在未全面掌握、了解涵洞内的情况，独自进入洞内施救，缺乏安全意识。

3. 事故责任分析

(1)该灌渠管理所组织农民工在未采取有效通风设施、安全防护措施情况下，在密闭性有限空间作业，致使事故发生。

(2)该区水利局局长作为该灌渠管理所上级主管部门主要领导，对该灌渠管理所安全生产督导、检查不到位，对事故的发生负有领导责任。

(3)该区水利局副局长作为灌渠管理所和全区水利安全生产工作的分管副局长，对该灌渠管理所监督、管理不到位。

(4)该灌渠管理所所长，对水管所安全管理重视不够，日常监管不到位；对本单位安全生产工作督促检查不到位；对事故的发生负有主要领导责任。

(5)该灌渠管理所副所长拉××，对水管所安全管理重视不够，日常监管不到位；对本单位安全生产工作督促检查不到位；对从业人员和农民工安全教育培训不够；安全生产监管不到位；对事故的发生负有直接领导责任。

(6)劳务民工贾×宁在未全面掌握、了解涵洞内的情况，贸然进入洞内盲目施救，对事态严重性考虑不周全；同时，未及时向有关部门报告，对事故的发生负有次要责任。

4. 预防措施

(1)加强《安全生产法》及相关法律法规的学习，建立健全相关站、所安全生产责任制，保证各项规章制度落到实处。

(2)××水库投入运营年限已久，存在诸多隐患，每年要进行维修，建议对水库相关设施、设备进行改造、维修，并纳入区水利局今年重点项目建设内容之一。加大安全生产方面的投入，落实各项安全措施费用，不断提高安全生产水平。

(3)加强对临时用工人员的管理，完善并认真落实安全生产制度和各岗位的安全操作规程，并切实落实到具体施工当中，特别要加强有限空间作业现场安全管理，规范操作规程，确保安全生产。

(4)加大临时用工人员安全知识、操作技能的培训力度，加强密闭性有限空间作业人员的培训，增强从业人员的自我保护意识和安全防范能力，并使临时用工人员了解工作岗位存在的各种危险因素，熟悉作业场所防范措施及事故应急措施。

(5)立即在全区范围内开展水利工程安全生产大检查活动，制订检查方案，排查隐患，确保水利工程设施安全运行。

(五)水电站隧道导井中毒窒息事故

1. 事故概况

某梯级水电站分为西×电站和沙×电站，分别位于西×村和八×村，距县城37.5 km。建设方：某水电开发有限公司；承建方：某建设工程有限公司。两个水电站总投资3.8亿元，总装机容量32 MW，建设工期为3年，水电站工程主要由引水枢纽、引水建筑物、发电厂房及户外开关站组成。某建设工程有限公司与某水电开发有限公司于2014年4月16

日签订了西×电站、沙×电站引水隧道工程建设承包协议书，协议内容为：西×电站、沙×电站工程中的引水隧道，其中西×电站 10 245.895 m，沙×电站 3 619.995 m，工程造价8 927.22万元，沙×电站工期为16个月，西×电站工期为30个月。

2015年3月31日7时30分，该建设工程有限公司承建的西×电站4号引水隧道引9+182.994导井一班4人：郭×升、周×林、谢×华、董××准备进洞作业。爆破员郭×升将洞内空压机开送风不到1 h，钻工谢×华、周×林就先进洞了，途经180 m的3.4 m×3.4 m平洞到1.5 m×1.5 m的90 m上斜导井（55°坡度）独头洞内掌子面进行前一天中午11时30分斜井放炮后的排险作业。

郭×升和董××在洞外焊接上斜井用的角铁梯子，约20分钟后郭×升扛着焊好的铁梯和董××一起进洞，郭×升进洞后放下铁梯发现没有焊挂梯子用的铁钢筋挂钩，又出去焊接钢筋挂钩，焊好后郭×升又进洞，董××将角铁梯子递给郭×升上斜井，8时30分左右郭传升上到斜井3～4 m处就发现谢×华滚挡在斜井出渣口的木拦渣板旁边，满身血迹，身体挂在角铁上，董××将谢×华头抱住，郭×升将从腰部穿到大腿上的角铁抽出，当时谢×华还有呼吸，但是喊不答应，郭×升见势不妙就急忙上去救周×林，上到斜井80 m处，看到周×林爬在作业面的小平台上，摇了一下，不动、喊也不答应，郭×升就赶快回身出洞给施工负责人李×军和临近3号隧道的黄×学打电话救人。李×军得知后一边向项目部报告，一边往事故现场赶，并从3号隧道叫了两名工人随从，郭×升拿了两根背包带给李×军，李×军带着两个工人进洞了，接着黄×新（协调员）、徐××（质量管理工程师）也就进洞和董××共同把谢×华抬出来直接送县医院经抢救无效死亡。此时，郭×升看进洞的人都出来了，就又进洞到斜井口和李×军两人上去救周×林，把周×林从工作面往下挪动2 m就感觉没有力气了，郭×升也趴在那里晕倒在工作井内，李×军因感觉身体不舒服，却担心周×林会滚下去，就拿绳子把周×林栓在铁梯子上，自己就慢慢往下爬，李×军爬到约20 m处，就看到救援的人都来了，让先去救郭×升，救援人员将郭×升救出送往县医院救治。李×军随后自行走出洞外，被送往县医院救治。此时周×林仍然被困斜井之中。

消防官兵等救援人员经过近10小时的有序救援，于晚8时30分将被困人员周×林救出，送往县医院抢救确诊已死亡。

2. 事故原因

（1）死者谢帮×华、周×林2人违反施工操作规程，在没有专用通风设备进行通风，也没有进行洞内有毒有害气体和氧含量检测的情况下，擅自盲目冒险违章进入4号引水隧道导井进行前一天爆破后的排险作业；李×军、郭×升2人在现场救援环境不明、未采取防护措施的情况下，冒险进入隧道，盲目采用不当方法组织施救，是造成事故的直接原因。

（2）该建设工程有限公司企业主体责任不落实，西×电站4号隧道通风系统不健全，洞外通风风筒上没有安装风机且风带多处破烂，独头巷道没有通风设备，更没有工作面的局部通风设备设施，而是利用空压机风钻机仅有的一点风既打钻又供作业人员呼吸供氧。

（3）安全生产三级教育培训不到位，未对全员职工按要求进行安全教育培训，作业人员对安全风险认识不足，无自救常识和自我保护意识。

（4）4号引水隧道导井的安全管控措施现场落实不到位，在未进行有毒气体和氧含量检测分析，也未采取安全防范措施的情况下，允许作业人员进入 4 号引水隧道导井作业。是现场管理人员施救不当。李 × 军、郭 × 升 2 人在作业人员周 × 林、谢 × 华已严重缺氧窒息并摔伤的情况下，未配备必要的现场应急救援设备、现场救援环境不明、未采取防护措施就冒险进入隧洞导井，盲目采取不当救援方法组织施救，导致李 × 军、郭 × 升 2 人中毒受伤。

（5）没有建立救援队伍或与专业救援队伍签订救援协议，也没有配备兼职救援人员，缺乏必要的应急救援器材、装备。

（6）该水电开发有限公司作为项目建设方未监督承建方按规定标准提取和使用安全生产费用，安全生产通风、监测等设施设备配备不到位，安全生产责任、安全生产机构未落实，安全生产教育培训不到位，在安全管理方面存在漏洞。

（7）该县水利局，负责县水利水电工程安全生产工作。对西 × 电站、沙 × 电站工程日常安全监督管理不到位，安全检查未达到"全覆盖"，隐患治理未做到"零容忍"。没有及时发现或者依法对存在重大事故隐患的生产经营单位作出停产停业、停止施工的决定，对企业安全生产"三同时"的落实监督不到位，没有尽到行业监管职责。

3. 事故责任分析

（1）谢 × 华、周 × 林安全意识淡薄、忽视安全，严重违反操作规程，在未对洞内有毒有害气体浓度进行检测的情况下，擅自违章冒险进入斜洞内排险作业，导致事故发生，应对"3 · 31"窒息事故的发生负直接责任。

（2）李 × 军，西 × 电站建设工程 4 号隧道施工负责人。违反《安全生产法》相关条款，安全监管不到位，在没有专用的通风设备向隧洞送风，也没有对隧洞内含氧量和有毒有害气体进行检测，未对从业人员进行岗前安全生产教育和培训，从业人员没有掌握必要的安全生产知识、不熟悉有关的安全生产规章制度和安全操作规程、不了解事故应急处理措施的情况下，就允许工人进入洞内作业，导致事故发生，对此次事故的发生负有主要责任。

（3）魏 × ×，该建设工程有限公司董事长，为西 × 电站建设隧道工程安全生产工作第一责任人。根据《安全生产法》第十八条规定未履行以下职责：未建立、健全本单位安全生产责任制；未组织完成本单位安全生产规章制度和操作规程；未组织制订并实施本单位安全生产教育和培训计划；未保证本单位安全生产投入有效实施；未定期督促、检查本单位的安全生产工作，未及时消除生产安全事故隐患，未组织制订并实施本单位的生产安全事故应急救援预案。安全意识淡薄，在生产安全管理上未尽到第一责任人职责，对此次事故的发生负领导责任。

（4）李 × 剑，该建设工程有限公司西 × 电站建设隧道工程安全员，分管安全生产工作，是该工程安全生产工作的直接负责人，对此次事故的发生负有主要责任。

（5）张 × ×，该水电开发有限公司经理、西 ×、沙 × 电站项目经理，作为建设方对建设工程有限公司西 ×、沙 × 电站未严格落实安全生产管理责任，未严格按照《西 ×、沙 × 电站工程引水隧道初步设计》及《安全生产法》的相关要求，进行隧道作业"六大系统"规范建设监管，未定期对隧道导井进行安全检查，对事故发生负有领导责任。

（6）席 × ×，县水利局党组成员、副局长，分管县水利水电工程安全生产工作。日常安全监督管理不到位，安全检查未达到"全覆盖"，隐患治理未做到"零容忍"。没有及时发现或者依法对存在重大事故隐患的生产经营单位作出停产停业、停止施工的决定，对该企业安全生产“三同时”的落实监督不到位。没有尽到行业监管职责，对此次事故负有领导责任。

(7)谢××，镇党委委员、武装部部长、兼任镇安监站站长，分管镇安全生产工作。履行安全生产“属地管理”职责不到位，在本次事故中负有领导责任。

(8)周××，县岳坝镇安监站安监员，未按照安全生产“属地管理”原则，认真落实安全监管责任，日常安全生产检查不到位，对此次事故负有直接责任。

4. 预防措施

(1)强化企业安全生产主体责任落实。该建设工程有限公司要认真总结，深刻吸取“3·31”血的事故教训，依据《安全生产法》和相关法律法规全面落实企业安全生产主体责任，认真落实安全生产责任制，健全管理制度，加强“三级”教育，强化对从业人员的教育培训，增强自我保护意识，定期开展安全检查和事故隐患排查，强化隐患跟踪治理，要把隐患当事故来抓来处理，安全检查必须“全覆盖”，隐患治理必须“零容忍”。痛下决心，治源治根，避免事故再发生。

(2)强化生产作业现场安全管理。该建设工程有限公司要严格落实安全管理制度，要把防止各类事故发生作为安全管理工作的重中之重，把安全责任落实到班组一线，安全培训教育到每一个人，实行精细化管理。及时现场解决安全生产中遇到的突出问题，配齐配全安全设施设备，坚持不安全不生产。坚决杜绝违章指挥、违章作业、违反劳动纪律的现象发生，必须全面提高现场工作应对和处置突发事件的能力。

(3)完成企业应急救援预案并强化应急演练。该建设工程有限公司要完成和充实各种有针对性的应急预案，建立完成企业安全生产预警机制，强化应急演练，防止和杜绝在危害因素不明或防护措施不完善、无安全保障的情况下冒险作业和盲目施救，要提高应急处置能力。

(4)加大企业安全生产投入。该水电开发有限公司要加强监管检查，督促该建设工程有限公司加强员工的安全教育培训工作，保证安全教育培训投入，建立员工教育培训档案，提高员工的安全意识，特别是新录用员工的安全教育培训工作；公司应为施工队伍提供施工中必备的劳动防护用品、用具和检测仪器，保证施工过程中安全使用，真正实现安全生产作业过程中的本质安全。

(5)切实强化安全生产属地监管和行业直管责任。镇政府、县水利局要深刻吸取“3·31”事故教训，举一反三，认真研读《安全生产法》，学习贯彻习近平总书记、李克强总理关于安全生产工作的一系列重要讲话精神，牢固树立红线意识，警钟长鸣。认真落实好安全生产责任制，健全属地监管责任网格体系，要不断提高行业监管专业化水平，切实加强对企业的安全监督管理，加大安全生产宣传教育力度，严格落实安全生产“党政同责、一岗双责”和“三个必须”要求，不断增强安全生产保障能力，防止各类事故发生。

第九章 水利水电工程建设应急管理

水利水电工程建设过程复杂,涉及危险源众多,可能发生大面积脚手架坍塌、火灾、爆炸、洪水、滑坡等事故。这些事故一旦发生,往往造成惨重的人身伤亡、财产损失和环境破坏。同时,施工现场存在一些常见事故,如高处坠落、物体打击、机械伤害、坍塌、触电等,这些事故发生后,如未进行及时有效抢救,同样造成严重后果。为了防止在水利水电工程建设过程中发生重大人身伤亡事故、设备事故及对社会有严重影响的其他事故,保证水利水电工程建设安全顺利进行,水利水电工程建设项目应在当地水行政主管部门、流域管理机构的指导下,根据应急救援相关法律法规,加强应急管理工作,建立反应有效的事故应急救援体系。

第一节 应急管理基本概念和基本任务

应急管理是安全生产工作的重要组成部分,全面做好应急管理工作,提高事故防范和应急处置能力是坚持以人为本、科学发展、安全发展的必然要求。应急管理工作是对事故全过程的管理,贯穿于事故发生前、中、后的各个过程。

一、应急管理基本概念

(1)应急预案。为有效预防和控制可能发生的事故,最大限度地减少事故及其造成的损害而预先制订的工作方案。

(2)应急准备。针对可能发生的事故,为迅速、科学、有序地开展应急行动而预先进行的思想准备、组织准备和物资准备。

(3)预警。为高效地预防和应对事故,对事故征兆进行监测、识别、分析与评估,预测事故发生的时间、空间和强度,并依据预测结果在一定范围内发布相应警报,提出相应应急建议的行动。

(4)应急响应。针对发生的事故,有关组织或人员采取的应急行动。

(5)应急救援。在应急响应过程中,为最大限度地降低事故造成的损失或危害,防止事故扩大,而采取的紧急措施或行动。

(6)恢复。事故的影响得到初步控制后,为使生产、工作、生活和生态环境尽快恢复到正常状态而采取的措施或行动。

(7)应急保障。为保障应急处置的顺利进行而采取的各项保证措施。一般按功能分为人力、财力、物资、交通运输、医疗卫生、治安维护、人员防护、通信与信息、公共设施、社会沟通、技术支撑及其他保障。

(8)应急演练。针对可能发生的事故情景,依据应急预案而模拟开展的预警行动、事故报告、指挥协调、现场处置等活动。

二、应急管理基本任务

应急管理应遵循预防为主、常备不懈、统一指挥、分级负责的原则,做好事故预防工作,避免和减少事故发生,落实救援工作的各项准备措施,做到一旦发生事故,能及时、高效地实施救援。应急管理的基本任务主要包括下列几个方面:

(1)健全和完善安全生产应急管理体制和机制。

(2)建立健全应急管理规章制度。

(3)完善应急预案体系。

(4)加强应急队伍和能力建设。

(5)坚持预防为主、防救结合,做好事故防范工作。

(6)做好事故救援工作,测定事故危害区域、危害性质和危害程度,营救受害人员。

(7)事故发生后,尽快消除危害后果,做好现场恢复,查清事故原因,评估危害程度。

(8)加强应急管理培训和宣传教育工作。

(9)加强应急管理支撑保障体系建设。

三、应急管理的内涵

应急管理是一个动态的过程,包括预防、准备、响应和恢复四个阶段。在实际情况中,这些阶段往往是交叉的,但每一阶段都有自己明确的目标,并且成为下个阶段内容的一部分。预防、准备、响应和恢复相互关联,构成了应急管理的循环过程。应急管理的阶段如图 9-1 所示。

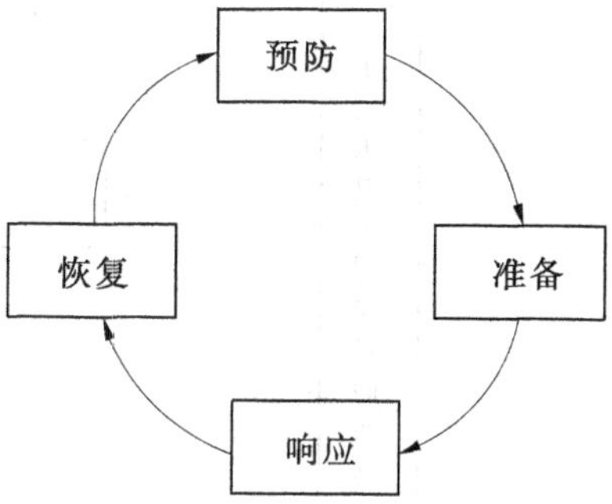

图 9-1 应急管理的阶段

在应急管理中,预防有两层含义:第一层是事故的预防工作,即通过安全管理和安全技术等手段,尽可能地防止事故的发生,实现本质安全化;第二层是在假定事故必然发生的前提下,通过预先采取的预防措施,达到降低或减缓事故的影响或后果严重程度。水利水电工程建设参建各方应高度重视事故预防工作,防患于未然。预防阶段的主要工作内容为:危险源辨识、风险评价、风险控制。

准备的目标是保障事故应急救援所需的应急能力,准备阶段的主要工作内容为:编制应急预案、建立预警系统、进行应急培训和应急演练、与政府部门及社会救援组织签订应急互助协议等。响应的目的是通过发挥预警、疏散、搜寻和营救以及提供避难场所和医疗服务等紧急事务功能,及时抢救受害人员,保护可能受到威胁的人群;尽可能控制并消除事故,最大限度地减少事故造成的影响和损失,维护社会稳定和人民生命财产安全。响应阶段的主要工作内容为:事故预警与通报、启动应急预案、展开救援行动、进行事态控制等。

恢复工作应在事故发生后立即进行,应首先使事故影响地区恢复至相对安全的基本状态,然后继续努力逐步恢复到正常状态。要求立即开展的恢复工作包括事故损失评估、事故原因调查、清理废墟等;长期恢复工作包括受影响区域重建和再发展以及实施安全减灾计划。恢复阶段主要工作内容为:影响评估、清理现场、常态恢复、预案复查等。

第二节 水利水电工程建设应急救援体系

构建水利水电工程建设应急救援体系,应贯彻顶层设计和系统论的思想,以事故为中心,以功能为基础,分析和明确应急救援工作的各项需求,在应急能力评估和应急资源统筹安排的基础上,科学地建立规范化、标准化的应急救援体系。水利水电工程建设应急救援体系主要由组织体系、运作机制、保障体系、法规制度等部分组成。水利水电工程建设应急救援体系构建框架如图 9-2 所示。

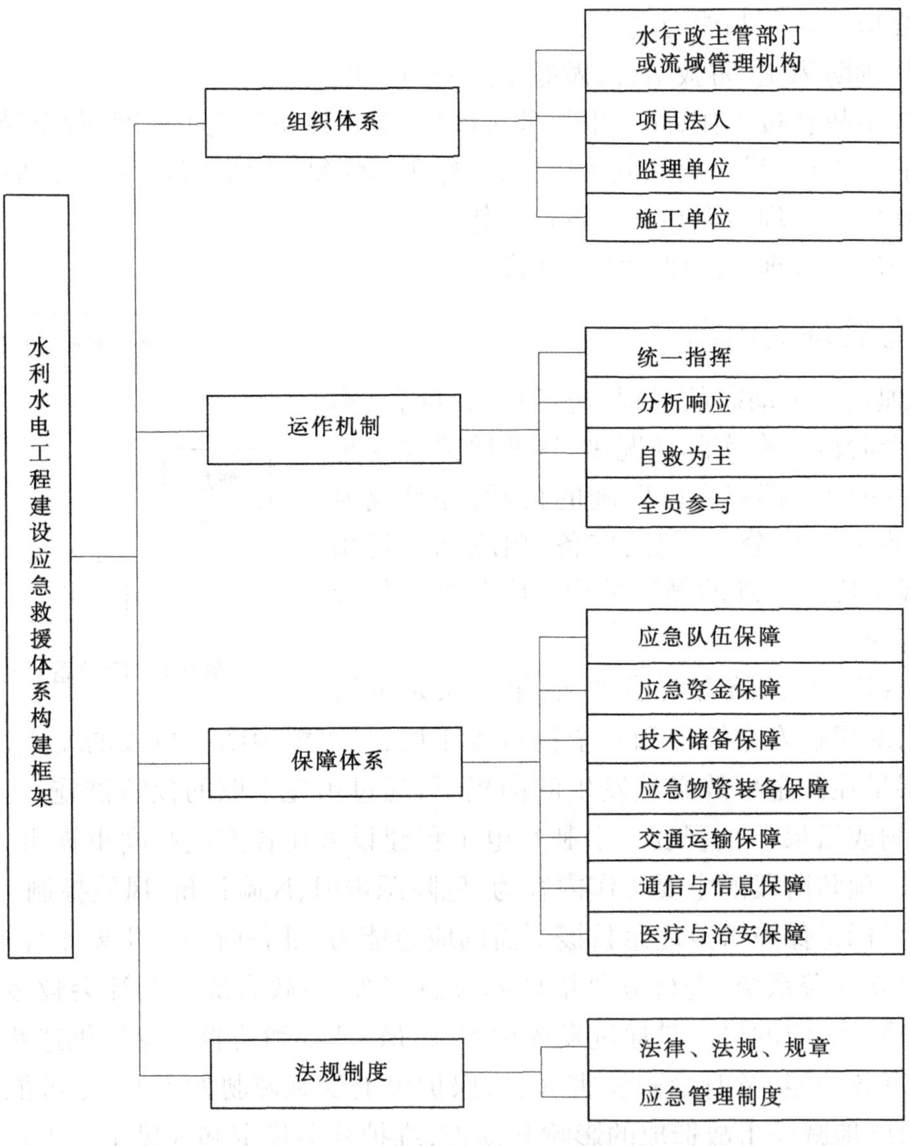

图 9-2 水利水电工程建设应急救援体系构建框架

一、应急组织体系

应急组织体系是水利水电工程建设应急救援体系的基础之一。水利水电工程建设项目应将项目法人、监理单位、施工企业纳入到应急组织体系中,实现统一指挥、统一调度、资源共享、共同应急。项目法人牵头将各参建单位紧密联系在一起,明确各参建单位职责，明确相关人员职责，共同应对事故，形成强有力的水利水电工程建设应急组织体系，提升施工现场应急能力。同时，水利水电工程建设项目应成立防汛组织机构，以保证汛期抗洪抢险、救灾工作有序进行，安全度汛。

二、应急运作机制

应急运作机制是水利水电工程建设应急救援体系的重要保障，目标是加强应急救援体系内部的应急管理，明确和规范响应程序，保证应急救援体系运转高效、应急反应灵敏，取得良好的抢救效果。

水利水电工程建设应急运作机制始终贯穿于预防、准备、响应和恢复这四个阶段的应急活动中，应急机制与这四个阶段的应急活动密切相关。涉及事故应急救援的运行机制众多，但最关键、最主要的是统一指挥、分级响应、自救为主和全员参与等机制。

统一指挥是事故应急指挥的最基本原则。应急指挥一般可分为集中指挥与现场指挥，或场外指挥与场内指挥，不管采用哪一种指挥系统，都必须在应急指挥机构的统一组织协调下行动，有令则行，有禁则止，统一号令，步调一致。

分级响应要求水利水电工程建设项目的各级管理层充分利用自己管辖范围内的应急资源，尽最大努力实施事故应急救援。

自救为主是强调“第一反应”的思想和以现场应急指挥为主的原则。

全员参与机制是水利水电工程建设应急运作机制的基础，也是整个水利水电工程建设应急救援体系的基础，是指在应急救援体系的建立及应急救援过程中要充分考虑并依靠项目组织及施工现场人员的力量，使施工现场人员都参与到救援过程，人人都成为救援体系的一部分。建立健全组织和动员施工现场人员参与应对事故的有效机制，增强现场人员应急意识，在条件允许的情况下发挥应有的作用。

按照统一指挥、分级响应、企业自救为主和全员参与的原则，建立水利水电工程建设参建各方事故预防预警、应急响应、经费保障等关键性运作机制，形成统一指挥、反应灵敏、协调有序、运转高效的事故应急管理工作机制。

三、应急保障体系

应急保障体系是水利水电工程建设应急救援体系重要的组成部分，是应急救援行动全面展开和顺利进行的强有力的保证。应急救援工作能否快速有效地开展依赖于应急保障是否到位。应急保障一般包括通信与信息保障、应急队伍保障、应急物资装备保障、应急资金保障、技术储备保障以及其他保障。

（一）通信与信息保障

水利水电工程建设应急通信信息平台是应急救援体系最重要的基础建设之一。事故发生时，所有预警、警报、报告、救援和指挥等行动的通信信息交流都要通过应急通信信息平台实现。快速、顺畅、准确的通信信息是保证应急工作高效、顺利进行的基础。

应急通信工具有：电话（包括手机、可视电话、座机电话等）、无线电、电台、传真机、移动通信、卫星通信设备等。

水利水电工程建设各参建单位应急指挥机构及人员通信方式应当报项目法人应急指

挥机构备案,其中省级水行政主管部门以及国家重点建设项目的项目法人应急指挥机构的通信方式报水利部和流域机构备案。

正常情况下,各级应急指挥机构和主要人员应当保持通信设备24小时正常畅通。

事故发生后,正常通信设备不能工作时,应立即启动通信应急预案,迅速调集力量抢修损坏的通信设施,启用备用应急通信设备,以保证事故应急处置和现场指挥的信息畅通。

通信与信息联络的保密工作、保密范围及相应通信设备应当符合应急指挥要求及国家有关规定。

(二)应急队伍保障

建立由水利水电工程建设各参建单位人员组成的工程设施抢险队伍,负责事故现场的工程设施抢险和安全保障工作。

建立由从事科研、勘察、设计、施工、监理、质量检测等工作的技术人员组成的专家咨询队伍,负责事故现场的工程设施安全性能评价与鉴定,研究应急方案、提出相应应急对策和意见,并负责从工程技术角度对已发事故还可能引起或产生的危险因素进行及时分析预测。

(三)应急物资装备保障

根据可能突发的重大质量与安全事故性质、特征、后果及其应急预案要求,项目法人应当组织工程有关施工企业配备充足的应急机械、设备、器材等物资装备,以保障应急救援调用。

发生事故时,应当首先充分利用工程现场既有的应急机械、设备、器材。同时在地方应急指挥机构的调度下,动用工程所在地公安、消防、卫生等专业应急队伍和其他社会资源。

(四)应急资金保障

水利水电工程建设项目应明确应急专项经费的来源、数量、使用范围和监督管理措施,保障应急状态时应急经费能及时到位。

(五)技术储备保障

组织对水利水电工程事故的预防、预测、预警、预报和应急处置技术研究,提高应急监测、预防、处置及信息处理的技术水平,增强技术储备。水利水电工程事故预防、预测、预警、预报和处置技术研究及咨询依托有关专业机构。

(六)其他保障

水利水电工程建设项目应根据事故应急工作的需要,确定其他与事故应急救援相关的保障措施,如交通运输保障、治安保障、医疗保障和后勤保障等。

四、应急法规制度

水利水电工程建设应急救援的有关法规制度是水利水电工程建设应急救援体系的法制保障,也是开展事故应急活动的依据。我国高度重视应急管理的立法工作,目前,对应急管理有关工作作出要求的法律法规、规章、标准主要有:《安全生产法》(主席令第十三号)、《突发事件应对法》(主席令第六十九号)、《防洪法》(1997年8月29日第八届全国人大常委会第二十七次会议通过，主席令第 88 号公布；2009 年 8 月 27 日第十一届全国人大常委会第十次会议第一次修正，主席令第 18 号公布；2015 年 4 月 24 日第十二届全国人大常委会第十四次会议第二次修正，主席令第 23 号公布；2016 年 7 月 2 日第十二届全国人大常委会第二十一次会议第三次修正，主席令第 48 号公布）、《生产安全事故报告和调查处理条例》（国务院令第 493 号）、《水库大坝安全管理条例》（1991 年 3 月 22 日国务院令第 77 号发布，2011 年 1 月 8 日国务院令第 588 号修正；2018 年 3 月 19 日国务院令第 698 号第二次修正）、《中华人民共和国防汛条例》（1991 年 6 月 28 日国务院第 87 次常务会议通过，1991 年 7 月 2 日国务院令第 86 号发布；2005 年 7 月 15 日国务院令第 441 号第一次修正；2010 年 12 月 29 日国务院第 138 次常务会议通过，2011 年 1 月 8 日国务院令第 588 号第二次修正）、《生产安全事故应急预案管理办法》（应急管理部令第 2 号）、《突发事件应急预案管理办法》（国办发〔2013〕101 号）等。

同时，水利水电工程建设项目根据现场需要，制定本工程应急管理制度，明确应急职责、任务与相关惩罚，保障本工程建设项目应急救援体系的有效运行。

第三节　应急预案管理

一、基本要求

水利水电工程建设参建各方应结合本单位实际情况，编制相应的应急预案，且预案内容应满足下列基本要求：

（1）针对性。应急预案应结合危险分析的结果，针对重大危险源、各类可能发生的事故、关键的岗位和地点、薄弱环节重要工程进行编制，确保其有效性。

（2）科学性。编制应急预案必须以科学的态度，在全面调查研究的基础上，实行领导和专家相结合的方式，开展科学分析和论证，制订出决策程序、处置方案和应急手段先进的应急方案，使应急预案具有科学性。

（3）可操作性。应急预案应具有可操作性或实用性，即发生事故时，有关应急组织、人员可以按照应急预案的规定迅速、有序、有效地开展应急救援行动，降低事故损失。

（4）合法合规性。应急预案中的内容应符合国家相关法律、法规、标准和规范的要求，应急预案的编制工作必须遵守相关法律法规的规定。

（5）权威性。救援工作是一项紧急状态下的应急性工作，所制订的应急预案应明确救援工作的管理体系，救援行动的组织指挥权限以及各级救援组织的职责和任务等一系列的行政性管理规定，保证救援工作的统一指挥。应急预案还应经上级部门批准后才能实施，保证预案具有一定的权威性。同时，应急预案中包含应急所需的所有基本信息，需要确保这些信息的可靠性。

（6）衔接性。水利水电工程建设应急预案应与上级单位应急预案、当地政府应急预案、水行政主管部门应急预案、下级单位应急预案等相互衔接，确保出现紧急情况时能够及时启动各方应急预案，有效控制事故。

二、应急预案的内容

根据《生产经营单位生产安全事故应急预案编制导则》（GB/T 29639—2013），应急预案可分为综合应急预案、专项应急预案和现场处置方案3个层次。

综合应急预案主要内容包括总则、事故风险描述、应急组织机构及职责、预警及信息报告、应急响应、信息公开、后期处置以及以及预案管理等。综合应急预案是应急预案体系的总纲，主要从总体上阐述事故的应急工作原则，包括应急组织机构及职责、应急预案体系、事故风险描述、预警及信息报告、应急响应、保障措施、应急预案管理等内容。

专项应急预案主要内容包括事故风险分析、应急组织机构及职责、处置程序及处置措施等内容。专项应急预案是为应对某一类型或某几种类型事故，或者针对重要生产设施、重大危险源、重大活动等内容而制订的应急预案。专项应急预案主要包括事故风险分析、应急指挥机构及职责、处置程序和措施等内容。

现场处置方案主要内容包括事故风险分析、应急工作职责、应急处置及注意事项等内容。现场处置方案是根据不同事故类别，针对具体的场所、装置或设施所制订的应急处置措施，主要包括事故风险分析、应急工作职责、应急处置和注意事项等内容。水利水电工程建设参建各方应根据风险评估、岗位操作规程以及危险性控制措施，组织本单位现场作业人员及相关专业人员共同进行编制现场处置方案。

应急预案应形成体系，针对各级各类可能发生的事故和所有危险源制订专项应急预案和现场处置方案，并明确事前、事发、事中、事后各个过程中相关单位、部门和有关人员的职责。水利水电工程建设项目应根据现场情况，详细分析现场具体风险（如某处易发生滑坡事故），编制现场处置方案，主要由施工企业编制，监理单位审核，项目法人备案；分析工程现场的风险类型（如人身伤亡），编写专项应急预案，由监理单位与项目法人起草，相关领导审核，向各施工企业发布；综合分析现场风险，应急行动、措施和保障等基本要求和程序，编写综合应急预案，由项目法人编写，项目法人领导审批，向监理单位、施工企业发布。

由于综合应急预案是综述性文件，因此需要要素全面；而专项应急预案和现场处置方案要素重点在于制订具体救援措施，因此对于单位概况等基本要素不做内容要求。

三、应急预案的编制步骤

应急预案的编制应参照《生产经营单位生产安全事故应急预案编制导则》（GB/T 29639—2013），预案的编制过程大致可分为下列6个步骤。

（一）成立预案编制工作组

水利水电工程建设参建各方应结合本单位实际情况，成立以主要负责人为组长的应急预案编制工作组，明确编制任务、职责分工，制订工作计划。应急预案编制需要安全、工程技术、组织管理、医疗急救等各方面的知识，因此应急预案编制工作组是由各方面的专业人员或专家、预案制订和实施过程中所涉及或受影响的部门负责人及具体执笔人员组成。必要时，编制工作组也可以邀请地方政府相关部门、水行政主管部门或流域管理机构代表作为成员。

（二）收集相关资料

收集应急预案编制所需的各种资料是一项非常重要的基础工作。掌握相关资料的多少、资料内容的详细程度和资料的可靠性将直接关系到应急预案编制工作是否能够顺利进行,以及能否编制出质量较高的事故应急预案。

需要收集的资料一般包括:

(1)适用的法律、法规和标准。

(2)本水利水电工程建设项目与国内外同类工程建设项目的事故资料及事故案例分析。

(3)施工区域布局,工艺流程布置,主要装置、设备、设施布置,施工区域主要建(构)筑物布置等。

(4)原材料、中间体、中间和最终产品的理化性质及危险特性。

(5)施工区域周边情况及地理、地质、水文、环境、自然灾害、气象资料。

(6)事故应急所需的各种资源情况。

(7)同类工程建设项目的应急预案。

(8)政府的相关应急预案。

(9)其他相关资料。

(三)风险评估

风险评估是编制应急预案的关键,所有应急预案都建立在风险分析基础之上。在危险因素分析、危险源辨识及事故隐患排查、治理的基础上,确定本水利水电工程建设项目的危险源、可能发生的事故类型和后果,进行事故风险分析,并指出事故可能产生的次生、衍生事故及后果,形成分析报告,分析结果将作为事故应急预案的编制依据。

(四)应急能力评估

应急能力评估就是依据危险分析的结果,对应急资源准备状况的充分性和从事应急救援活动所具备的能力评估,以明确应急救援的需求和不足,为应急预案的编制奠定基础。水利水电工程建设项目应针对可能发生的事故及事故抢险的需要,实事求是地评估本工程建设项目的应急装备、应急队伍等应急能力。对于事故应急所需但本工程建设项目尚不具备的应急能力,应采取切实有效措施予以弥补。

事故应急能力一般包括:

(1)应急人力资源(各级指挥员、应急队伍、应急专家等)。

(2)应急通信与信息能力。

(3)人员防护设备(呼吸器、防毒面具、防酸服、便携式一氧化碳报警器等)。

(4)消灭或控制事故发展的设备(消防器材等)。

(5)防止污染的设备、材料(中和剂等)。

(6)检测、监测设备。

(7)医疗救护机构与救护设备。

(8)应急运输与治安能力。

(9)其他应急能力。

(五)应急预案编制

在以上工作的基础上,针对本水利水电工程建设项目可能发生的事故,按照有关规定和要求,充分借鉴国内外同行业事故应急工作经验,编制应急预案。应急预案编制过程中,应注重编制人员的参与和培训,充分发挥他们各自的专业优势,告知其风险评估和应急能力评估结果，明确应急预案的框架、应急过程行动重点以及应急衔接、联系要点等。同时，应急预案应充分考虑和利用社会应急资源，并与地方政府、流域管理机构、水行政主管部门以及相关部门的应急预案相衔接。

（六）应急预案评审

《生产安全事故应急预案管理办法》（应急管理部令第 2 号）、《生产经营单位生产安全事故应急预案编制导则》（GB/T 29639—2013）等提出了对应急预案评审的要求。应急预案编制完成后，应进行评审或者论证。参加应急预案评审的人员应当包括有关安全生产及应急管理方面的专家。经评审合格后，由本单位主要负责人签署公布，并在公布之日起 20 个工作日内，按照分级属地原则，向安全生产监督管理部门和有关部门进行告知性备案。

水利水电工程建设项目应参照《生产经营单位生产安全事故应急预案评审指南（试行）》（安监总厅应急〔2009〕73 号，简称《指南》）组织对应急预案进行评审。该《指南》给出了评审方法、评审程序和评审要点，附有应急预案形式评审表、综合应急预案要素评审表、专项应急预案要素评审表、现场处置方案要素评审表和应急预案附件要素评审表五个附件。

1. 评审方法

应急预案评审分为形式评审和要素评审，评审可采取符合、基本符合、不符合三种意见简单判定。对于基本符合和不符合的项目，应给出具体修改意见或建议。

（1）形式评审。依据有关规定和要求，对应急预案的层次结构、内容格式、语言文字、附件项目以及编制程序等内容进行审查，重点审查应急预案的规范性和编制程序。

（2）要素评审。依据有关规定和标准，从合法性、完整性、针对性、实用性、科学性、操作性和衔接性等方面对应急预案进行评审。要素评审包括关键要素和一般要素。为细化评审，可采用列表方式分别对应急预案的要素进行评审。评审应急预案时，将应急预案的要素内容与表中的评审内容及要求进行对应分析，判断是否符合表中要求，发现存在问题及不足。

关键要素指应急预案构成要素中必须规范的内容。这些要素内容涉及水利水电工程建设项目参建各方日常应急管理及应急救援时的关键环节，如应急预案中的危险源与风险分析、组织机构及职责、信息报告与处置、应急响应程序与处置技术等要素。

一般要素指应急预案构成要素中简写或可省略的内容。这些要素内容不涉及参建各方日常应急管理及应急救援时的关键环节，而是预案构成的基本要素，如应急预案中的编制目的、编制依据、适用范围、工作原则、单位概况等要素。

2. 评审程序

应急预案编制完成后，应在广泛征求意见的基础上，采用会议评审的方式进行审查，会议审查规模和参加人员根据应急预案涉及范围和重要程度确定。

1）评审准备

应急预案评审应做好下列准备工作：

（1）成立应急预案评审组，明确参加评审的单位或人员。

（2）通知参加评审的单位或人员具体评审时间。

(3)将被评审的应急预案在评审前送达参加评审的单位或人员。

2)会议评审

会议评审可按照以下程序进行:

(1)介绍应急预案评审人员构成,推选会议评审组组长。

(2)应急预案编制单位或部门向评审人员介绍应急预案编制或修订情况。

(3)评审人员对应急预案进行讨论,提出修改和建设性意见。

(4)应急预案评审组根据会议讨论情况,提出会议评审意见。

(5)讨论通过会议评审意见,参加会议评审人员签字。

3)意见处理

评审组组长负责对各位评审人员的意见进行协调和归纳,综合提出预案评审的结论性意见。按照评审意见,对应急预案存在的问题以及不合格项进行分析研究,并对应急预案进行修订或完善。反馈意见要求重新审查的,应按照要求重新组织审查。

3.评审要点

应急预案评审应包括下列内容:

(1)合法性。符合有关法律、法规、规章和标准,以及有关部门和上级单位规范性文件要求。

(2)完整性。应急预案的要素具备评审表所规定的各项要素。

(3)针对性。紧密结合本单位危险源辨识与风险分析。

(4)实用性。切合本单位工作实际,与生产安全事故应急处置能力相适应。

(5)科学性。应急预案的组织体系、预防预警、信息报送、响应程序和处置方案等内容科学合理。

(6)操作性。响应程序和保障措施等内容切实可行。

(7)衔接性。综合应急预案、专项应急预案、现场处置方案形成体系,并与相关部门或单位应急预案相互衔接。

四、应急预案管理

(一)应急预案备案

依照《生产安全事故应急预案管理办法》(应急管理部令第2号),应当在应急预案公布之日起20个工作日内,按照分级属地原则,向安全生产监督管理部门和有关部门进行告知性备案。中央企业总部(上市公司)的应急预案,报国务院主管的负有安全生产监督管理职责的部门备案,并抄送国家安全生产监督管理总局;其所属单位的应急预案报所在省、自治区、直辖市或者设区的市级人民政府主管的负有安全生产监督管理职责的部门备案,并抄送同级安全生产监督管理部门。

水利水电工程建设项目参建各方申请应急预案备案,应当提交下列材料:

(1)应急预案备案申请表。

(2)应急预案评审或者论证意见。

(3)应急预案文本及电子文档。

(4)风险评估结果和应急资源调查清单。

受理备案登记的负有安全生产监督管理职责的部门应当在5个工作日内对应急预案材料进行核对，材料齐全的，应当予以备案并出具应急预案备案登记表；材料不齐全的，不予备案并一次性告知需要补齐的材料。逾期不予备案又不说明理由的，视为已经备案。

(二)应急预案宣传与培训

应急预案宣传与培训工作是保证预案贯彻实施的重要手段，是增强参建人员应急意识，提高事故防范能力的重要途径。

水利水电工程建设参建各方应采用不同方式开展安全生产应急管理知识和应急预案的宣传和培训工作。对本单位负责应急管理工作的人员以及专职或兼职应急救援人员进行相应知识和专业技能培训，同时加强对安全生产关键责任岗位员工的应急培训，使其掌握生产安全事故的紧急处置方法，增强自救互救和第一时间处置事故的能力。在此基础上，确保所有从业人员具备基本的应急技能，熟悉本单位应急预案，掌握本岗位事故防范与处置措施和应急处置程序，提高应急水平。

(三)应急预案演练

应急预案演练是应急准备的一个重要环节。通过演练，可以检验应急预案的可行性和应急反应的准备情况；通过演练，可以发现应急预案存在的问题，完善应急工作机制，提高应急反应能力；通过演练，可以锻炼队伍，提高应急队伍的作战能力，熟悉操作技能；通过演练，可以教育参建人员，增强其危机意识，提高安全生产工作的自觉性。为此，预案管理和相关规章中都应有对应急预案演练的要求。

(四)应急预案修订与更新

应急预案必须与工程规模、机构设置、人员安排、危险等级、管理效率及应急资源等状况相一致。随着时间推移，应急预案中包含的信息可能会发生变化。因此，为了不断完善和改进应急预案并保持预案的时效性，水利水电工程建设参建各方应根据本单位实际情况，及时更新和修订应急预案。

应就下述情况对应急预案进行及时修订：

(1)依据的法律、法规、规章、标准及上位预案中的有关规定发生重大变化的。

(2)应急指挥机构及其职责发生调整的。

(3)面临的事故风险发生重大变化的。

(4)重要应急资源发生重大变化的。

(5)预案中的其他重要信息发生变化的。

(6)在应急演练和事故应急救援中发现问题需要修订的。

(7)编制单位认为应当修订的其他情况。

应急预案修订前，应组织对应急预案进行评估，以确定是否需要进行修订以及哪些内容需要修订。通过对应急预案更新与修订，可以保证应急预案的持续适应性。同时，更新的应急预案内容应通过有关负责人认可，并及时通告相关单位、部门和人员；修订的预案版本应经过相应的审批程序，并及时发布和备案。

第四节　应急预案培训与演练

一、应急培训

（一）应急培训的程序

1. 制订应急培训计划

培训计划在整个培训体系中都占有比较重要的地位。一个科学的培训计划应该包含的内容主要有以下八个要素：

（1）培训目的。在进行培训前，一定要明确培训的真正目的，即培训最终要达到的效果，并将培训目的与水利水电工程建设的应急救援要求紧密地结合起来。这样，可以使培训效果更好，针对性也更强，使整个培训过程有的放矢。因此，培训计划中要将培训目的用简洁明了的语言描述出来，成为培训的纲领。

（2）培训负责人和培训教师。要明确具体的培训负责人，使之全身心地投入到培训的策划和运作中去，避免出现培训组织的失误。另外，在遴选培训讲师时，如单位内部有适当人选，则要优先聘请，如内部无适当人选，再考虑聘请外部讲师。受聘的讲师必须具有广泛的知识、丰富的经验及专业的技术，才能受到受训者的信赖与尊敬；同时，还要有卓越的训练技巧和对教育的执著、耐心与热心。

（3）培训对象。可依照阶层或职能加以区分，按阶层大致可分为具体操作组实施人员、应急小组负责人、应急指挥机构人员；按职能区分培训又可以分为医疗救护组的急救知识培训、抢险救援组的应急措施培训、保卫警戒组的疏散和人员清点培训等。策划培训计划时，首先应该决定培训对象，然后决定培训内容、时间期限、培训场地以及授课讲师。

（4）培训内容。培训内容的拟定，依据先前进行的培训需求的分析调查，再了解应急救援人员的培训需要，即他们不足部分的知识或技能，来拟定培训内容。

（5）培训时间和期限。一般而言，可以根据培训的目的、场地、讲师、受训者的能力及上班时间等因素而决定。一般培训可以以应急救援人员所具有的能力、经验为标准来决定培训期限的长短。选定的培训时间应不影响正常工作。

（6）培训场地。培训场地的选用因培训内容和方式的不同而有区别。大部分情况是在施工现场进行培训，对一些有特殊要求的培训，可在外部机构进行培训。

（7）培训方法。从培训技巧的种类来说，可以划分为讲课型、研讨型、演练型和综合型，而每一类培训技巧中所包含的内容又各有不同。讲课型培训主要是对某一或某几个问题向受训的对象进行讲解，这种培训方法主要用于应急救援培训的早期入门培训；研讨型培训主要是就某一或某几个问题由培训对象进行讨论，通过集体智慧找出解决问题的方法，这种培训方法主要应用于各级应急救援负责人之间的协调问题的培训；演练型培训是针对预案的某一部分或整体进行演练，以便发现问题，解决问题。针对培训对象、内容的不同，所采用的培训方法也有区别。在各种训练方法中，选择哪些方法来实施训练，是培训计划的主要内容之一，也是培训成败的关键因素之一。

（8）培训效果评价。对应急救援人员培训结束后的培训效果评价可通过两种方式进行。一是通过各种考核方式和手段，评价受训者的学习效果和学习成绩，主要评价学识有无增进或增进多少，技能有无获得或获得多少。二是在培训结束后，通过考核受训者在演练或实践中的表现来评价培训的效果。如可对受训者前后的工作能力有没有提高或提高多少，效率有没有提升或提升多少等进行评价。

2. 应急培训实施

培训者应按照制订的培训计划，认真组织，精心安排，合理安排时间，充分利用不同方式开展安全生产应急培训工作，使参与培训的人员能够在良好的培训氛围中学习、掌握有关应急知识。

3. 应急培训效果评价和改进

应急培训完成后，应尽可能进行考核。考核方式可以是考试、口头提问、实际操作等，以便对培训效果进行评价，确保达到预期的培训目的。通过考核情况，如果发现培训中存在一些问题，如培训内容不合适、课时安排不恰当、培训方式需改进等，培训者要认真进行总结，采取措施避免这些问题在以后的培训工作中再次发生，以提高培训工作质量，真正达到应急培训目的。

（二）应急培训的基本内容

应急培训包括对参与应急行动所有相关人员进行的最低程度的应急培训与教育，要求应急人员了解和掌握如何识别危险、如何采取必要的应急措施、如何启动紧急情况警报系统、如何安全疏散人群等基本操作。不同水平的应急者所需要接受培训的共同基本内容如下所述。

1. 报警

（1）使应急人员了解并掌握如何利用身边的工具最快最有效地报警，比如用手机电话、寻呼、无线电、网络或其他方式报警。

（2）使应急人员熟悉发布紧急情况通告的方法，如使用警笛、警钟、电话或广播等。

（3）当事故发生后，为及时疏散事故现场的所有人员，应急队员应掌握如何在现场贴发警报标志。

2. 疏散

为避免事故中不必要的人员伤亡，应对应急队员在紧急情况下安全、有序地疏散被困人员或周围人员进行培训与教育。对人员疏散的培训可在应急演练中进行，通过演练还可以测试应急人员的疏散能力。

3. 火灾应急培训与教育

由于火灾的易发性和多发性，对火灾应急的培训与教育显得尤为重要，要求应急队员必须掌握必要的灭火技术以便在着火初期迅速灭火，降低或减小导致灾难性事故的危险，掌握灭火装置的识别、使用、保养、维修等基本技术。由于灭火主要是消防队员的职责，因此火灾应急培训与教育主要也是针对消防队员开展的。

4. 防汛灾害应急措施

（1）实施防汛工作责任制，落实应急防汛责任人。参建各方按照规定储存足够的防汛物资和组织落实抗灾抢险队。

(2)应急人员在汛期前加强检查工地防汛设施和工程施工对邻近建筑物的影响。

(3)指挥部成员在汛期值班期间保持24小时通信畅通,加强值班制度、检测检查和排险工作。

(4)汛情严重或出现暴雨时,由指挥部总指挥组织全面防汛防风及抢险救灾工作,做好上传下达,分析雨情、水情、风情,科学调度,随时做好调集人力、物力、财力的准备。

(5)视安全情况,发出预警信号,应急人员及时安排受灾群众和财产转移到安全地带,把损失减小到最低程度。

(三)不同水平应急者培训的基本内容

针对不同水平的应急人员,其培训的基本内容也不同。通常将应急者分为五种水平,每一种水平都有相应的培训内容和要求。

1. 初级意识水平应急者

该水平应急者通常是处于能首先发现事故险情并及时报警的位置上的人员,如保安、门卫、巡查人员等。对他们的要求包括:

(1)确认事故迹象。

(2)了解各种事故潜在后果。

(3)了解应急者自身的作用和责任。

(4)能确认必需的应急资源。

(5)如果需要疏散,限制未经授权人员进入事故现场。

(6)熟悉事故现场安全区域的划分。

(7)了解基本的事故控制技术等。

2. 初级操作水平应急者

该水平应急者主要参与的是预防事故操作,以及发生事故后的事故应急,其作用是有效阻止事故发生,降低事故可能造成的影响。对他们的培训与教育要求包括:

(1)掌握危险源的辨识、确认、危险程度分级方法。

(2)掌握基本的危险和风险评价技术。

(3)学会正确选择和使用个人防护设备。

(4)了解各种危险源的基本术语以及特性。

(5)掌握事故的基本控制操作。

(6)掌握基本的危险源清除程序。

(7)熟悉应急计划的内容等。

3. 专业水平应急者

该水平应急者的培训应根据有关要求来执行,达到或符合要求以后才能参与事故应急。对其培训要求除掌握上述应急者的知识和技能外,还包括:

(1)保证事故现场的人员安全,防止不必要伤亡的出现。

(2)执行应急行动计划。

(3)识别、确认、证实危险源。

(4)了解应急救援系统各角色的功能和作用。

(5)了解个人防护设备的选择和使用。

(6)掌握危险和风险的评价技术。

(7)了解先进的危险源控制技术。

(8)执行事故现场清除程序。

(9)了解基本的危险源术语和其表现形式等。

4. 专家水平应急者

具有专家水平的应急者通常与专业人员一起对紧急情况作出应急处置,并向专业人员提供技术支持。因此,要求该类专家所具有的知识和信息必须比专业人员更广博更精深。所以,专家必须接受足够的专业培训,以使其具有相当高的应急水平和能力:

(1)接受专业水平应急者的所有培训要求。

(2)理解并参与应急救援系统的角色作用和分配。

(3)掌握完善的风险和危险评价技术。

(4)掌握危险源的有效控制操作。

(5)参加一般清除程序的制定与执行。

(6)参加特别清除程序的制定与执行。

(7)参加应急行动结束程序的执行。

(8)掌握各种危险源的术语与表示形式等。

5. 事故指挥水平应急者

该水平应急者主要负责的是对事故现场的控制并执行现场应急行动,协调应急队员之间的活动和通信联系。一般,该水平的应急者都具有相当丰富的事故应急和现场管理的经验,由于他们责任的重大,要求他们参加的培训应更为全面和严格,以提高应急者的素质,保证事故应急的顺利完成。通常,该类应急者应该具备下列能力:

(1)协调与指导所有的应急活动。

(2)负责执行一个综合的应急计划。

(3)对现场内外应急资源的合理调用。

(4)提供管理和技术监督,协调后勤支持。

(5)协调信息传媒和政府官员参与的应急工作。

(6)提供事故后果的文本。

(7)负责向国家、省(自治区、直辖市)、当地政府递交的事故报告的撰写提供指导。

(8)负责提供事故总结等。

二、应急演练

(一)演练的目的和要求

1. 演练目的

应急演练的目的包括评估应急预案的各部分或整体是否能有效地付诸实施,验证应急预案可能出现的各种紧急情况的适应性,找出应急准备工作中可能需要改善的地方,确保建立和保持可靠的信息渠道及应急人员的协同性,确保所有应急组织都熟悉并能够履行他们的职责,找出需要改善的潜在问题。应急演练有助于:

(1)在事故发生前暴露预案和应急响应程序的缺点。

(2)辨识出缺乏的资源(包括人力和设备)。

(3)改善应急人员、参建各方和有关机构之间的协调水平。

(4)增强应急反应人员的熟练性和信心。

(5)明确每个人各自岗位和应急职责。

(6)提高水利水电工程建设参建各方的应急反应能力。

2. 演练要求

项目法人应急处理指挥机构应根据工程具体情况及事故特点,组织工程参建单位进行突发事故应急演练,必要时邀请工程所在地人民政府及有关部门或社会公众参与;演练结束后,组织单位要总结经验,完善和改进事故防范措施和应急预案。

不同类型的应急演练虽有不同特点,但在策划演练内容、演练情景、演练频次、演练评价方法等方面的共同性要求包括:

(1)应急演练必须遵守相关法律、法规、标准和应急预案规定。

(2)领导重视、科学计划。开展应急演练工作必须得到有关领导的重视,给予财政等相应支持,必要时有关领导应参与演练过程并扮演与其职责相当的角色。应急演练必须事先确定演练目标,演练策划人员应对演练内容、情景等事项进行精心策划。

(3)结合实际、突出重点。应急演练应结合水利水电工程建设项目危险源特点、可能发生的事故类型和地点、当地气象条件以及应急准备工作的实际情况进行。演练应重点解决应急过程中组织指挥和协同配合问题,解决应急准备工作的不足,以提高应急行动的整体效果。

(4)周密组织、统一指挥。演练策划人员必须制定并落实保证演练达到目标的具体措施,各项演练活动在统一指挥下实施,参加人员要严守演练现场规则,确保演练过程的安全。演练不得影响水利水电工程建设施工,不得使各类人员承受不必要的风险。

(5)由浅入深、分步实施。应急演练应遵守由上而下、先分后合、分步实施的原则,综合性的应急演练应以若干次分练为基础。

(6)讲究实效、注重质量的要求。应急演练指导机构应精干,工作程序要简明,各类演练文件要实用,避免一切形式主义的安排,以取得实效为检验演练质量的唯一标准。

(7)应急演练原则上应避免惊动公众。如必须牵涉有限量的公众,则应在公众教育得到普及、条件比较成熟时择机进行。

(二)演练的类型

可采用不同类型的应急演练方法对应急救援预案的完整性和周密性进行评估。应急演练按照演练内容分为综合演练和单项演练,按照演练形式分为桌面演练和现场演练,不同类型的演练可相互组合。

1. 综合演练

综合演练是指涉及应急预案中多项或全部应急响应功能的演练活动。注重对多个环节和功能进行检验,特别是对不同单位之间应急机制和联合应对能力的检验。

2. 单项演练

单项演练是指涉及应急预案中特定应急响应功能或现场处置方案中一系列应急响应功能的演练活动。主要针对一个或少数几个参与单位(岗位)的特定环节和功能进行检验。

3. 桌面演练

桌面演练是指针对事故情景，利用图纸、沙盘、流程图、计算机、视频等辅助手段，依据应急预案而进行交互式讨论或模拟应急状态下应急行动的演练活动。桌面演练通常在室内完成。

4. 现场演练

现场演练是指选择或模拟生产经营活动中的社保、设施、装置或场所，设定事故情景，依据应急预案而模拟开展的演练活动。

演练类型的最大差别在于演练的复杂程度和规模。无论选择何种应急演练方法，应急演练方案必须适应辖区重大事故应急管理的需求和资源条件。应急演练的组织者或策划者在确定应急演练方法时，应考虑本单位事故应急预案和应急执行程序制订工作的进展情况、本单位现有应急相应能力、应急演练成本及资金筹措状况等因素。

（三）演练实施的基本过程和任务

由于应急演练是由许多机构和组织共同参与的一系列行为和活动，因此应急演练的组织和实施是一项非常复杂的任务，建立演练策划小组是成功组织开展应急演练工作的关键。策划小组应该由多种专业人员组成，包括安全、机电、工程等部门，单位涉及项目法人、监理、施工企业等。为确保演练的成功，参演人员不得参加策划小组，更不可能参与演练方案的设计。

根据《生产安全事故应急演练基本规范》（AQ/T 9007—2019），将应急演练实施的过程分为演练计划（应包括演练目的、类型（形式）、时间、地点，演练主要内容、参加单位和经费预算等）、演练准备（成立演练组织机构、编制演练文件、演练工作保障）、演练实施（熟悉演练任务和角色、组织预演、安全检查、应急演练、演练记录、评估准备、演练结束）三个阶段。

（四）应急演练评估与总结

应急演练评估是指围绕演练目标和要求，对参演人员的表现、演练活动准备及其组织实施过程做出客观评价，并编写演练评估报告的过程。

1. 演练评估准备

（1）确定评估机构和确定评估人员。成立应急演练评估组，由应急管理方面的专家和有关领域专业技术人员或相关方代表组成，规模较大、演练情景和参演人员较多或实施程序复杂的演练，可设多级评级，并确定总体负责人和各小组负责人。

（2）演练评估需求分析。确定应急演练评估工作目的、内容和程序。

（3）应急演练评估资料的收集。根据应急演练评估的依据，收集应急演练评估所需要的相关资料和文件。

（4）选择应急演练评估方式和方法。演练评估主要通过对演练活动或参演人员的表现进行的观察、提问、听对方陈述、检查、比对、验证、实测而获取客观证据，比较演练实际效果与目标的差异，总结演练中好的做法，查找存在的问题。

根据演练目标的不同，可采用选择项（是否判断，多项选择）、评分（如 0—缺项，1—较差，3——一般，5—优秀）、定量测量（如响应时间、获救人数）等方法进行评估。

(5)编写评估方案和评估标准。评估方案内容应包括:

①概述。演练模拟的事故名称、发生的时间和地点、事故过程的情景描述、主要应急行动等。

②目的。阐述演练评估的主要目的。

③内容。演练准备和实施情况的评估内容。

④信息获取。主要说明如何获取演练评估所需的各种信息。

⑤工作组织实施。演练评估工作的组织实施过程和具体工作安排。

⑥附件。演练评估所需相关表格等。

演练评估组召集有关方面和人员,根据演练总体目标和各参演机构的目标,以及具体演练情景事件、演练流程和保障方案,明确演练评估内容及要求。

(6)培训评估人员。演练评估人员应听取演练组织或策划人员介绍演练方案以及组织和实施流程,并可进行交互式讨论,进一步明晰演练流程和内容。同时,评估组内部应围绕以下内容开展内部专题培训:

①演练组织和实施的相关文件。

②演练评估方案。

③演练单位的应急预案和相关管理文件。

④熟悉演练场地,了解有关参演部门和人员的基本情况、相关演练设施,掌握相关技术处置标准和方法。

⑤其他有关内容。

(7)准备评估材料、器材。根据演练需要,准备评估工作所需的相关材料、器材,主要包括演练评估方案文本、评估表格、记录表、文具、通信设备、计时设备、摄像或录音设备、计算机或相关评估软件等。

2. 演练评估实施

(1)评估人员就位。根据演练评估方案安排,评估人员提前就位,做好演练评估准备工作。

(2)观察记录和收集数据、信息和资料。演练开始后,演练评估人员通过观察、记录和收集演练信息和相关数据、信息和资料,观察演练实施及进展、参演人员表现等情况,及时记录演练过程中出现的问题。在不影响演练进程的情况下,评估人员可进行现场提问并做好记录。

(3)演练评估。根据演练现场观察和记录,依据制定的评估表,逐项对演练内容进行评估,及时记录评估结果。

3. 演练评估总结

(1)演练点评。演练结束后,可选派有关代表(演练组织人员、参演人员、评估人员或相关方人员)对演练中发现的问题及取得的成效进行现场点评。

(2)参演人员自评。演练结束后,演练单位应组织各参演小组或参演人员进行自评,总结演练中的优点和不足,介绍演练收获及体会。演练评估人员应参加参演人员自评会并做好记录。

(3)评估组评估。参演人员自评结束后,演练评估组负责人应组织召开专题评估工作会议,综合评估意见。评估人员应根据演练情况和演练评估记录发表建议并交换意见,分析相关信息资料,明确存在问题并提出整改要求和措施等。

(4)编制演练评估报告。演练现场评估工作结束后,评估组针对收集的各种信息资料,依据评估标准和相关文件资料对演练活动全过程进行科学分析和客观评价,并撰写演练评估报告,评估报告应向所有参演人员公示。

应急演练评估报告主要内容应包括:

①演练基本情况。演练的组织及承办单位、演练形式、演练模拟的事故名称、发生的时间和地点、事故过程的情景描述、主要应急行动等。

②演练评估过程。演练评估工作的组织实施过程和主要工作安排。

③演练情况分析。依据演练评估表格的评估结果,从演练的准备及组织实施情况、参演人员表现等方面具体分析好的做法和存在的问题以及演练目标的实现、演练成本效益分析等。

④改进的意见和建议。对演练评估中发现的问题提出整改的意见和建议。

⑤评估结论。对演练组织实施情况的综合评价,并给出优(无差错地完成了所有应急演练内容)、良(达到了预期的演练目标,差错较少)、中(存在明显缺陷,但没有影响实现预期的演练目标)、差(出现了重大错误,演练预期目标受到严重影响,演练被迫中止,造成应急行动延误或资源浪费)等评估结论。

4. 持续整改落实

应急演练结束后,演练组织单位应根据评估报告中提出的问题和不足,制订整改计划,明确整改目标,制订持续整改措施,落实整改资金,并跟踪督促整改落实,直到问题解决为止。同时,总结分析存在问题和不足的原因。

第五节 应急救援

应急救援一般是指针对突发、具有破坏力的紧急事件采取预防、预备、响应和恢复的活动与计划。根据紧急事件的不同类型,分为卫生应急、交通应急、消防应急、地震应急、厂矿应急、家庭应急等领域的应急救援。

一、应急响应程序

(1)接警与响应级别确定。接到事故报警后,按照工作程序,对警情做出判断,初步确定相应的响应级别。如果事故不足以启动应急救援体系的最低响应级别,响应关闭。

(2)应急启动。应急响应级别确定后,按所确定的响应级别启动应急程序,如通知应急中心有关人员到位、开通信息与通信网络、通知调配救援所需的应急资源(包括应急队伍和物资、装备等)、成立现场指挥部等。

(3)救援行动。有关应急队伍进入事故现场后,迅速开展事故侦测、警戒、疏散、人员救助、工程抢险等有关应急救援工作,专家组为救援决策提供建议和技术支持。当事态超出响应级别无法得到有效控制时,向应急中心请求实施更高级别的应急响应。

(4)应急恢复。救援行动结束后,进入临时应急恢复阶段。该阶段的主要工作包括现场清理、人员清点和撤离、警戒解除、善后处理和事故调查等。

(5)应急结束。执行应急关闭程序,由事故总指挥宣布应急结束。

二、现场急救的基本步骤

(1)脱离险区。首先要使伤病员脱离险区,移至安全地带,如将因滑坡、塌方砸伤的伤员搬运至安全地带;对急性中毒的病人应尽快使其离开中毒现场,搬至空气流通区;对触电的患者,要立即脱离电源等。

(2)检查病情。现场救护人员要沉着冷静,切忌惊慌失措。应尽快对受伤或中毒的伤病员进行认真仔细的检查,确定病情。检查内容包括:意识、呼吸、脉搏、血压、瞳孔是否正常,有无出血、休克、外伤、烧伤,是否伴有其他损伤等。检查时不要给伤病员增加无谓的痛苦,如检查伤员的伤口,切勿一见病人就脱其衣服,若伤口部位在四肢或躯干上,可沿着衣裤线剪开或撕开,暴露其伤口部位即可。

(3)对症救治。根据迅速检查出的伤病情,立即进行初步对症救治。如对于外伤出血病人,应立即进行止血和包扎;对于骨折或疑似骨折的病人,要及时固定和包扎,如果手头没有现成的救护包扎用品,可以在现场找适宜的替代品使用;对那些心跳、呼吸骤停的伤病员,要分秒必争地实施胸外心脏按压和人工呼吸;对于急性中毒的病人要有针对性地采取解毒措施。

在救治时,要注意纠正伤病员的体位,有时伤病员自己采用的所谓舒适体位,可能促使病情加重或恶化,甚至于造成不幸死亡,如被毒蛇咬伤下肢时,要使患肢放低,绝不能抬高,以减少毒汁的扩延;上肢出血要抬高患肢,防止增加出血量等。

救治伤病员较多时,一定要分清轻重缓急,优先救治伤重垂危者。

(4)安全转移。对伤病员,要根据不同的伤情,采用适宜的担架和正确的搬运方法。在运送伤病员的途中,要密切注视伤病情变化,并且不能中止救治措施,将伤病员迅速而平安地运送到后方医院做后续抢救。

三、现场常用急救方法

(一)心肺复苏术

心肺复苏(Cardio-Pulmonary Resuscitation,简称 CPR)是指各种原因引起的心跳、呼吸骤停后的抢救。如果在心跳骤停 4 ~6 分钟内,第一目击者当场为其进行心肺复苏抢救,其复苏的成功率比医生到来高 5 ~6 倍。心脏停跳 4 ~6 分钟,大脑就会发生不可逆死亡,所以这 4 分钟被称作挽救生命的"黄金 4 分钟"。

1. 判断意识

首先应对伤员有无意识进行判断,对于成人采用观察、呼唤、拍打等轻拍重唤的方法,看伤员有无反应;无反应则检查有无呼吸或异常呼吸。

2. 呼救

拨打 120 急救电话,情况紧急时应先抢救再拨打电话;大声呼唤周围的人来协助抢救。拨打 120 急救电话时要讲清楚伤员所在地点、病因、病情(意识、脉搏、呼吸)、求救人姓名及电话等。

3. 纠正伤员体位

将伤员双手上举，一腿屈膝一手托其后颈部，另一手托其腋下，使之头、颈、躯干整体翻成仰位。抢救人员跪于伤员任一侧的肩腰部，两腿自然分开，与肩同宽。

4. 判断心跳

可检查颈动脉搏动，判断心跳。

5. 胸外按压，建立人工循环

对于成年人，按压部位为胸部正中，两乳头连线中点，即胸骨下1/2处；按压频率≥100次/min，按压幅度≥5 cm，按压次数约为30次。

按压时，双手掌根重叠，手指互扣翘起，每次按压后必须放松，掌根不得离开胸部；肘关节伸直不弯曲，双臂与患者胸部垂直。

6. 开放气道

一般气道阻塞的原因有两种类型：一是异物（痰、呕吐物、活动假牙、血块、泥沙等）阻塞气道；二是昏迷患者最常见的舌肌松弛、舌根后坠堵塞气道，会厌也会堵住气道入口。因此，必须使舌根抬起，离开咽后壁，使气道畅通。对此可采用的方法有以下3种：

（1）清除异物。

（2）纠正头部位置——仰头抬颏法。

（3）器械开放气道。

7. 人工呼吸

（1）救护人员将口紧贴病人的口（最好隔一纱布），另一手捏紧病人鼻孔以免漏气，救护者深吸一口气，向伤员口内均匀吹气。

（2）吹气要快而有力。此时要密切注意病人的胸部，胸部有活动后，立即停止吹气，并将伤员的头部偏向一侧，让其呼出空气。

（3）如果病人牙关紧闭，无法进行口对口呼吸，可以用口对鼻呼吸法（将伤员口唇紧闭），直到病人自动呼吸恢复为止。

（4）胸外按压与人工呼吸按30∶2的比例进行，即30次胸外按压后，进行2次人工呼吸。

（二）外伤出血止血技术

1. 指压止血法

指压止血的部位在伤口的上方，即近心端，找到跳动的血管，用手指紧紧压住。这是紧急的临时止血法，与此同时，应准备材料换用其他止血方法。

采用此法，救护人员必须熟悉人体各部位血管出血的压血点。

2. 加压包扎止血法

加压包扎止血法，主要用于静脉、毛细血管或小动脉出血，出血速度和出血量不是很快、很大的情况。止血时先用纱布、棉垫、绷带、布类等做成垫子放在伤口的无菌敷料上，再用绷布或三角巾适度加压包扎。松紧要适中，以免因过紧影响必要的血液循环，而造成局部组织缺血性坏死，或过松达不到控制出血的目的。

3. 止血带止血法

常用的止血带有橡皮和布制两种。在现场紧急情况下，可选用绷带、布带、裤带、毛巾作为代替品。

使用止血带应注意下列几点事项：

（1）要严格掌握止血带的适用条件，当四肢大动脉出血用加压包扎不能止血时，才能使用止血带。

（2）止血带不能直接扎在皮肤上，应用棉花、薄布片作为衬垫，以隔开皮肤和止血带。

（3）止血带连续使用时间不能超过5小时，避免发生止血带休克或肢体坏死。每30分钟或60分钟要慢慢松开止血带1～3分钟。

（4）松解止血带之前，应先输液或输血，准备好止血用品，然后松开止血带。

（5）止血带松紧要适度。

（三）搬运伤病员技术

搬运伤病员时，应根据伤病员的具体情况，选择合适的搬运工具和搬运方法。

必须强调，凡是创伤伤员一律应用硬直的担架，绝不可用帆布、软性担架，如对腰部、骨盆处骨折的伤员就要选择平整的硬担架。在抬送过程中，尽量少振动，以免增加伤员的痛苦。搬运病人应注意下列事项：

（1）必须先急救，妥善处理后才能搬运。

（2）运送时尽可能不摇动伤（病）者的身体。若遇脊椎受伤者，应将其身体固定在担架上，用硬板担架搬送。

（3）运送伤病员，应随时观察呼吸、体温、出血、面色变化等情况，注意伤（病）者姿势，给予保温。

（4）在人员、器材未准备好时，切忌随意搬运。

四、紧急伤害的现场急救

（一）高空坠落急救

高空坠落是水利水电工程建设施工现场常见的一种伤害，多见于土建工程施工和闸门安装等高空作业。若不慎发生高空坠落伤害，则应注意下列几点：

（1）去除伤员身上的用具和衣袋中的硬物。

（2）在搬运和转送受伤者过程中，颈部和躯干不能前屈或扭转，而应使脊柱伸直，绝对禁止一个人抬肩另一个人抬腿的搬法，以免发生或加重截瘫。

（3）应注意摔伤及骨折部位的保护，避免因不正确的抬送，使骨折错位造成二次伤害。

（4）创伤局部妥善包扎，但对疑似颅底骨折和脑脊液漏患者切忌作填塞，以免导致颅内感染。

（5）复合伤要求平仰卧位，保持呼吸道畅通，解开衣领扣。

（6）快速平稳地送医院救治。

（二）塌方伤急救

塌方伤是指包括塌方、工矿意外事故或房屋倒塌后伤员被掩埋或被落下的物体压迫之后的外伤，除易发生多发伤和骨折外，尤其要注意挤压综合征，即一些部位长期受压，组织血供受损，缺血缺氧，易引起坏死。故在抢救塌方多发伤的同时，要防止急性肾衰竭的发生。

急救方法:将受伤者从塌方中救出,必须急送医院抢救,方可及时采取防治肾衰竭的措施。

(三)烧伤或烫伤急救

烧伤是一种意外事故。一旦被火烧伤,要迅速离开致伤现场。衣服着火,应立即倒在地上翻滚或翻入附近的水沟中或潮湿地上。这样可迅速压灭或冲灭火苗,切勿喊叫、奔跑,以免风助火威,造成呼吸道烧伤。最好的方法是用自来水冲洗或浸泡伤患处,可避免受伤面扩大。

肢体被沸水或蒸汽烫伤时,应立即剪开已被沸水湿透的衣服和鞋袜,再将受伤的肢体浸于冷水中,可起到止痛和消肿的作用。如贴身衣服与伤口粘在一起,切勿强行撕脱,以免使伤口加重,可用剪刀先剪开,然后慢慢将衣服脱去。

不管是烧伤或烫伤,创面严禁用红汞、碘酒和其他未经医生同意的药物涂抹,而应用消毒纱布覆盖在伤口上,并迅速将伤员送往医院救治。

(四)电击伤急救

在水利水电工程建设施工现场,常常会因员工违章操作而导致被电击。电击伤急救方法:

(1)先迅速切断电源,此前不能触摸受伤者,否则会造成更多的人触电。若一时不能切断电源,救助者应穿上胶鞋或站在干的木板凳子上,双手戴上厚的塑胶手套,用干木棍或其他绝缘物把电源拨开,尽快将受伤者与电源隔离。

(2)脱离电源后迅速检查病人,如呼吸心跳停止,立即进行人工呼吸和胸外心脏按压。

(3)在心跳停止前禁用强心剂,应用呼吸中枢兴奋药,用手掐人中穴。

(4)雷击时,如果作业人员孤立地处于空旷暴露区并感到头发竖起,应立即双腿下蹲,向前曲身,双手抱膝自行救护。

处理电击伤伤口时应先用碘酒纱布覆盖包扎,然后按烧伤处理。电击伤的特点是伤口小、深度大,所以要防止继发性大出血。

(五)煤气中毒急救

(1)立即打开门窗,流通空气,同时应尽快让病人离开中毒环境,转移至空气新鲜流通处,并注意保暖。

(2)有自主呼吸的,充分给予氧气吸入。

(3)神志不清者应将头部偏向一侧,以防呕吐物吸入呼吸道引起窒息。

(4)对于昏迷者或抽搐者,可头置冰袋,切忌采用冷冻、灌醋或灌酸菜汤等错误做法。

(5)呼吸心跳停止,立即进行人工呼吸和心脏按压。

(6)呼叫120急救服务。

(7)运送伤员途中严密监控患者的神志、呼吸、心率、血压等方面的病情变化。争取尽早进行高压氧舱治疗,减少后遗症。

(六)中暑急救

(1)迅速将病人移到阴凉通风的地方,解开衣扣、平卧休息。

(2)用冷水毛巾敷头部,或用30%酒精擦身降温,喝一些淡盐水或清凉饮料,清醒者也可服人丹、十滴水、藿香正气水等。昏迷者用手掐人中穴或立即送医院。

(七)戳伤急救

戳伤是指用小刀或剪刀、钢针、钢钎等尖锐物品刺戳所造成的意外伤害。表面上看伤口不大,但皮内组织,甚至内脏可能损伤严重。伤后的紧急救治步骤如下:

(1)用清洁纱布或其他布料(干净手绢也可以)按在伤口四周以止血。如果利器仍插在伤口内,切勿拔出来。

(2)将受伤部位抬高,要高过心脏。如果怀疑有骨折可能,切勿抬高受伤部位。

(3)如果刺入伤口的物体较小,可用环形垫或用其他纱布垫在伤口周围。

(4)用干净的纱布覆盖伤口,再用绷带加压包扎,但不要压及伤口。

(5)如果戳伤比较严重,则应及时送医院救治。

五、主要灾害紧急避险

(一)地震灾害紧急避险

目前,我国许多水利水电工程建设项目所在地都处于强地震区的影响范围内。为了减少可能发生的地震灾害损失,现场人员需要掌握地震灾害应急避险知识与技能。

接到政府发布的地震预报,要按照指定的路线,把现场人员迅速疏散到事先选定的较为空旷的安全地带。不要站在高大建筑物、烟囱、高围墙及大树旁边,不要站在高压电线、变压器的附近,不要站在靠河流太近的地方。

当强烈地震发生时,正处在建筑物内的人,应保持清醒的头脑。一般震动不明显时,不必外逃,更不必跳楼。震动强烈时,是逃是躲,则要因地制宜。可酌情采用如下个人应急避险与防护措施:

(1)在房间内的人,应充分利用时间,迅速关闭煤气,扑灭炉火,拉下电闸以防止引起火灾。头顶沙发靠垫或戴上安全帽等能保护头部的物品,跑至屋外空旷宽敞地。当来不及离开房间或门窗由于震动扭曲打不开时,可迅速蹲躲在桌、床等坚固家具旁及紧挨墙根下,保护头胸等要害部位,闭目,并用毛巾或衣物捂住鼻口,以隔挡呛人的灰尘。

(2)正处于高层建筑内的人,要迅速远离外墙、门窗和阳台;选择厨房、卫生间、楼梯间等开间小而不易倒塌的空间避震;也可以躲在墙根、墙角、坚固家具旁等易于形成三角空间的地方避震。不能使用电梯,更不要盲目跳楼。

(3)处于室外的人要避开高大建筑物,把软物顶在头上,或用双手护住头部,防止被玻璃碎片、屋檐、装饰物砸伤,迅速跑到空旷场地蹲下;尽量远离高压线、变电器,以及化工设备、煤气设施。

(4)山区地震易引发滑坡、塌方或滚石伤人。地震时应迅速离开陡峭山坡。

(5)一次强烈地震后往往有多次高震级的余震发生。因此,震后不要急于回屋,应快速到指定的应急避难场所。

(二)山体滑坡紧急避险

当遭遇山体滑坡时,首先要沉着冷静,不要慌乱,然后采取必要措施迅速撤离到安全地点。

1. 迅速撤离到安全的避难场地

避灾场地应选择在易滑坡两侧边界外围。遇到山体崩滑时要朝垂直于滚石前进的方向跑，切记不要在逃离时朝着滑坡方向跑，更不要不知所措，随滑坡滚动。

千万不要将避灾场地选择在滑坡的上坡或下坡，也不要未经全面考察，从一个危险区跑到另一个危险区。同时要听从统一安排，不要自择路线。

2. 跑不出去时应躲在坚实的障碍物下

遇到山体崩滑，当无法继续逃离时，应迅速抱住身边的树木等固定物体。可躲避在结实的障碍物下，或蹲在地坎、地沟里。

应注意保护好头部，可利用身边的衣物裹住头部。

立刻将灾害发生的情况报告单位或相关政府部门，及时报告对减轻灾害损失非常重要。

(三)火灾事故应急逃生

在水利水电工程建设中，有许多容易引起火灾的客观因素，如现场施工中的动火作业以及易燃化学品、木材等可燃物，而对于水利水电工程建设现场人员的临时住宅区域和临时厂房，由于消防设施缺乏，都极易酿成火灾。发生火灾时，应注意下列几点：

(1)当火灾发生时，如果发现火势并不大，可采取措施立即扑灭，千万不要惊慌失措地乱叫乱窜，置小火于不顾而酿成大火灾。

(2)突遇火灾且无法扑灭时，应沉着镇静，及时报警，并迅速判断危险地与安全地，注意各种安全通道安全标志，确定逃生的办法。

(3)逃生经过充满烟雾的通道时，要防止烟雾中毒和窒息。由于浓烟常在离地面约30 cm处四散，可向头部、身上浇凉水或用湿毛巾、湿棉被、湿毯子等将头、身裹好，低姿势逃生，最好爬出浓烟区。

(4)逃生要走楼道，千万不可乘坐电梯逃生。

(5)如果发现身上已着火，切勿惊跑或用手拍打，因为奔跑或拍打时会形成风势，加速氧气的补充，促旺火势。此时，应赶紧设法脱掉着火的衣服，或就地打滚压灭火苗；若能跳进水中或让人向身上浇水，喷灭火剂更有效。

(四)有毒有害物质泄漏场所紧急避险

发生有毒有害物质泄漏事故后，假如现场人员无法控制泄漏，则应迅速报警并选择安全逃生。

(1)现场人员不可恐慌，应按照平时应急预案的演练步骤，各司其职，井然有序地撤离。

(2)逃生时要根据泄漏物质的特性，佩戴相应的个体防护用品。假如现场没有防护用品，也可应急使用湿毛巾或湿衣物捂住口鼻进行逃生。

(3)逃生时要沉着冷静确定风向，根据有毒有害物质泄漏位置，向上风向或侧风向转移撤离，即逆风逃生。

(4)假如泄漏物质(气态)的密度比空气大，则选择往高处逃生；相反，则选择往低处逃生，但切忌在低洼处滞留。

(5)有毒气泄漏可能的区域，应该在最高处安装风向标。发生泄漏事故后，风向标可以正确指导逃生方向。还应在每个作业场所至少设置2个紧急出口，出口与通道应畅通无阻并有明显标志。

附　录

附录1　《中华人民共和国安全生产法》

（2002年6月29日第九届全国人民代表大会常务委员会第二十八次会议通过，主席令第70号发布；2014年8月31日第十二届全国人民代表大会常务委员会第十次会议修正，主席令第13号修正）

目　录

第一章　总　则
第二章　生产经营单位的安全生产保障
第三章　从业人员的安全生产权利义务
第四章　安全生产的监督管理
第五章　生产安全事故的应急救援与调查处理
第六章　法律责任
第七章　附　则

第一章　总　则

第一条　为了加强安全生产工作，防止和减少生产安全事故，保障人民群众生命和财产安全，促进经济社会持续健康发展，制定本法。

第二条　在中华人民共和国领域内从事生产经营活动的单位（以下统称生产经营单位）的安全生产，适用本法；有关法律、行政法规对消防安全和道路交通安全、铁路交通安全、水上交通安全、民用航空安全以及核与辐射安全、特种设备安全另有规定的，适用其规定。

第三条　安全生产工作应当以人为本，坚持安全发展，坚持安全第一、预防为主、综合治理的方针，强化和落实生产经营单位的主体责任，建立生产经营单位负责、职工参与、政府监管、行业自律和社会监督的机制。

第四条　生产经营单位必须遵守本法和其他有关安全生产的法律、法规，加强安全生产管理，建立、健全安全生产责任制和安全生产规章制度，改善安全生产条件，推进安全生产标准化建设，提高安全生产水平，确保安全生产。

第五条　生产经营单位的主要负责人对本单位的安全生产工作全面负责。

第六条　生产经营单位的从业人员有依法获得安全生产保障的权利，并应当依法履行安全生产方面的义务。

第七条　工会依法对安全生产工作进行监督。

生产经营单位的工会依法组织职工参加本单位安全生产工作的民主管理和民主监

督,维护职工在安全生产方面的合法权益。生产经营单位制定或者修改有关安全生产的规章制度,应当听取工会的意见。

第八条　国务院和县级以上地方各级人民政府应当根据国民经济和社会发展规划制定安全生产规划,并组织实施。安全生产规划应当与城乡规划相衔接。

国务院和县级以上地方各级人民政府应当加强对安全生产工作的领导,支持、督促各有关部门依法履行安全生产监督管理职责,建立健全安全生产工作协调机制,及时协调、解决安全生产监督管理中存在的重大问题。

乡、镇人民政府以及街道办事处、开发区管理机构等地方人民政府的派出机关应当按照职责,加强对本行政区域内生产经营单位安全生产状况的监督检查,协助上级人民政府有关部门依法履行安全生产监督管理职责。

第九条　国务院安全生产监督管理部门依照本法,对全国安全生产工作实施综合监督管理;县级以上地方各级人民政府安全生产监督管理部门依照本法,对本行政区域内安全生产工作实施综合监督管理。

国务院有关部门依照本法和其他有关法律、行政法规的规定,在各自的职责范围内对有关行业、领域的安全生产工作实施监督管理;县级以上地方各级人民政府有关部门依照本法和其他有关法律、法规的规定,在各自的职责范围内对有关行业、领域的安全生产工作实施监督管理。

安全生产监督管理部门和对有关行业、领域的安全生产工作实施监督管理的部门,统称负有安全生产监督管理职责的部门。

第十条　国务院有关部门应当按照保障安全生产的要求,依法及时制定有关的国家标准或者行业标准,并根据科技进步和经济发展适时修订。

生产经营单位必须执行依法制定的保障安全生产的国家标准或者行业标准。

第十一条　各级人民政府及其有关部门应当采取多种形式,加强对有关安全生产的法律、法规和安全生产知识的宣传,增强全社会的安全生产意识。

第十二条　有关协会组织依照法律、行政法规和章程,为生产经营单位提供安全生产方面的信息、培训等服务,发挥自律作用,促进生产经营单位加强安全生产管理。

第十三条　依法设立的为安全生产提供技术、管理服务的机构,依照法律、行政法规和执业准则,接受生产经营单位的委托为其安全生产工作提供技术、管理服务。

生产经营单位委托前款规定的机构提供安全生产技术、管理服务的,保证安全生产的责任仍由本单位负责。

第十四条　国家实行生产安全事故责任追究制度,依照本法和有关法律、法规的规定,追究生产安全事故责任人员的法律责任。

第十五条　国家鼓励和支持安全生产科学技术研究和安全生产先进技术的推广应用,提高安全生产水平。

第十六条　国家对在改善安全生产条件、防止生产安全事故、参加抢险救护等方面取得显著成绩的单位和个人,给予奖励。

第二章　生产经营单位的安全生产保障

第十七条　生产经营单位应当具备本法和有关法律、行政法规和国家标准或者行业标准规定的安全生产条件;不具备安全生产条件的,不得从事生产经营活动。

第十八条　生产经营单位的主要负责人对本单位安全生产工作负有下列职责:

(一)建立、健全本单位安全生产责任制;

(二)组织制定本单位安全生产规章制度和操作规程;

(三)组织制定并实施本单位安全生产教育和培训计划;

(四)保证本单位安全生产投入的有效实施;

(五)督促、检查本单位的安全生产工作,及时消除生产安全事故隐患;

(六)组织制定并实施本单位的生产安全事故应急救援预案;

(七)及时、如实报告生产安全事故。

第十九条　生产经营单位的安全生产责任制应当明确各岗位的责任人员、责任范围和考核标准等内容。

生产经营单位应当建立相应的机制,加强对安全生产责任制落实情况的监督考核,保证安全生产责任制的落实。

第二十条　生产经营单位应当具备的安全生产条件所必需的资金投入,由生产经营单位的决策机构、主要负责人或者个人经营的投资人予以保证,并对由于安全生产所必需的资金投入不足导致的后果承担责任。

有关生产经营单位应当按照规定提取和使用安全生产费用,专门用于改善安全生产条件。安全生产费用在成本中据实列支。安全生产费用提取、使用和监督管理的具体办法由国务院财政部门会同国务院安全生产监督管理部门征求国务院有关部门意见后制定。

第二十一条　矿山、金属冶炼、建筑施工、道路运输单位和危险物品的生产、经营、储存单位,应当设置安全生产管理机构或者配备专职安全生产管理人员。

前款规定以外的其他生产经营单位,从业人员超过一百人的,应当设置安全生产管理机构或者配备专职安全生产管理人员;从业人员在一百人以下的,应当配备专职或者兼职的安全生产管理人员。

第二十二条　生产经营单位的安全生产管理机构以及安全生产管理人员履行下列职责:

(一)组织或者参与拟订本单位安全生产规章制度、操作规程和生产安全事故应急救援预案;

(二)组织或者参与本单位安全生产教育和培训,如实记录安全生产教育和培训情况;

(三)督促落实本单位重大危险源的安全管理措施;

(四)组织或者参与本单位应急救援演练;

(五)检查本单位的安全生产状况,及时排查生产安全事故隐患,提出改进安全生产管理的建议;

(六)制止和纠正违章指挥、强令冒险作业、违反操作规程的行为;

(七)督促落实本单位安全生产整改措施。

第二十三条　生产经营单位的安全生产管理机构以及安全生产管理人员应当恪尽职守,依法履行职责。

生产经营单位作出涉及安全生产的经营决策，应当听取安全生产管理机构以及安全生产管理人员的意见。

生产经营单位不得因安全生产管理人员依法履行职责而降低其工资、福利等待遇或者解除与其订立的劳动合同。

危险物品的生产、储存单位以及矿山、金属冶炼单位的安全生产管理人员的任免，应当告知主管的负有安全生产监督管理职责的部门。

第二十四条　生产经营单位的主要负责人和安全生产管理人员必须具备与本单位所从事的生产经营活动相应的安全生产知识和管理能力。

危险物品的生产、经营、储存单位以及矿山、金属冶炼、建筑施工、道路运输单位的主要负责人和安全生产管理人员，应当由主管的负有安全生产监督管理职责的部门对其安全生产知识和管理能力考核合格。考核不得收费。

危险物品的生产、储存单位以及矿山、金属冶炼单位应当有注册安全工程师从事安全生产管理工作。鼓励其他生产经营单位聘用注册安全工程师从事安全生产管理工作。注册安全工程师按专业分类管理，具体办法由国务院人力资源和社会保障部门、国务院安全生产监督管理部门会同国务院有关部门制定。

第二十五条　生产经营单位应当对从业人员进行安全生产教育和培训，保证从业人员具备必要的安全生产知识，熟悉有关的安全生产规章制度和安全操作规程，掌握本岗位的安全操作技能，了解事故应急处理措施，知悉自身在安全生产方面的权利和义务。未经安全生产教育和培训合格的从业人员，不得上岗作业。

生产经营单位使用被派遣劳动者的，应当将被派遣劳动者纳入本单位从业人员统一管理，对被派遣劳动者进行岗位安全操作规程和安全操作技能的教育和培训。劳务派遣单位应当对被派遣劳动者进行必要的安全生产教育和培训。

生产经营单位接收中等职业学校、高等学校学生实习的，应当对实习学生进行相应的安全生产教育和培训，提供必要的劳动防护用品。学校应当协助生产经营单位对实习学生进行安全生产教育和培训。

生产经营单位应当建立安全生产教育和培训档案，如实记录安全生产教育和培训的时间、内容、参加人员以及考核结果等情况。

第二十六条　生产经营单位采用新工艺、新技术、新材料或者使用新设备，必须了解、掌握其安全技术特性，采取有效的安全防护措施，并对从业人员进行专门的安全生产教育和培训。

第二十七条　生产经营单位的特种作业人员必须按照国家有关规定经专门的安全作业培训，取得相应资格，方可上岗作业。

特种作业人员的范围由国务院安全生产监督管理部门会同国务院有关部门确定。

第二十八条　生产经营单位新建、改建、扩建工程项目（以下统称建设项目）的安全设施，必须与主体工程同时设计、同时施工、同时投入生产和使用。安全设施投资应当纳入建设项目概算。

第二十九条　矿山、金属冶炼建设项目和用于生产、储存、装卸危险物品的建设项目，应当按照国家有关规定进行安全评价。

第三十条　建设项目安全设施的设计人、设计单位应当对安全设施设计负责。

矿山、金属冶炼建设项目和用于生产、储存、装卸危险物品的建设项目的安全设施设计应当按照国家有关规定报经有关部门审查，审查部门及其负责审查的人员对审查结果负责。

第三十一条　矿山、金属冶炼建设项目和用于生产、储存、装卸危险物品的建设项目的施工单位必须按照批准的安全设施设计施工，并对安全设施的工程质量负责。

矿山、金属冶炼建设项目和用于生产、储存危险物品的建设项目竣工投入生产或者使用前，应当由建设单位负责组织对安全设施进行验收；验收合格后，方可投入生产和使用。安全生产监督管理部门应当加强对建设单位验收活动和验收结果的监督核查。

第三十二条　生产经营单位应当在有较大危险因素的生产经营场所和有关设施、设备上，设置明显的安全警示标志。

第三十三条　安全设备的设计、制造、安装、使用、检测、维修、改造和报废，应当符合国家标准或者行业标准。

生产经营单位必须对安全设备进行经常性维护、保养，并定期检测，保证正常运转。维护、保养、检测应当作好记录，并由有关人员签字。

第三十四条　生产经营单位使用的危险物品的容器、运输工具，以及涉及人身安全、危险性较大的海洋石油开采特种设备和矿山井下特种设备，必须按照国家有关规定，由专业生产单位生产，并经具有专业资质的检测、检验机构检测、检验合格，取得安全使用证或者安全标志，方可投入使用。检测、检验机构对检测、检验结果负责。

第三十五条　国家对严重危及生产安全的工艺、设备实行淘汰制度，具体目录由国务院安全生产监督管理部门会同国务院有关部门制定并公布。法律、行政法规对目录的制定另有规定的，适用其规定。

省、自治区、直辖市人民政府可以根据本地区实际情况制定并公布具体目录，对前款规定以外的危及生产安全的工艺、设备予以淘汰。

生产经营单位不得使用应当淘汰的危及生产安全的工艺、设备。

第三十六条　生产、经营、运输、储存、使用危险物品或者处置废弃危险物品的，由有关主管部门依照有关法律、法规的规定和国家标准或者行业标准审批并实施监督管理。

生产经营单位生产、经营、运输、储存、使用危险物品或者处置废弃危险物品，必须执行有关法律、法规和国家标准或者行业标准，建立专门的安全管理制度，采取可靠的安全措施，接受有关主管部门依法实施的监督管理。

第三十七条　生产经营单位对重大危险源应当登记建档，进行定期检测、评估、监控，并制定应急预案，告知从业人员和相关人员在紧急情况下应当采取的应急措施。

生产经营单位应当按照国家有关规定将本单位重大危险源及有关安全措施、应急措施报有关地方人民政府安全生产监督管理部门和有关部门备案。

第三十八条　生产经营单位应当建立健全生产安全事故隐患排查治理制度，采取技术、管理措施，及时发现并消除事故隐患。事故隐患排查治理情况应当如实记录，并向从业人员通报。

县级以上地方各级人民政府负有安全生产监督管理职责的部门应当建立健全重大事

故隐患治理督办制度，督促生产经营单位消除重大事故隐患。

第三十九条　生产、经营、储存、使用危险物品的车间、商店、仓库不得与员工宿舍在同一座建筑物内，并应当与员工宿舍保持安全距离。

生产经营场所和员工宿舍应当设有符合紧急疏散要求、标志明显、保持畅通的出口。禁止锁闭、封堵生产经营场所或者员工宿舍的出口。

第四十条　生产经营单位进行爆破、吊装以及国务院安全生产监督管理部门会同国务院有关部门规定的其他危险作业，应当安排专门人员进行现场安全管理，确保操作规程的遵守和安全措施的落实。

第四十一条　生产经营单位应当教育和督促从业人员严格执行本单位的安全生产规章制度和安全操作规程；并向从业人员如实告知作业场所和工作岗位存在的危险因素、防范措施以及事故应急措施。

第四十二条　生产经营单位必须为从业人员提供符合国家标准或者行业标准的劳动防护用品，并监督、教育从业人员按照使用规则佩戴、使用。

第四十三条　生产经营单位的安全生产管理人员应当根据本单位的生产经营特点，对安全生产状况进行经常性检查；对检查中发现的安全问题，应当立即处理；不能处理的，应当及时报告本单位有关负责人，有关负责人应当及时处理。检查及处理情况应当如实记录在案。

生产经营单位的安全生产管理人员在检查中发现重大事故隐患，依照前款规定向本单位有关负责人报告，有关负责人不及时处理的，安全生产管理人员可以向主管的负有安全生产监督管理职责的部门报告，接到报告的部门应当依法及时处理。

第四十四条　生产经营单位应当安排用于配备劳动防护用品、进行安全生产培训的经费。

第四十五条　两个以上生产经营单位在同一作业区域内进行生产经营活动，可能危及对方生产安全的，应当签订安全生产管理协议，明确各自的安全生产管理职责和应当采取的安全措施，并指定专职安全生产管理人员进行安全检查与协调。

第四十六条　生产经营单位不得将生产经营项目、场所、设备发包或者出租给不具备安全生产条件或者相应资质的单位或者个人。

生产经营项目、场所发包或者出租给其他单位的，生产经营单位应当与承包单位、承租单位签订专门的安全生产管理协议，或者在承包合同、租赁合同中约定各自的安全生产管理职责；生产经营单位对承包单位、承租单位的安全生产工作统一协调、管理，定期进行安全检查，发现安全问题的，应当及时督促整改。

第四十七条　生产经营单位发生生产安全事故时，单位的主要负责人应当立即组织抢救，并不得在事故调查处理期间擅离职守。

第四十八条　生产经营单位必须依法参加工伤保险，为从业人员缴纳保险费。

国家鼓励生产经营单位投保安全生产责任保险。

第三章　从业人员的安全生产权利义务

第四十九条　生产经营单位与从业人员订立的劳动合同，应当载明有关保障从业人员劳动安全、防止职业危害的事项，以及依法为从业人员办理工伤保险的事项。

生产经营单位不得以任何形式与从业人员订立协议，免除或者减轻其对从业人员因生产安全事故伤亡依法应承担的责任。

第五十条　生产经营单位的从业人员有权了解其作业场所和工作岗位存在的危险因素、防范措施及事故应急措施，有权对本单位的安全生产工作提出建议。

第五十一条　从业人员有权对本单位安全生产工作中存在的问题提出批评、检举、控告；有权拒绝违章指挥和强令冒险作业。

生产经营单位不得因从业人员对本单位安全生产工作提出批评、检举、控告或者拒绝违章指挥、强令冒险作业而降低其工资、福利等待遇或者解除与其订立的劳动合同。

第五十二条　从业人员发现直接危及人身安全的紧急情况时，有权停止作业或者在采取可能的应急措施后撤离作业场所。

生产经营单位不得因从业人员在前款紧急情况下停止作业或者采取紧急撤离措施而降低其工资、福利等待遇或者解除与其订立的劳动合同。

第五十三条　因生产安全事故受到损害的从业人员，除依法享有工伤保险外，依照有关民事法律尚有获得赔偿的权利的，有权向本单位提出赔偿要求。

第五十四条　从业人员在作业过程中，应当严格遵守本单位的安全生产规章制度和操作规程，服从管理，正确佩戴和使用劳动防护用品。

第五十五条　从业人员应当接受安全生产教育和培训，掌握本职工作所需的安全生产知识，提高安全生产技能，增强事故预防和应急处理能力。

第五十六条　从业人员发现事故隐患或者其他不安全因素，应当立即向现场安全生产管理人员或者本单位负责人报告；接到报告的人员应当及时予以处理。

第五十七条　工会有权对建设项目的安全设施与主体工程同时设计、同时施工、同时投入生产和使用进行监督，提出意见。

工会对生产经营单位违反安全生产法律、法规，侵犯从业人员合法权益的行为，有权要求纠正；发现生产经营单位违章指挥、强令冒险作业或者发现事故隐患时，有权提出解决的建议，生产经营单位应当及时研究答复；发现危及从业人员生命安全的情况时，有权向生产经营单位建议组织从业人员撤离危险场所，生产经营单位必须立即作出处理。

工会有权依法参加事故调查，向有关部门提出处理意见，并要求追究有关人员的责任。

第五十八条　生产经营单位使用被派遣劳动者的，被派遣劳动者享有本法规定的从业人员的权利，并应当履行本法规定的从业人员的义务。

第四章　安全生产的监督管理

第五十九条　县级以上地方各级人民政府应当根据本行政区域内的安全生产状况，组织有关部门按照职责分工，对本行政区域内容易发生重大生产安全事故的生产经营单位进行严格检查。

安全生产监督管理部门应当按照分类分级监督管理的要求，制定安全生产年度监督检查计划，并按照年度监督检查计划进行监督检查，发现事故隐患，应当及时处理。

第六十条　负有安全生产监督管理职责的部门依照有关法律、法规的规定，对涉及安全生产的事项需要审查批准（包括批准、核准、许可、注册、认证、颁发证照等，下同）或者验收的，必须严格依照有关法律、法规和国家标准或者行业标准规定的安全生产条件和程序进行审查；不符合有关法律、法规和国家标准或者行业标准规定的安全生产条件的，不得批准或者验收通过。对未依法取得批准或者验收合格的单位擅自从事有关活动的，负责行政审批的部门发现或者接到举报后应当立即予以取缔，并依法予以处理。对已经依法取得批准的单位，负责行政审批的部门发现其不再具备安全生产条件的，应当撤销原批准。

第六十一条　负有安全生产监督管理职责的部门对涉及安全生产的事项进行审查、验收，不得收取费用；不得要求接受审查、验收的单位购买其指定品牌或者指定生产、销售单位的安全设备、器材或者其他产品。

第六十二条　安全生产监督管理部门和其他负有安全生产监督管理职责的部门依法开展安全生产行政执法工作，对生产经营单位执行有关安全生产的法律、法规和国家标准或者行业标准的情况进行监督检查，行使以下职权：

（一）进入生产经营单位进行检查，调阅有关资料，向有关单位和人员了解情况；

（二）对检查中发现的安全生产违法行为，当场予以纠正或者要求限期改正；对依法应当给予行政处罚的行为，依照本法和其他有关法律、行政法规的规定作出行政处罚决定；

（三）对检查中发现的事故隐患，应当责令立即排除；重大事故隐患排除前或者排除过程中无法保证安全的，应当责令从危险区域内撤出作业人员，责令暂时停产停业或者停止使用相关设施、设备；重大事故隐患排除后，经审查同意，方可恢复生产经营和使用；

（四）对有根据认为不符合保障安全生产的国家标准或者行业标准的设施、设备、器材以及违法生产、储存、使用、经营、运输的危险物品予以查封或者扣押，对违法生产、储存、使用、经营危险物品的作业场所予以查封，并依法作出处理决定。

监督检查不得影响被检查单位的正常生产经营活动。

第六十三条　生产经营单位对负有安全生产监督管理职责的部门的监督检查人员（以下统称安全生产监督检查人员）依法履行监督检查职责，应当予以配合，不得拒绝、阻挠。

第六十四条　安全生产监督检查人员应当忠于职守，坚持原则，秉公执法。

安全生产监督检查人员执行监督检查任务时，必须出示有效的监督执法证件；对涉及被检查单位的技术秘密和业务秘密，应当为其保密。

第六十五条　安全生产监督检查人员应当将检查的时间、地点、内容、发现的问题及其处理情况，作出书面记录，并由检查人员和被检查单位的负责人签字；被检查单位的负责人拒绝签字的，检查人员应当将情况记录在案，并向负有安全生产监督管理职责的部门报告。

第六十六条　负有安全生产监督管理职责的部门在监督检查中，应当互相配合，实行联合检查；确需分别进行检查的，应当互通情况，发现存在的安全问题应当由其他有关部门进行处理的，应当及时移送其他有关部门并形成记录备查，接受移送的部门应当及时进行处理。

第六十七条　负有安全生产监督管理职责的部门依法对存在重大事故隐患的生产经营单位作出停产停业、停止施工、停止使用相关设施或者设备的决定，生产经营单位应当依法执行，及时消除事故隐患。生产经营单位拒不执行，有发生生产安全事故的现实危险的，在保证安全的前提下，经本部门主要负责人批准，负有安全生产监督管理职责的部门可以采取通知有关单位停止供电、停止供应民用爆炸物品等措施，强制生产经营单位履行决定。通知应当采用书面形式，有关单位应当予以配合。

负有安全生产监督管理职责的部门依照前款规定采取停止供电措施，除有危及生产安全的紧急情形外，应当提前二十四小时通知生产经营单位。生产经营单位依法履行行政决定、采取相应措施消除事故隐患的，负有安全生产监督管理职责的部门应当及时解除前款规定的措施。

第六十八条　监察机关依照行政监察法的规定，对负有安全生产监督管理职责的部门及其工作人员履行安全生产监督管理职责实施监察。

第六十九条　承担安全评价、认证、检测、检验的机构应当具备国家规定的资质条件，并对其作出的安全评价、认证、检测、检验的结果负责。

第七十条　负有安全生产监督管理职责的部门应当建立举报制度，公开举报电话、信箱或者电子邮件地址，受理有关安全生产的举报；受理的举报事项经调查核实后，应当形成书面材料；需要落实整改措施的，报经有关负责人签字并督促落实。

第七十一条　任何单位或者个人对事故隐患或者安全生产违法行为，均有权向负有安全生产监督管理职责的部门报告或者举报。

第七十二条　居民委员会、村民委员会发现其所在区域内的生产经营单位存在事故隐患或者安全生产违法行为时，应当向当地人民政府或者有关部门报告。

第七十三条　县级以上各级人民政府及其有关部门对报告重大事故隐患或者举报安全生产违法行为的有功人员，给予奖励。具体奖励办法由国务院安全生产监督管理部门会同国务院财政部门制定。

第七十四条　新闻、出版、广播、电影、电视等单位有进行安全生产公益宣传教育的义务，有对违反安全生产法律、法规的行为进行舆论监督的权利。

第七十五条　负有安全生产监督管理职责的部门应当建立安全生产违法行为信息库，如实记录生产经营单位的安全生产违法行为信息；对违法行为情节严重的生产经营单位，应当向社会公告，并通报行业主管部门、投资主管部门、国土资源主管部门、证券监督管理机构以及有关金融机构。

第五章　生产安全事故的应急救援与调查处理

第七十六条　国家加强生产安全事故应急能力建设，在重点行业、领域建立应急救援基地和应急救援队伍，鼓励生产经营单位和其他社会力量建立应急救援队伍，配备相应的应急救援装备和物资，提高应急救援的专业化水平。

国务院安全生产监督管理部门建立全国统一的生产安全事故应急救援信息系统，国务院有关部门建立健全相关行业、领域的生产安全事故应急救援信息系统。

第七十七条　县级以上地方各级人民政府应当组织有关部门制定本行政区域内生产

安全事故应急救援预案，建立应急救援体系。

第七十八条 生产经营单位应当制定本单位生产安全事故应急救援预案，与所在地县级以上地方人民政府组织制定的生产安全事故应急救援预案相衔接，并定期组织演练。

第七十九条 危险物品的生产、经营、储存单位以及矿山、金属冶炼、城市轨道交通运营、建筑施工单位应当建立应急救援组织；生产经营规模较小的，可以不建立应急救援组织，但应当指定兼职的应急救援人员。

危险物品的生产、经营、储存、运输单位以及矿山、金属冶炼、城市轨道交通运营、建筑施工单位应当配备必要的应急救援器材、设备和物资，并进行经常性维护、保养，保证正常运转。

第八十条 生产经营单位发生生产安全事故后，事故现场有关人员应当立即报告本单位负责人。

单位负责人接到事故报告后，应当迅速采取有效措施，组织抢救，防止事故扩大，减少人员伤亡和财产损失，并按照国家有关规定立即如实报告当地负有安全生产监督管理职责的部门，不得隐瞒不报、谎报或者迟报，不得故意破坏事故现场、毁灭有关证据。

第八十一条 负有安全生产监督管理职责的部门接到事故报告后，应当立即按照国家有关规定上报事故情况。负有安全生产监督管理职责的部门和有关地方人民政府对事故情况不得隐瞒不报、谎报或者迟报。

第八十二条 有关地方人民政府和负有安全生产监督管理职责的部门的负责人接到生产安全事故报告后，应当按照生产安全事故应急救援预案的要求立即赶到事故现场，组织事故抢救。

参与事故抢救的部门和单位应当服从统一指挥，加强协同联动，采取有效的应急救援措施，并根据事故救援的需要采取警戒、疏散等措施，防止事故扩大和次生灾害的发生，减少人员伤亡和财产损失。

事故抢救过程中应当采取必要措施，避免或者减少对环境造成的危害。

任何单位和个人都应当支持、配合事故抢救，并提供一切便利条件。

第八十三条 事故调查处理应当按照科学严谨、依法依规、实事求是、注重实效的原则，及时、准确地查清事故原因，查明事故性质和责任，总结事故教训，提出整改措施，并对事故责任者提出处理意见。事故调查报告应当依法及时向社会公布。事故调查和处理的具体办法由国务院制定。

事故发生单位应当及时全面落实整改措施，负有安全生产监督管理职责的部门应当加强监督检查。

第八十四条 生产经营单位发生生产安全事故，经调查确定为责任事故的，除了应当查明事故单位的责任并依法予以追究外，还应当查明对安全生产的有关事项负有审查批准和监督职责的行政部门的责任，对有失职、渎职行为的，依照本法第八十七条的规定追究法律责任。

第八十五条 任何单位和个人不得阻挠和干涉对事故的依法调查处理。

第八十六条 县级以上地方各级人民政府安全生产监督管理部门应当定期统计分析本行政区域内发生生产安全事故的情况，并定期向社会公布。

第六章　法律责任

第八十七条　负有安全生产监督管理职责的部门的工作人员，有下列行为之一的，给予降级或者撤职的处分；构成犯罪的，依照刑法有关规定追究刑事责任：

（一）对不符合法定安全生产条件的涉及安全生产的事项予以批准或者验收通过的；

（二）发现未依法取得批准、验收的单位擅自从事有关活动或者接到举报后不予取缔或者不依法予以处理的；

（三）对已经依法取得批准的单位不履行监督管理职责，发现其不再具备安全生产条件而不撤销原批准或者发现安全生产违法行为不予查处的；

（四）在监督检查中发现重大事故隐患，不依法及时处理的。

负有安全生产监督管理职责的部门的工作人员有前款规定以外的滥用职权、玩忽职守、徇私舞弊行为的，依法给予处分；构成犯罪的，依照刑法有关规定追究刑事责任。

第八十八条　负有安全生产监督管理职责的部门，要求被审查、验收的单位购买其指定的安全设备、器材或者其他产品的，在对安全生产事项的审查、验收中收取费用的，由其上级机关或者监察机关责令改正，责令退还收取的费用；情节严重的，对直接负责的主管人员和其他直接责任人员依法给予处分。

第八十九条　承担安全评价、认证、检测、检验工作的机构，出具虚假证明的，没收违法所得；违法所得在十万元以上的，并处违法所得二倍以上五倍以下的罚款；没有违法所得或者违法所得不足十万元的，单处或者并处十万元以上二十万元以下的罚款；对其直接负责的主管人员和其他直接责任人员处二万元以上五万元以下的罚款；给他人造成损害的，与生产经营单位承担连带赔偿责任；构成犯罪的，依照刑法有关规定追究刑事责任。

对有前款违法行为的机构，吊销其相应资质。

第九十条　生产经营单位的决策机构、主要负责人或者个人经营的投资人不依照本法规定保证安全生产所必需的资金投入，致使生产经营单位不具备安全生产条件的，责令限期改正，提供必需的资金；逾期未改正的，责令生产经营单位停产停业整顿。

有前款违法行为，导致发生生产安全事故的，对生产经营单位的主要负责人给予撤职处分，对个人经营的投资人处二万元以上二十万元以下的罚款；构成犯罪的，依照刑法有关规定追究刑事责任。

第九十一条　生产经营单位的主要负责人未履行本法规定的安全生产管理职责的，责令限期改正；逾期未改正的，处二万元以上五万元以下的罚款，责令生产经营单位停产停业整顿。

生产经营单位的主要负责人有前款违法行为，导致发生生产安全事故的，给予撤职处分；构成犯罪的，依照刑法有关规定追究刑事责任。

生产经营单位的主要负责人依照前款规定受刑事处罚或者撤职处分的，自刑罚执行完毕或者受处分之日起，五年内不得担任任何生产经营单位的主要负责人；对重大、特别重大生产安全事故负有责任的，终身不得担任本行业生产经营单位的主要负责人。

第九十二条　生产经营单位的主要负责人未履行本法规定的安全生产管理职责，导致发生生产安全事故的，由安全生产监督管理部门依照下列规定处以罚款：

（一）发生一般事故的，处上一年年收入百分之三十的罚款；

（二）发生较大事故的，处上一年年收入百分之四十的罚款；

（三）发生重大事故的，处上一年年收入百分之六十的罚款；

（四）发生特别重大事故的，处上一年年收入百分之八十的罚款。

第九十三条　生产经营单位的安全生产管理人员未履行本法规定的安全生产管理职责的，责令限期改正；导致发生生产安全事故的，暂停或者撤销其与安全生产有关的资格；构成犯罪的，依照刑法有关规定追究刑事责任。

第九十四条　生产经营单位有下列行为之一的，责令限期改正，可以处五万元以下的罚款；逾期未改正的，责令停产停业整顿，并处五万元以上十万元以下的罚款，对其直接负责的主管人员和其他直接责任人员处一万元以上二万元以下的罚款：

（一）未按照规定设置安全生产管理机构或者配备安全生产管理人员的；

（二）危险物品的生产、经营、储存单位以及矿山、金属冶炼、建筑施工、道路运输单位的主要负责人和安全生产管理人员未按照规定经考核合格的；

（三）未按照规定对从业人员、被派遣劳动者、实习学生进行安全生产教育和培训，或者未按照规定如实告知有关的安全生产事项的；

（四）未如实记录安全生产教育和培训情况的；

（五）未将事故隐患排查治理情况如实记录或者未向从业人员通报的；

（六）未按照规定制定生产安全事故应急救援预案或者未定期组织演练的；

（七）特种作业人员未按照规定经专门的安全作业培训并取得相应资格，上岗作业的。

第九十五条　生产经营单位有下列行为之一的，责令停止建设或者停产停业整顿，限期改正；逾期未改正的，处五十万元以上一百万元以下的罚款，对其直接负责的主管人员和其他直接责任人员处二万元以上五万元以下的罚款；构成犯罪的，依照刑法有关规定追究刑事责任：

（一）未按照规定对矿山、金属冶炼建设项目或者用于生产、储存、装卸危险物品的建设项目进行安全评价的；

（二）矿山、金属冶炼建设项目或者用于生产、储存、装卸危险物品的建设项目没有安全设施设计或者安全设施设计未按照规定报经有关部门审查同意的；

（三）矿山、金属冶炼建设项目或者用于生产、储存、装卸危险物品的建设项目的施工单位未按照批准的安全设施设计施工的；

（四）矿山、金属冶炼建设项目或者用于生产、储存危险物品的建设项目竣工投入生产或者使用前，安全设施未经验收合格的。

第九十六条　生产经营单位有下列行为之一的，责令限期改正，可以处五万元以下的罚款；逾期未改正的，处五万元以上二十万元以下的罚款，对其直接负责的主管人员和其他直接责任人员处一万元以上二万元以下的罚款；情节严重的，责令停产停业整顿；构成犯罪的，依照刑法有关规定追究刑事责任：

（一）未在有较大危险因素的生产经营场所和有关设施、设备上设置明显的安全警示标志的；

（二）安全设备的安装、使用、检测、改造和报废不符合国家标准或者行业标准的；

（三）未对安全设备进行经常性维护、保养和定期检测的；

（四）未为从业人员提供符合国家标准或者行业标准的劳动防护用品的；

（五）危险物品的容器、运输工具，以及涉及人身安全、危险性较大的海洋石油开采特种设备和矿山井下特种设备未经具有专业资质的机构检测、检验合格，取得安全使用证或者安全标志，投入使用的；

（六）使用应当淘汰的危及生产安全的工艺、设备的。

第九十七条　未经依法批准，擅自生产、经营、运输、储存、使用危险物品或者处置废弃危险物品的，依照有关危险物品安全管理的法律、行政法规的规定予以处罚；构成犯罪的，依照刑法有关规定追究刑事责任。

第九十八条　生产经营单位有下列行为之一的，责令限期改正，可以处十万元以下的罚款；逾期未改正的，责令停产停业整顿，并处十万元以上二十万元以下的罚款，对其直接负责的主管人员和其他直接责任人员处二万元以上五万元以下的罚款；构成犯罪的，依照刑法有关规定追究刑事责任：

（一）生产、经营、运输、储存、使用危险物品或者处置废弃危险物品，未建立专门安全管理制度、未采取可靠的安全措施的；

（二）对重大危险源未登记建档，或者未进行评估、监控，或者未制定应急预案的；

（三）进行爆破、吊装以及国务院安全生产监督管理部门会同国务院有关部门规定的其他危险作业，未安排专门人员进行现场安全管理的；

（四）未建立事故隐患排查治理制度的。

第九十九条　生产经营单位未采取措施消除事故隐患的，责令立即消除或者限期消除；生产经营单位拒不执行的，责令停产停业整顿，并处十万元以上五十万元以下的罚款，对其直接负责的主管人员和其他直接责任人员处二万元以上五万元以下的罚款。

第一百条　生产经营单位将生产经营项目、场所、设备发包或者出租给不具备安全生产条件或者相应资质的单位或者个人的，责令限期改正，没收违法所得；违法所得十万元以上的，并处违法所得二倍以上五倍以下的罚款；没有违法所得或者违法所得不足十万元的，单处或者并处十万元以上二十万元以下的罚款；对其直接负责的主管人员和其他直接责任人员处一万元以上二万元以下的罚款；导致发生生产安全事故给他人造成损害的，与承包方、承租方承担连带赔偿责任。

生产经营单位未与承包单位、承租单位签订专门的安全生产管理协议或者未在承包合同、租赁合同中明确各自的安全生产管理职责，或者未对承包单位、承租单位的安全生产统一协调、管理的，责令限期改正，可以处五万元以下的罚款，对其直接负责的主管人员和其他直接责任人员可以处一万元以下的罚款；逾期未改正的，责令停产停业整顿。

第一百零一条　两个以上生产经营单位在同一作业区域内进行可能危及对方安全生产的生产经营活动，未签订安全生产管理协议或者未指定专职安全生产管理人员进行安全检查与协调的，责令限期改正，可以处五万元以下的罚款，对其直接负责的主管人员和其他直接责任人员可以处一万元以下的罚款；逾期未改正的，责令停产停业。

第一百零二条　生产经营单位有下列行为之一的，责令限期改正，可以处五万元以下的罚款，对其直接负责的主管人员和其他直接责任人员可以处一万元以下的罚款；逾期未改正的，责令停产停业整顿；构成犯罪的，依照刑法有关规定追究刑事责任：

（一）生产、经营、储存、使用危险物品的车间、商店、仓库与员工宿舍在同一座建筑内，或者与员工宿舍的距离不符合安全要求的；

（二）生产经营场所和员工宿舍未设有符合紧急疏散需要、标志明显、保持畅通的出口，或者锁闭、封堵生产经营场所或者员工宿舍出口的。

第一百零三条　生产经营单位与从业人员订立协议，免除或者减轻其对从业人员因生产安全事故伤亡依法应承担的责任的，该协议无效；对生产经营单位的主要负责人、个人经营的投资人处二万元以上十万元以下的罚款。

第一百零四条　生产经营单位的从业人员不服从管理，违反安全生产规章制度或者操作规程的，由生产经营单位给予批评教育，依照有关规章制度给予处分；构成犯罪的，依照刑法有关规定追究刑事责任。

第一百零五条　违反本法规定，生产经营单位拒绝、阻碍负有安全生产监督管理职责的部门依法实施监督检查的，责令改正；拒不改正的，处二万元以上二十万元以下的罚款；对其直接负责的主管人员和其他直接责任人员处一万元以上二万元以下的罚款；构成犯罪的，依照刑法有关规定追究刑事责任。

第一百零六条　生产经营单位的主要负责人在本单位发生生产安全事故时，不立即组织抢救或者在事故调查处理期间擅离职守或者逃匿的，给予降级、撤职的处分，并由安全生产监督管理部门处上一年年收入百分之六十至百分之一百的罚款；对逃匿的处十五日以下拘留；构成犯罪的，依照刑法有关规定追究刑事责任。

生产经营单位的主要负责人对生产安全事故隐瞒不报、谎报或者迟报的，依照前款规定处罚。

第一百零七条　有关地方人民政府、负有安全生产监督管理职责的部门，对生产安全事故隐瞒不报、谎报或者迟报的，对直接负责的主管人员和其他直接责任人员依法给予处分；构成犯罪的，依照刑法有关规定追究刑事责任。

第一百零八条　生产经营单位不具备本法和其他有关法律、行政法规和国家标准或者行业标准规定的安全生产条件，经停产停业整顿仍不具备安全生产条件的，予以关闭；有关部门应当依法吊销其有关证照。

第一百零九条　发生生产安全事故，对负有责任的生产经营单位除要求其依法承担相应的赔偿等责任外，由安全生产监督管理部门依照下列规定处以罚款：

（一）发生一般事故的，处二十万元以上五十万元以下的罚款；

（二）发生较大事故的，处五十万元以上一百万元以下的罚款；

（三）发生重大事故的，处一百万元以上五百万元以下的罚款；

（四）发生特别重大事故的，处五百万元以上一千万元以下的罚款；情节特别严重的，处一千万元以上二千万元以下的罚款。

第一百一十条　本法规定的行政处罚，由安全生产监督管理部门和其他负有安全生产监督管理职责的部门按照职责分工决定。予以关闭的行政处罚由负有安全生产监督管理职责的部门报请县级以上人民政府按照国务院规定的权限决定；给予拘留的行政处罚由公安机关依照治安管理处罚法的规定决定。

第一百一十一条　生产经营单位发生生产安全事故造成人员伤亡、他人财产损失的，应当依法承担赔偿责任；拒不承担或者其负责人逃匿的，由人民法院依法强制执行。

生产安全事故的责任人未依法承担赔偿责任，经人民法院依法采取执行措施后，仍不能对受害人给予足额赔偿的，应当继续履行赔偿义务；受害人发现责任人有其他财产的，可以随时请求人民法院执行。

第七章　附　则

第一百一十二条　本法下列用语的含义：

危险物品，是指易燃易爆物品、危险化学品、放射性物品等能够危及人身安全和财产安全的物品。

重大危险源，是指长期地或者临时地生产、搬运、使用或者储存危险物品，且危险物品的数量等于或者超过临界量的单元（包括场所和设施）。

第一百一十三条　本法规定的生产安全一般事故、较大事故、重大事故、特别重大事故的划分标准由国务院规定。

国务院安全生产监督管理部门和其他负有安全生产监督管理职责的部门应当根据各自的职责分工，制定相关行业、领域重大事故隐患的判定标准。

第一百一十四条　本法自2014年12月1日起施行。

附录2　《中共中央　国务院关于推进安全生产领域改革发展的意见》（中发〔2016〕32号）

安全生产是关系人民群众生命财产安全的大事，是经济社会协调健康发展的标志，是党和政府对人民利益高度负责的要求。党中央、国务院历来高度重视安全生产工作，党的十八大以来作出一系列重大决策部署，推动全国安全生产工作取得积极进展。同时也要看到，当前我国正处在工业化、城镇化持续推进过程中，生产经营规模不断扩大，传统和新型生产经营方式并存，各类事故隐患和安全风险交织叠加，安全生产基础薄弱、监管体制机制和法律制度不完善、企业主体责任落实不力等问题依然突出，生产安全事故易发多发，尤其是重特大安全事故频发势头尚未得到有效遏制，一些事故发生呈现由高危行业领域向其他行业领域蔓延趋势，直接危及生产安全和公共安全。为进一步加强安全生产工作，现就推进安全生产领域改革发展提出如下意见。

一、总体要求

（一）指导思想。全面贯彻党的十八大和十八届三中、四中、五中、六中全会精神，以邓小平理论、"三个代表"重要思想、科学发展观为指导，深入贯彻习近平总书记系列重要讲话精神和治国理政新理念新思想新战略，进一步增强"四个意识"，紧紧围绕统筹推进"五位一体"总体布局和协调推进"四个全面"战略布局，牢固树立新发展理念，坚持安全发展，坚守发展决不能以牺牲安全为代价这条不可逾越的红线，以防范遏制重特大生产安全事故为重点，坚持安全第一、预防为主、综合治理的方针，加强领导、改革创新，协调联动、齐抓共管，着力强化企业安全生产主体责任，着力堵塞监督管理漏洞，着力解决不遵守法律法规的问题,依靠严密的责任体系、严格的法治措施、有效的体制机制、有力的基础保障和完善的系统治理,切实增强安全防范治理能力,大力提升我国安全生产整体水平,确保人民群众安康幸福、共享改革发展和社会文明进步成果。

(二)基本原则。一是坚持安全发展:贯彻以人民为中心的发展思想,始终把人的生命安全放在首位,正确处理安全与发展的关系,大力实施安全发展战略,为经济社会发展提供强有力的安全保障。二是坚持改革创新:不断推进安全生产理论创新、制度创新、体制机制创新、科技创新和文化创新,增强企业内生动力,激发全社会创新活力,破解安全生产难题,推动安全生产与经济社会协调发展。三是坚持依法监管:大力弘扬社会主义法治精神,运用法治思维和法治方式,深化安全生产监管执法体制改革,完善安全生产法律法规和标准体系,严格规范公正文明执法,增强监管执法效能,提高安全生产法治化水平。四是坚持源头防范:严格安全生产市场准入,经济社会发展要以安全为前提,把安全生产贯穿城乡规划布局、设计、建设、管理和企业生产经营活动全过程。构建风险分级管控和隐患排查治理双重预防工作机制,严防风险演变、隐患升级导致生产安全事故发生。五是坚持系统治理:严密层级治理和行业治理、政府治理、社会治理相结合的安全生产治理体系,组织动员各方面力量实施社会共治。综合运用法律、行政、经济、市场等手段,落实人防、技防、物防措施,提升全社会安全生产治理能力。

(三)目标任务。到2020年,安全生产监管体制机制基本成熟,法律制度基本完善,全国生产安全事故总量明显减少,职业病危害防治取得积极进展,重特大生产安全事故频发势头得到有效遏制,安全生产整体水平与全面建成小康社会目标相适应。到2030年,实现安全生产治理体系和治理能力现代化,全民安全文明素质全面提升,安全生产保障能力显著增强,为实现中华民族伟大复兴中国梦奠定稳固可靠的安全生产基础。

二、健全落实安全生产责任制

(四)明确地方党委和政府领导责任。坚持党政同责、一岗双责、齐抓共管、失职追责,完善安全生产责任体系。地方各级党委和政府要始终把安全生产摆在重要位置,加强组织领导。党政主要负责人是本地区安全生产第一责任人,班子其他成员对分管范围内的安全生产工作负领导责任。地方各级安全生产委员会主任由政府主要负责人担任,成员由同级党委和政府及相关部门负责人组成。地方各级党委要认真贯彻执行党的安全生产方针,在统揽本地区经济社会发展全局中同步推进安全生产工作,定期研究决定安全生产重大问题。加强安全生产监管机构领导班子、干部队伍建设。严格安全生产履职绩效考核和失职责任追究。强化安全生产宣传教育和舆论引导。发挥人大对安全生产工作的监督促进作用、政协对安全生产工作的民主监督作用。推动组织、宣传、政法、机构编制等单位支持保障安全生产工作。动员社会各界积极参与、支持、监督安全生产工作。地方各级政府要把安全生产纳入经济社会发展总体规划,制定实施安全生产专项规划,健全安全投入保障制度。及时研究部署安全生产工作,严格落实属地监管责任。充分发挥安全生产委员会作用,实施安全生产责任目标管理。建立安全生产巡查制度,督促各部门和下级政府履职尽责。加强安全生产监管执法能力建设,推进安全科技创新,提升信息化管理水平。严格安全准入标准,指导管控安全风险,督促整治重大隐患,强化源头治理。加强应急管理,完善安全应急救援体系。依法依规开展事故查处,督促落实问题整改。

(五)明确部门监管责任。按照管行业必须管安全、管业务必须管安全、管生产经营必须管安全和谁主管谁负责的原则,厘清安全生产综合监管与行业监管的关系,明确各有关部门安全生产和职业健康工作职责,并落实到部门工作职责规定中。安全生产监督管理部门负责安全生产法规标准和政策规划制定修订、执法监督、事故调查处理、应急救援管理、统计分析、宣传教育培训等综合性工作,承担职责范围内行业领域安全生产和职业健康监管执法职责。负有安全生产监督管理职责的有关部门依法依规履行相关行业领域安全生产和职业健康监管职责,强化监管执法,严厉查处违法违规行为。其他行业领域主管部门负有安全生产管理责任,要将安全生产工作作为行业领域管理的重要内容,从行业规划、产业政策、法规标准、行政许可等方面加强行业安全生产工作,指导督促企事业单位加强安全管理。党委和政府其他有关部门要在职责范围内为安全生产工作提供支持保障,共同推进安全发展。

(六)严格落实企业主体责任。企业对本单位安全生产和职业健康工作负全面责任,要严格履行安全生产法定责任,建立健全自我约束、持续改进的内生机制。企业实行全员安全生产责任制度,法定代表人和实际控制人同为安全生产第一责任人,主要技术负责人负有安全生产技术决策和指挥权,强化部门安全生产职责,落实一岗双责。完善落实混合所有制企业以及跨地区、多层级和境外中资企业投资主体的安全生产责任。建立企业全过程安全生产和职业健康管理制度,做到安全责任、管理、投入、培训和应急救援“五到位”。国有企业要发挥安全生产工作示范带头作用,自觉接受属地监管。

(七)健全责任考核机制。建立与全面建成小康社会相适应和体现安全发展水平的考核评价体系。完善考核制度,统筹整合、科学设定安全生产考核指标,加大安全生产在社会治安综合治理、精神文明建设等考核中的权重。各级政府要对同级安全生产委员会成员单位和下级政府实施严格的安全生产工作责任考核,实行过程考核与结果考核相结合。各地区各单位要建立安全生产绩效与履职评定、职务晋升、奖励惩处挂钩制度,严格落实安全生产“一票否决”制度。

(八)严格责任追究制度。实行党政领导干部任期安全生产责任制,日常工作依责尽职、发生事故依责追究。依法依规制定各有关部门安全生产权力和责任清单,尽职照单免责、失职照单问责。建立企业生产经营全过程安全责任追溯制度。严肃查处安全生产领域项目审批、行政许可、监管执法中的失职渎职和权钱交易等腐败行为。严格事故直报制度,对瞒报、谎报、漏报、迟报事故的单位和个人依法依规追责。对被追究刑事责任的生产经营者依法实施相应的职业禁入,对事故发生负重大责任的社会服务机构和人员依法追究法律责任,并依法实施相应行业禁入。

三、改革安全监管监察体制

(九)完善监督管理体制。加强各级安全生产委员会组织领导,充分发挥其统筹协调作用,切实解决突出矛盾和问题。各级安全生产监督管理部门承担本级安全生产委员会日常工作,负责指导协调、监督检查、巡查考核本级政府有关部门和下级政府安全生产工作,履行综合监管职责。负有安全生产监督管理职责的部门,依照有关法律法规和部门职责，健全安全生产监管体制，严格落实监管职责。相关部门按照各自职责建立完善安全生产工作机制，形成齐抓共管格局。坚持管安全生产必须管职业健康，建立安全生产和职业健康一体化监管执法体制。

（十）改革重点行业领域安全监管监察体制。依托国家煤矿安全监察体制，加强非煤矿山安全生产监管监察，优化安全监察机构布局，将国家煤矿安全监察机构负责的安全生产行政许可事项移交给地方政府承担。着重加强危险化学品安全监管体制改革和力量建设，明确和落实危险化学品建设项目立项、规划、设计、施工及生产、储存、使用、销售、运输、废弃处置等环节的法定安全监管责任，建立有力的协调联动机制，消除监管空白。完善海洋石油安全生产监督管理体制机制，实行政企分开。理顺民航、铁路、电力等行业跨区域监管体制，明确行业监管、区域监管与地方监管职责。

（十一）进一步完善地方监管执法体制。地方各级党委和政府要将安全生产监督管理部门作为政府工作部门和行政执法机构，加强安全生产执法队伍建设，强化行政执法职能。统筹加强安全监管力量，重点充实市、县两级安全生产监管执法人员，强化乡镇（街道）安全生产监管力量建设。完善各类开发区、工业园区、港区、风景区等功能区安全生产监管体制，明确负责安全生产监督管理的机构及港区安全生产地方监管和部门监管责任。

（十二）健全应急救援管理体制。按照政事分开原则，推进安全生产应急救援管理体制改革，强化行政管理职能，提高组织协调能力和现场救援时效。健全省、市、县三级安全生产应急救援管理工作机制，建设联动互通的应急救援指挥平台。依托公安消防、大型企业、工业园区等应急救援力量，加强矿山和危化品等应急救援基地和队伍建设，实行区域化应急救援资源共享。

四、大力推进依法治理

（十三）健全法律法规体系。建立健全安全生产法律法规立改废释工作协调机制。加强涉及安全生产相关法规一致性审查，增强安全生产法制建设的系统性、可操作性。制定安全生产中长期立法规划，加快制定修订安全生产法配套法规。加强安全生产和职业健康法律法规衔接融合。研究修改刑法有关条款，将生产经营过程中极易导致重大生产安全事故的违法行为列入刑法调整范围。制定完善高危行业领域安全规程。设区的市根据立法法的立法精神，加强安全生产地方性法规建设，解决区域性安全生产突出问题。

（十四）完善标准体系。加快安全生产标准制定修订和整合，建立以强制性国家标准为主体的安全生产标准体系。鼓励依法成立的社会团体和企业制定更加严格规范的安全生产标准，结合国情积极借鉴实施国际先进标准。国务院安全生产监督管理部门负责生产经营单位职业危害预防治理国家标准制定发布工作；统筹提出安全生产强制性国家标准立项计划，有关部门按照职责分工组织起草、审查、实施和监督执行，国务院标准化行政主管部门负责及时立项、编号、对外通报、批准并发布。

（十五）严格安全准入制度。严格高危行业领域安全准入条件。按照强化监管与便民服务相结合原则，科学设置安全生产行政许可事项和办理程序，优化工作流程，简化办事环节，实施网上公开办理，接受社会监督。对与人民群众生命财产安全直接相关的行政许可事项，依法严格管理。对取消、下放、移交的行政许可事项，要加强事中事后安全监管。

（十六）规范监管执法行为。完善安全生产监管执法制度，明确每个生产经营单位安全生产监督和管理主体，制定实施执法计划，完善执法程序规定，依法严格查处各类违法违规行为。建立行政执法和刑事司法衔接制度，负有安全生产监督管理职责的部门要加强与公安、检察院、法院等协调配合，完善安全生产违法线索通报、案件移送与协查机制。对违法行为当事人拒不执行安全行政执法决定的，负有安全生产监督管理职责部门应依法申请司法机关强制执行。完善司法机关参与事故调查机制，严肃查处违法犯罪行为。研究建立安全生产民事和行政公益诉讼制度。

（十七）完善执法监督机制。各级人大常委会要定期检查安全生产法律法规实施情况，开展专题询问。各级政协要围绕安全生产突出问题开展民主监督和协商调研。建立执法行为审议制度和重大行政执法决策机制，评估执法效果，防止滥用职权。健全领导干部非法干预安全生产监管执法的记录、通报和责任追究制度。完善安全生产执法纠错和执法信息公开制度，加强社会监督和舆论监督，保证执法严明、有错必纠。

（十八）健全监管执法保障体系。制定安全生产监管监察能力建设规划，明确监管执法装备及现场执法和应急救援用车配备标准，加强监管执法技术支撑体系建设，保障监管执法需要。建立完善负有安全生产监督管理职责的部门监管执法经费保障机制，将监管执法经费纳入同级财政全额保障范围。加强监管执法制度化、标准化、信息化建设，确保规范高效监管执法。建立安全生产监管执法人员依法履行法定职责制度，激励保证监管执法人员忠于职守、履职尽责。严格监管执法人员资格管理，制定安全生产监管执法人员录用标准，提高专业监管执法人员比例。建立健全安全生产监管执法人员凡进必考、入职培训、持证上岗和定期轮训制度。统一安全生产执法标志标识和制式服装。

（十九）完善事故调查处理机制。坚持问责与整改并重，充分发挥事故查处对加强和改进安全生产工作的促进作用。完善生产安全事故调查组组长负责制。健全典型事故提级调查、跨地区协同调查和工作督导机制。建立事故调查分析技术支撑体系，所有事故调查报告要设立技术和管理问题专篇，详细分析原因并全文发布，做好解读，回应公众关切。对事故调查发现有漏洞、缺陷的有关法律法规和标准制度，及时启动制定修订工作。建立事故暴露问题整改督办制度，事故结案后一年内，负责事故调查的地方政府和国务院有关部门组织开展评估，要向社会公开，对履职不力、整改措施不落实要依法依规追究有关单位和人员责任。

五、建立安全预防控制体系

（二十）加强安全风险管控。地方各级政府要建立完善安全风险评估与论证机制，科学合理确定企业选址和基础设施建设、居民生活区空间布局。高危项目审批必须把安全生产作为前置条件，城乡规划布局、设计、建设、管理等各项工作必须以安全为前提，实行重大安全风险“一票否决”。加强新材料、新工艺、新业态安全风险评估和管控。紧密结合供给侧结构性改革，推动高危产业转型升级。位置相邻、行业相近、业态相似的地区和行业要建立完善重大安全风险联防联控机制。构建国家、省、市、县四级重大危险源信息管理体系，对重点行业、重点区域、重点企业实行风险预警控制，有效防范重特大生产安全事故。

（二十一）强化企业预防措施。企业要定期开展风险评估和危害辨识。针对高危工艺、设备、物品、场所和岗位，建立分级管控制度，制定落实安全操作规程。树立隐患就是事故的观念，建立健全隐患排查治理制度、重大隐患治理情况向负有安全生产监督管理职责的部门和企业职代会“双报告”制度，实行自查自改自报闭环管理。严格执行安全生产和职业健康“三同时”制度。大力推进企业安全生产标准化建设，实现安全管理、操作行为、设备设施和作业环境的标准化。开展经常性的应急演练和人员避险自救培训，着力提升现场应急处置能力。

（二十二）建立隐患治理监督机制。制定生产安全事故隐患分级和排查治理标准。负有安全生产监督管理职责的部门要建立与企业隐患排查治理系统联网的信息平台，完善线上线下配套监管制度。强化隐患排查治理监督执法，对重大隐患整改不到位的企业依法采取停产停业、停止施工、停止供电和查封扣押等强制措施，按规定给予上限经济处罚，对构成犯罪的要移交司法机关依法追究刑事责任。严格重大隐患挂牌督办制度，对整改和督办不力的纳入政府核查问责范围，实行约谈告诫、公开曝光，情节严重的依法依规追究相关人员责任。

（二十三）强化城市运行安全保障。定期排查区域内安全风险点、危险源，落实管控措施，构建系统性、现代化的城市安全保障体系，推进安全发展示范城市建设。提高基础设施安全配置标准，重点加强对城市高层建筑、大型综合体、隧道桥梁、管线管廊、轨道交通、燃气、电力设施及电梯、游乐设施等的检测维护。完善大型群众性活动安全管理制度，加强人员密集场所安全监管。加强公安、民政、国土资源、住房城乡建设、交通运输、水利、农业、安全监管、气象、地震等相关部门的协调联动，严防自然灾害引发事故。

（二十四）加强重点领域工程治理。深入推进对煤矿瓦斯、水害等重大灾害以及矿山采空区、尾矿库的工程治理。加快实施人口密集区域的危险化学品和化工企业生产、仓储场所安全搬迁工程。深化油气开采、输送、炼化、码头接卸等领域安全整治。实施高速公路、乡村公路和急弯陡坡、临水临崖危险路段公路安全生命防护工程建设。加强高速铁路、跨海大桥、海底隧道、铁路浮桥、航运枢纽、港口等防灾监测，安全检测及防护系统建设。完善长途客运车辆、旅游客车、危险物品运输车辆和船舶生产制造标准，提高安全性能，强制安装智能视频监控报警、防碰撞和整车整船安全运行监管技术装备，对已运行的要加快安全技术装备改造升级。

（二十五）建立完善职业病防治体系。将职业病防治纳入各级政府民生工程及安全生产工作考核体系，制定职业病防治中长期规划，实施职业健康促进计划。加快职业病危害严重企业技术改造、转型升级和淘汰退出，加强高危粉尘、高毒物品等职业病危害源头治理。健全职业健康监管支撑保障体系，加强职业健康技术服务机构、职业病诊断鉴定机构和职业健康体检机构建设，强化职业病危害基础研究、预防控制、诊断鉴定、综合治疗能力。完善相关规定，扩大职业病患者救治范围，将职业病失能人员纳入社会保障范围，对符合条件的职业病患者落实医疗与生活救助措施。加强企业职业健康监管执法，督促落实职业病危害告知、日常监测、定期报告、防护保障和职业健康体检等制度措施，落实职业病防治主体责任。

六、加强安全基础保障能力建设

（二十六）完善安全投入长效机制。加强中央和地方财政安全生产预防及应急相关资金使用管理，加大安全生产与职业健康投入，强化审计监督。加强安全生产经济政策研究，完善安全生产专用设备企业所得税优惠目录。落实企业安全生产费用提取管理使用制度，建立企业增加安全投入的激励约束机制。健全投融资服务体系，引导企业集聚发展灾害防治、预测预警、检测监控、个体防护、应急处置、安全文化等技术、装备和服务产业。

（二十七）建立安全科技支撑体系。优化整合国家科技计划，统筹支持安全生产和职业健康领域科研项目，加强研发基地和博士后科研工作站建设。开展事故预防理论研究和关键技术装备研发，加快成果转化和推广应用。推动工业机器人、智能装备在危险工序和环节广泛应用。提升现代信息技术与安全生产融合度，统一标准规范，加快安全生产信息化建设，构建安全生产与职业健康信息化全国“一张网”。加强安全生产理论和政策研究，运用大数据技术开展安全生产规律性、关联性特征分析，提高安全生产决策科学化水平。

（二十八）健全社会化服务体系。将安全生产专业技术服务纳入现代服务业发展规划，培育多元化服务主体。建立政府购买安全生产服务制度。支持发展安全生产专业化行业组织，强化自治自律。完善注册安全工程师制度。改革完善安全生产和职业健康技术服务机构资质管理办法。支持相关机构开展安全生产和职业健康一体化评价等技术服务，严格实施评价公开制度，进一步激活和规范专业技术服务市场。鼓励中小微企业订单式、协作式购买运用安全生产管理和技术服务。建立安全生产和职业健康技术服务机构公示制度和由第三方实施的信用评定制度，严肃查处租借资质、违法挂靠、弄虚作假、垄断收费等各类违法违规行为。

（二十九）发挥市场机制推动作用。取消安全生产风险抵押金制度，建立健全安全生产责任保险制度，在矿山、危险化学品、烟花爆竹、交通运输、建筑施工、民用爆炸物品、金属冶炼、渔业生产等高危行业领域强制实施，切实发挥保险机构参与风险评估管控和事故预防功能。完善工伤保险制度，加快制定工伤预防费用的提取比例、使用和管理具体办法。积极推进安全生产诚信体系建设，完善企业安全生产不良记录“黑名单”制度，建立失信惩戒和守信激励机制。

（三十）健全安全宣传教育体系。将安全生产监督管理纳入各级党政领导干部培训内容。把安全知识普及纳入国民教育，建立完善中小学安全教育和高危行业职业安全教育体系。把安全生产纳入农民工技能培训内容。严格落实企业安全教育培训制度，切实做到先培训、后上岗。推进安全文化建设，加强警示教育，强化全民安全意识和法治意识。发挥工会、共青团、妇联等群团组织作用，依法维护职工群众的知情权、参与权与监督权。加强安全生产公益宣传和舆论监督。建立安全生产“12350”专线与社会公共管理平台统一接报、分类处置举报投诉机制。鼓励开展安全生产志愿服务和慈善事业。加强安全生产国际交流合作，学习借鉴国外安全生产与职业健康先进经验。

各地区各部门要加强组织领导，严格实行领导干部安全生产工作责任制，根据本意见提出的任务和要求，结合实际认真研究制定实施办法，抓紧出台推进安全生产领域改革发展的具体政策措施,明确责任分工和时间进度要求,确保各项改革举措和工作要求落实到位。贯彻落实情况要及时向党中央、国务院报告,同时抄送国务院安全生产委员会办公室。中央全面深化改革领导小组办公室将适时牵头组织开展专项监督检查。

附录3 《水利工程建设安全生产管理规定》

(2005年7月22日水利部令第26号发布、2014年8月19日令第46号第一次修正、2017年12月22日令第49号第二次修正、2019年5月10日令第50号第三次修正)

第一章 总 则

第一条 为了加强水利工程建设安全生产监督管理,明确安全生产责任,防止和减少安全生产事故,保障人民群众生命和财产安全,根据《中华人民共和国安全生产法》、《建设工程安全生产管理条例》等法律、法规,结合水利工程的特点,制定本规定。

第二条 本规定适用于水利工程的新建、扩建、改建、加固和拆除等活动及水利工程建设安全生产的监督管理。

前款所称水利工程,是指防洪、除涝、灌溉、水力发电、供水、围垦等(包括配套与附属工程)各类水利工程。

第三条 水利工程建设安全生产管理,坚持安全第一,预防为主的方针。

第四条 发生生产安全事故,必须查清事故原因,查明事故责任,落实整改措施,做好事故处理工作,并依法追究有关人员的责任。

第五条 项目法人(或者建设单位,下同)、勘察(测)单位、设计单位、施工单位、建设监理单位及其他与水利工程建设安全生产有关的单位,必须遵守安全生产法律、法规和本规定,保证水利工程建设安全生产,依法承担水利工程建设安全生产责任。

第二章 项目法人的安全责任

第六条 项目法人在对施工投标单位进行资格审查时,应当对投标单位的主要负责人、项目负责人以及专职安全生产管理人员是否经水行政主管部门安全生产考核合格进行审查。有关人员未经考核合格的,不得认定投标单位的投标资格。

第七条 项目法人应当向施工单位提供施工现场及施工可能影响的毗邻区域内供水、排水、供电、供气、供热、通讯、广播电视等地下管线资料,气象和水文观测资料,拟建工程可能影响的相邻建筑物和构筑物、地下工程的有关资料,并保证有关资料的真实、准确、完整,满足有关技术规范的要求。对可能影响施工报价的资料,应当在招标时提供。

第八条 项目法人不得调减或挪用批准概算中所确定的水利工程建设有关安全作业环境及安全施工措施等所需费用。工程承包合同中应当明确安全作业环境及安全施工措施所需费用。

第九条 项目法人应当组织编制保证安全生产的措施方案,并自工程开工之日起15个工作日内报有管辖权的水行政主管部门、流域管理机构或者其委托的水利工程建设安全生产监督机构(以下简称安全生产监督机构)备案。建设过程中安全生产的情况发生变化时,应当及时对保证安全生产的措施方案进行调整,并报原备案机关。

保证安全生产的措施方案应当根据有关法律法规、强制性标准和技术规范的要求并结合工程的具体情况编制,应当包括以下内容:

(一)项目概况;

(二)编制依据;

(三)安全生产管理机构及相关负责人;

(四)安全生产的有关规章制度制定情况;

(五)安全生产管理人员及特种作业人员持证上岗情况等;

(六)生产安全事故的应急救援预案;

(七)工程度汛方案、措施;

(八)其他有关事项。

第十条 项目法人在水利工程开工前,应当就落实保证安全生产的措施进行全面系统的布置,明确施工单位的安全生产责任。

第十一条 项目法人应当将水利工程中的拆除工程和爆破工程发包给具有相应水利水电工程施工资质等级的施工单位。

项目法人应当在拆除工程或者爆破工程施工 15 日前,将下列资料报送水行政主管部门、流域管理机构或者其委托的安全生产监督机构备案:

(一)拟拆除或拟爆破的工程及可能危及毗邻建筑物的说明;

(二)施工组织方案;

(三)堆放、清除废弃物的措施;

(四)生产安全事故的应急救援预案。

第三章 勘察(测)、设计、建设监理及其他有关单位的安全责任

第十二条 勘察(测)单位应当按照法律、法规和工程建设强制性标准进行勘察(测),提供的勘察(测)文件必须真实、准确,满足水利工程建设安全生产的需要。

勘察(测)单位在勘察(测)作业时,应当严格执行操作规程,采取措施保证各类管线、设施和周边建筑物、构筑物的安全。

勘察(测)单位和有关勘察(测)人员应当对其勘察(测)成果负责。

第十三条 设计单位应当按照法律、法规和工程建设强制性标准进行设计,并考虑项目周边环境对施工安全的影响,防止因设计不合理导致生产安全事故的发生。

设计单位应当考虑施工安全操作和防护的需要,对涉及施工安全的重点部位和环节在设计文件中注明,并对防范生产安全事故提出指导意见。

采用新结构、新材料、新工艺以及特殊结构的水利工程,设计单位应当在设计中提出保障施工作业人员安全和预防生产安全事故的措施建议。

设计单位和有关设计人员应当对其设计成果负责。

设计单位应当参与与设计有关的生产安全事故分析,并承担相应的责任。

第十四条 建设监理单位和监理人员应当按照法律、法规和工程建设强制性标准实施监理,并对水利工程建设安全生产承担监理责任。

建设监理单位应当审查施工组织设计中的安全技术措施或者专项施工方案是否符合

工程建设强制性标准。

建设监理单位在实施监理过程中，发现存在生产安全事故隐患的，应当要求施工单位整改；对情况严重的，应当要求施工单位暂时停止施工，并及时向水行政主管部门、流域管理机构或者其委托的安全生产监督机构以及项目法人报告。

第十五条　为水利工程提供机械设备和配件的单位，应当按照安全施工的要求提供机械设备和配件，配备齐全有效的保险、限位等安全设施和装置，提供有关安全操作的说明，保证其提供的机械设备和配件等产品的质量和安全性能达到国家有关技术标准。

第四章　施工单位的安全责任

第十六条　施工单位从事水利工程的新建、扩建、改建、加固和拆除等活动，应当具备国家规定的注册资本、专业技术人员、技术装备和安全生产等条件，依法取得相应等级的资质证书，并在其资质等级许可的范围内承揽工程。

第十七条　施工单位应当依法取得安全生产许可证后，方可从事水利工程施工活动。

第十八条　施工单位主要负责人依法对本单位的安全生产工作全面负责。施工单位应当建立健全安全生产责任制度和安全生产教育培训制度，制定安全生产规章制度和操作规程，保证本单位建立和完善安全生产条件所需资金的投入，对所承担的水利工程进行定期和专项安全检查，并做好安全检查记录。

施工单位的项目负责人应当由取得相应执业资格的人员担任，对水利工程建设项目的安全施工负责，落实安全生产责任制度、安全生产规章制度和操作规程，确保安全生产费用的有效使用，并根据工程的特点组织制定安全施工措施，消除安全事故隐患，及时、如实报告生产安全事故。

第十九条　施工单位在工程报价中应当包含工程施工的安全作业环境及安全施工措施所需费用。对列入建设工程概算的上述费用，应当用于施工安全防护用具及设施的采购和更新、安全施工措施的落实、安全生产条件的改善，不得挪作他用。

第二十条　施工单位应当设立安全生产管理机构，按照国家有关规定配备专职安全生产管理人员。施工现场必须有专职安全生产管理人员。

专职安全生产管理人员负责对安全生产进行现场监督检查。发现生产安全事故隐患，应当及时向项目负责人和安全生产管理机构报告；对违章指挥、违章操作的，应当立即制止。

第二十一条　施工单位在建设有度汛要求的水利工程时，应当根据项目法人编制的工程度汛方案、措施制定相应的度汛方案，报项目法人批准；涉及防汛调度或者影响其它工程、设施度汛安全的，由项目法人报有管辖权的防汛指挥机构批准。

第二十二条　垂直运输机械作业人员、安装拆卸工、爆破作业人员、起重信号工、登高架设作业人员等特种作业人员，必须按照国家有关规定经过专门的安全作业培训，并取得特种作业操作资格证书后，方可上岗作业。

第二十三条　施工单位应当在施工组织设计中编制安全技术措施和施工现场临时用电方案，对下列达到一定规模的危险性较大的工程应当编制专项施工方案，并附具安全验算结果，经施工单位技术负责人签字以及总监理工程师核签后实施，由专职安全生产管理人员进行现场监督：

（一）基坑支护与降水工程；

（二）土方和石方开挖工程；

（三）模板工程；

（四）起重吊装工程；

（五）脚手架工程；

（六）拆除、爆破工程；

（七）围堰工程；

（八）其他危险性较大的工程。

对前款所列工程中涉及高边坡、深基坑、地下暗挖工程、高大模板工程的专项施工方案，施工单位还应当组织专家进行论证、审查。

第二十四条　施工单位在使用施工起重机械和整体提升脚手架、模板等自升式架设设施前，应当组织有关单位进行验收，也可以委托具有相应资质的检验检测机构进行验收；使用承租的机械设备和施工机具及配件的，由施工总承包单位、分包单位、出租单位和安装单位共同进行验收。验收合格的方可使用。

第二十五条　施工单位的主要负责人、项目负责人、专职安全生产管理人员应当经水行政主管部门对其安全生产知识和管理能力考核合格。

施工单位应当对管理人员和作业人员每年至少进行一次安全生产教育培训，其教育培训情况记入个人工作档案。安全生产教育培训考核不合格的人员，不得上岗。

施工单位在采用新技术、新工艺、新设备、新材料时，应当对作业人员进行相应的安全生产教育培训。

第五章　监督管理

第二十六条　水行政主管部门和流域管理机构按照分级管理权限，负责水利工程建设安全生产的监督管理。水行政主管部门或者流域管理机构委托的安全生产监督机构，负责水利工程施工现场的具体监督检查工作。

第二十七条　水利部负责全国水利工程建设安全生产的监督管理工作，其主要职责是：

（一）贯彻、执行国家有关安全生产的法律、法规和政策，制定有关水利工程建设安全生产的规章、规范性文件和技术标准；

（二）监督、指导全国水利工程建设安全生产工作，组织开展对全国水利工程建设安全生产情况的监督检查；

（三）组织、指导全国水利工程建设安全生产监督机构的建设、管理以及水利水电工程施工单位的主要负责人、项目负责人和专职安全生产管理人员的安全生产考核工作。

第二十八条　流域管理机构负责所管辖的水利工程建设项目的安全生产监督工作。

第二十九条　省、自治区、直辖市人民政府水行政主管部门负责本行政区域内所管辖的水利工程建设安全生产的监督管理工作，其主要职责是：

（一）贯彻、执行有关安全生产的法律、法规、规章、政策和技术标准，制定地方有关水利工程建设安全生产的规范性文件；

（二）监督、指导本行政区域内所管辖的水利工程建设安全生产工作，组织开展对本行政区域内所管辖的水利工程建设安全生产情况的监督检查；

（三）组织、指导本行政区域内水利工程建设安全生产监督机构的建设工作以及有关的水利水电工程施工单位的主要负责人、项目负责人和专职安全生产管理人员的安全生产考核工作。

市、县级人民政府水行政主管部门水利工程建设安全生产的监督管理职责，由省、自治区、直辖市人民政府水行政主管部门规定。

第三十条 水行政主管部门或者流域管理机构委托的安全生产监督机构，应当严格按照有关安全生产的法律、法规、规章和技术标准，对水利工程施工现场实施监督检查。

安全生产监督机构应当配备一定数量的专职安全生产监督人员。

第三十一条 水行政主管部门或者其委托的安全生产监督机构应当自收到本规定第九条和第十一条规定的有关备案资料后20日内，将有关备案资料抄送同级安全生产监督管理部门。流域管理机构抄送项目所在地省级安全生产监督管理部门，并报水利部备案。

第三十二条 水行政主管部门、流域管理机构或者其委托的安全生产监督机构依法履行安全生产监督检查职责时，有权采取下列措施：

（一）要求被检查单位提供有关安全生产的文件和资料；

（二）进入被检查单位施工现场进行检查；

（三）纠正施工中违反安全生产要求的行为；

（四）对检查中发现的安全事故隐患，责令立即排除；重大安全事故隐患排除前或者排除过程中无法保证安全的，责令从危险区域内撤出作业人员或者暂时停止施工。

第三十三条 各级水行政主管部门和流域管理机构应当建立举报制度，及时受理对水利工程建设生产安全事故及安全事故隐患的检举、控告和投诉；对超出管理权限的，应当及时转送有管理权限的部门。举报制度应当包括以下内容：

（一）公布举报电话、信箱或者电子邮件地址，受理对水利工程建设安全生产的举报；

（二）对举报事项进行调查核实，并形成书面材料；

（三）督促落实整顿措施，依法作出处理。

第六章 生产安全事故的应急救援和调查处理

第三十四条 各级地方人民政府水行政主管部门应当根据本级人民政府的要求，制定本行政区域内水利工程建设特大生产安全事故应急救援预案，并报上一级人民政府水行政主管部门备案。流域管理机构应当编制所管辖的水利工程建设特大生产安全事故应急救援预案，并报水利部备案。

第三十五条 项目法人应当组织制定本建设项目的生产安全事故应急救援预案，并定期组织演练。应急救援预案应当包括紧急救援的组织机构、人员配备、物资准备、人员财产救援措施、事故分析与报告等方面的方案。

第三十六条 施工单位应当根据水利工程施工的特点和范围，对施工现场易发生重大事故的部位、环节进行监控，制定施工现场生产安全事故应急救援预案。实行施工总承包的，由总承包单位统一组织编制水利工程建设生产安全事故应急救援预案，工程总承包单位和分包单位按照应急救援预案，各自建立应急救援组织或者配备应急救援人员，配备救援器材、设备，并定期组织演练。

第三十七条　施工单位发生生产安全事故，应当按照国家有关伤亡事故报告和调查处理的规定，及时、如实地向负责安全生产监督管理的部门以及水行政主管部门或者流域管理机构报告；特种设备发生事故的，还应当同时向特种设备安全监督管理部门报告。接到报告的部门应当按照国家有关规定，如实上报。

实行施工总承包的建设工程，由总承包单位负责上报事故。

发生生产安全事故，项目法人及其他有关单位应当及时、如实地向负责安全生产监督管理的部门以及水行政主管部门或者流域管理机构报告。

第三十八条　发生生产安全事故后，有关单位应当采取措施防止事故扩大，保护事故现场。需要移动现场物品时，应当做出标记和书面记录，妥善保管有关证物。

第三十九条　水利工程建设生产安全事故的调查、对事故责任单位和责任人的处罚与处理，按照有关法律、法规的规定执行。

第七章　附　则

第四十条　违反本规定，需要实施行政处罚的，由水行政主管部门或者流域管理机构按照《建设工程安全生产管理条例》的规定执行。

第四十一条　省、自治区、直辖市人民政府水行政主管部门可以结合本地区实际制定本规定的实施办法，报水利部备案。

第四十二条　本规定自 2005 年 9 月 1 日起施行。

参 考 文 献

[1] 水利部安全监督司. 水利生产安全事故案例集(2009—2015)[M]. 北京:中国水利水电出版社,2016.
[2] 水利部建设与管理司. 水利工程建设安全生产文件汇编[M]. 北京:中国水利水电出版社,2007.
[3] 陈全,陈新杰,陈波.《职业健康安全管理体系要求》企业实施指南[M]. 北京:中国石化出版社有限公司,2012.
[4] 王柏乐. 水电建设工程安全评价与安全管理[M]. 北京:中国电力出版社,2006.
[5] 陈元桥. 职业健康安全管理体系国家标准理解与实施(2011 版)[M]. 北京:中国标准出版社,2012.
[6] 中国安全生产协会注册安全工程师工作委员会,中国安全生产科学研究院. 安全生产法及相关法律法规知识(2011 版)[M]. 北京:中国大百科全书出版社,2011.
[7] 中国安全生产协会注册安全工程师工作委员会,中国安全生产科学研究院. 安全生产管理知识(2011 版)[M]. 北京:中国大百科全书出版社,2011.
[8] 国家安全生产监督管理总局. 安全评价(上、下册)[M]. 北京:煤炭工业出版社,2005.
[9] 钮新强,杨启贵,谭界雄,等. 水库大坝安全评价[M]. 北京:中国水利水电出版社,2007.
[10] 孟超. 安全生产管理知识安全生产技术[M]. 北京:中国劳动社会保障出版社,2008.
[11] 国家安全生产监督管理总局培训中心. 建筑施工安全生产监管工作手册[M]. 北京:化学工业出版社,2009.
[12] 中国安全生产协会注册安全工程师工作委员会,中国安全生产科学研究院. 安全生产技术(2011 版)[M]. 北京:中国大百科全书出版社,2011.
[13] 广东省安全生产监督管理局. 安全生产应急管理实务[M]. 北京:中国人民大学出版社,2009.
[14]《民用爆炸物品安全管理条例释义》编写组. 民用爆炸物品安全管理条例释义[M]. 北京:中国法制出版社,2006.